高职高专“十二五”规划教材

轧钢原料加热

戚翠芬　主编

李秀敏　张志旺　副主编

北　京

冶 金 工 业 出 版 社

2013

内 容 提 要

本书共分7个项目，其中：原料岗位操作包括原料管理工作业标准化要求和原料工序质量事故分析2个任务；加热操作包括熟悉加热设备，装炉、烘炉、开停炉操作，开停炉时汽化冷却系统操作等10个任务；炉况的分析与判断包括加热炉工作状况的分析与判断和熟悉加热炉的热工仪表与自动控制系统2个任务；加热参数的确定包括钢温和炉温、空燃比、炉压的确定3个任务；加热质量及其控制包括钢的氧化、脱碳、过热与过烧等6个任务；加热事故的预防及处理包括装炉推钢、出钢异常等事故的预防及处理等4个任务；加热炉的节能降耗包括加热炉的维护与检修、传热控制，以及提高加热炉产量降低燃耗的途径等3个任务。

本书为高职高专院校材料工程技术（轧钢）专业、材料成型与控制技术专业的教材，也可作为钢铁厂和冶金科研院所广大技术人员的培训教材或参考书。

图书在版编目(CIP)数据

轧钢原料加热/戚翠芬主编．—北京：冶金工业出版社，2013.1

高职高专“十二五”规划教材

ISBN 978-7-5024-5911-6

Ⅰ.①轧… Ⅱ.①戚… Ⅲ.①轧钢学—高等职业教育—教材 Ⅳ.①TG33

中国版本图书馆CIP数据核字(2012)第261434号

出 版 人　谭学余

地　　址　北京北河沿大街嵩祝院北巷39号，邮编100009

电　　话　(010)64027926　电子信箱　yjcbs@cnmip.com.cn

策划编辑　俞跃春　责任编辑　俞跃春　尚海霞　美术编辑　李　新

版式设计　葛新霞　责任校对　王永欣　责任印制　张祺鑫

ISBN 978-7-5024-5911-6

冶金工业出版社出版发行；各地新华书店经销；北京印刷一厂印刷

2013年1月第1版，2013年1月第1次印刷

787mm×1092mm　1/16；17.5印张；418千字；267页

37.00元

冶金工业出版社投稿电话：(010)64027932　投稿信箱：tougao@cnmip.com.cn

冶金工业出版社发行部　电话：(010)64044283　传真：(010)64027893

冶金书店　地址：北京东四西大街46号(100010)　电话：(010)65289081(兼传真)

（本书如有印装质量问题，本社发行部负责退换）

前言

本书是按照国家示范院校重点建设材料工程技术（轧钢）专业课程改革要求、教材建设计划而编写的。教材内容是在对钢铁企业、行业专家、毕业生等进行调研的基础上，与企业人员一起确定轧钢原料加热工的典型工作任务，同时根据轧钢原料加热岗位群技能要求，参照《中华人民共和国职业技能鉴定标准——轧钢卷》确定的。本书共分为原料岗位操作、加热操作、炉况的分析与判断、加热参数的确定、加热质量及其控制、加热事故的预防及处理、加热炉的节能降耗7个项目，在具体内容的组织安排上，以岗位操作技能为主线，按照从实践到理论的顺序，根据工作过程和学生的认知规律安排课程内容的顺序，由易到难，由简单到复杂，层层递进，学生通过完成工作任务的过程来学习相关知识，使学与做融为一体，实现理论与实践的结合。本书主要用于材料工程技术（轧钢）专业和材料成型与控制技术专业“轧钢原料加热”或“加热炉”课程项目化教学使用，对专业技术人员也有一定的参考价值。

本书由河北工业职业技术学院戚翠芬担任主编，河北工业职业技术学院李秀敏、河北钢铁集团公司石钢分公司张志旺任副主编，参加编写的还有：河北工业职业技术学院张景进、陈涛、袁志学、赵金玉、杨晓彩、孟延军；河北钢铁集团公司邯钢分公司刘建军、孙桂芬、耿波；迁安轧一钢铁集团有限公司郝俊景、董会军；首钢迁安钢铁公司刘海涛；邯郸纵横钢铁公司王春好。同时，在编写过程中参考了有关文献，并得到了有关单位的大力支持。全书由巩甘雷博士主审。在此一并表示衷心的感谢。

由于编者水平所限，书中不妥之处，敬请广大读者批评指正。

编　者

2012年9月

目　录

绪论 …… 1

0.1　钢加热的目的 …… 1
0.2　钢加热的质量标准 …… 1

项目一　原料岗位操作 …… 2

1.1　任务1　原料管理工作业标准化要求 …… 2
1.1.1　原料管理的主要任务 …… 2
1.1.2　按炉送钢制度 …… 3
1.1.3　原料的主要技术要求 …… 3
1.1.4　尺寸测量标准 …… 4
1.1.5　原料的管理 …… 4
1.2　任务2　原料工序质量事故分析 …… 7
1.2.1　混号事故及其预防 …… 7
1.2.2　轧后漏检过多 …… 8
复习思考题 …… 8

项目二　加热操作 …… 9

2.1　任务1　熟悉加热设备 …… 9
2.1.1　连续式加热炉的基本组成 …… 9
2.1.2　轧钢厂常见的连续加热炉 …… 32
2.2　任务2　装炉操作 …… 46
2.2.1　装炉前的准备工作 …… 46
2.2.2　装炉操作要点 …… 47
2.2.3　推钢操作 …… 48
2.2.4　辊道装炉操作 …… 49
2.3　任务3　烘炉操作 …… 51
2.3.1　耐火材料基本知识 …… 51
2.3.2　炉子的干燥与烘炉 …… 61
2.4　任务4　开、停炉操作 …… 66
2.4.1　送煤气操作 …… 66
2.4.2　煤气点火操作 …… 67
2.4.3　升温操作 …… 68

2.4.4 换向燃烧操作 …… 68
2.4.5 停炉操作 …… 69
2.5 任务5 开停炉时汽化冷却系统操作 …… 70
2.5.1 汽化冷却的原理与循环方式 …… 70
2.5.2 三大安全附件 …… 72
2.5.3 开、停炉时汽化冷却系统操作 …… 76
2.6 任务6 正常生产时的加热操作 …… 79
2.6.1 合理控制钢温 …… 79
2.6.2 合理控制炉温 …… 79
2.6.3 合理控制热负荷 …… 80
2.6.4 正确组织燃料燃烧 …… 81
2.6.5 炉压控制 …… 94
2.6.6 换热器的操作 …… 95
2.6.7 加热炉的日常维护规程 …… 96
2.6.8 采用正确的操作方法 …… 97
2.7 任务7 正常生产时的汽化冷却系统操作 …… 98
2.7.1 运行 …… 98
2.7.2 排污操作 …… 99
2.7.3 放散操作 …… 99
2.8 任务8 出钢操作 …… 99
2.8.1 出钢方式 …… 99
2.8.2 上岗作业前的准备 …… 99
2.8.3 出钢操作要点 …… 99
2.8.4 操作台上的出钢操作 …… 101
2.8.5 辊道操作 …… 102
2.8.6 其他操作 …… 102
2.9 任务9 加热炉的安全操作技术 …… 103
2.9.1 加热工的安全职责 …… 103
2.9.2 煤气的安全使用 …… 103
2.10 任务10 加热炉区突发事故的处理程序 …… 108
2.10.1 鼓风机突然停转或停电造成鼓风机停转的处理程序 …… 108
2.10.2 排烟机突然停转或停电造成排烟机停转的处理程序 …… 109
2.10.3 压缩空气停送或低压造成煤气管道快切阀关闭的处理程序 …… 109
2.10.4 净环冷却水停水的处理程序 …… 109
复习思考题 …… 109
习题 …… 110

项目三 炉况的分析与判断 …… 112

3.1 任务1 加热炉工作状况的分析与判断 …… 112

3.1.1　加热过程中钢坯温度的判断 …… 112
3.1.2　煤气燃烧情况的判断 …… 113
3.1.3　炉膛压力的判断 …… 113
3.1.4　冷却水温的判断 …… 114
3.1.5　压力和流量的判断 …… 114
3.1.6　设备状况的目测 …… 114
3.2　任务2　熟悉加热炉的热工仪表与自动控制系统 …… 115
3.2.1　测温仪表 …… 115
3.2.2　测压仪表 …… 120
3.2.3　流量测量仪表 …… 122
3.2.4　加热炉的自动化简介 …… 123
3.2.5　加热炉的自动控制 …… 125
复习思考题 …… 129

项目四　加热参数的确定 …… 130

4.1　任务1　钢温和炉温的确定 …… 130
4.1.1　钢的加热温度 …… 130
4.1.2　钢的加热速度 …… 132
4.1.3　钢的加热制度 …… 133
4.1.4　碳素钢的加热 …… 134
4.1.5　合金钢的加热 …… 135
4.2　任务2　空燃比的确定 …… 138
4.2.1　气体燃料完全燃烧的分析计算 …… 138
4.2.2　固体燃料和液体燃料完全燃烧的分析计算 …… 142
4.2.3　燃烧温度 …… 145
4.3　任务3　炉压的确定 …… 147
4.3.1　炉压沿高度方向上的变化规律 …… 147
4.3.2　炉压的影响因素 …… 151
复习思考题 …… 169
习题 …… 169

项目五　加热质量及其控制 …… 172

5.1　任务1　钢的氧化 …… 172
5.1.1　钢的氧化过程及氧化铁皮结构 …… 172
5.1.2　影响氧化的因素 …… 174
5.1.3　减少钢氧化的方法 …… 174
5.2　任务2　钢的脱碳 …… 175
5.2.1　钢的脱碳过程 …… 175
5.2.2　影响脱碳的因素及防止脱碳的方法 …… 175

5.3　任务3　钢的过热与过烧 …… 176
5.4　任务4　表面烧化和粘钢 …… 177
5.5　任务5　钢的加热温度不均匀 …… 178
5.5.1　钢温不均的表现及原因 …… 178
5.5.2　避免钢坯加热温度不均的措施 …… 178
5.6　任务6　加热裂纹 …… 179
复习思考题 …… 179

项目六　加热事故的预防及处理 …… 180

6.1　任务1　装炉推钢操作事故的判断、预防及处理 …… 180
6.1.1　坯料跑偏 …… 180
6.1.2　钢坯碰头及刮墙的预防 …… 181
6.1.3　掉钢事故的预防与处理 …… 181
6.1.4　拱钢、卡钢事故的预防与处理 …… 181
6.1.5　混钢事故的预防 …… 182
6.1.6　装炉安全事故的预防 …… 182
6.2　任务2　加热炉常见故障及排除 …… 183
6.2.1　燃气加热炉的常见故障及排除 …… 183
6.2.2　燃油烧嘴常见故障及排除 …… 185
6.2.3　烧油操作中常见故障及排除 …… 186
6.2.4　热电偶的故障及排除 …… 186
6.2.5　全辐射高温计的故障及排除 …… 187
6.2.6　步进系统中的故障及排除 …… 188
6.2.7　炉底水管故障及排除 …… 188
6.2.8　换热器故障及排除 …… 189
6.2.9　空气或煤气供应突然中断的判断 …… 189
6.3　任务3　出钢异常情况的判断及处理 …… 189
6.3.1　炉内拱钢、掉钢、粘钢、碰头的判断 …… 189
6.3.2　卡钢 …… 190
6.3.3　出钢与要钢不符 …… 190
6.3.4　用托出机出钢事故的处理 …… 190
6.4　任务4　汽化冷却系统事故及处理 …… 192
6.4.1　应立即停炉的情况 …… 192
6.4.2　汽包缺水 …… 192
6.4.3　汽包满水 …… 193
6.4.4　汽水共腾 …… 193
6.4.5　炉管变形 …… 194
复习思考题 …… 195

项目七 加热炉的节能降耗 …… 196

7.1 任务1 加热炉的维护与检修 …… 196
7.1.1 加热炉的维护 …… 196
7.1.2 加热炉的检修 …… 200
7.1.3 大、中修完成的验收 …… 204
7.2 任务2 加热炉的传热控制 …… 206
7.2.1 稳定态导热 …… 206
7.2.2 对流给热 …… 217
7.2.3 辐射换热 …… 223
7.2.4 综合传热 …… 231
7.2.5 钢坯加热时间的计算 …… 236
7.3 任务3 提高加热炉产量降低燃耗的途径 …… 246
7.3.1 加热炉的生产率 …… 246
7.3.2 炉子热平衡 …… 249
7.3.3 加热炉的燃耗及热效率 …… 253
7.3.4 提高炉子热效率降低燃耗的途径 …… 256
复习思考题 …… 257
习题 …… 258

习题参考答案 …… 259

附录 …… 260

参考文献 …… 267

绪　论

0.1　钢加热的目的

钢坯在轧前进行加热，这是钢在热加工过程中一个必需的环节。对轧钢加热炉而言，加热的目的就是提高钢的塑性，降低变形抗力。

钢在常温状态下的可塑性很小，因此，它在冷状态下轧制十分困难。通过加热，提高钢的温度，可以明显提高钢的塑性，使钢变软，改善钢的轧制条件。一般来说，钢的温度越高，其可塑性就越大，所需轧制力就越小。例如，高碳钢在常温下的变形抗力约为600MPa，这样在轧制时就需要很大的轧制力，会消耗大量能源，而且制造困难，投资大，磨损快。如果将它加热至1200℃时，变形抗力将会降至30MPa，为常温下变形抗力的约1/20。

钢坯加热的质量直接影响到钢材的质量、产量、能源消耗以及轧机寿命。正确的加热工艺可以提高钢的塑性，降低热加工时的变形抗力，按时为轧机提供加热质量优良的钢锭或钢坯，保证轧机生产顺利进行。反之，如果加热工艺不当，或者加热炉的工作配合不好，就会直接影响轧机的生产。

0.2　钢加热的质量标准

一台合格的加热炉生产的坯料应该满足以下标准：

(1) 步进炉加热的钢坯氧化烧损量控制在0.9%～1.2%，推钢式炉略有提高。对于加热制度有特别规定的钢种，如轴承钢等需要长时间在高温段加热的钢种，其氧化烧损会更高。

(2) 钢坯脱碳层厚度应小于0.6mm，一些特殊的用户需要的钢种脱碳层厚度要求小于0.35mm，例如天津丰田汽车公司需要的53号钢。

(3) 为了防止坯料造成过热、过烧缺陷，一般钢坯的加热温度为1050～1250℃。对于低碳钢、高碳钢和低合金钢，1050～1180℃加热比较适宜。

(4) 钢坯断面和长度方向任意点间的温差不超过30℃。

项目一　原料岗位操作

各热轧厂原料场地、运输条件、作业环境、使用原料的种类、设备和常有的生产工具以及管理的形式都是不同的。

由于原料工段工作的对象是笨重的钢坯，质量大，规格多，只能靠天车、地跨车搬运，装卸调运的工作量是繁重的，因而原料岗位工配备要适应这方面的要求。如卸料工、原料工等，都是繁重而危险的体力劳动岗位，还有配尺工（含表面质量检查工）、切割工、火焰处理工等。

由于原料基本上依靠吊车卸料、吊料、翻料，工作量大，作业互相交叉，因此，几乎所有的热轧厂原料车间工人都是交叉作业、混合作业，除了原料管理工和火焰清理工是专人设置外，其他原料工段岗位工都要成为多面手，都要经过各个岗位的培训，以适应原料处理工作的特点。否则，如按岗位单一工作，不但人员多，而且会造成劳动组织上不合理。

1.1　任务1　原料管理工作业标准化要求

原料管理工实际就是钢坯仓库和钢坯处理场的值班钢坯管理员。原料管理工全面负责当班原料作业的收车，卸车上垛，执行生产作业计划，原料质量和数量检查，按炉核对金属平衡和做好原料退料等原始记录、台账工作，任务是十分艰巨的。

1.1.1　原料管理的主要任务

原料管理的主要任务是：

（1）根据有关技术条件严格检查、验收坯厂供应的各种类型的坯料。

（2）原料合理垛放，保证执行按炉送钢制度。热轧车间是按生产作业计划和生产合同组织生产的，而供坯厂又不可能完全按照成材厂编制的日生产作业计划要求供料，因而，热轧车间必须有原料仓库，应存放一定量的坯料。为了合理组织生产，充分利用仓库场地，应将库存钢坯、列入轧钢生产计划的钢坯和刚刚验收的钢坯，合理编组上垛。坯料仓库实际上起着缓冲厂际供料紧张，使生产组织有一定回旋余地的作用。

（3）按轧钢日生产作业计划备料。需要清理的钢坯要清理钢坯表面缺陷，按轧制成品尺寸要求对钢坯合理配尺，切割成合乎装炉条件的钢坯规格。

（4）坯料原始数据的统计管理。要对入库的钢坯进行登记上账，负责对原料原始资料收集、整理、分析。建立完整的原始资料统计体系，为生产工艺服务。

（5）钢坯的全面质量管理。根据全面质量管理的要求，一般热轧厂都在原料岗位设立质量管理点，加强工序质量管理，把钢坯的质量信息及时地反馈到炼钢厂，为供料单位改进质量提供可靠的原始数据。同时把钢坯质量反馈给本厂技术检验部门，以便在生产工艺上控制整个生产过程，降低废品，提高质量。

（6）安全管理是原料仓库管理必不可少的内容。钢坯吊运和堆放全靠吊车作业，特别需要强调的是保证安全，以防止重大伤害事故的发生。

1.1.2 按炉送钢制度

按炉送钢制度是指坯料验收入库、供料及轧材交货都要求按炉批号进行转移、堆放、管理、生产，不得混乱。它是科学管理轧钢生产、确保产品质量、防止混号的必要制度；它是原料岗位和整个轧制线生产管理工作的依据。原料管理人员必须严格遵守这一制度。同一炼钢炉号的钢坯，其化学成分、各类夹杂物含量比较接近。为了确保产品质量均匀稳定，保持产品质量的可追溯性，供需双方都应执行按炉送钢制度。

1.1.3 原料的主要技术要求

轧制时所用的原料种类有钢锭、轧制坯、连铸坯。以连铸坯作为生产的原料，大大简化了生产过程，具有金属收得率高、产品成本低、基建投资和生产费用少、劳动定员少、劳动条件较好等一系列特点。连铸坯已成为轧钢生产的重要原料，其技术要求如下。

1.1.3.1 钢种与化学成分的要求

钢坯的牌号和化学成分应符合有关标准规定，不同的钢种中残余元素的质量分数及规定值的允许范围都有相应的要求，这是保证产品质量最基本的要求。

1.1.3.2 坯料外形尺寸要求

对钢坯的外形尺寸要求是：钢坯断面形状及允许偏差、定尺长度、短尺的最短长度及比例、弯曲、扭转等，这些要求是为了充分发挥轧机生产能力，保证轧制顺利进行，并对供坯的可能性和合理性等因素综合考虑后确定的。现以某小型棒材厂对连铸坯外形尺寸和质量的技术要求为例进行介绍。

A 坯料尺寸和质量

尺寸：150mm×150mm×12000mm；

质量：2050kg；

最小坯料长度：不小于8000mm。

B 坯料公差

边长公差：±5mm；

对角线长度差：小于7mm；

长度公差：+80mm；

平直度：每米弯曲度不超过20mm/m，总弯曲度长度不超过连铸坯总长的2%；

切斜：剪切面坡度不超过20mm，变形宽展不超过边长的10%；

短坯比例：不超过10%。

1.1.3.3 坯料表面质量要求

坯料表面质量要求是：

（1）连铸坯表面不得有肉眼可见的裂纹、重接、翻皮、结疤、夹杂等。

（2）表面不得有深度或高度大于3mm的划痕、压痕、擦伤、气孔、皱纹、冷溅、耳子、凸块、凹坑和深度不大于2mm的发纹。

（3）连铸坯截面不得有缩孔、皮下气泡、夹杂。

（4）连铸坯的表面缺陷清理应符合如下要求：清除处应圆滑无棱角，所清除宽度不小于深度的6倍，长度不小于深度的8倍，表面清除的深度单面不得大于连铸坯厚度的10%，两相对面清除深度的和不得大于厚度的15%，清理处不得残留铁皮及毛刺。

1.1.3.4 坯料内部质量要求

坯料内部质量的判断主要以中心偏析、中心疏松、内部裂纹为依据。

（1）中心偏析。中心偏析是指钢坯断面中心到边部化学成分的差异，中心的C、S、P等元素的质量分数明显高于其他部位，同时伴随着中心疏松和缩孔的出现。中心偏析会降低钢的力学性能和耐腐蚀性能，尤其在线材拉拔时经常会发生断线现象，这会严重影响成品质量。

（2）中心疏松。在横向酸浸试样上表现为孔隙和暗点都集中分布在中心部位。轻微中心疏松对钢的力学性能影响不大，严重的中心疏松会影响钢的力学性能，甚至会产生废品，因此，严重的中心疏松是不允许存在的。

（3）内部裂纹。连铸坯的内部裂纹主要分为角部裂纹、边部裂纹、中间裂纹和中心裂纹。不暴露的内部裂纹只要在轧制时不与空气直接接触（裂纹处不氧化），在达到一定压缩比时可以焊合，对成品质量没有太大的影响。

连铸坯对中心偏析、中心疏松和缩孔、内部裂纹、皮下气泡及非金属夹杂物等都有一定的要求，并有专门的评级标准。

1.1.4 尺寸测量标准

尺寸测量标准是：

（1）厚度应在离开端面200～300mm处避开圆角测量。

（2）宽度应在连铸坯长度的中部测量。

（3）长度应沿宽面的中心线测量。

1.1.5 原料的管理

1.1.5.1 执行生产作业计划

生产日作业计划是安排组织当班生产的指令，是根据产品订货合同和有关技术标准要求由生产调度科下达的生产文件。它规定了轧制产品的钢种、规格、相应的产品生产检查标准、特殊工艺要求，应准备的原料规格，以及安排了各成品生产的先后顺序。原料管理工应当熟悉和了解生产作业计划的要点，为完成生产作业计划做好原料准备工作。具体工作是：

（1）每天接班前，必须到调度室抄写当班生产作业计划及应准备处理原料的先后顺序、钢种、规格和数量。要求抄写准确无误，对计划如有不清楚之处，应及时向调度员或值班主任问清。与此同时，应向调度员了解上班原料作业计划执行情况。

（2）接班后向班长报告生产作业计划内容以及原料作业要求，并查出应处理钢坯的小卡片及指明钢坯堆放垛号。

（3）将当班原料处理作业计划写在现场作业指示板上。按作业先后顺序，写清每炉钢坯炉批号、垛号、根数，并通知吊料工按作业指示板吊料、铺料，展开作业。

（4）班中要将原料作业进度及时报调度室。

（5）本班作业结束时，将本班实际执行作业计划情况报调度室。

1.1.5.2 原料的验收入库

根据原料验收标准和要求，核对原料的数量与质量，将合格钢坯入库，不合格的钢坯按有关退废制度退回原供单位或单独存放。

A 连铸坯常见的缺陷

连铸坯常见的缺陷有：

（1）拉裂。在连铸坯的表面上呈现“人”字形的裂纹，也有直线形的横向裂纹。裂纹不光滑，外形不整齐。

（2）气泡。在连铸坯的表面上出现一种无规律分布的凸泡，有的可能暴露。

（3）表面夹杂。在连铸坯表面上呈现点状、条状或块状分布，大小形状也无规律，颜色有暗红、淡黄、灰白等。

（4）结疤。在连铸坯上有舌状的金属薄片，不规则分布，与本体粘连，有的侧面上也存在这种缺陷。

此外，连铸坯还有接痕、凹坑、划伤及头尾切斜等缺陷。

B 钢坯的表面质量检查方法

在炼钢和连铸采用了一系列改善措施后，连铸坯的内在质量和外表质量已大大提高，在许多情况下已可生产无缺陷的连铸坯。就目前水平而言，一般用途的碳素钢和低合金钢坯已不必进行任何的表面质量检查和清理，但对质量要求高的产品，此项工作仍需要进行。

原料的表面检查方法有：目视检查、表面探伤和内部探伤。

（1）目视检查这种方法只能检查出较明显的表面缺陷，效率低，不太可靠，但投资少。

（2）表面探伤比内部探伤用得多，因为产生表面缺陷的机会比产生内部缺陷的机会更多。许多合金钢和优质钢，如冷镦钢、轮辋钢、轴承钢等不需要进行内部探伤，但仍需进行表面探伤，发现缺陷后应根据缺陷的情况进行局部和全部清理。表面探伤的方法有：荧光磁粉法、涡流法和漏磁法。涡流法和漏磁法多用于成品的质量检验，钢坯探伤则以荧光磁粉法居多。

荧光磁粉法的原理是：被检测的材料磁化后产生磁场，在与表面缺陷垂直的地方磁力线泄漏，磁粉喷洒在钢坯表面，磁力线泄漏处外泄磁力将磁粉吸住，形成花纹，在荧光灯的照射下显示出缺陷。

荧光磁粉探伤装置主要包括两个磁化装置、磁粉散布装置、检查用紫外线灯及电控系统等。该装置为极间磁化线圈式，可探测深0.5mm、长20mm以上的表面缺陷。磁粉液由磁粉、分散剂、水混合而成，通过喷嘴自动喷布在钢坯表面，收集后循环使用。上料台架运来的钢坯由辊道送进磁化装置，该装置用极间磁化线圈中产生的磁场使运行的钢坯在穿越磁场时被感应磁化，两个磁化装置分别磁化两个面和两个角。荧光磁粉液喷淋到钢坯表面，表面缺陷处的磁力线外泄产生磁力将磁粉吸住，形成花纹，再经暗室中的紫外线灯照射发出荧光，人工目视检查并且在缺陷处做出标记。

（3）坯料内部探伤的方法主要是超声波。在探伤过程中探头靠近方坯表面，发出超声波，为了使超声波传送良好，在探头和方坯表面之间需要耦合剂，缺陷一旦被检测出来，就会被记录下来，并在钢坯表面用彩色油喷上记号，以便随后辨认。

C　钢坯验收作业要点

钢坯验收作业要点主要有：

（1）组车进厂后，主动向调度室查询组车装料情况，查找炼钢厂钢坯输送单，检查钢坯输送单上填报的化学成分是否符合。如有个别成分超差，应会同检查员及时通知炼钢查询，并做好查询记录。

（2）携钢坯输送单到组车上逐车进行验收，验收工作要从组车一方向另一方逐次进行，按单据检查每炉钢的钢号是否打清，规格、支数、长尺、倍尺是否相符，相邻炉号在组车上的间隔是否合乎规定。如实物与输送单据完全相符，要在验收的钢坯上逐吊标志清楚，以便卸料人员准确吊卸，防止错吊、错放事故发生。

（3）在中夜班收车时，必须持手电照明。在组车上走动时，防止被钢坯烫伤、划伤，要站稳，防止脚失控落于车下。当发现天车作业影响收车时，应及时停下，确保安全后再继续验收。

（4）组车全部验收后，与检查员取得联系，通知收车情况。根据存放场地条件，确定每炉钢坯应卸的行垛号，通知卸料工卸车上垛。

（5）填写原料原始存放小卡片。卡片上必须注明钢种、规格、支数、单倍尺、长尺数量、总质量、验收时间、堆放行垛号，并应签字备查。

（6）填写原料收支台账。原料收支台账是原料工序最重要的原始记录之一。它是原料日、旬储存最重要的记录，是安排组织生产的重要依据。生产中要随时掌握原始收入，填写收入台账时要认真，字迹应工整、清楚，数字要准确无误。

（7）在收车和卸车过程中，或因某炉钢坯压了作业计划需要钢坯捣垛时，要将捣垛的钢坯根数、移放新垛号、堆放层次、吊数向卸料工交代清楚。放到新垛后，由卸料工重新画上间隔标志，并由原料管理工将该炉钢原料小卡片改写上行垛、道号。有实行钢坯移动小票的单位，应重新填写钢坯移动小票。小票上填写该炉钢熔炼号、钢号、规格、支数及总质量、收料日期、所移的行垛、道号，并将原钢坯移动小票同时作废。

1.1.5.3　原料的堆放

钢坯堆垛是原料管理的重要一环，合理有序的堆垛方式和堆垛位置，可以高效地周转和使用仓库，防止和避免钢坯混号，便于组织生产和安全操作。钢坯的堆放主要有“一”字形堆放和“#”型堆放，钢坯的堆垛方式主要取决于原料的类型和吊车形式。钢坯堆放时应注意：同一炉号的钢坯应尽量集中放在一个料架内；不同炉号的钢坯在同料架内堆放时，应有明显的分界线和标志；坯料钢种较多时，应按钢种将原料场划分为若干区域；坯料的入库、保管、出库均要建立完整的台账，并填写好各钢种的原始记录；交接班时，要做到“交得清，接得清”。

1.1.5.4 原料的组批与上料

原料的组批与上料必须根据生产计划进行，岗位人员对库存的钢坯量、钢种、堆放位置等要做到台账清楚，心中有数。组批时应注意的问题是：

（1）要考虑钢种的加热要求，同类型的钢种编在一起。改变钢种时，根据两种钢坯的加热制度应考虑加一定量的过渡钢坯。

（2）同一料架可能放有不同炉号钢坯时，先使用料架上部的坯料，再使用下部的坯料，避免天车重复翻垛。

（3）轧优质钢或新品种时，应考虑一定量试轧坯。

（4）要考虑轧机的换辊情况。

（5）有异议的钢坯，未接到已处理完毕通知前，不得编入上料计划。

钢坯在上料前，必须重新按钢坯卡核对钢种、炉号、根数、质量等，确认无误后才可上料。钢坯到上料台架后，要根据钢坯的外形、表面质量，对表面缺陷和弯曲、扭转等超过标准的钢坯及时挑出，并认真做好记录。

1.2 任务2 原料工序质量事故分析

原料质量关系着成品的各项指标，是质量管理工作的“咽喉”，要想把住“病从口入”关，首先应预防原料出现质量事故。

原料质量事故，最恶劣的是熔炼号混乱事故。这种事故一旦发生，必将给生产造成很大损失。其次是漏检量过多、钢质缺陷判断不明等事故。

1.2.1 混号事故及其预防

原料在验收、卸车、堆垛和铺料过程中，发生混号事故的可能性不大，即便有时因为工作疏漏，放错位置，由于是成吊的钢坯，又有明显的钢印或标号，有混号迹象很容易发现。实践证明，原料混号事故多半是在原料处理过程中发生的。

A 混号事故产生的主要原因

混号事故产生的主要原因是：

（1）原料工责任心不强，工作疏忽，往往误将上号与下号钢坯放在一起，造成混号。

（2）天车工翻料时，确认不够，可能扔错地点，误将上个号的钢坯扔到下个号的钢坯里，而原料工未及时发现。

（3）在非定尺坯料堆垛时，误将两个相邻号钢坯吊错、放错。

（4）在处理过程中，常有因钢质缺陷已判废的钢坯，在码料时稍不注意，可能使其落入合格的钢坯中，造成多根现象。

B 避免混号事故发生的措施

避免混号事故发生的措施主要有：

（1）加强原料工的责任心，时刻坚持质量第一的思想。指挥吊运作业中，无论是翻料还是码料，都要注意防止钢号混乱。

（2）吊料铺料时，相邻两熔炼号的间隔要清楚，留有足够的间距，防止卸料时混杂。

（3）在换班、吃饭、休息、交替工作时，交接人应准确无误地交代清处理情况，防止翻料、码料时，误将正在处理的相邻两个号的钢坯放混。

（4）在吊料、铺料、翻料、码料结束后，原料管理工要按规定核查每炉的熔炼号、钢号、根数及质量是否准确，发现异常应及时查找处理。

（5）每炉钢处理完毕后，应在每吊料侧面标上炉批号，每侧不得少于两块钢坯，原料管理工应将该炉钢的规格、根数、单重、总重通知加热炉运料工进行点料、验收，如点料时发现异常应及时追查原因。

1.2.2　轧后漏检过多

轧钢板时，轧后钢板上的结疤、裂纹、夹杂、气泡等缺陷属于钢质缺陷。除了夹杂、气泡可以根据废品记录，向炼钢厂退料外，裂纹、结疤等废品，按废品归户制度，要归到原料各作业班组及个人。这类废品，有些车间简称为原料漏检量。漏检量的高低是各作业班原料处理质量优劣的主要标志。由于钢质不好或处理时检查不细，处理质量不高，造成轧后漏检量过多时，视为质量事故。一般情况下，每炉钢经处理轧制后有 3 ~5t 以上的结疤、裂纹等钢质废品时，就要查清废品多的原因，追究责任班组和操作者的责任。

漏检量高的主要原因是：

（1）炼钢质量差。原料处理时易发现大量严重的拉裂、夹杂或裂纹等缺陷，经炼钢厂来人确认并加强清理后，轧后仍有大量结疤、裂纹、气泡等废品。除轧前办理好退料手续外，轧后钢质废品也应退给炼钢厂。

（2）原料处理时检查不细，应当处理的缺陷没有画出，或者处理质量不高，处理的宽深比不符合规定或有打坑等现象，造成轧后结疤缺陷。

（3）钢坯内部存在大量夹杂，表面检查不易发现，轧后夹杂暴露，造成大量废品。在轧钢板时，表面夹杂的钢板表面上呈直条状分布，夹杂较深或表露严重时，可使整张钢板报废。

复习思考题

1 -1　原料管理的主要任务有哪些？

1 -2　什么是按炉送钢制度？

1 -3　造成混号事故的原因主要有哪些？

项目二　加热操作

2.1　任务1　熟悉加热设备

2.1.1　连续式加热炉的基本组成

加热炉是一个复杂的热工设备，它由以下几个基本部分构成：炉膛与炉衬、燃料系统、供风系统、排烟系统、冷却系统、余热利用装置、装出料设备、检测及调节装置、电子计算机控制系统等。

2.1.1.1　炉膛与炉衬

炉膛是由炉墙、炉顶和炉底围成的空间，是对钢坯进行加热的地方。炉墙、炉顶和炉底通称为炉衬。

在加热炉的运行过程中，不仅要求炉衬能够在高温和荷载条件下保持足够的强度和稳定性，要求炉衬能够耐受炉气的冲刷和炉渣的侵蚀，而且要求其有足够的绝热保温和气密性能。因此，炉衬通常由耐火层、保温层、防护层和钢结构几部分组成。其中，耐火层直接承受炉膛内的高温气流冲刷和炉渣侵蚀，通常采用各种耐火材料经砌筑、捣打或浇注而成；保温层通常采用各种多孔的保温材料经砌筑、敷设、充填或粘贴形成，其功能在于最大限度地减少炉衬的散热损失，改善现场操作条件；防护层通常采用建筑砖或钢板建成，其功能在于保持炉衬的气密性，保护多孔保温材料形成的保温层免于损坏；钢结构是位于炉衬最外层的由各种钢材拼焊、装配成的承载框架，其功能在于承担炉衬、燃烧设施、检测仪器、炉门、炉前管道以及检修、操作人员所形成的载荷，提供有关设施的安装框架。

A　炉墙

炉墙分为侧墙和端墙。沿炉子长度方向上的炉墙称为侧墙，炉子两端的炉墙称为端墙。炉墙通常用标准直型砖平砌而成，炉门的拱顶和炉顶拱脚处用异型砖砌筑。侧墙的厚度通常为砖长的1.5～2倍。端墙的厚度根据烧嘴、孔道的尺寸而定，一般为砖长的2～3倍。整体捣打、浇注的炉墙尺寸则可以根据需要随意确定。大多数加热炉的炉墙由耐火砖的内衬和绝热砖层组成。为了使炉子具有一定的强度和良好的气密性，炉墙外面还包有4～10mm厚的钢板外壳或者砌有建筑砖层作炉墙的防护层。

炉墙上设有炉门、窥视孔、烧嘴孔、测温孔等孔洞。为了防止砌砖受损，炉墙应尽可能避免直接承受附加载荷。所以，炉门、冷却水管等构件通常都直接安装在钢结构上。

承受高温的炉墙当高度或长度较大时，要保证有足够的稳定性。增加稳定性的办法是增加炉墙的厚度或用金属锚固件固定。当炉墙不太高时，一般用232～464mm厚黏土砖和232～116mm厚绝热砖的双层结构。炉墙较高时，炉底水管以下的炉墙增加厚度116mm。

B　炉顶

加热炉的炉顶按其结构分为两种：拱顶和吊顶。

拱顶用楔形砖砌成，结构简单，砌筑方便，不需要复杂的金属结构。如果采用预制好的拱顶，更换时就更方便。拱顶的缺点是由于拱顶本身的质量产生侧压力，当加热膨胀后侧压力就更大。因此，当炉子的跨度和拱顶质量太大时，容易造成炉子的变形，甚至会使拱顶坍塌。所以，拱顶一般用于跨度小于 3.5 ~ 4m 的中小型炉子上，炉子的拱顶中心角一般为 60°。拱顶结构如图 2 – 1 所示。拱顶的主要参数是：内弧半径 R，拱顶跨度即炉子宽度 B，拱顶中心角 α，弓形高度 h。

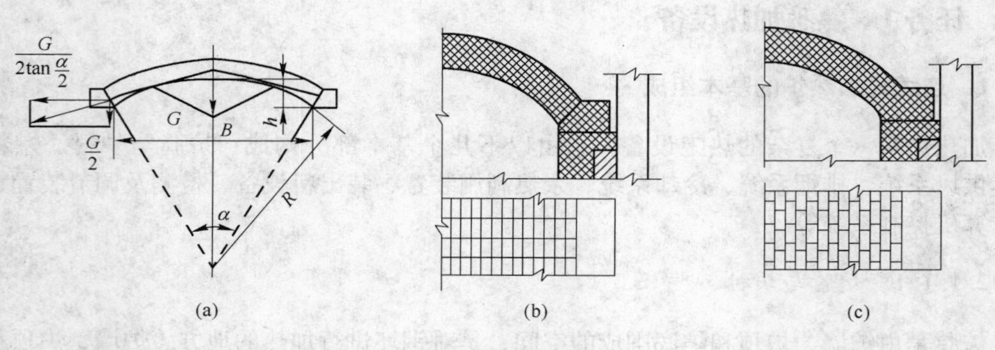

图 2 – 1　拱顶结构

（a）拱顶受力情况；（b）环砌拱顶；（c）错砌拱顶

拱顶的厚度与炉子的跨度有关，为了保证拱顶具有足够的强度，炉子的跨度较大时，炉顶的厚度则应相应适当加大。当拱顶跨度在 3.5m 以下时，拱顶的耐火砖层厚度为 230 ~ 250mm，绝热层厚度为 65 ~ 150mm；当拱顶跨度在 3.5m 以上时，耐火砖层厚度为 230 ~ 300mm，绝热层厚度为 120 ~ 200mm。

拱的两端支撑在特制的拱角砖上，拱的其他部位用楔形砖砌筑。拱顶可以用耐火砖砌筑，也可用耐火混凝土预制块砌筑。炉温为 1250℃ 以上的高温炉的拱顶采用硅砖或高铝砖，但硅砖仅适合于连续运行的炉子。耐火砖上面可用硅藻土砖绝热，也可用矿渣棉等散料作绝热层。拱顶砌砖在炉长方向上应设置弓形的膨胀缝，若用黏土砖砌筑则每米应设膨胀缝 5 ~ 6mm，用硅砖砌筑则每米应设膨胀缝 10 ~ 12mm，用镁砖砌筑则每米应设膨胀缝 8 ~ 10mm。

当炉子跨度大于 4m 时，由于拱顶所承受的侧压力很大，一般耐火材料的高温结构强度已很难满足，因而大多采用吊顶结构，图 2 – 2 所示为常用的几种吊顶结构。吊挂顶是由一些专门设计的异型砖和吊挂金属构件组成。吊挂顶按吊挂形式分，可以是单独的或成

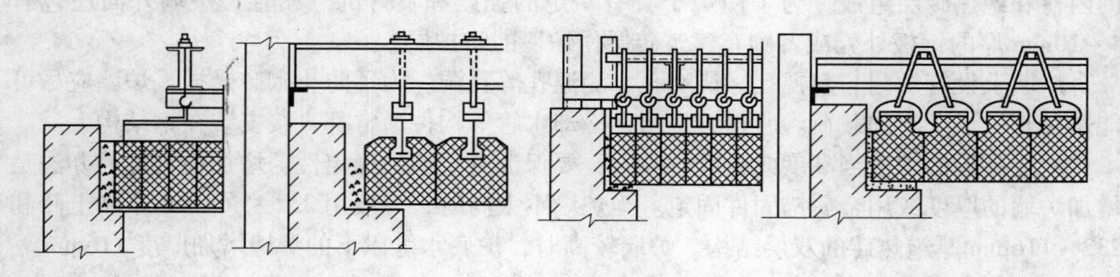

图 2 – 2　吊顶结构

组的吊挂砖吊在金属吊挂梁上。吊顶砖的材料可用黏土砖、高铝砖和镁铝砖，吊顶外面再砌硅藻土砖或其他绝热材料，但砌筑切勿埋住吊杆，以免烧坏失去机械强度，吊架被砖的质量拉长。连续式加热炉多采用由吊挂钢结构、锚固砖和浇注料整体浇注炉顶，还有提前预制烘烤成型的炉梁或带锚固砖的炉顶预制块组装的复合顶。

吊挂结构复杂，造价高，但它不受炉子跨度的影响且便于局部修理及更换。

C 炉底

炉底是炉膛底部的砌砖部分，炉底要求承受被加热钢坯的质量，高温区炉底还要承受炉渣、氧化铁皮的化学侵蚀。此外，炉底还要经常与钢坯发生碰撞和摩擦。

炉底有两种形式：一种是固定炉底，另一种是活动炉底。固定炉底的炉子，坯料在炉底的滑轨上移动，除加热圆坯料的斜底炉外，其他加热炉的固定炉底一般都是水平的。活动炉底的坯料是靠炉底机械的运动而移动的。图2-3所示为连续式加热炉的炉底结构。

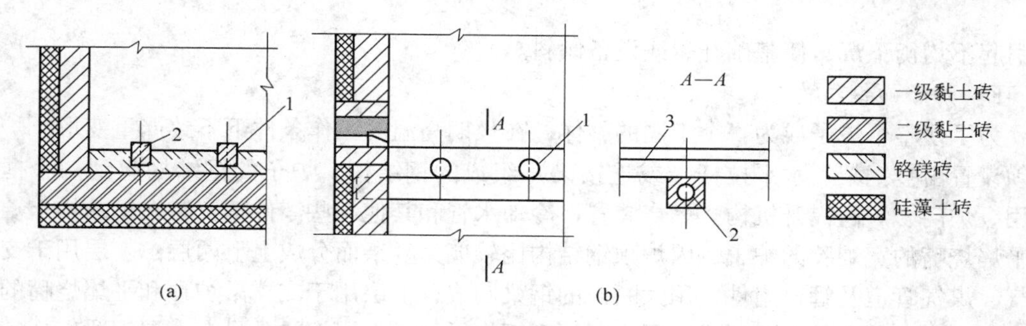

图2-3 连续式加热炉的炉底结构

（a）带滑轨的连续加热炉炉底：1，2—滑轨；

（b）两面加热的连续加热炉炉底：1—水冷管；2—水冷管支撑；3—滑轨

单面加热的炉子，其炉底都是实心炉底；两面加热的炉子，炉内的炉底通常分实底段（均热段）和架空段两部分，但现在大部分炉子的炉底是架空的。

炉底的厚度取决于炉子的尺寸和温度，厚度在200~700mm之间变动。炉底的下部用绝热材料隔热。由于镁砖具有良好的抗渣性，因此，轧钢加热炉的炉底上用镁砖砌筑。并且，为了便于氧化铁皮的清除，在镁砖上还要再铺上一层40~50mm厚的镁砂或焦屑。

推钢式加热炉为避免坯料与炉底耐火材料直接接触和减少推料的阻力，在单面加热的连续式加热炉或双面加热的连续式加热炉的实底部分安装有金属滑轨，而双面加热的连续式加热炉安装的则是水冷滑轨。

实炉底一般并非直接砌筑在炉子的基础上，而是架空通风的，即在支撑炉底的钢板下面用槽钢或工字钢架空，避免因炉底温度过高使混凝土基础受损，这是因为普通混凝土温度超过300℃时，其机械强度显著下降，从而遭到破坏。实炉底高温区炉底结构如图2-4所示。

D 基础

基础是炉子支座，它将炉膛、钢结构和被加热钢坯的质量所构成的全部载荷传到地面上。

大中型炉子基础的材料都是混凝土基础，只有小型加热炉才用砖砌基础。

砌筑基础时，应避免将炉子部件和其他设备放在同一整块基础上，以免由于负荷不同

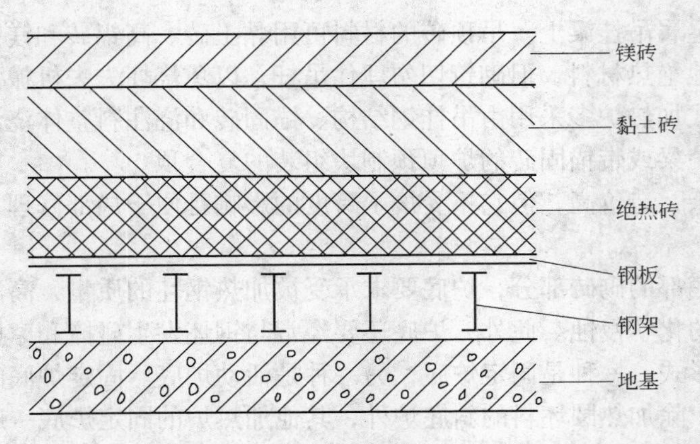

图2-4 实炉底高温区炉底结构

而引起不均衡下沉，使基础开裂或设备倾斜。

E 炉子的钢结构

为了使整个炉子成为一个牢固的整体，在长期高温的工作条件下不致严重变形，炉子必须设置由竖钢架、水平拉杆（或连接梁）组成的钢结构。炉子的钢结构起到一个框架作用，炉门、炉门提升机构、燃烧装置、冷却水管和其他一些零件都安装在钢结构上。使用平焰烧嘴的宽炉膛的炉子，因炉顶钢结构比较庞大复杂而分成上下两层：上层用于支撑空气、煤气管道及管道附件，用大断面的钢梁制成；下层用于支撑吊炉顶和平焰烧嘴的质量，用中小型断面的钢梁制成。用小断面型钢作吊杆将下层钢梁悬吊在上层钢梁上。

2.1.1.2 加热炉的冷却系统

加热炉的冷却系统是由加热炉炉底的冷却水管和其他冷却构件构成。冷却方式分为水冷却和汽化冷却两种。

A 炉底水冷结构

a 炉底水管的布置

在两面加热的连续加热炉内，坯料在沿炉长敷设的炉底水管上向前滑动。炉底水管由厚壁无缝钢管组成，内径为50~80mm，壁厚为10~20mm。为了避免坯料在水冷管上直接滑动时将钢管壁磨损，在与坯料直接接触的纵水管上焊有直径（边长）20~40mm的圆钢或方钢，称为滑道（或滑轨），磨损以后可以更换滑道，而不必更换水管。为了增加滑道的耐磨性，常采用连续焊缝以加强冷却，也有用矩形钢管、椭圆形钢管制作的，如图2-5（c)所示。这类结构对钢料的冷却作用强，“黑印”严重，多用于加热炉的预热段。在炉子的加热段和均热段将纵水管故意下降50~100mm，水管上面覆盖厚度为70~150mm的金属滑道。厚度较小的称为半热滑道，如图2-5（b）所示；厚度较大或在水管与滑道之间衬以隔热材料的称为热滑道，如图2-5（a）所示。

两根纵向水管间距不能太大，以免坯料在高温下弯曲，间距最大不超过2m。但间距也不宜太小，否则下面遮蔽太多，削弱了下加热，间距最小不少于0.6m。为了使坯料不掉道，坯料两端应比水管宽出100~150mm。

炉底水管承受坯料的全部质量（静负荷），并经受坯料推移时所产生的动载荷。因

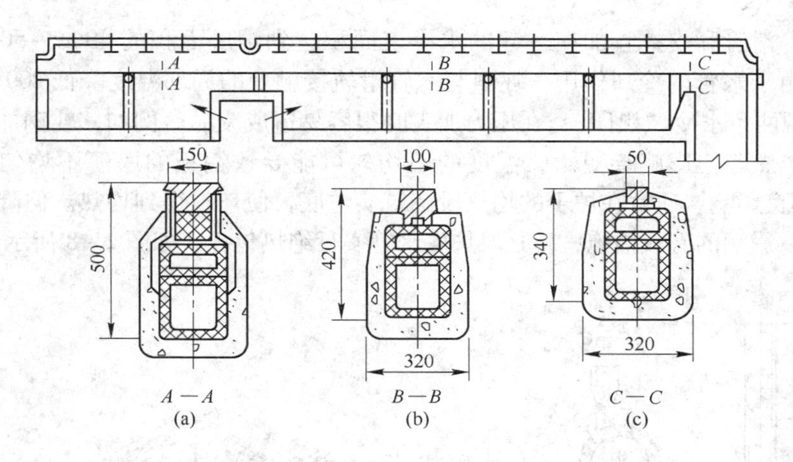

图2-5 加热炉各段滑道

此，纵水管下需要有支撑结构。炉底水管的支撑结构形式很多，一般在高温段用横水管支撑，横水管彼此间隔1～3.5m，如图2-6（a）所示，横水管两端穿过炉墙靠钢架支持。横水管一般不与炉底纵水管连通，二十几根横水管连接起来，形成一个回路。这种结构只适用于跨度不大的炉子。当炉子很宽，上面坯料的负载很大时，需要采用双横水管或回线形横支撑管结构，如图2-6（b）所示。管的垂直部分用耐火砖柱包围起来，这样下加热炉膛空间被占去不少。

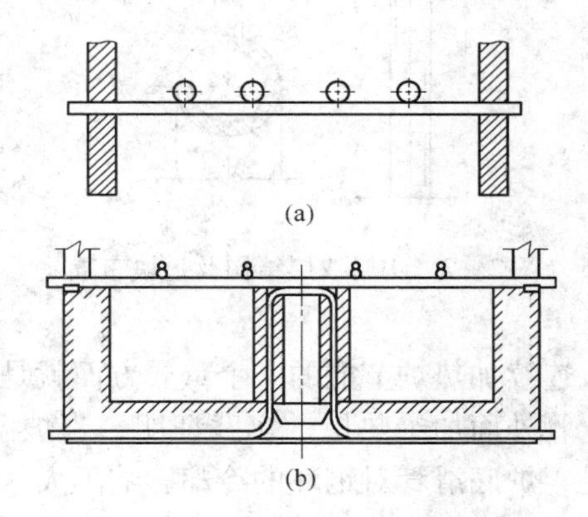

图2-6 炉底水管的支撑结构

在选择炉底水管支撑结构时，除了保证其强度和寿命外，应力求简单。这样一方面为了减少水管可以减少热损失，另一方面免得下加热空间被占去太多，这一点对下部的热交换和炉子生产率的影响很大。因此，在现代加热炉设计中，力求加大水冷管间距，减少横水管和支柱水管的根数。

在步进式加热炉内，设置了固定梁和活动梁。固定梁的主要作用是支撑钢坯；活动梁的主要作用是通过矩形运动，将钢坯从固定梁上的一个位置搬运到另一个位置。在加热炉的钢坯和水冷梁之间，在不同的温度段间断地交错设置了不同材质、不同高度的耐热垫块，低温段可采用ZGCr25Ni20Si2，高温段可采用Co50，以消除钢坯和水冷梁之间接触处水冷“黑印”，并缩小接触处和两个支撑梁中间钢坯表面的温差。固定梁和活动梁由立柱支撑。固定梁、活动梁和支撑立柱采用108～219mm厚壁碳素无缝钢管制成；固定梁和活动梁一般为双管结构，如图2-7所示，其间用小方钢连接，也有的采用椭圆形钢管制作；支撑立柱常采用无缝钢管制作的双层套管，用水冷却，外管进水，内管排水。每根立柱根部带放水、排污和检查用阀门。立柱管与纵向支撑梁用刚性焊接结构，立柱在安装时要考虑纵向支撑梁受热时的膨胀量，使其在炉子工作状态下保持垂直受力。

b 炉底水管的绝热

炉底水冷滑管和支撑管加在一起的水冷表面积达到炉底面积的40%～50%，带走大量热量。又由于水管的冷却作用，坯料与水管滑轨接触处的局部温度降低200～250℃，使坯料下面出现两条水冷“黑印”，在压力加工时很容易造成废品。例如，轧钢加热炉加热板坯时出现的“黑印”影响会更大，温度的不均匀可能导致钢板的厚薄不均匀。为了清除“黑印”的不良影响，通常在炉子的均热段砌筑实炉底，使坯料得到均热。但降低热损失和减少“黑印”影响的有效措施，就是对炉底水管实行绝热包扎，如图2－8所示。

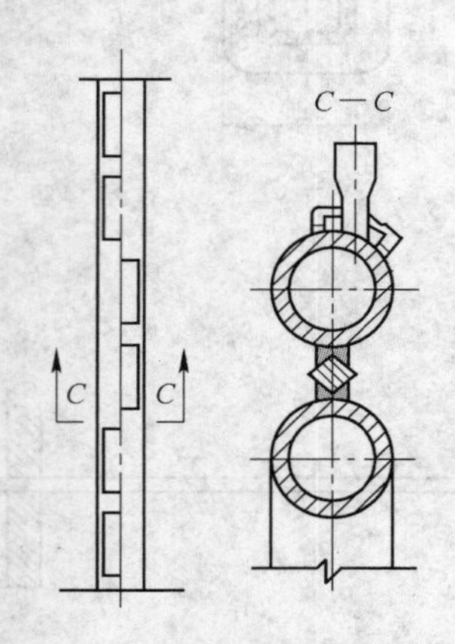

图2－7　水梁双层结构及垫块布置

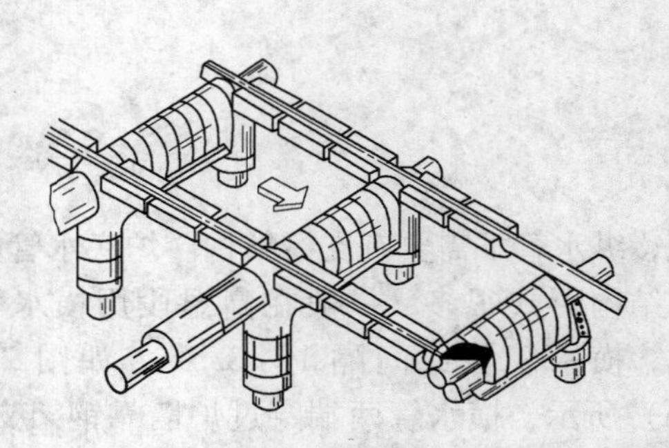

图2－8　炉底水管绝热的结构图

连续加热炉节能的一个重要方面就是减少炉底水管冷却水带走的热量，因此，应在所有水管外面加绝热层。实践证明，当炉温为1300℃时，绝热层外表面温度可达1230℃，可见，炉底滑管对钢坯的冷却影响不大。同时还可以看出，水管绝热时，其热损失仅为未绝热水管的1/4～1/5。

过去水冷绝热使用异型砖挂在水管上，由于耐火材料要受坯料的摩擦和振动、氧化铁皮的侵蚀、温度的急冷急热、高温气体的冲刷等，因此挂砖的寿命不长，容易破裂剥落。现已普遍采用可塑料包扎炉底水管。包扎时，在管壁上焊上锚固钉，能将可塑料牢固地抓附在水管上。它的抗热震性好，耐高温气体冲刷，耐振动，抗剥落性能好，能抵抗氧化铁皮的侵蚀，即使结渣也易于清除，施工比挂砖简单得多，使用寿命至少可达1年。这样包扎的炉底水管，可以降低燃料消耗15%～20%，降低水耗约50%，炉子产量提高15%～20%，减少了坯料“黑印”的影响，提高了加热质量，并且投资费用不大，但增产收益很高，经济效益显著。

水冷管较好的包扎方式是复合（双层）绝热包扎，如图2－9所示。它是采用一层10～12mm的陶瓷纤维，外面再加40～50mm厚的耐火可塑料（10mm厚的陶瓷纤维相当于50～60mm厚可塑料的绝热效果）。这样的双层包扎绝热比单层绝热可减少热损失20%～30%。我国目前复合包扎采用直接捣固法及预制块法，

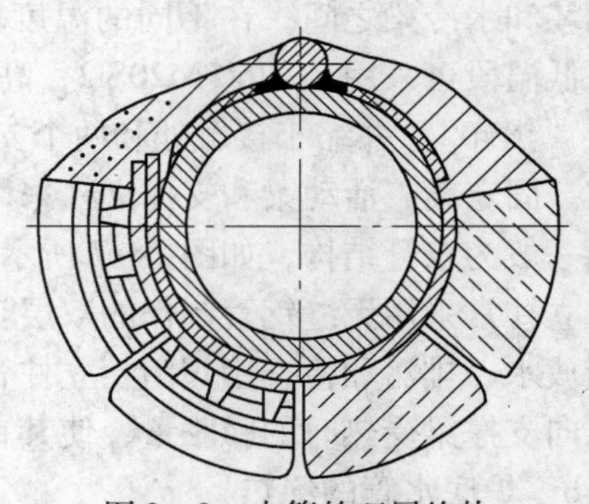

图2－9　水管的双层绝热

直接捣固法要求施工质量高，使用寿命因施工质量好坏而异，预制块法值得推广。预制块法是用渗铝钢板作锚固体，里层用陶瓷纤维，外层用可塑料机压成型，然后烘烤到300℃，再运到现场进行安装，施工时，将金属底板焊压在水管上即可。

为了进一步消除“黑印”的影响，长期以来人们都在研究无水冷滑轨。无水冷滑轨所用材质必须能承受坯料的压力和摩擦，又能抵抗氧化铁皮的侵蚀和温度急变的影响。国外一般采用电熔刚玉砖或电熔莫来石砖，在低温段则采用耐热铸钢金属滑轨，但价格很高，而且高温下容易氧化起皮，不耐磨。国内试验成功了棕刚玉－碳化硅滑轨砖，座砖用高铝碳化硅制成，效果较好。棕刚玉（即电熔刚玉）熔点高，硬度大，抗渣性能也好，但抗热震性较差。以85%的棕刚玉加入15%碳化硅，再加5%磷酸铝作高温胶结剂，可以满足滑轨要求。碳化硅的加入提高了制品的导热性，改善了抗热震性。通常800℃以上的高温区用棕刚玉－碳化硅滑轨砖及高铝碳化硅座砖，800℃以下可采用金属滑轨和黏土座砖，金属滑轨材料可用ZGMn13或1Cr18Ni9Ti。

B　汽化冷却

用水冷却耗水量大，带走的热量也不能很好利用，采用汽化冷却可以弥补这些缺点，因而受到了重视。

汽化冷却的基本原理是：水在冷却管内被加热到沸点，呈汽水混合物进入汽包，在汽包中使蒸汽和水分离。分离出来的水又重新回到冷却系统中循环使用，而蒸汽从汽包引出可供使用。

2.1.1.3　步进式加热炉炉底机械

A　钢坯在炉内的运送

目前，绝大多数炉内步进梁（或步进炉底，下同）的运行轨迹采用分别进行平移运动和升降运动的矩形轨迹，如图2－10所示。步进梁的原始位置设在后下极限位置，步进梁在垂直上升过程中将钢坯从固定梁（或固定炉底，下同）上托起至上极限位置，即步进梁顶面由低于固定梁顶面升到高于固定梁顶面，然后步进梁前进一步，钢坯在炉内向前水平移动一个步距；步进梁垂直下降，将钢坯放置在固定梁上，步进梁再继续下降到下极限位置；然后向后水平移动一个步距，回到原始位置，完成一个步进动作。如此经多次循环，钢坯从炉子装料端一步步向出料端移动，至出料炉门处钢坯已被加热到预定的温度，然后出料。

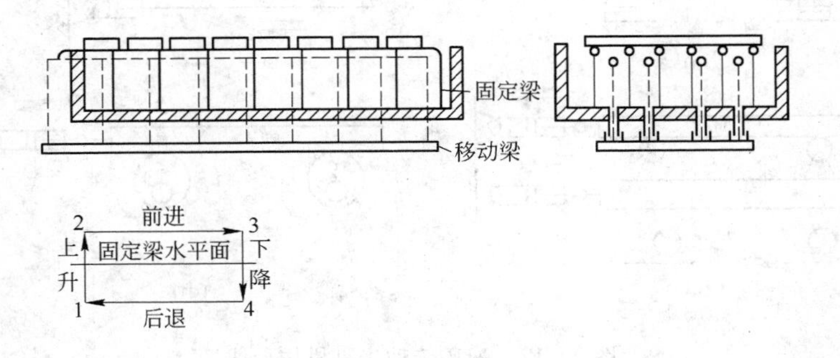

图2－10　步进式炉内钢坯的运动

双步进梁式加热炉没有固定梁，由两组可动梁组成。第一组可动梁将钢坯抬起，前进过程中，第二组可动梁升起从第一组可动梁上接过坯料并送进。如此循环工作，坯料如同炉底辊运输一般，可保持不变的作业中心线，以一定速度连续平滑地运送。在运送过程中不会划伤钢坯下表面，并可与装出料辊道完全同步，其运送速度可自由调速，不但可逆送，且能停下，不需要采取防备电源停电的紧急措施。

为了避免升降过程中的振动和冲击，在上升和下降及接受钢坯时，步进梁应该中间减速。水平进退时开始与停止也应该考虑缓冲减速，以保证梁的运动平稳，避免钢坯在梁上擦动。办法是用变速油泵改变供油量来调整步进梁的运行速度。步进底（或梁）在矩形轨迹上的运行速度变化曲线如图 2 - 11 所示。

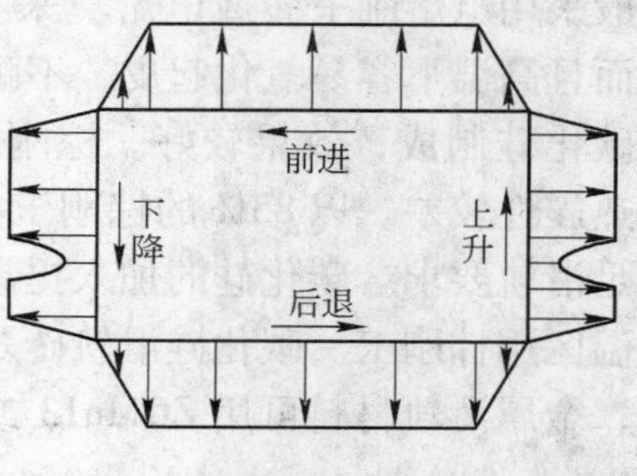

前进
下降
上升
后退

图 2 - 11　步进周期内运行速度变化曲线

步进梁运行方式有以下 5 种情况：

（1）踏步操作，即步进梁只做升降运动，主要用于坯料待轧。

（2）手动按钮操作。主要用于钢坯的倒退运动，或称逆循环，此时操作者可在循环的任何一点启动或停止步进梁，或者说单独运行升、降、进、退行程中的某一项。

（3）半自动操作。步进梁可做全周期运动或停止，由操作者控制。

（4）全自动操作。步进梁运动与半自动方式相同，但由轧机操作者控制。

（5）根据计算机的指令操作。

步进式加热炉的步进机构由驱动系统、步进框架和控制系统组成。步进系统一般分为机械传动和液压传动两种，目前广泛采用液压传动。现代大型加热炉的移动梁及上面的钢坯重达数百吨，使用液压传动机构运行稳定，结构简单，运行速度的控制比较准确，占地面积小，设备质量轻，与机械传动相比有明显的优点。液压传动步进机构形式如图 2 - 12 所示。图 2 - 12（b）、图 2 - 12（c）、图 2 - 12（d）三种结构形式是目前比较常见的。我

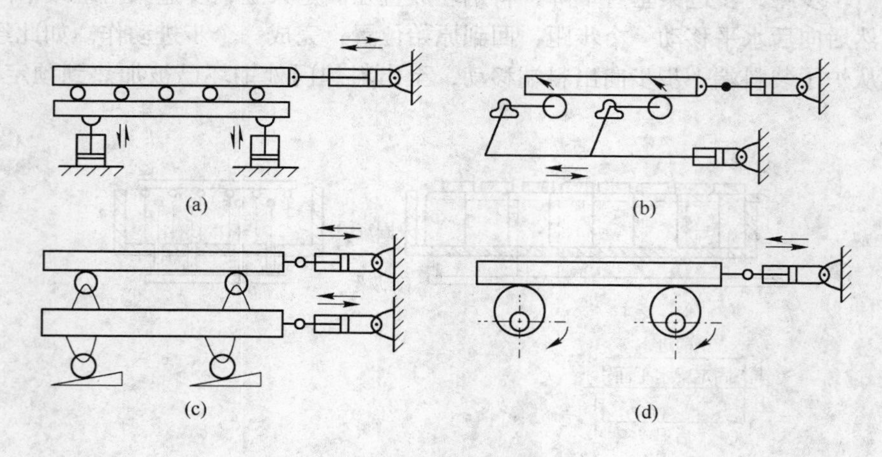

图 2 - 12　液压传动步进机构形式

（a）直接顶起式；（b）杠杆式；（c）斜块滑轮式；（d）偏心轮式

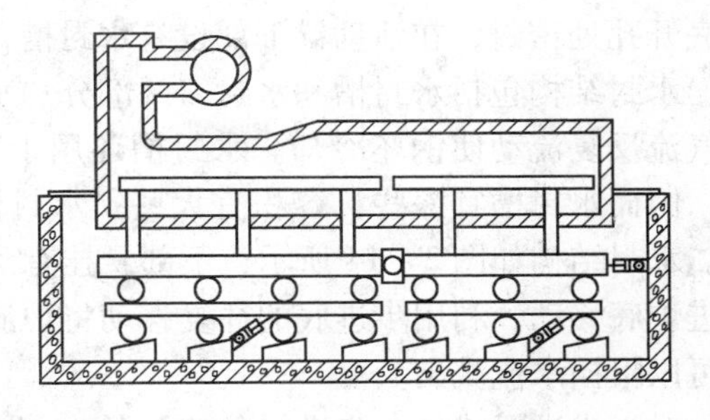

图2－13 炉底步进机构动作的原理

国应用较普遍为斜块滑轮式。以斜块滑轮式为例说明其动作的原理如图2－13所示，步进梁（移动梁）由升降用的下步进梁和进退用的上步进梁两部分组成。上步进梁通过辊轮作用在下步进梁上，下步进梁通过倾斜滑块支撑在辊子上。上下步进梁分别由两个液压油缸驱动，开始时上步进梁固定不动，上升液压缸驱动下步进梁沿滑块斜面抬高，完成上升运动，然后上升液压缸使下步进梁固定不动，水平液压缸牵动上步进梁沿水平方向前进，前进行程完成后，以同样方式完成下降和后退的动作，结束一个运动周期。由于步进式炉很长，上下两面温度差过大，线膨胀的不同会造成大梁的弯曲和隆起。为了解决这个问题，在设计上，目前一些炉子将大梁分成若干段，各段间留有一定的膨胀间隙，变形虽不能根本避免，但弯曲的程度大为减轻，不致影响炉子的正常工作；操作上，在烘炉前要装入适量钢坯，以防止隆起。

B 步进运动的行程和速度

步进梁（或步进炉底，下同）的总升降行程一般为70～200mm，正常情况下炉子过钢线上下行程相等。它和钢坯入炉前的弯曲程度、炉长以及钢坯在步进梁上的悬臂长度等有关。炉子长度为10～15m、钢坯较短、在炉内运行时不会出现明显的弯曲变形时，总升降行程可定为70mm；炉长超过20m时，总升降行程可取200mm。有时设计中让炉子过钢线上的行程大于过钢线下的行程，以减小坯料本身弯曲、炉底结渣对钢坯运行的影响。升降速度的平均值通常为15～40mm/s。步进梁的平移行程与钢坯入炉前的弯曲程度、坯料的宽度以及坯料之间的间隙有关，一般为160～300mm，它还要和炉子的有效长度相配合。移动速度通常为30～80mm/s。提升速度慢些有利于减小提升过程中的炉底震动和电动机功率。有时为了节能和缩短步进周期，让步进梁在下降和后退时的速度尽量快些。坯料宽度相差较大时，必要情况下步进梁可以有几种平移行程。步进框架及步进机械分成两段时，加热段和均热段液压缸的平移行程往往是预热段液压缸平移行程的1～2倍。只有一套步进机械时，钢坯在炉内的最大移动速度就是平移行程与最短步进周期之比，此速度必须和装出料机械的节奏以及炉子的产量相协调。液压系统中采用比例阀及带压力传感器的变量泵，可以很方便地进行加减速控制，在升降行程和平移行程的起点和终点，做到炉底设备缓慢启动、平稳停止；在升降行程的中部，实现坯料的“轻托轻放”。

为了控制炉底机械运行的位置，采用无触点开关、光电开关、限位开关、液压缸内置或外置线性位移传感器等。为了减小钢坯跑偏，除了设置定心装置外，步进梁传动机械（包括步进用框架）的制造和安装时要求保证规定的精度，左右两套升降机构必须要求同步（使用同步轴、同步液压缸、同步油马达、伺服阀等），装钢时尽量按中心线对称布料。

2.1.1.4 炉底密封与清渣结构

对于步进式加热炉，步进梁的立柱穿过炉底并固定在平移框架上。为了使活动立柱与炉底开孔处密封，在活动梁下部设有水封槽，水封槽固定在平移框架上。

水封结构包括水封槽和水封刀两部分。水面上方的炉内空间宜小些，以免在升降过程中气流反复流动使钢坯冷却。水封槽还用于储存通过缝隙落下的氧化铁皮和耐火材料碎渣，因而水封槽宜深些，容积宜大些。水封槽的一边要向外倾斜，以便人工清除槽内积渣。水封结构如图2－14所示，下部悬挂有刮渣板，板间距小于步进底步距，水封槽则随步进炉底移动，利用步进底的往复移动将炉渣集中。出料口附近水封槽的槽边有向内的凸缘可以阻挡水流溅出。

对于步进梁式炉，步进梁的立柱管穿过炉底长圆形开孔并固定在水平框架上，如图2－15所示，开孔的四周用浇注料捣制成一圈高于炉子底面的围墙，以防止炉渣掉入水封槽。为防止冷空气渗入炉内，在炉底钢结构与水平框架上的水封槽之间设裙式水封刀和支撑梁管头端盖，插入水封槽内进行密封。通过开孔落入水封槽的氧化铁皮，在步进梁下降和后退的过程中，通过安装在裙式水封刀下部以及其间的刮渣板被自动刮向装料端，水封槽和刮渣板在装料端是逐渐向上倾斜的。槽内的氧化铁皮高于水面后形成干渣，通过漏斗下的手动开闭机构定期将此干渣漏入出渣车内，运到车间外。水封槽的溢出水通到轧线冲渣沟，水封槽由船板钢板制造，槽内面涂沥青，刮板和裙罩及裙罩内部锚固钩材质均由不锈钢制造而成。

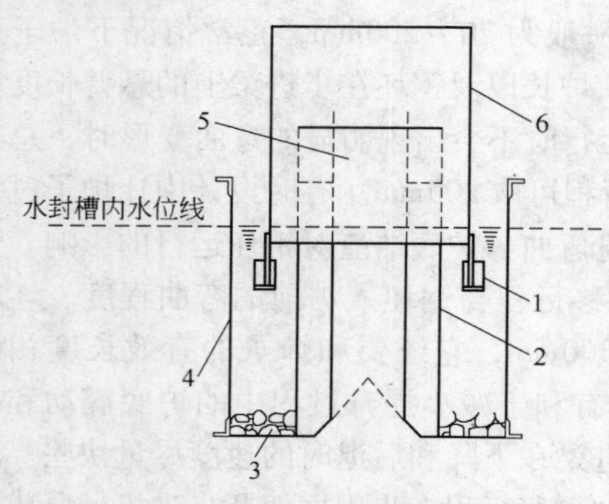

图2－14 水封结构

1—刮渣板；2—内侧板；3—氧化铁皮；
4—外侧板；5—活动立柱；6—密封箱

图2－15 固定梁和活动梁立柱

2.1.1.5 炉内坯料终点位置控制装置

为了控制加热炉内坯料的移动行程，加热炉内设置了机械装置、γ射线、工业电视等装置来控制坯料在炉内的终点位置，以便用出钢机取出坯料。图2－16所示为控制板坯在炉内终点位置的机械装置示意图。顶杆1伸入到炉膛内，当推钢机推动板坯，顶杆被压在板坯下面时（相当于顶杆转了14°），在触头3的凸缘作用下，极限开关4立即断电，推钢机停止推钢，但可以往后返回。只有用出钢机把板坯取走，顶杆靠重锤5返回到原来位置后，推钢机才有可能推下一块板坯。顶杆用内部通水的方法冷却。

2.1.1.6 炉门

炉子上设置有下列炉门和开口。

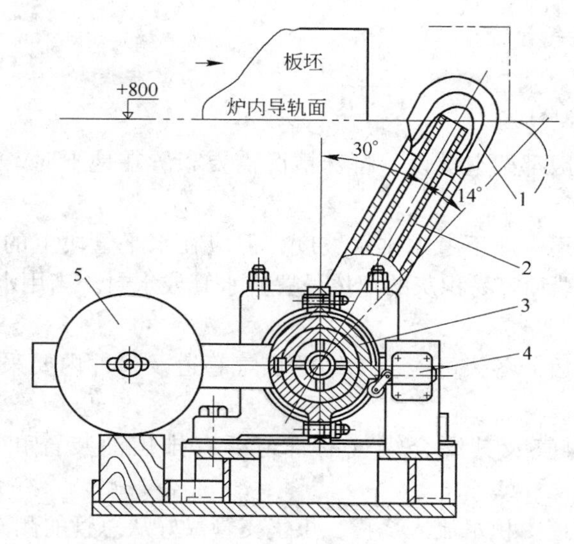

图2-16　控制板坯在炉内终点位置的机械装置示意图
1—顶杆；2—冷却水管；3—触头；4—极限开关；5—重锤

A　装出料炉门

侧装侧出料时，装料侧侧墙上设置装料炉门，用于防止冷空气侵入和炉内的热气体逸出以及炉内向炉外辐射热量。装料炉门由汽缸或带齿轮箱的电动机驱动并与钢坯移送动作连锁。出料侧两个侧墙上的出料炉门，也是由汽缸或电动机驱动并与钢坯移送动作连锁。炉门为升降式，用耐火隔热材料作内衬，通常是铸铁制造的；炉门框有的是铸件，有的是水冷的焊接件。用出钢机出料时一个出料炉门用于出钢，另一个炉门用于推杆的进退。用悬臂辊出料时，另一个炉门可用于烘炉期间放置临时烧嘴或监视出料。端装和端出料的炉门和前述炉门大体相同，较大的出料炉门采用焊接结构并有水冷炉门框。

B　观测炉门或观察孔

观测炉门位于炉子两侧墙的过钢线标高处，用于日常观察、炉子测试和烘炉期间放置临时烧嘴。观察炉门多数是内衬耐火隔热材料的侧开式炉门，炉门槛和炉底取齐。门扇中心有一销轴，还装有门栓，能平移转动，即门扇打开后其热面仍朝着门洞，改善了操作条件。观察孔用于在不打开炉门或无观测炉门的情况下观察炉子内部。

C　检修门或人孔

检修门位于炉子加热段和均热段的两侧墙的炉底标高处，用于炉子检修时出入炉内传递筑炉用材料和清除炉渣。门上有螺栓或门栓固定的盖板，门后的耐火材料侧墙上的开孔处用耐火砖干砌堵死以减少热损失。

D　排渣口

在均热段悬臂下方沿炉宽有若干个排渣口，可将该处落下的氧化铁皮集中起来定期清除。

从节能观点出发，炉门个数应尽量减少，炉门结构应尽量严密，操作时炉门的开启时间应尽量缩短。

2.1.1.7 炉前煤气管道

A 管道布局

对管道布局的要求是：

（1）煤气管道一般都架空敷设，特殊情况需要布置在地下时，应设置地沟并保证通风良好，检修方便。

（2）炉前煤气管道一般不考虑排水坡度，但应在水平管段上的流量孔板和主开闭器的前后、分段管的末端和容易积灰的部位设置排水管或水封。当用水封排水时，水封深度要与煤气压力相适应。

（3）积聚冷凝水后，冬天可能会冻结的煤气管道及附件内要采取保温措施，防止管内水汽结冰。

（4）冷发生炉煤气及其混合煤气的管道要有排焦油装置和不小于0.2%的排油坡度。

（5）为了避免管道内积水流入烧嘴，煤气支管最好从总管的侧面或上面引出。

（6）当煤气管道系统中装有预热器，并考虑预热器损坏检修时炉子要继续工作，应装设附有切断装置的旁通管路。

（7）炉前煤气管道上一般应设有：两个主开闭器或一个开闭器、一个眼镜阀、放散系统、爆发试验取样管、排水及排焦油装置、调节阀门、自动控制装置和安全装置及与之相适应的附件。

B 放散系统

煤气管道直径小于50mm时一般可不设放散管，管径100mm以下，管道内的体积不超过0.3m³时，一般设放散管但可不用蒸汽吹刷，直接用煤气进行置换放散。将煤气直接放散入大气中时，放散管一般应高出附近10m内建筑物通气口4m，距地面高度不低于10m，放散一般与煤气同一流向进行。放散管应置于两个主闸阀之间，各段煤气管的末端及管道最高点引出，并需考虑各主要管段均能受到吹刷。吹刷用蒸汽接点设在炉前煤气总管第二个主闸阀和各段闸阀之后并靠近闸阀，吹刷时用软管与供气点连接。吹刷放散时间，大型炉子约需30min～1h，小炉子约需15min。

C 管道绝热

为了减少管道的散热损失，热煤气管道必须敷设绝热层，管道绝热方式有管外包扎和管内砌衬两种工艺，根据管道内介质温度和管径大小确定。金属钢管壁的工作温度不宜超过300℃，当管内气体温度低于350℃、管径小于700mm时，可用管外包扎绝热。管内气体温度高于400℃或管径较大时，可用管内砌衬绝热，但衬砖后内径不应小于500mm，且每隔15～20m要留设人孔。

2.1.1.8 空气管道

空气管道一般都架空敷设，需敷设在地下时，直径较小的可以直接埋入地下，但表面应涂防腐漆，热空气管道应放在地沟内。

空气管道一般应采用蝶阀调节，也可采用焊接的闸板阀。

为了减少管道的散热损失，热空气管道也要敷设绝热层。

2.1.1.9 排烟系统

为了使加热炉能正常工作，需要不断供给燃料所用的空气，同时又要不断地把燃烧后产生的废烟气排出炉外，因此，炉子设有排烟系统。

A 烟道

a 烟道布置

对烟道布置的要求是：

(1) 地下烟道不会妨碍交通和地面上的操作，因此一般烟道都尽量布置在地下。

(2) 要求烟道路程短，局部阻力损失小。

(3) 烟道较长时，其底部要有排水坡度，以便集中排出烟道积水。

(4) 当烟道中有余热回收装置时，一般要设置旁通烟道和相应的闸板、人孔等，以便在余热回收装置检修时不影响炉子的生产操作。

(5) 烟道要与厂房柱基、设备基础和电缆保持一定距离，以免受烟道温度影响。

b 烟道断面

烟道一般采用拱顶角为60°或180°的烟道断面，当烟气温度较高、地面载荷较大、烟道断面较大或受振动影响大的烟道，一般用180°拱顶。同样烟道断面积时，60°拱顶的烟道高度可小些，但应注意防止因拱顶推力而使拱脚产生位移。

烟道内衬黏土砖的厚度与烟气温度有关。当烟气温度为500～800℃，烟道内宽小于1m时，一般用113mm厚的黏土砖，烟道内宽大于1m时，用230mm厚黏土砖；烟气温度低于500℃时，可用100号机制红砖内衬。当烟道没有混凝土外框时，外层用红砖砌筑，其厚度应能保证烟道结构稳定。

B 烟道闸板和烟道人孔

a 烟道闸板

为了调节炉膛压力或切断烟气，每座炉子一般都要设置烟道闸板。

b 烟道人孔

烟道上一般都要开设人孔，以便于清灰、检修和开炉时烘烤。

C 烟囱

加热炉的排烟一般都用烟囱，因为它不需要消耗动力，维护简单，只有当烟囱抽力不足或使用蓄热式加热炉时，才采用引风机或喷射管来帮助排烟。

烟囱是最常用的排烟装置，它不仅起排烟作用，而且也有保护环境的作用。烟囱有砖砌、混凝土以及金属3种。

金属烟囱寿命低，易受腐蚀，但它建造快，造价低。当烟温高于350℃时，金属烟囱要砌内衬，衬砖厚度一般为半块砖；烟温达到350～500℃时用红砖砌筑，高度为烟囱的1/3；烟温为500～700℃时烟囱全高衬砌红砖；烟温为700℃以上时烟囱全高衬砌耐火砖。

工业炉用烟囱在投入使用前一般要进行烘烤。烘烤方法一般是在烟道或烟囱底部烧木柴或煤炭，随着抽力的形成，气流逐渐与炉子接通。烟囱烘干后如出现裂纹，应及时进行修补。烘烤烟囱的最高温度为：

有耐火砖内衬的红砖烟囱——300℃；

无耐火砖内衬的红砖烟囱——250℃；

有耐火砖内衬的钢筋混凝土烟囱——200℃；

有耐火砖内衬的金属烟囱——200℃。

2.1.1.10　气体燃料的燃烧装置——烧嘴

燃料燃烧得完全与否、燃烧温度的高低、火焰的长短、炉内温度分布等均与燃烧装置的结构有关。由于气体与液体的燃烧方式不同，因此燃烧装置的结构也截然不同。

煤气的燃烧方法分为有焰燃烧和无焰燃烧两种，因此，烧嘴也有有焰烧嘴和无焰烧嘴之分。

A　有焰烧嘴

有焰烧嘴的结构特征在于：燃料和空气在入炉以前是不混合的（高速烧嘴例外）。有焰烧嘴种类很多，结构形式各不相同，它主要根据煤气的种类、火焰长度、燃烧强度来决定。加热炉常用的有焰烧嘴有套管式烧嘴、低压涡流式烧嘴、扁缝涡流式烧嘴、环缝涡流式烧嘴、平焰烧嘴、火焰长度可调烧嘴、高速烧嘴等。

a　套管式烧嘴

套管式烧嘴的结构如图2－17所示。

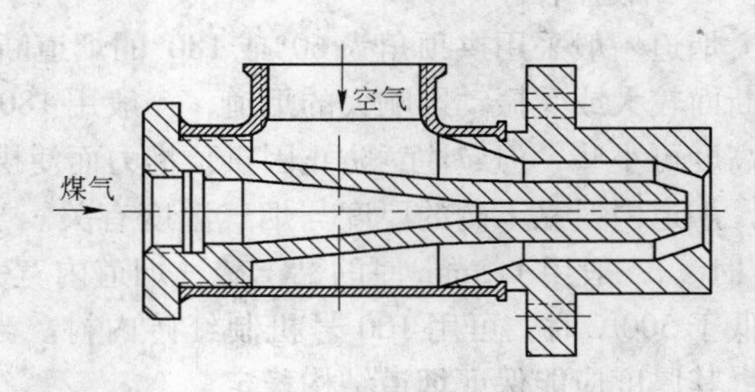

图2－17　套管式烧嘴的结构

烧嘴的结构是两个同心的套管，煤气一般由内套管流出，空气自外套管流出。煤气与空气平行流动，所以混合较慢，是一种长火焰烧嘴。

它的优点是结构简单，气体流动的阻力小，因此，所要求的煤气与空气的压力比其他烧嘴都低，一般只要784～1470Pa。

b　低压涡流式烧嘴（DW－Ⅰ型）

低压涡流式烧嘴的结构如图2－18所示。这种烧嘴的结构也比较简单，它的特点是煤气与空气在烧嘴内部就开始混合，并在空气和燃气通道内均可安装有涡流叶片，所以混合条件较好，火焰较短。要求煤气的压力不高，但因为空气通道的涡流叶片增加了阻力，因此，所需空气压力比套管式烧嘴大一些，约为1960Pa。

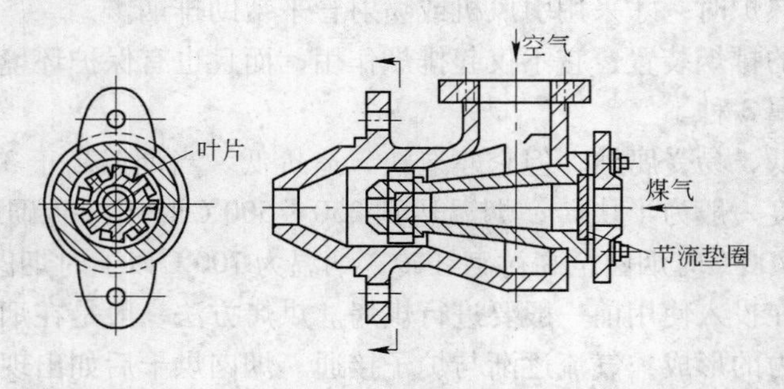

图2－18　低压涡流式（DW－Ⅰ型）烧嘴的结构

这种烧嘴用途比较广泛，可以烧净发生炉煤气、混合煤气、焦炉煤气，也可以烧天然气。烧天然气时只需在煤气喷口中加一涡流片或将喷口直径缩小，使煤气量与空气量相适应，并改善燃料与空气的混合。

c 扁缝涡流式烧嘴（DW－Ⅱ型）

扁缝涡流式烧嘴的结构如图2－19所示。这种烧嘴的特点是在煤气通道内安装一个锥形的煤气分流短管，使得煤气形成中空的筒状气体，并顺外壁周向旋转。空气则沿着涡形通道以和煤气相切的方向通过煤气管壁上的若干扁缝分成若干片状气流进入混合室，在混合室中与煤气流相混合。空气与煤气在混合室内就开始混合，混合条件较好，火焰较短。它是有焰燃烧烧嘴中混合条件最好、火焰最短的一种。适用于发生炉煤气和混合煤气，扩大缝隙后，也可用于高炉煤气。因煤气及空气流动阻力较大，因此，要求烧嘴前煤气及空气压力较高，约为1470～1960Pa。

由于火焰较短，这种烧嘴主要用在要求短火焰的场合。

d 环缝涡流式烧嘴

环缝涡流式烧嘴的结构如图2－20所示。环缝涡流式烧嘴也是一种混合条件较好的有焰烧嘴，火焰也较短。但是煤气要干净，否则容易堵塞喷口。这种烧嘴主要用来烧混合煤气和较干净的发生炉煤气。当煤气喷口缩小后，也可以烧焦炉煤气和天然气。

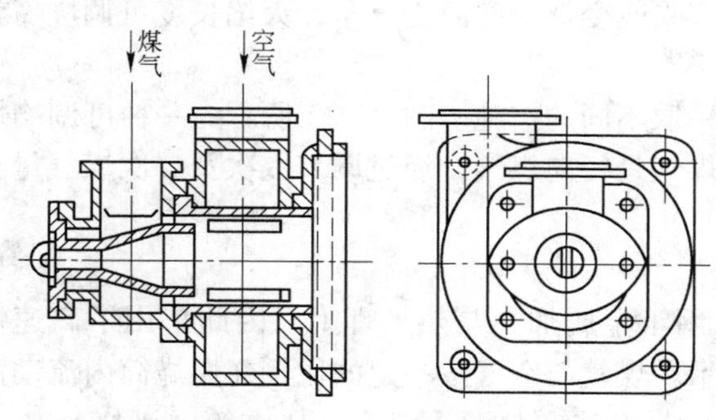

图2－19 扁缝涡流式（DW－Ⅱ型）烧嘴的结构

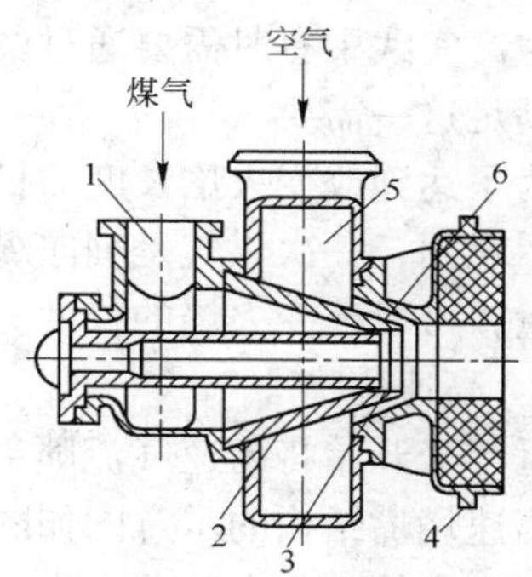

图2－20 环缝涡流式烧嘴的结构
1—煤气入口；2—煤气喷口；3—环缝；4—烧嘴头；5—空气室；6—空气环缝

这种烧嘴有一个圆柱形煤气分流短管，煤气经过喷口的环状缝隙进入烧嘴头，空气从切线方向进入空气室，经过环缝出来在烧嘴头与煤气相遇而混合。

由于气流阻力较大，这种烧嘴要求的煤气及空气压力比一般有焰烧嘴稍高，约为1960～3920Pa。

e 平焰烧嘴

以上介绍的几种烧嘴都是长的直流火焰，这对多数炉子都是适用的。但有时希望烧嘴出口距加热物较近而火焰不要直接冲向被加热物，一般烧嘴就难以满足这种要求，此时可采用平焰烧嘴。平焰烧嘴气流的轴向速度很小，得到的是径向放射的扁平火焰，这样火焰就不直接冲击被加热物，而是靠烧嘴砖内壁和扁平火焰辐射加热。

平焰烧嘴的示意图如图2－21所示。煤气由直通管流入，煤气压力约为980～1960Pa，也属于低压煤气烧嘴。空气从切向进入，造成旋转气流，空气与煤气在进入烧嘴砖以前有一小段混合区，进入烧嘴砖后可以迅速燃烧。烧嘴砖的张角呈90°～120°扩张的

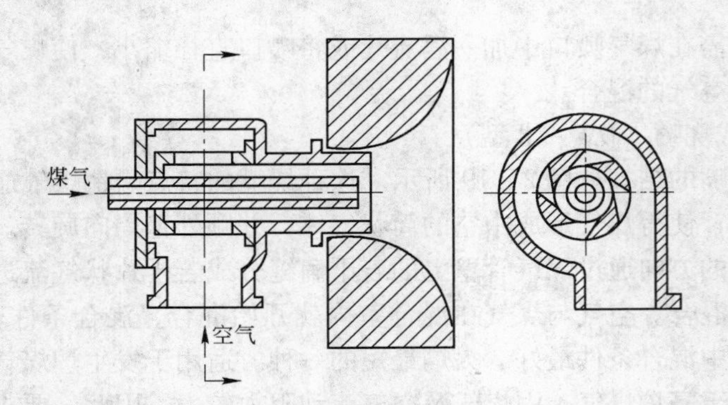

图 2-21　平焰烧嘴的示意图

圆锥形，这样沿烧嘴砖表面形成负压区，将火焰引向砖面而沿径向散开，形成圆盘状与烧嘴砖平行的扁平火焰，提高了火焰的辐射面积，径向的温度分布比较均匀。

平焰烧嘴近年发展比较迅速，用做连续加热炉均热段或炉顶烧嘴，也用在罩式退火炉和台车式炉上。国外还出现烧油或油气混烧的平焰烧嘴。

f　火焰长度可调烧嘴

生产实践中有时需要通过调节火焰长度来改变炉内的温度分布，火焰长度可调烧嘴就可以满足这一需要。

为了达到改变火焰长度的目的，可以采取不同的措施。图 2-22 所示为一种可调焰烧嘴的示意图，一次煤气是轴向煤气，二次煤气是径向煤气，通过调节一次及二次煤气量和空气量，可以改变火焰的长度。

g　高速烧嘴

近年来开始将高速气流喷射加热技术用于金属加热与热处理上，因此采用了高速烧嘴。高速烧嘴结构的示意图如图 2-23 所示。煤气与空气按一定的比例在燃烧筒内流动混合，经过内筒壁的电火花点火而燃烧，形成一个稳定热源。混合气体在筒内燃烧 80% ~ 95%，其余在炉膛内完全燃烧。大量热气体以 100 ~ 300m/s 的高速喷出，这样在炉内产生了强烈的对流传热，并由于大量气体的强烈搅拌，炉内温度达到均匀。采用高速烧嘴的炉子对炉体结构的严密性有特殊要求，并要注意采取措施控制噪声。

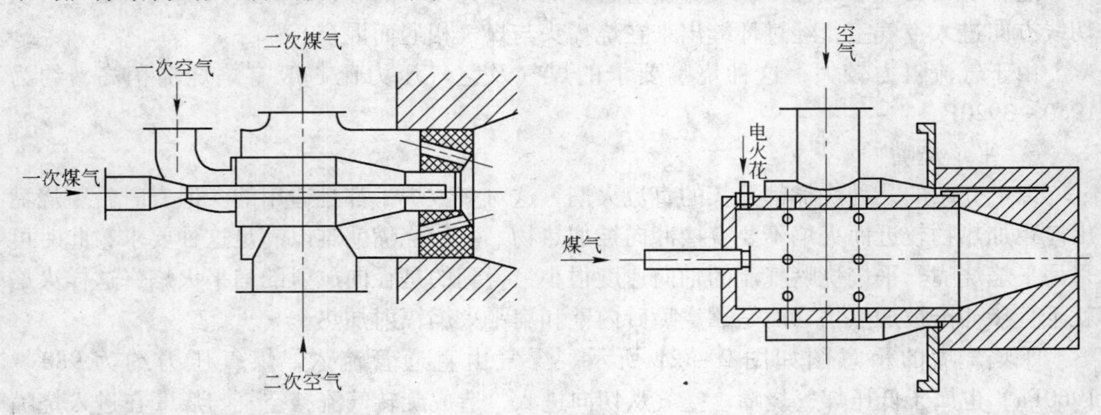

图 2-22　可调焰烧嘴的示意图　　图 2-23　高速烧嘴结构的示意图

B 无焰烧嘴

无焰烧嘴（也称无焰燃烧器）是气体燃料与空气先混合然后再燃烧的燃烧装置。这类燃烧器由于预先混合，因此燃烧火焰短，但要有压力较高的煤气（大于10kPa），且助燃空气不能预热到高温。工业上常用喷射式无焰烧嘴，由于其结构简单，不用鼓风机，因此在加热炉上也常被使用。无焰烧嘴的原理示意图如图2－24所示。

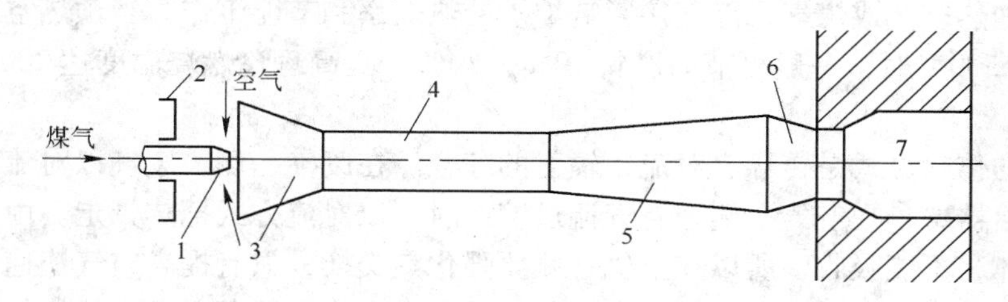

图2－24 无焰烧嘴的原理示意图

1—煤气喷口；2—空气调节阀；3—空气吸入口；4—混合管；5—扩张管；6—喷头；7—燃烧坑道

煤气以高速由喷口1喷出，空气由吸入口3被煤气流吸入，因为煤气喷口的尺寸已定，煤气量加大时，煤气流速增大，吸入的空气量也按比例自动增加。空气调节阀2可以沿烧嘴轴线方向移动，用来改变空气吸入量，以便根据需要调节过剩空气量。煤气与空气在混合管4内进行混合，然后进入一段扩张管5，它的作用是使混合气体的静压加大，以便提高喷射效率。混合气体由扩张管出来进入喷头6，喷头是收缩形，以保持较大的喷出速度，防止回火现象。最后混合气体被喷入燃烧坑道7，坑道的耐火材料壁面保持很高的温度，混合气体在这里迅速被加热到着火温度而燃烧。

这类烧嘴视空气预热与否分为冷风和热风喷射式烧嘴两种；又可根据煤气发热量的高低分为低发热量和高发热量两种烧嘴。

喷射式无焰烧嘴在我国已标准化，系列化了，使用时只需根据燃烧能力选用即可。

最后应明确一点，任何形式的烧嘴都不是万能的，在选用时，必须根据炉子结构的特点、加热工艺的要求、燃料条件等综合考虑。

2.1.1.11 余热利用装置

由加热炉排出的废气温度很高，带走了大量余热，使炉子的热效率降低。为了提高热效率，节约能源，应最大限度地利用废气余热。余热利用的意义是：

（1）节约燃料。排出废气的能量如果用来预热空气（煤气），由空气（煤气）再将这部分热量带回炉膛，这样就达到了节约燃料的目的。

（2）提高理论燃烧温度。对于轧钢加热炉来说，高温段炉温一般在1250～1350℃左右，如果使用的燃料发热量低，那就不可能达到那样高的温度，或者需要很长的时间才能使炉子的温度升起来。而采取预热空气和煤气的办法就可以解决这个问题。

（3）保护排烟设施。炉子的排烟设施包括烟囱、引风机、引射器，都有耐受温度的极限。在回收利用烟气余热的同时，可以降低烟气的温度，保护排烟设施。

（4）减少设备投资。通过回收利用烟气余热降低烟气的温度，从而可以采用耐高温等级较低的排烟设施，减少设备的投资。

（5）保障环保设施运行。通过回收利用烟气余热，降低烟气的温度，使得净化烟气的环保设施可以运行。

目前余热利用主要有两个途径：

（1）利用废气余热来预热空气或煤气，采用的设备是换热器或蓄热室。

（2）利用废气余热产生蒸汽，采用的设备是余热锅炉。

换热器加热空气或煤气，能直接影响炉子的热效率和节能工作。当预热空气或煤气温度达到300～500℃时，一般可节约燃料10%～20%，提高理论燃烧温度达200～300℃。

A　换热器

换热器的传热方式是传导、对流、辐射的综合。在废气一侧，废气以对流和辐射两种方式把热传给器壁；在空气一侧，空气流过壁面时，以对流方式把热带走。由于空气对辐射热是透热体，不能吸收，所以在空气一侧要强化热交换，只有提高空气流速。

换热器根据其材质的不同，分为金属换热器和黏土换热器两大类。轧钢加热炉一般都采用金属换热器。

当空气预热温度在350℃以下时，金属换热器可用碳素钢制的换热器；温度更高时，金属换热器要用铸铁和其他材料。耐热钢在高温下抗氧化，而且能保持其强度，是换热器较好的材料，但耐热钢价格高。渗铝钢也有较好的抗氧化性能，价格比耐热钢低。

金属换热器根据其结构不同，可分为管状换热器、针状和片状换热器、辐射换热器等。

a　管状换热器

管状换热器的形式也很多，图2－25所示为其中一种。

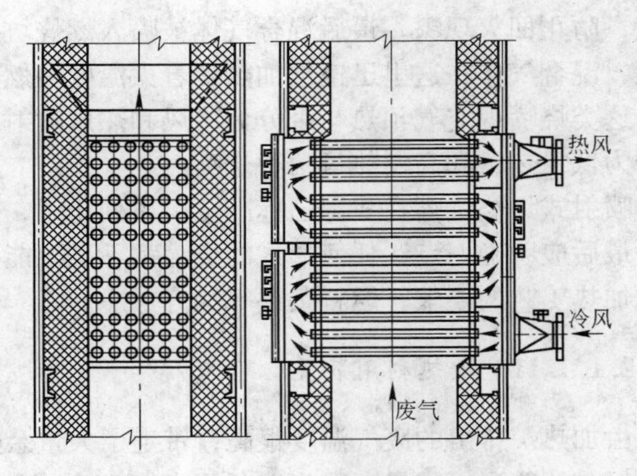

图2－25　管状换热器

换热器由若干根管子组成，管径变化范围由10～15mm至120～150mm。一般安装在烟道内，可以垂直安放，也可以水平安放。空气（或煤气）在管内流动，废气在管外流动，偶尔也有相反的情况。空气经过冷风箱均匀进入换热器的管子，经过几次往复的行程被加热，最后经热风箱送出。为避免管子受热弯曲，每根管子不要太长。当废气温度在700～750℃以下时，可将空气预热到300℃以下，如温度太高，管子容易变形，焊缝开裂。

管状换热器的优点是构造简单，气密性较好，不仅可预热空气，也可用来预热煤气。缺点是预热温度较低，用普通钢管时容易变形漏气，寿命较短。

b　针状换热器和片状换热器

这两种换热器十分相似，都是管状换热器的一种发展。即在扁形的铸管外面和内面铸有许多凸起的针或翅片，这样在体积基本不增加的情况下，热交换面积增大，因此传热效率提高。其单管的构造分别如图2－26和图2－27所示。

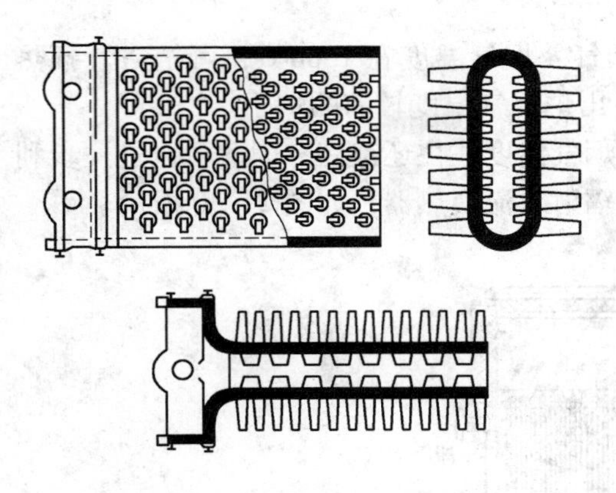

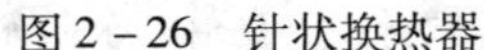

图2-26 针状换热器

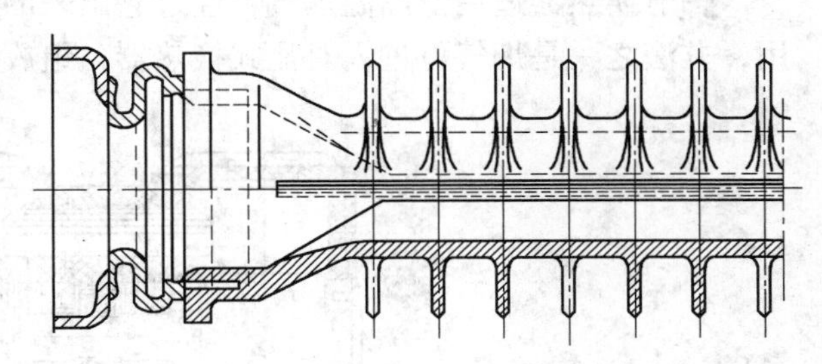

图2-27 片状换热器

换热器元件是一些铸铁或耐热铸铁的管子，空气由管内通过，废气从管外穿过，如烟气含尘量很大，管外侧没有针与翅片。整个换热器是用若干单管并联或串联起来，用法兰连接，所以气密性不好，因此不能用来预热煤气。

不采用针或翅片来提高传热效率，而采取在管状换热器中插入不同形状的插入件，也是利用同一原理强化对流传热过程。常见的插入件有一字形板片、十字形板片、螺旋板片、麻花形薄带等。如图2-28所示，金属管内插入麻花形薄板片。由于管内增加了插入件，增加了气体流速，产生的紊流有助于破坏管壁的层流底层，从而使对流换热系数增大，综合换热系数比光滑管提高约25% ~ 50%。这种办法的缺点是阻力加大，材质要使用薄壁耐热钢管，价格较高，可采用1Cr18Ni9、0Cr13和20号渗Al钢。

c 辐射换热器

当烟气温度超过900~1000℃时，辐射能力增强。由于辐射给热和射线行程有关，所以辐射换热器烟气通道直径很大。其管壁向空气传热仍靠对流方式，流速起决定性作用，所以空气通道较窄，使空气有较大流速（20~30m/s），而烟气流速只有0.5~2m/s。

辐射换热器构造比较简单（见图2-29）。它装在垂直或水平的烟道内，因为烟气的

图2-28 带插入件的管状换热器

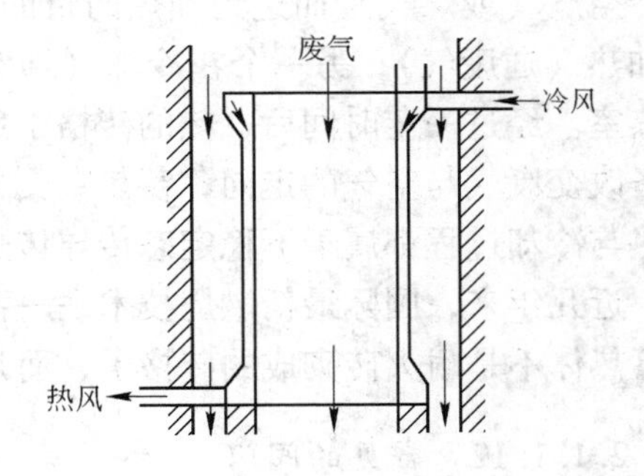

图2-29 辐射换热器示意图

通道大，阻力小，所以适合于含尘量大的高温烟气。烟气温度在1300℃，可把空气预热到600～800℃。辐射换热器适用于含尘量较大，出炉烟气温度较高的炉子。

辐射换热器适用于高温烟气，经过它出来的烟气温度往往还很高，因此可以进一步利用，方法之一是烟气再进入对流式换热器，组成辐射对流换热器，如图2－30所示。

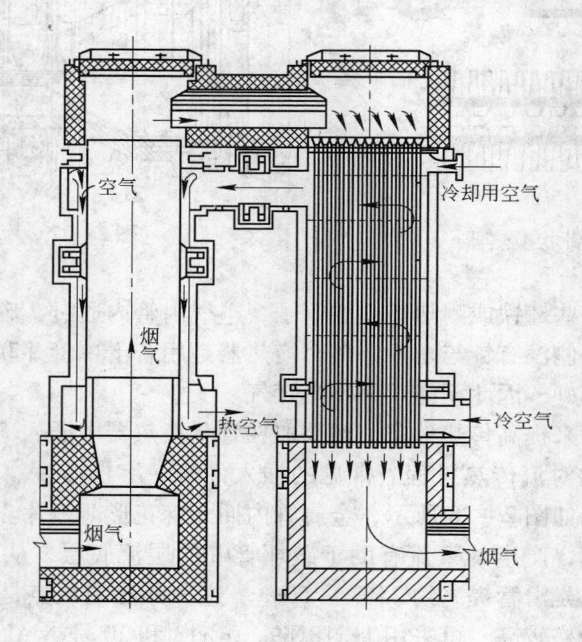

图2－30　辐射对流换热器

为了保证金属换热器不致因温度过高或停风而烧坏，一般安装换热器时都设有支烟道，以便调节废气量。废气温度过高时，还可以采用吸入冷风降低废气温度的办法或放散换热器热风等措施，以免换热器壁温度过高。

B　蓄热室

蓄热室的主要部分是用异型耐火砖砌成的砖格子，根据需要砖格子有各种砌法。炉内排出的废气先自上而下通过砖格子把砖加热（蓄热），经过一段时间后，利用换向设备关闭废气通路，使冷空气（或煤气）由相反的方向自下而上通过砖格子，砖把积蓄的热传给冷空气（或煤气）而达到预热的目的。一个炉子至少应有一对蓄热室同时工作，一个在加热（通废气），另一个在冷却（通空气），如果空气、煤气都进行预热，则需要两对蓄热室。经过一定时间后，热的砖格子逐渐变冷，而冷的已积蓄了新的热量，便通过换向设备改变废气与空气的走向，蓄热室交替地工作。这样一个循环称为一个周期。蓄热室的加热与冷却过程都属于不稳定态传导传热。

近几年来，国际最新燃烧技术——蓄热式燃烧技术就是应用了蓄热室的工作原理，不过蓄热体不是耐火砖砌成的砖格子，而是陶瓷小球或蜂窝状陶瓷蓄热体。

2.1.1.12　常见的阀门

管道上常用的阀门有截止阀、闸阀、止回阀、球阀、旋塞阀、蝶阀、盲板阀等。

A 截止阀

截止阀主要由阀杆、阀体、阀芯和阀座等零件组成，如图2－31所示。

截止阀按截止流动方向不同可分为标准式、流线式、直流式和角式等数种，如图2－32所示。

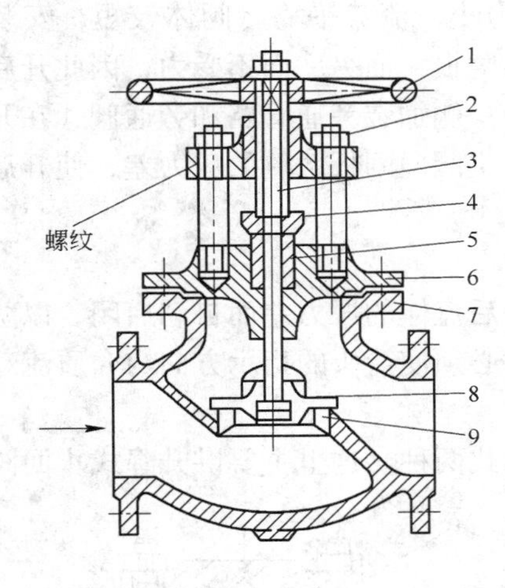

图2－31 截止阀

1—手轮；2—阀杆螺母；3—阀杆；4—填料压盖；5—填料；6—阀盖；7—阀体；8—阀芯；9—阀座

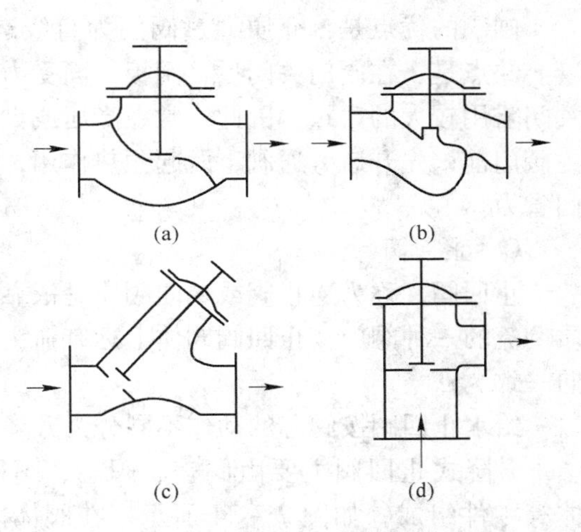

图2－32 截止阀通道形式

（a）标准式；（b）流线式；（c）直流式；（d）角式

截止阀阀芯与阀座之间的密封面形式通常有平形和锥形两种。平形密封面启闭时擦伤少，容易研磨，但起闭时力大多用在大口径阀门中；锥形密封面结构紧密，启闭力小，但启闭时容易擦伤，研磨需要专门工具，多用在小口径阀门中。

安装截止阀时，必须使介质由下向上流过阀芯与阀座之间的间隙，如图2－31所示，以减少阻力，便于开启。并且在阀门开闭后，填料和阀杆不与介质接触，不受压力和温度的影响，防止汽、水侵蚀而损坏。

截止阀的优点是：结构简单，密封性能好，制造和维护方便，广泛用于截断流体和调节流量的场合。缺点是：流体阻力大，阀体较长，占地较大。

B 闸阀

闸阀主要由手轮、压盖、阀杆、闸板、阀体等零件组成。

闸阀按闸板形式不同可分为楔式和平行式两类。楔式大多制成单闸板，两侧密封面成楔形；平行式大多制成双闸板，两侧密封面是平行的。图2－33所示为楔式单闸板闸阀，闸板在阀体内的位置与介质流动方向垂直，闸板升

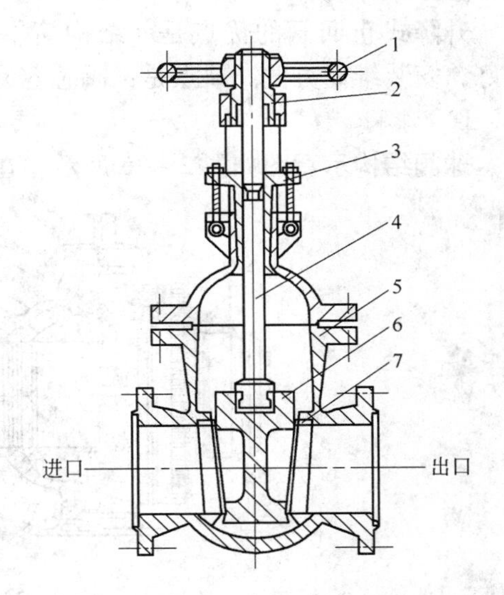

图2－33 楔式单闸板闸阀

1—手轮；2—阀杆螺母；3—压盖；4—阀杆；5—阀体；6—阀板；7—密封面

降即是阀门启闭。

闸阀多用在供汽和排污管道上，它仅可用于截断汽、水通路（阀门全开或全闭），而不宜用做调节流量（阀门部分开闭），否则容易使闸板下半部（未提起部分）长期受介质磨损与腐蚀，以致在关闭后接触面不严密而泄漏。

闸阀的优点是：介质通过阀门为直线运动，阻力小，流势平稳，阀体较短，安装紧凑。缺点是：在阀门关闭后，闸板一面受力较大容易磨损，而另一面不受力，因此开启和关闭需用较大的力量。因此，常在高压或大型闸阀的一侧加装旁通管路和旁通阀，在开启主阀门前，先开启旁通阀，既起预热作用，又可减少主阀门闸板两侧的压力差，使开启阀门省力。

C　止回阀

止回阀又称为逆止阀或单向阀，是依靠阀前、阀后流体的压力差而自动启闭，以防介质倒流的一种阀门。止回阀阀体上标有箭头，安装时必须使箭头的指示方向与介质流动方向一致。

给水止回阀按阀芯的动作不同分为升降式和摆动式两种。这里主要讲升降式止回阀。

升降式止回阀主要由阀盖、阀芯、阀杆和阀体等零件组成，如图 2-34 所示。在阀体内有一个圆盘形的阀芯，阀芯连着阀杆（也可用弹簧代替），阀杆不穿通上面的阀盖，并留有空隙，使阀芯能垂直于阀体做升降运动。这种阀门一般应安装在水平管道上。例如安装在给水管路上的止回阀，当给水压力比汽包压力低时，由于阀芯的自重，再加上汽包内压力的作用，将阀芯压在阀座上，阻止水倒流。

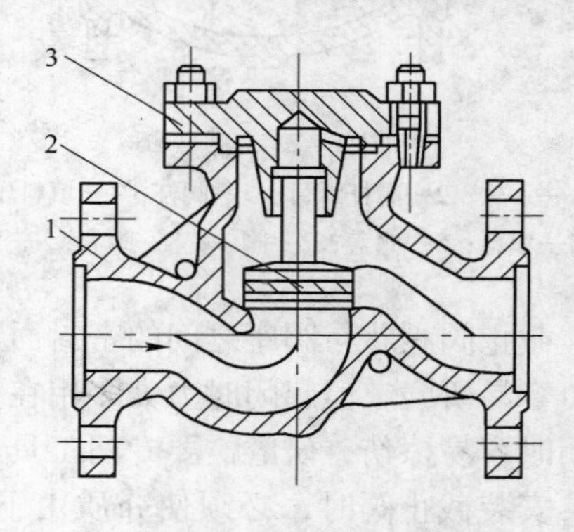

图 2-34　升降式止回阀
1—阀体；2—阀芯；3—阀盖

升降式止回阀的优点是：结构简单，密封性较好，安装维修方便。缺点是：阀芯容易被卡住。

D　球阀

球阀结构示意图如图 2-35 所示，在球形的阀芯上有一个与管道内径相同的通道，将

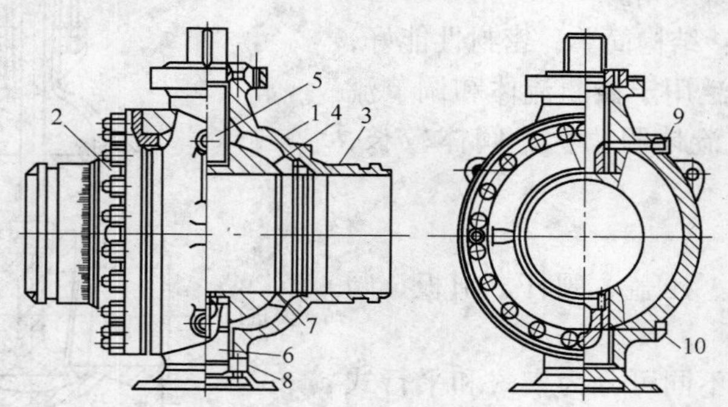

图 2-35　球阀结构示意图
1—阀体；2—阀体盖；3—短节；4—阀芯；5—上阀杆；6—下阀杆；
7—阀座与密封圈；8—轴承；9，10—密封油注入口

阀芯相对阀体转动90°，就可使球阀关闭或开启。球心上下有阀杆和滑动轴承。阀座密封圈采用高分子材料（尼龙、聚四氟乙烯等）制作，阀座与球心配合形成密封。阀体与球心为铸铁结构。

球阀按阀芯的安装方式不同可分为浮动式与固定式。

浮动结构的密封座固定在阀体上，球心可自由向左右两侧移动，这种结构一般用于小口径球阀。关闭时，在介质压力作用下，球心向低压移动，并与这一侧的阀座形成密封。这种结构属于单面自动密封，开启力矩大。

固定结构与浮动结构相反，它把阀芯通过上下阀杆和径向轴承固定在阀体上，而令阀座和密封圈在管道和阀体腔的压差作用下（或采用外加压力的方式），紧压在球体密封面上，它可以实现球体两侧的强制密封。固定结构动作时，球体上的介质压力由上下轴承承受，外加密封压力还可暂时卸去，因此启动力矩小，适用于高压大口径球阀。

球阀的结构比较复杂，体积和宽度较大，但高度较低；球阀的动作力矩大，动作时间短，开关速度快，全启时压力损失小，密封条件好，而且近年来结构上有很多发展，已经适于制成高压大口径的规格。

球阀的驱动方式有电动、气动、电液联动和气液联动等，这些驱动装置上往往同时配有手动机构，以备基本驱动机构失灵时使用。

E 旋塞阀

旋塞阀广泛用于小管径的燃气管道，动作灵活，阀杆旋转90°即可达到完全启闭的要求，可用于关断管道，也可以调节燃气量。无填料旋塞是利用阀芯尾部螺栓的作用，使阀芯与阀体紧密接触，不致漏气。这种旋塞只允许用于低压管道上。

填料旋塞阀是利用填料填塞阀体与阀芯之间的间隙而避免漏气。这种旋塞可以用在中压管道上。

油密封旋塞阀的结构如图2－36所示，油密封保证阀芯的严密性，提高抗腐蚀能力，减小密封面的磨损，并使阀芯转动灵活。润滑油充满在阀芯尾部的小沟内，当拧紧螺母时，润滑油压入阀芯上特制的小槽内，并均匀地润滑全部密封表面。这种旋塞阀可以使用在压力较高的燃气管道上，并且有启闭灵活、密封可靠的特点。

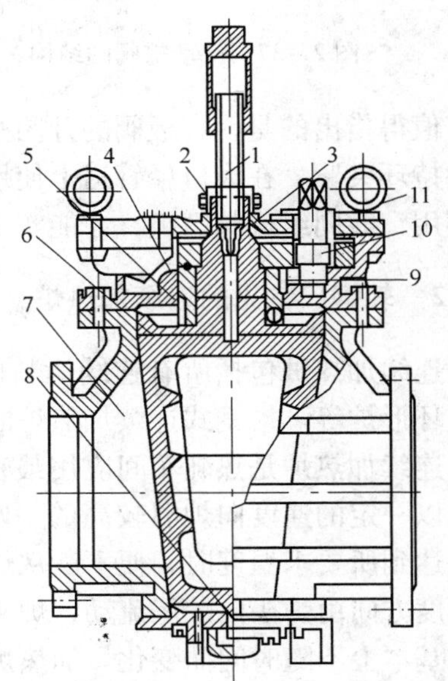

图2－36 油密封旋塞阀的结构

1—送油装置；2—指针；3—单向阀；4—O形密封；5—轴承；6—阀塞；7—阀体；8—阀塞调整；9—阀塞法兰；10—传动装置；11—吊环

F 蝶阀

蝶阀的操作元件是一个垂直于管道中心线的、能够旋转的圆板，通过调整该圆板与管道中心线的夹角，就能控制阀门的开度。

蝶阀按驱动方式不同可以分为手动蝶阀、电动蝶阀与气动蝶阀3种，其中，气动蝶阀的结构如图2－37所示。

蝶阀可以单独操作，也可以集中控制，有体积小、质量轻、结构简单、容易拆装和维护、开关迅速、操作扭矩小等优点。对于干净的气体，蝶阀基本上也可以做到完全密封，但密封性能不如球阀、平板阀和旋塞阀，因而大多数蝶阀用于流体流量的调节。

G　盲板阀

盲板阀也称为眼镜阀，主要用于大直径燃气管道的切断操作，用来实现燃气管道的切断、隔离、调配等功能。盲板阀的阀板与管道中心线垂直，并且垂直于管道中心线动作。盲板阀的阀板通常做成扇形，其上有一个盲孔和一个通孔。当阀板围绕扇形中心旋转时，盲孔置于管道内就将管道切断，通孔置于管道内就将管道接通。

盲板阀按驱动方式不同可以分为手动、电动、液压和气动几种方式，按安装方式不同可以分为正装和倒装两种方式。图 2－38 所示为正装的液压盲板阀的结构。

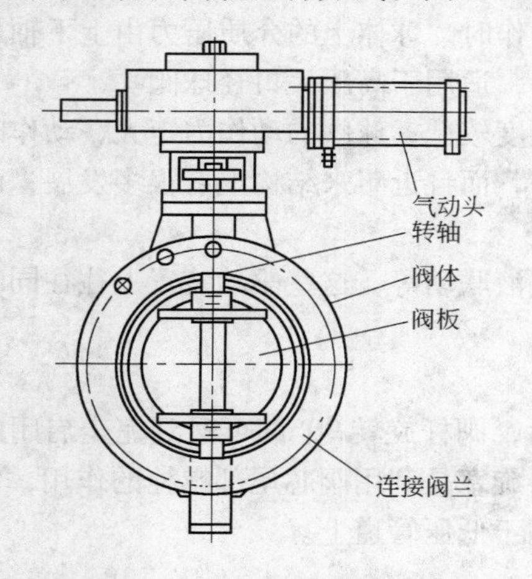

图 2－37　气动蝶阀的结构

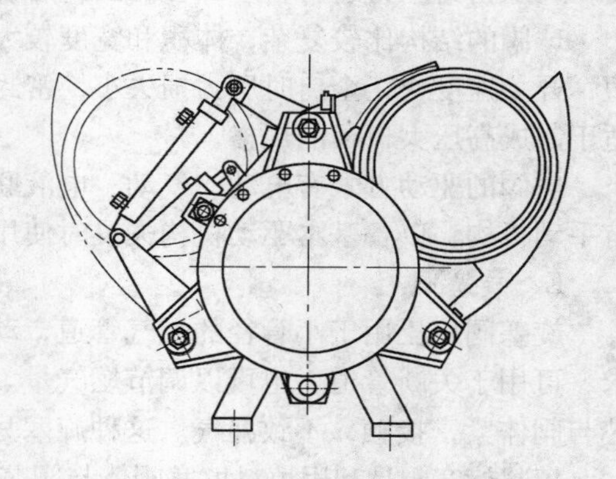

图 2－38　正装的液压盲板阀的结构

值得指出的是，盲板阀的开闭必须有三个动作才能完成，即：夹持环松开—盲板就位—夹持环夹紧。在大口径管道上使用的盲板阀，通常还需要与其他阀门、放散装置等相配合使用，共同组成阀门组，才能实现开闭管道的工艺目的。

2.1.2　轧钢厂常见的连续加热炉

连续加热炉包括所有连续运料的加热炉，如推钢式炉、步进式炉、链带式炉、辊底炉、环形炉等。推钢式连续加热炉的历史悠久，应用广泛，是最典型的连续炉。

连续加热炉是热轧车间应用最普遍的炉子。钢坯不断由炉温较低的一端（炉尾）装入，以一定的速度向炉温较高的一端（炉头）移动，在炉内与炉气反向而行，当被加热钢坯达到所要求温度时，便不断从炉内排出。在炉子稳定工作的条件下，一般炉气沿着炉膛长度方向由炉头向炉尾流动，炉膛温度和炉气温度沿流动方向逐渐降低，但炉内各点的温度基本上不随时间而变化。加热炉中的热工过程将直接影响到整个热加工生产过程，直至影响到产品的质量，所以对连续加热炉的产量、加热质量和燃耗等技术经济指标都有一定的要求，为了实现炉子的技术经济指标，就要求炉子有合理的结构、合理的加热工艺和合理的操作制度。尤其是炉子结构，它是保证炉子高产量、优质量、低燃耗的先决条件。由于炉子结构缺陷，造成炉子先天不足，会直接影响炉子热工过程、制约炉子的生产技术指标。从结构、热工制度等方面看，连续加热炉可按下列特征进行分类。

连续加热炉按温度制度可分为：两段式连续加热炉、三段式连续加热炉和强化加热式连续加热炉。

连续加热炉按所用燃料种类可分为：使用固体燃料的连续加热炉、使用重油的连续加热炉、使用气体燃料的连续加热炉、使用混合燃料的连续加热炉。

连续加热炉按空气和煤气的预热方式可分为：换热式的连续加热炉、蓄热式的连续加热炉、不预热的连续加热炉。

连续加热炉按出料方式可分为：端出料的连续加热炉和侧出料的连续加热炉。

连续加热炉按钢料在炉内运动的方式可分为：推钢式连续加热炉、步进式连续加热炉、辊底式连续加热炉等。

除此而外，还可以按其他特征进行分类，总的来说，加热制度是确定炉子结构、供热方式及布置的主要依据。

2.1.2.1 加热炉常见炉型

推钢式连续加热炉和步进式连续加热炉是目前热轧车间加热炉的两种主要炉型。新建的具有经济规模的各类轧钢厂多数采用步进式连续加热炉，许多老厂在改建或扩建中也大多采用步进式连续加热炉替代了原有的推钢式连续加热炉。推钢式连续加热炉和步进式连续加热炉两种炉型的比较见表2－1。

表2－1 推钢式连续加热炉和步进式连续加热炉两种炉型的比较

项目	内 容	推钢式连续加热炉		步进式连续加热炉	
		比较说明	评价	比较说明	评价
设备	需要炉长	稍长	一般	短	优
	炉长限制	有	稍差	无	优
功能	加热时间	稍长	一般	短	优
	加热容量可变性	无	稍差	有	优
	温度差（水印）	大	稍差	小	优
	烧损量	稍大	一般	稍小	优
	坯料划伤	有	稍差	无	优
	坯料间紧密接触	是	稍差	不是	优
操作	坯料移送	出现上翘、下塌	稍差	有下塌	一般
	热损失	少	一般	略多一些	稍差
	冷却水量	稍多	一般	多	稍差
	电耗	少	优	多	一般
	空炉的难易	困难	稍差	容易	优
	装炉和出炉操作关系	干扰	稍差	不干扰	优
	坯料外形和尺寸要求	严格	稍差	稍严格	一般
维护	耐火材料损耗	稍大	一般	稍少	优
	日常维护管理	比较简单	一般	稍复杂	稍差

2.1.2.2 加热炉炉型基本特征

图2-39所示为一座推钢式三段连续加热炉。

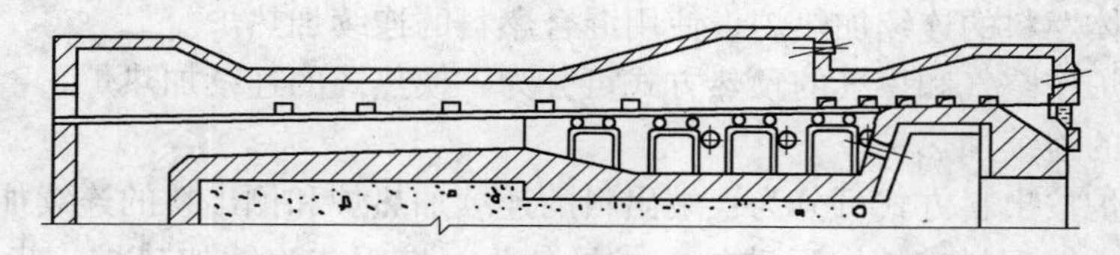

图2-39 推钢式三段连续加热炉

“炉型”主要是指炉膛空间形状、尺寸以及燃烧器的布置及排烟口的布置等。如果炉型结构不合理，则对炉子的产量、质量和消耗都会造成不利影响。随着轧机设备的大型化和自动化，加热炉的发展是很快的。现代炉子的特点是高产、低耗、优质、长寿和操作自动化。

三段连续加热炉的炉型曲线如图2-39所示。从图2-39中可以明显看出，均热段和加热段炉顶均有一个平直段及一个倾斜段，而且两端的末尾炉顶均下压，而预热段炉顶到钢料的距离，即炉高很矮，但预热段炉尾上翘。这样的炉型曲线是符合炉子热工特点的。

加热段和均热段直线段的作用是使燃料在此区段基本燃烧完毕，以免高温气流冲刷下压炉顶的倾斜部分而使炉顶过早烧损。特别是均热段，由于它比加热段矮，加上烧嘴角度较大，火焰经钢料反射到炉顶加快了炉顶的破损，因此，均热段的直线段应适当长些。

因为均热段与预热段炉温比较低，炉顶下压可以减少加热段高温气体向均热段及预热段的辐射热流，从而使炉子高温区集中以达到强化加热的目的。二段式炉子加热段炉顶下压也是为了同样的目的。

预热段温度较低，炉子高度矮，气流速度大，有利于对流换热。炉尾翘起的目的是为了减少热气体从炉尾逸出，改善劳动条件。通常情况下，由炉尾逸出并不是由于炉尾压力过大所致，而是由于气流惯性而造成气体逸出。炉尾翘起后，降低了气流速度，减少了惯性，使之顺利地被吸入烟道。

在加热高合金钢和易脱碳钢时，预热段温度不允许太高，加热段不能太长，而预热段比一般情况下要长一些，才不致在钢内产生危险的温度应力。为了降低预热段的温度并延长预热段的长度，采用了在炉子中间加中间烟道的办法，如图2-40所示，以便从加热段后面引出一部分高温炉气。有的炉子还采用加中间扼流隔墙的措施，也是为了达到同样的目的。

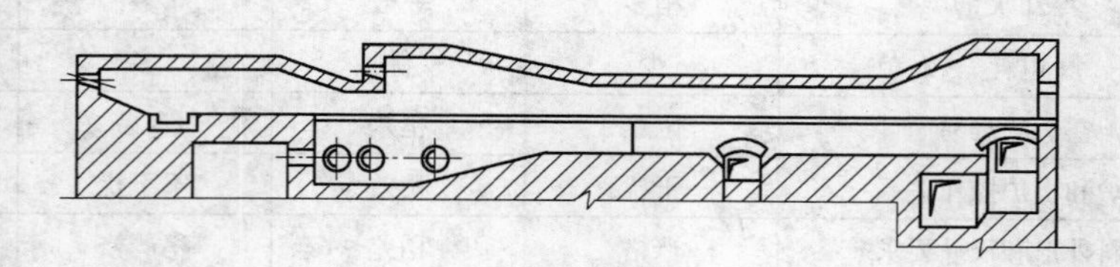

图2-40 带中间烟道的三段式连续加热炉

另外，从结构上讲，在炉子的均热段和加热段之间将炉顶下压是为了使端墙具有一定高度，以便于加热段烧嘴的安装。因此，如果全部采用炉顶烧嘴及侧烧嘴，也可以使炉子结构更加简化，即炉顶完全是平的，上下加热都用安装在平顶和侧墙上的平焰烧嘴。炉温制度可以通过调节烧嘴的供热来实现，根据供热的多寡可以相当严格地控制各段的温度分布。例如，产量低时，可以关闭部分烧嘴，缩短加热段的长度。这种炉型如图 2－41 所示。

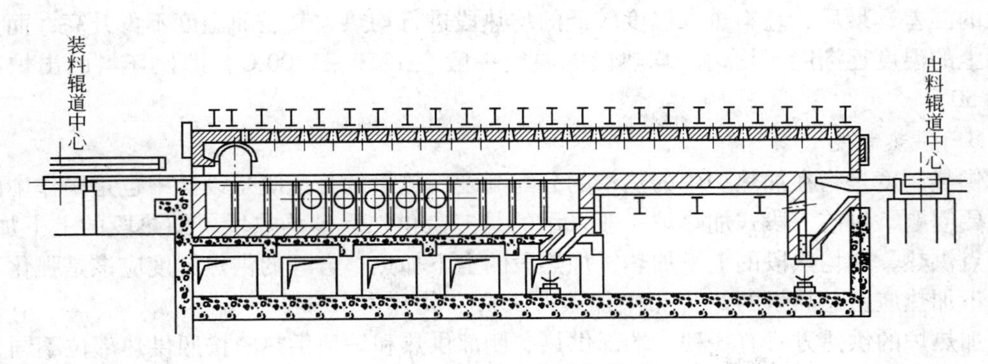

图 2－41 平顶式连续加热炉

多数推钢式连续加热炉炉尾烟道是垂直向下的，这是为了让烟气在预热段能紧贴钢坯的表面流过，以利于对流换热。

步进梁式炉和步进梁底组合式炉既可由炉顶排烟，又可在炉子下部的后端墙排烟。步进底式炉由于受结构限制，多采用炉顶排烟。少数情况下有采用炉侧排烟的，但使用中发现气流明显偏移，因而不宜推荐。装料端及炉顶排烟的结构如图 2－42 所示，装料端上升烟道处、预热段炉顶压下部分的一段（由圆弧连接的一段）由耐火黏土浇注料和高铝锚固砖构成。图中还有装料悬臂辊道、炉底的水封刀和水封槽，以及炉底升降用液压缸与平移用的液压缸。加热段和均热段衔接部位的炉顶压下段，其结构与上升烟道处的压下段相同。

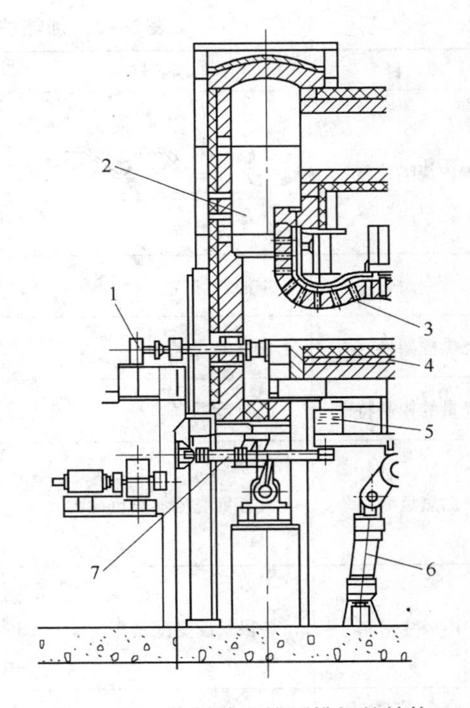

图 2－42 装料端及炉顶排烟的结构

1—装料悬臂辊道；2—装料端上升烟道；
3—预热段炉顶压下段；4—步进底；
5—水封刀和水封槽；6—炉底升降用液压缸；
7—炉底平移用液压缸

2.1.2.3 炉子的热工制度

连续加热炉的热工制度，包括炉子的温度制度、供热制度和炉压制度。它们之间既互相联系又互相制约。其中，主要是温度制度，它是实现加热工艺要求的保证，也是制定供热制度与炉压制度的依据，还是炉子进行操作与控制最直观的参数。炉型或炉膛形状曲线是实现既定热工制度的重要条件。

A 温度制度

三段式温度制度分为预热段、加热段和均热段。

坯料由炉尾推入后，先进入预热段缓慢升温，出炉废气温度一般保持在850～950℃，然后坯料被推入加热段强化加热，表面迅速升温到出炉所要求的温度，并允许坯料内外有较大的温差，最后，坯料进入温度较低的均热段进行均热，其表面温度不再升高，而是使断面上的温度逐渐趋于均匀。均热段的温度一般在1250～1300℃，即比坯料的出炉温度约高50℃。

B 供热制度

供热制度是指在加热炉中的热量的分配制度。热量的分配既是设计中也是操作中的一个重要问题，目前三段式加热炉一般采用的是三点供热，即均热段、加热段的上下加热；或四点供热，即均热段的上下加热，加热段的上下加热。合理的供热制度应该是强化下加热，下加热应占总热量的50%，上加热占35%，均热占15%。

加热炉的供热方式有3种：端部供热、侧部供热和炉顶供热。按照供热部位不同，把烧嘴区分为端部烧嘴、侧烧嘴和炉顶烧嘴。端部供热又分为正向和反向端部供热，相应的烧嘴也分为正向和反向端部烧嘴。端部烧嘴和侧烧嘴可以采用同一类型的烧嘴；炉顶烧嘴为平焰烧嘴。加热炉各种烧嘴特性的比较见表2－2。

表2－2 加热炉各种烧嘴特性的比较

项 目	端部烧嘴	侧烧嘴	炉顶烧嘴
炉内烧嘴位置	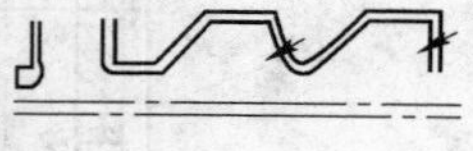		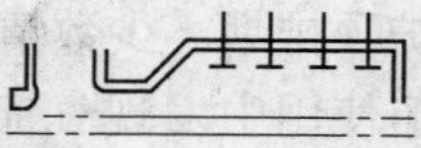
燃 料	重油、煤气	重油、煤气	轻油、煤气
烧嘴框架形式	长框架式	短框架式（可变框架式）	辐射式
燃烧量的控制特性	调节范围宽	调节范围窄（1/2）	调节范围比较宽
加热负荷	大容量烧嘴加热负荷大	大容量烧嘴加热负荷大	小容量烧嘴加热负荷不大
炉内尺寸限制	各段长度受限制	炉宽方向受限制	无特定，下部不能燃烧
炉内燃烧烟气的流动	与炉气流动方向相同或相反	与炉气流动方向垂直	在炉内自由流动
烧嘴安装结构	烧嘴部位、炉体结构复杂	无烧嘴部位，炉体结构简单	炉体结构简单，烧嘴数量多，配管复杂

续表 2-2

项　目	端部烧嘴	侧 烧 嘴	炉顶烧嘴
加热均匀性能	炉宽方向温度均匀，炉长方向、烧嘴处最低	炉宽方向不宜均匀，炉长方向容易均匀	炉宽、炉长方向都容易均匀
操作性能	上加热比较好，下加热环境温度高，不好	操作环境好	环境温度高，烧嘴个数多，不便

在连续式加热炉上设上、下烧嘴加热，有利于提高生产率，这是因为坯料受两面加热，其受热面积约增加1倍，这相当于减薄了近一半的坯料厚度，这样就缩短了对坯料的加热时间。另外，两面加热还可消除坯料沿厚度方向的温度差，这对提高产品的质量无疑将是有利的。一般情况下，下加热烧嘴布置的数量应多于上加热烧嘴。这是因为：

(1) 燃料燃烧后的高温气体会自动上浮，这样可以使上、下加热温度均匀。

(2) 炉子下部有冷却水管，它要吸收一部分热量，这部分热量主要来自下加热。

(3) 坯料放在冷却水管上容易造成其断面的温度差，即平时看到的“黑印”，这样会影响产品的质量。

(4) 如果上加热炉温高，会使熔化的氧化铁皮从钢料缝隙向下流，发生通常所说的“粘钢”，若下部温度高，即使氧化铁皮熔化也不致“粘钢”。

C　炉压制度及其影响因素

连续加热炉内炉压大小及其分布是组织火焰形状、调整温度场及控制炉内气氛的重要手段之一。它影响钢坯的加热速度和加热质量，也影响着燃料利用的好坏，特别是炉子出料处的炉膛压力尤为重要。

炉压沿炉长方向上的分布随炉型、燃料方式及操作制度不同而异。一般连续式加热炉炉压沿炉长的分布是由前向后递增，总压差一般为20~40Pa。造成这种压力递增的原因是由于烧嘴射入炉膛内流股的动压头转变为静压头所致。由于热气体的位差作用，炉内还存在着垂直方向的压差。如果炉膛内保持正压，炉气又充满炉膛，这对传热有利，但炉气将由装料门和出料口等处逸出，不仅污染环境，并且造成热量的损失；反之，如果炉膛内为负压，冷空气将由炉门被吸入炉内，降低炉温，这对传热不利，并增加了炉气中的氧含量，加剧了坯料的烧损。所以对炉压制度的基本要求是保持炉子出料端钢坯表面上的压力为零或微正压（这样炉气外逸和冷风吸入的危害可减到最低限度），同时炉内气流通畅，并力求炉尾处不冒火。一般在出料端炉顶处装设测压管，并以此处炉压为控制参数，调节烟道闸门。

炉压主要反映燃料和助燃空气输入与废气排出之间的关系。燃料和空气由烧嘴喷入，而废气由烟囱排出，若排出少于输入时炉压就要增加，反之，炉压就要减小。

影响炉压的因素为：

(1) 烟囱的抽力，烟囱的抽力是由于冷热气体的密度不同而产生的。抽力的计量单位用Pa表示，烟囱抽力的大小与烟囱的高度以及烟囱内废气与烟囱外空气密度差有直接关系。烟囱高度确定后，其抽力大小主要取决于烟囱内废气温度的高低，废气温度高则抽力大，反之则抽力小。要使烟囱抽力增加，在操作上应该减少或消除烟道的漏气部分，保持烟道的严密性，如果不严密，外部冷空气吸入，不仅会使废气温度降低，而且会增加废气的体积，从而影响抽力。

烟道应具有较好的防水层，烟道内应保持无水，水漏入不但直接影响废气温度，而且烟道积水会使废气的流通断面减小，使烟囱的抽力减小。

（2）烟道阻力，它与吸力方向相反。在加热炉中，废气流动受到两种阻力，即摩擦阻力和局部阻力。摩擦阻力是废气在流动时受到砌体内壁的摩擦而产生的一种阻力，该阻力的大小与砌体内壁的光滑程度、砌体断面积大小、砌体的长度和气体的流动速度等有关；局部阻力是废气在流动时因断面突然扩大或缩小等而受到的一种阻碍流动的力。

炉膛内压力的调节手段，一是靠烧嘴的射流，射流的动量越大，炉压越大。炉顶烧嘴轴向的动量很小，向下递增的压力分布又恰好抵消了热气体造成的垂直方向的压差，这种炉子沿炉长的压力分布很均匀。炉压调节的另一手段是依靠烟道闸板，降低闸板时增加烟气在烟道内的阻力，炉内压力将升高，提起闸板时烟道阻力减小，抽力增大，炉内负压增加。由于炉子热负荷在不断变动，废气量也在相应地变化，要保持炉内压力稳定，就要及时调整烟道闸板。但在没有实现炉膛压力自动调节的炉子上，不能及时以压力为控制参数调整烟道闸门。炉压的波动也影响火焰的组织，抽力增大时，火焰被拉向炉尾，使加热段无异于增长；反之，炉尾温度则较低。所以炉压的波动造成炉内温度分布的波动，不能保证炉温制度的稳定。

2.1.2.4　装出料方式

连续加热炉装料与出料方式有：端进端出、端进侧出和侧进侧出。其中，主要是前两种，侧进侧出的炉子较少见。

A　装料方式

炉子装料分端装与侧装两种方式。端装是炉外有辊道和辊道挡板，用步进梁或步进炉底将钢坯托入炉内，或钢坯由辊道输送到炉尾，在辊道上定位后用推钢机推入炉内，各轧钢厂加热炉所采用推钢机的类型和特征见表 2－3。

表 2－3　推钢机的类型和特征

序号	类 型	特 征	适 用 范 围
1	螺旋式	结构简单，质量轻，易于制造，但传动效率低，零件易磨损，推力、推速和行程均较小，应用受到限制	适用于小型、线材车间，推力在 20t 以下
2	齿条式	传动效率高，工作稳定可靠，不需经常维修，推力、推速及行程较大，但结构复杂，自重大，制造困难	适用于推力在 20t 以上大、中、小型及钢板车间，应用较广
3	杠杆式	结构复杂，质量较大，行程较小，但推速高，操作灵活	适用于线材及小型车间推长料
4	液压式	结构简单，质量轻，工作平稳，调速方便，但需设置液压站、液压元件	适用于各种轧钢车间，各种吨位均可采用

推钢机的主要参数为推力、推钢速度和推钢行程。其中，推力是推钢机的命名参数，推钢速度取决于坯料断面形状和尺寸、炉子的产量要求以及出料方式等因素。

一般各种断面坯料适宜的推速为：断面尺寸高 30～60mm 的坯料，推钢速度为 0.05～0.08m/s；断面尺寸高 100～300mm 坯料，推钢速度为 0.1～0.12m/s。

为了提高推钢机的生产率，减少间隙时间，一般要求推钢机低速推钢，高速返回。通常返回速度是推钢速度的2倍。推钢机的行程一般为2500～4000mm。推力大者，行程也大。

也有的工厂采用装钢机装钢，装钢机位于加热炉进料端，有两根装钢臂，由一套传动装置驱动。装钢臂的平移由电机驱动，升降由液压缸驱动。在托杆降至最低位时，其托坯表面低于辊道顶面约90mm，并且处于水平状态，以保证在低位平移或辊道输送钢坯时，不剐蹭钢坯。在托杆升至高位时，托坯表面此时处于倾斜状态，在平移回退至最后位时高度最低，在平移前进至最前位时高度最高，考虑到热钢坯会有一定的悬垂量，为保证钢坯在平移时不剐蹭，托起高度距辊道顶面不小于80mm。装钢机进退依靠编码器检测行程，满足装料需求。装钢机的工作顺序为：首先，装料杆先推正钢坯后（对扁坯需推正，圆坯直接升起），再上升将在装炉辊道上已定位好的钢坯托起，然后变速前进将钢坯送入炉内待料位置的固定梁上方，下降放到固定梁上，装料杆继续下降并返回。装钢机的运动轨迹为：推正—升—进—降—退。装钢机主要包括：装料杆、升降装置、水平传动装置以及相应的检测元件。升降装置采用曲柄托杆钢板焊接结构，由轴承座、托轮、拉杆等组成。装钢机具备退坯功能、手动纠偏功能。装钢机托钢座采用不锈钢。水平传动装置由电机、制动器、减速机、传动轴和齿轮箱等组成。

棒线材加热炉的坯料往往较长，端装时装料门较宽，为了减少炉尾开口处的各项热损失，有的采用侧装，即在炉内后端设有悬臂管道、辊道挡板，钢坯由炉侧装料门进入炉内辊道。

B　出料方式

加热炉的出料方式有端出料和侧出料两种方式。

端出料时受料辊道在炉外并和粗轧机的中心线一致，加热好的坯料沿着倾斜的滑道滑下，如图2－43所示，前一个步进周期中已放到固定炉底上的钢坯，在步进炉底1前进时，其头部就将钢坯顶到斜坡上，钢坯自行下滑到炉外出料辊道6上。用小推钢机5将钢坯从装料辊道4推入炉内。对着出料炉门在辊道旁边装着挡头，以防止滑下的坯料越出辊道。长钢坯下滑时易于歪斜而卡住，所以这种设备一般用于5m以下的短坯料。

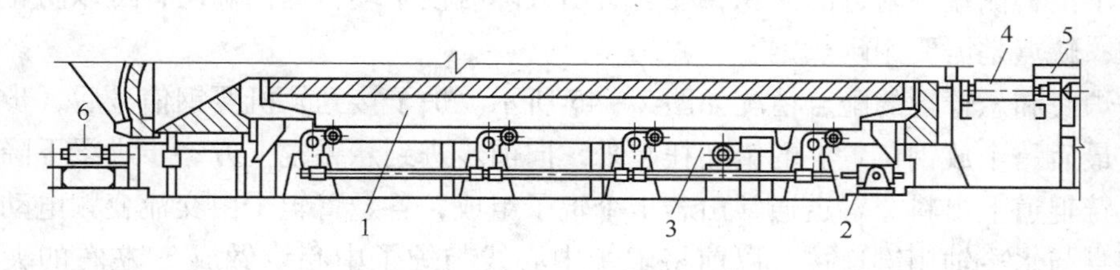

图2－43　端出料示意图

1—步进炉底；2—升降用液压缸；3—平移用液压缸；4—装料辊道；5—小推钢机；6—出料辊道

端出料的优点是机械设备简单，配两座加热炉时，炉子能交替进行定期检修而不致影响生产；缺点是出料炉门的辐射热损失大，易于吸入冷空气。

目前，随着板坯质量的增加，板坯加热炉已采用出钢机来取出板坯。图2－44所示为国产板坯加热炉出钢机的侧视图。出钢机由4根出钢杆的移动机构和出钢杆的抬升机构组成。炉内加热好的板坯，靠炉前推钢机或步进式移钢机构，移至板坯终点控制装置的位置后，出钢杆1在电动机驱动下，通过减速机和齿条齿轮机构进入炉膛，停在板坯下面。然后开动旋转偏心轮的电动机2，通过蜗杆涡轮减速机3，带动偏心为50mm的偏心轮4，抬起出钢杆1，使热板坯被抬起而脱离炉内滑轨。此时，出钢杆电动机启动，使出钢杆抬着板坯推出炉膛，移至辊道上面。然后再次开动电动机2，使出钢杆下降到低于辊道面约70mm处，从而将板坯放在辊道上。

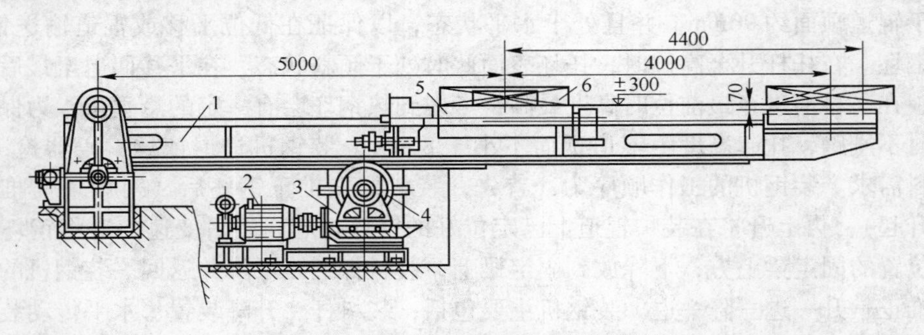

图2-44　国产板坯加热炉出钢机的侧视图

1—出钢杆；2—电动机；3—蜗杆涡轮减速机；4—偏心轮；5—辊道；6—板坯

当板坯宽度变化时，可调整行程控制器，改变出钢杆的行程位置，以适应不同宽度板坯的需要。若炉内加热双排短板坯时，用气动离合器把两组出钢杆传动装置分开，每组出钢杆可以单独工作。

侧出料的出料炉门正对着粗轧机的中心线，用于连续式轧机时，轧机和炉子尽可能靠近，钢坯往往是一头刚进入轧机，另一头还能在炉内保温，因而适用于长钢坯。这种设备的优点是出料炉门的辐射热损失小，冷空气吸入量少；缺点是机械设备较多，还经常消耗电能。侧出料加热炉的出料设备有出钢机和炉内悬臂辊道两类。采用出钢机时，钢坯到达出钢位置后出钢机的推杆伸入炉内，将钢坯推出。有些出钢机的推杆既能沿炉宽方向移动，又能沿出料炉门宽度方向移动，轧机侧的出料炉门处还装着带夹送辊的拖出机构，钢坯头部被推杆推出炉门进入夹送辊后推杆便迅速返回。炉内悬臂辊道和出钢机相比，其优点是只占了出料侧端墙附近的面积，在轧机出故障时便于坯料退回炉内，可以防止坯料表面被划伤；缺点是需要用耐热钢。

步进炉底和悬臂辊的配合情况如图2-45所示。炉子接到轧机要钢信号后，步进梁将固定梁上最后一个放钢位置上的钢坯托起来，向前步进到悬臂辊上方；步进梁下降将钢坯放置在悬臂辊道上出料。辊道通常由若干个辊子组成，各悬臂辊子由交流变频电动机单独传动，辊身与水冷轴用键连接。以前将辊子中心线与炉子中心线做成3°左右的夹角，辊子呈圆柱形，让钢坯在辊子旋转时产生向端墙一侧的分力，避免钢坯横移出辊道时碰撞步进梁或固定梁。近年来，将辊子中心线与炉子中心线做成平行，辊子呈倒锥形（或称V形），钢坯在辊道上靠近端墙运行，辊道靠近端墙一侧带辊盘，可避免钢坯碰撞炉墙。为了使出料辊面保持较低温度，防止坯料底面的氧化铁皮粘在辊面上，出料辊辊身也可采用水冷。此时，为了减少辊子在高温下的热损失，出料辊为可移动式，即在不输送钢坯时缩回炉墙内。

侧出料方式广泛用于棒线材等比较小型的钢坯且作业线上只有一座炉子的情况，以往

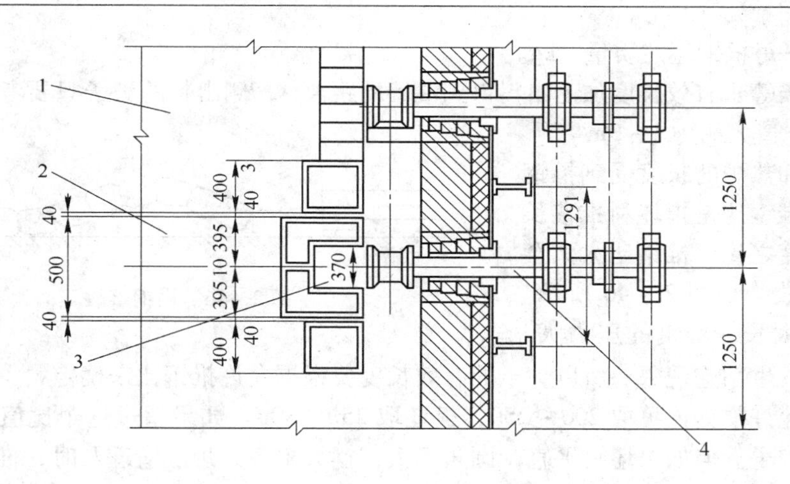

图2-45　步进炉底和悬臂辊的配合情况

1—固定炉底；2—步进炉底；3—步进炉底上的缺口；4—侧出料用悬臂辊

多采用出钢机出料，近来采用出料辊道的炉子多些。为了便于观察炉内坯料的情况，有的加热炉在进料侧和出料侧分别装有摄像机，工作人员可通过工业电视屏幕进行监视。

2.1.2.5　加热炉的主要尺寸

连续加热炉的基本尺寸包括炉子的长度、宽度和高度。它们是根据炉子的生产能力、钢坯尺寸、加热时间和加热制度等确定的。加热炉的尺寸没有严格的计算方法与公式，一般是计算并参照经验数据来确定。

A　炉宽

炉宽根据钢坯长度确定。

单排料炉宽 B 计算公式为：

$$B = l + 2c$$

双排料炉宽 B 计算公式为：

$$B = 2l + 3c$$

式中　l——钢坯长度，m；

c——料排间及料排与炉墙间的空隙，m，一般取0.15～0.30m。

B　炉长

炉子的长度分为全长和有效长度两个概念。有效长度是钢坯在炉膛内所占的长度，而全长还包括了从出钢口到端墙的一段距离。炉子有效长度 $L_{效}$ 是根据总加热能力计算出来的，计算公式为：

$$L_{效} = \frac{Gb\tau}{ng}$$

式中　G——炉子的生产能力，kg/h；

b——每根钢坯的宽度，m；

τ——加热时间，h；

n——坯料的排数；

g ——每根钢坯的质量，kg。

炉子全长等于有效长度加上出料口到端墙的距离 A，侧出料的炉子只要考虑能设置出料口即可，A 值大约为 1 ~ 3m。

推钢式加热炉的长度受到推钢比的限制，推钢比是指坯料推移长度与坯料厚度之比。推钢比太大会发生拱钢事故，如图 2 - 46 所示。其次，炉子太长，推钢的压力大，高温下容易发生粘连现象。所以炉子的有效长度要根据允许推钢比来确定，一般原料条件时，方坯的允许推钢比可取 200 ~ 250，板坯取 250 ~ 300。如果超过这个比值，就采用双排料或两座炉子。但如果坯料平直，圆角不大，摆放整齐，炉底清理及时，推钢比也可以突破这个数值。因此，炉子有效长度确定后，还必须用炉子允许的最大推钢长度予以校核。炉子推钢长度等于有效长度加上炉尾至推钢机推头退到最后位置之间的距离。最大推钢长度与钢坯的厚度、外形、圆角、长度、平直度、推力大小、推钢速度以及炉底状况等因素有关。目前，多采用允许推钢长度与钢坯最小厚度之比，即允许推钢比来确定或校核。

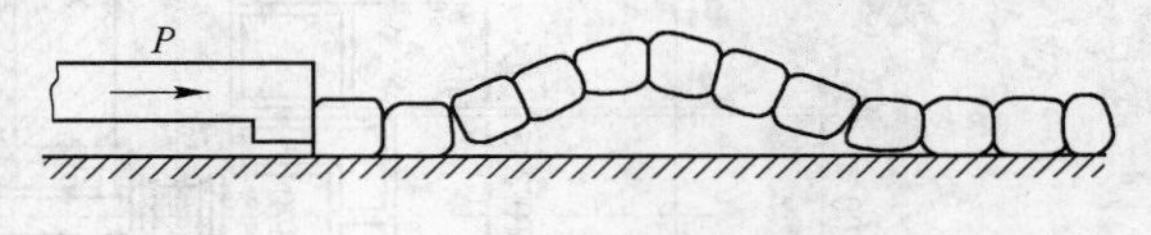

图 2 - 46　拱钢事故

预热段、加热段和均热段各段长度的比例，可根据坯料加热计算中所得各段加热时间的比例，以及类似炉子的实际情况决定。

三段式连续加热炉各段长度的比例分配大致为：

（1）预热段 25% ~ 40% $L_{效}$；

（2）加热段 25% ~ 40% $L_{效}$；

（3）均热段 15% ~ 25% $L_{效}$。

多点供热的炉子，其加热段较长，约占整个有效长的 50% ~ 70%，预热段很短。

C　炉高

炉膛的高度各段差别很大，炉高现在不可能从理论上进行计算，各段的高度都是根据经验数据确定的。决定炉膛高度要考虑两个因素：热工因素和结构因素。

2.1.2.6　高效蓄热式加热炉

A　高效蓄热式加热炉的工作原理

高效蓄热式加热炉的工作原理如图 2 - 47 所示，由高效蓄热式热回收系统、换向式燃烧系统和控制系统组成，其热效率可达 75%，这种换向式燃烧方式改善了炉内的温度均匀性。由于能很方便地把煤气和助燃空气预热到 1000℃左右，可以在高温加热炉使用高炉煤气作为燃料，这从根本上解决了因高炉煤气大量放散而产生能源浪费及环境污染的问题。

高效蓄热式连续加热炉的工作过程说明如下：

（1）在 A 状态，如图 2 - 47（a）所示。空气、煤气分别通过换向阀，经过蓄热体换热，将空气、煤气分别预热到 1000℃左右，进入喷口喷出，边混合边燃烧，燃烧产物经过炉膛，加热坯料，进入对面的排烟口（喷口），由高温废气将另一组蓄热体预热，废气温度随之降至 150℃以下，低温废气通过换向阀，经引风机排出。几分钟以后控制系统发出指令，换向机构动作，空气、煤气同时换向到 B 状态。

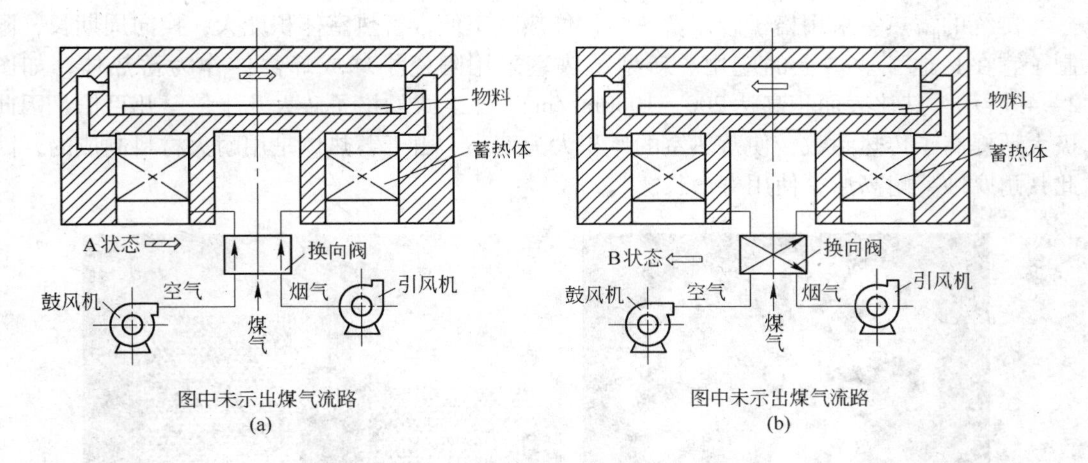

图2-47 高效蓄热式加热炉的工作原理

（2）在B状态，如图2-47（b）所示。换向后，煤气和空气从右侧通道喷口喷出并混合燃烧，这时左侧喷口作为烟道，在引风机的作用下，使高温烟气通过蓄热体排出，一个换向周期完成。

就这样通过A、B状态的不断交替，蓄热式连续加热炉实现对坯料的加热。

高效蓄热式加热炉取消了常规加热炉上的烧嘴、换热器、高温管道、地下烟道及高大的烟囱；操作及维护简单，无烟尘污染，换向设备灵活，控制系统功能完备；采用低氧扩散燃烧技术，形成与传统火焰迥然不同的新型火焰类型，空、煤气双预热温度均超过1000℃，创造出炉内优良的均匀温度分布，节能30%～50%，钢坯氧化烧损可减少1%。

B 蓄热式高风温燃烧器的主要组成部分及特点

蓄热式高风温燃烧系统主要组成部分有蓄热体和换向阀等，如图2-48所示。

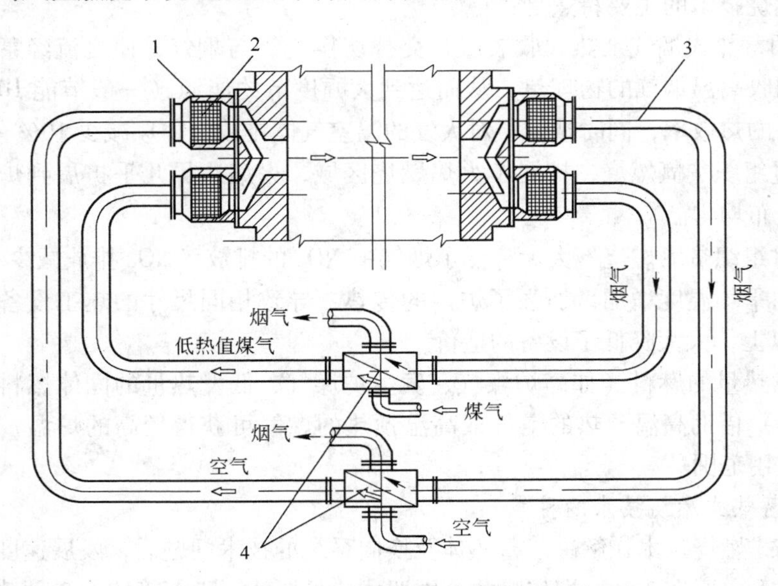

图2-48 蓄热式加热炉组织结构图

1—蓄热式烧嘴壳；2—蓄热体；3—管道；4—集成换向阀

传统的蓄热室采用格子砖作蓄热体，传热效率低，蓄热室体积庞大，换向周期长，限制了它在其他工业炉上的应用。新型蓄热室采用陶瓷小球或蜂窝体作为蓄热体，如图2－49所示，其比表面积高达200～1000m^2/m^3，比老式的格子砖大几十倍至几百倍，因此极大地提高了传热系数，使蓄热室的体积大为缩小。由于蓄热体是用耐火材料制成的，因此其耐腐蚀，耐高温，使用寿命长。

图2－49　蓄热体

换向装置集空气、燃料换向于一体，结构独特。空气换向、燃料换向同步且平稳，空气、燃料、烟气绝无混合的可能，彻底解决了以往换向阀在换向过程中气路暂时相通的弊病。由于换向装置和控制技术的提高，换向时间大为缩短，传统蓄热室的换向时间一般为20～30min，而新型蓄热室的换向时间仅为0.5～3min。新型蓄热室传热效率高和换向时间短，带来的效果是排烟温度低（150℃以下），被预热介质的预热温度高（只比炉温低80～150℃）。因此，废气余热得到接近极限的回收，蓄热室的热效率可达到85%以上，热回收率达70%以上。

蓄热式燃烧技术的主要特点是：

（1）采用蓄热式烟气余热回收装置，交替切换空气与烟气，使之流经蓄热体，能够最大限度地回收高温烟气的物理热，从而达到大幅度节约能源（一般节能10%～70%）、提高热工设备的热效率，同时减少了对大气的温室气体排放（CO_2 减少10%～70%）。

（2）通过组织贫氧燃烧，扩展了火焰燃烧区域，火焰边界几乎扩展到炉膛边界，使得炉内温度分布均匀。

（3）通过组织贫氧燃烧，大大降低了烟气中 NO_x 的排放（NO_x 排放减少40%以上）。

（4）炉内平均温度增加，加强了炉内的传热，导致相同尺寸的热工设备，其产量可以提高20%以上，大大降低了设备的造价。

（5）低发热量的燃料（如高炉煤气、发生炉煤气、低发热量的固体燃料、低发热量的液体燃料等）借助高温预热的空气或高温预热的燃气可获得较高的炉温，扩展了低发热量燃料的应用范围。

C　高效蓄热式燃烧技术的种类

高效蓄热式燃烧技术在解决了蓄热体及换向系统的技术问题后，发展速度加快了，目前从技术风格上主要有3种，即烧嘴式、内置式、外置式。下面简述这3种蓄热式加热炉的区别。

a 蓄热式烧嘴加热炉

蓄热式烧嘴（RCB）加热炉多采用高发热量清洁燃料，并没有脱离传统烧嘴的形式，对于燃料为高炉煤气的加热炉应避免使用蓄热式烧嘴，图2－48所示为蓄热式烧嘴加热炉图。蓄热体常采用陶瓷蜂窝体，从高温到低温可以分别配置电熔刚玉挡砖、莫来石质蜂窝体、堇青石质蜂窝体。电熔刚玉挡砖具有密度大、强度高、耐高温、不易破坏的优点；莫来石质蜂窝体具有耐高温、比表面积大、蓄热快、蓄热量大的优点；堇青石质蜂窝体具有比表面积大、蓄热快、蓄热量大的优点。3种材质的蓄热体按一定比例堆砌在蓄热室内，形成良好的蓄热性能并可以保证较长的寿命。

b 内置蓄热室加热炉

内置蓄热室加热炉是我国工程技术人员经过10年的研究实验，在充分掌握蓄热式燃烧机理的前提下，结合我国的具体国情，开拓性地将空气、煤气蓄热室布置在炉底，将空气、煤气通道布置在炉墙内，既有效地利用了炉底和炉墙，同时没有增加任何炉体散热面。这种炉型目前在国内成功使用时间已经有10年，技术非常成熟，尤其适用于高炉煤气的加热炉。

内置蓄热室加热炉所特有的煤气流股贴近钢坯，煤气和空气在炉内为分层扩散燃烧的混合燃烧方式，由于在钢坯表面形成的气氛氧化性较弱，从而抑制了钢坯表面氧化铁皮的生成趋势，使得钢坯的氧化烧损率大幅度降低（韶钢三轧厂加热炉加热连铸方坯实测的氧化烧损率仅为0.7%；苏州钢厂650车间加热钢锭的加热炉停炉清渣间隔周期超过一年半）。对于加热坯料较长和产量较大的加热炉，由于对加热钢坯宽度方向上即沿炉长方向的温差要求较高，常规加热炉由于结构和设备成本的限制，烧嘴间距一般均在1160mm以上，造成炉长方向上温度不均而影响加热质量，而内置式蓄热式加热炉所特有的多点分散供热方式，喷口间距最小处达400mm，并且布置上随心所欲，不受钢结构柱距的限制，炉长方向上温度曲线几近平直，使得加热坯料的温度均匀性大大提高。

内置蓄热室加热炉对设计和施工要求较高，施工周期相对较长，对现有的加热炉的改造几乎无法实现，但对新建加热炉非常适合，并且适用于任何发热量的燃料。

c 外置蓄热室加热炉

如图2－50所示，外置蓄热室加热炉是介于内置蓄热室加热炉与蓄热式烧嘴加热炉之间的一种形式，它将蓄热室全部放到炉墙外，体积庞大，占用车间面积大，检修维护非常不便。炉体散热量成倍增加，蓄热室与炉体连通的高温通道受钢结构柱距的限制，空气、煤气混合不好，燃烧不完全，燃料消耗高，更无法实现低氧化加热。它既没有蓄热式烧嘴的灵活性，又没有内置蓄热室加热炉的合理性，但适用于任何发热量燃料的老炉型改造。

蓄热式加热炉目前在国内发展很快，但必须清醒地认识到，它还有许多有待完善的地方。例如，无论是使用何种燃料的蓄热式加热炉，在运行一段时间后，蓄热体很容易发生一些问题，采用小球作为蓄热体的蓄热式加热炉，小球会粘在一起，而使用蜂窝体作为蓄热体的蓄热式加热炉，蜂窝体堵塞比较严重，当蓄热体堵塞后，为了保证加热温度，不得不提高燃料和空气的供给量，从而造成能耗的升高。因此，如何解决蓄热体堵塞问题是今后需要研究的一个问题。

另外，在检修时发现，蓄热体不仅会发生堵塞现象，而且在拆换过程中特别容易破碎，特别是接近炉内的两层蓄热体，每次拆开就破裂，不能重复使用。这样每次检修就必

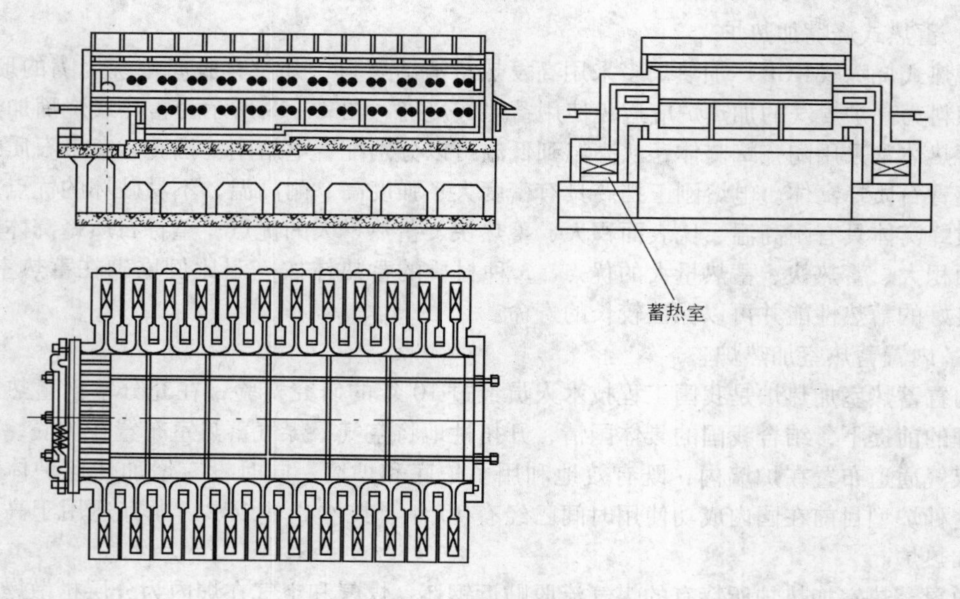

图 2-50　外置蓄热室加热炉

须更换大量蓄热体，这造成了检修成本的大幅上升。如何解决这个问题，也是今后面临的问题。

2.2　任务2　装炉操作

装炉是钢坯加热的第一项操作，它对加热质量及产量均有重大影响，因此，应当认真按操作规程及标准化作业程序进行。

2.2.1　装炉前的准备工作

装炉前的准备工作主要有：

（1）装炉工在上岗作业前，除认真进行接班检查设备状况外，还要利用换辊短暂的时间为当班作业做好充分准备，如准备装炉工具钢绳、小吊钩、撬棍，准备隔号砖，检查疏通辊道下铁皮槽等。

（2）吊具如不合格，应立即更换。对新领的吊具，特别是小钩也应按规定逐一仔细检查，不合格的不能使用。

（3）根据当班生产需要量，将废耐火砖加工成隔号砖，并放置在取用方便且不影响行走的部位。

（4）在疏通地沟时，切不可跨越辊道，更不允许站在辊面上作业，应站在辊道齿轮减速箱或地板盖上。用长形工具如木杆、钢管等，顺水流方向逐个辊缝拨动砖头及铁皮，使之顺利流入大地沟。

（5）准备好处理翻炉及跑偏用的工具。

（6）熟悉生产作业计划，掌握马上要进行装炉的钢坯钢种、炉批号、单重规格及其现在摆放的位置，做到心中有数。

2.2.2 装炉操作要点

装炉操作要点是：

（1）钢坯装炉必须严格执行按炉送钢制度。装炉前，装炉工必须认真按照装炉指示板或有验收合格章的流动卡片逐项核对坯料钢印的钢种、炉批号及规格是否相符，确认无误后方可装炉。为了均匀出钢，装炉时对同一炉号不同规格的钢坯，要均衡地装入各条道。为了便于区别不同熔炼号的钢坯，在每条道上该炉最后一块钢坯角部压上两块隔号砖，有的是在新炉号第一块坯料上面放上一、两块耐火砖作隔号砖，或缠铁丝，步进式加热炉空走两步。轧制不同品种钢时，要在相邻铸坯间加一支隔离坯。隔离坯断面不允许与加热坯料断面相同，以免混淆。出炉时也应严格按标记检查。

（2）钢坯不合格被剔除时，在钢坯上注明炉号、卡片号、钢种，同时在流动卡片上注明剔除原因、减掉剔除根数，并报当班调度。

（3）装炉应先装定尺料，后装配尺料。配尺料的装炉顺序是单重小的先装，单重大的后装。

（4）同一规格的各种钢正常情况下入炉顺序为“先低温钢，后高温钢；先易脱碳钢，后其他钢”。

（5）轧机或加热炉检修后需待生产正常后才能装入易脱碳钢。

（6）由于轧机事故或其他原因出现掉队钢锭或钢坯时，应抓紧及时装炉随该熔炼号加热轧制。不得任意加入其他熔炼号内，以免造成混号事故。

（7）生产中换导卫、换辊、换槽时，装入两根试车料。

（8）挂吊时要挑出那些有严重变形，或者超长、过短、过薄等不符合技术标准的钢坯，有严重表面缺陷的钢坯也不得装入炉内，并及时与当班班长和检查员联系，妥善处理。

（9）装入炉内的钢坯，表面铁皮要扫净。

（10）装入炉的钢坯必须装正，以不掉道、不刮墙、不碰头、不拱钢为原则，发现跑偏现象，要及时加垫铁进行调整，避免发生事故。

（11）装入连续式加热炉内的钢坯端部与炉墙及两排坯料之间的距离，一般应在250mm以上。钢坯的端部距炉墙的距离不应小于150mm。双排装料时，两排坯料中间端头的距离不应小于200mm。坯料端头距炉底纵水管中心线的距离不应小于200mm。

（12）装入轻微瓢曲的钢坯时，要将凹面朝上。

（13）当轧制品种多、原料厚度差很大时，相邻坯料的厚度差一般不能大于50mm。最厚的坯料与最薄的相差很大时，这两种坯料不能相邻装入，而应逐渐过渡，这一方面是为了推钢稳定，防止拱钢；另一方面有利于炉子热工操作。因为相邻坯料的厚度差太大时，无法确定一个兼顾厚、薄两种坯料的热负荷，往往顾此失彼。

（14）步进式加热炉装钢时尽量按中心线对称布料。

（15）侧装料时在炉内采取一端对齐或依中心线对齐的布料方式。

（16）吊挂钢坯时，操作者身体应避开吊钩正面，手握小钩的两“腿”中部，两小钩应按钢坯中心对称平挂，然后指挥吊车提升，当小钩钩齿与钢坯刚接触时立即松手后撤；如小钩未挂好，可指挥吊车重复上述操作，直至挂好挂稳为止。挂好钢坯后，即指挥吊车将钢坯吊到炉尾装炉。在指挥吊车时手势、哨声要准确。

（17）吊挂回炉炽热钢坯时，应首先指挥操纵辊道者将回炉钢坯停在吊车司机视野开阔、挂钩操作条件好的位置上，再指挥吊车将吊钩停在钢坯几何中心点上方，装炉工在辊道两侧站稳，压低身体，迅速将小钩按前述原则在钢坯上对称挂好，立即起身离开后，指挥吊车起吊。若未吊好，重复上述操作。直至挂好后再指挥吊车将回炉钢坯吊放到指定地点或跟号装炉。要坚决杜绝用钢绳吊运回炉品。在挂回炉品时，切不可站在辊道上作业，也不得跨越辊道。

（18）要经常观察炉内钢坯运行情况，发现异常应及时调整解决。

2.2.3 推钢操作

2.2.3.1 作业前的准备

推钢工在上岗前应按要求进行对口交接班，重点了解炉内滑道情况，炉内钢坯规格、数量、分布情况，核对交班料与平衡卡及记号板上的记录是否一致，有无混钢迹象，检查推钢机、出炉辊道、炉门及控制器、电锁、信号灯等是否灵活可靠。如有问题应设法解决，对较大问题要立即向有关领导汇报，并同上班人员一起查明原因，妥善处理。

2.2.3.2 推钢操作要点

推钢操作要点是：

（1）接到出钢工出钢的信号，推钢工应立即开动推钢机推动钢坯缓缓向前（炉头方向）运行，动作要准确、迅速，待要钢信号消失后，迅速将控制器拉杆至零位。若是步进式加热炉，则由液压站操作台控制步进梁的正循环、逆循环、踏步等。

（2）推钢出炉时要特别注意坯料运行情况，观察有无拱钢、推不动等现象，发现异常立即停车并出外观察，查明无问题或问题处理完毕后，继续进行操作。

（3）如果炉外发生拱钢，马上停止推钢，打倒车，以便装炉工撬钢加垫铁，或调换钢坯方向、顺序；炉内发生拱钢时，推钢工一定要听从装炉工的指挥，密切配合，或从炉尾拽钢坯，或把钢坯推倒，推钢动作要轻缓，幅度要小。

（4）推钢工必须掌握正要出炉坯料的宽度，即熟悉生产计划，掌握装出炉坯料情况。如果一次推钢行程已达到出炉钢坯宽度的1.5倍，要钢信号尚未消失，要立即停止推钢，并向出钢工反送一个信号，以示询问；如果对方依然坚持要钢，说明钢坯还未出炉，要马上查出是否发生掉钢或炉内拱钢、卡钢等事故，待排除事故或否定其存在的可能性后，方可继续推钢。

（5）如果出钢工指令有误或对要钢信号有疑问时，推钢工要了解清楚出钢本意后，再行操作。如出钢工大幅度跳越多种规格连续从一条道要钢或隔号要钢时，在未查明是否出钢工误操作而发错指令前，不应继续进行推钢操作。

（6）当某道正在进行装坯时，出钢工发来要钢信号，而此道又来不及出钢，应立即给出钢工发一信号，以示当前此道无法出钢。如对方改要另一条道的钢坯，推钢工即可进行相应的操作。如出钢工连续闪动这条道的要钢信号，或推钢工确认这块料是正在出炉的这批钢坯最后一块时，应立即暂停装炉，迅速将这块钢坯推出炉外，以免耽误生产。

(7) 推钢时要注意推杆的有效行程，以免一时疏忽推杆伸出过远，使推杆下的齿条与齿轮脱离啮合状态而出现掉头。

(8) 推钢至一定位置后，要将控制器拉杆拉向身体一侧，使推杆向后运行，以便装炉。推杆后退行程视装料规格、块数而定，一般比一次装入坯料总宽度大100mm即可。后退行程过小，装炉操作不便；过大则是造成能源和时间的浪费。

(9) 装完坯料后，要使推杆与钢坯靠严，动作要缓轻，最好是开动推钢机后，在推杆尚未接触坯料前的一段距离处，将控制器置于零位，让推杆靠惯性靠紧钢坯。这一点对于钢坯留有缝隙或坯料变形的情况特别重要，因为如果猛地将推杆推向钢坯，很可能使坯料受推力不均造成整排料向一面偏移。

(10) 对于有两排炉料的炉子来说，一般装料都是两条道交替进行的。这时推钢工必须准确判断出钢工的下一块出钢目标，并迅速将下次不出钢的这台推钢机推杆退回。这不仅需要推钢工准确掌握炉中坯料情况，还要了解出钢工的要钢习惯，以便相互默契配合。但正常情况下，要钢都是两道交替进行的。如果新学推钢，一时难以掌握炉头钢坯情况，应在刚刚出过料的道上装钢。

(11) 在装料的同时，推钢工要记录好入炉坯料规格及块数，指挥装炉工正确设置隔号砖。这个记录是指为核对钢坯装炉顺序，提示当前装炉进度的一种记录，可采用较简单的计数工具。

2.2.3.3 装炉操作程序

图2-51所示为某厂装炉自动操作程序框图。

2.2.4 辊道装炉操作

下面以某厂侧装料加热炉为例说明辊道装炉操作。

2.2.4.1 手动操作

辊道装炉手动操作步骤为：

(1) 确认上料设备状态良好后，把辊道“手动—操作封锁—自动”状态选定开关打到“手动”，把进料与推钢“手动—自动”转换开关转打到“手动”。

(2) 进冷钢时，把“红钢—冷钢”转换开关打到“冷钢”，在第三段辊道无钢且停止时，确认第二段辊道上没有不合格钢坯，把上料台架“后退—零位—前进”开关打到“前进”位，上料台架前进将钢坯推至第三段辊上后自动停止，再将上料台架动作开关拨到“零位”，向第三段辊道上钢动作完成。

(3) 进红钢时，把“红钢—冷钢”转换开关打到“红钢”，连铸工把红钢送至第四段辊道，当第三段无钢时，将第四段及第三段辊道动作开关打到“正转”，钢坯前进到第三段后，辊道自动停止，再把第四段、第三段辊道动作开关打到“停止”。

(4) 由第三段辊道向第二段辊道运送钢坯：第三段有钢，第二段无钢，将第三段及第二段辊道动作开关打到“正转”，钢坯前进到第二段后，辊道自动停止，再把第三段、第二段辊道动作开关打到“停止”。在此过程中，自动完成钢坯测长，并对不合格钢坯发出声光报警。

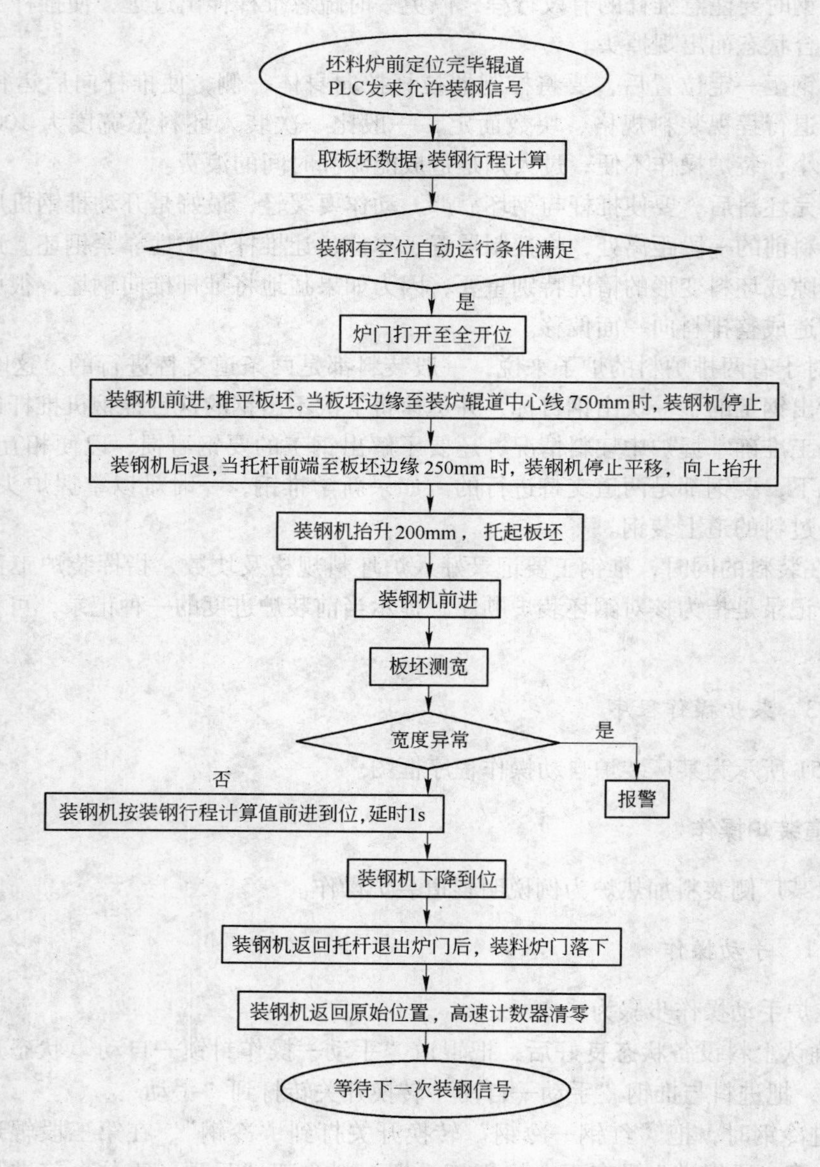

图 2 – 51　装炉自动操作程序框图

（5）第二段辊道上不合格钢坯的剔除：在第二段辊道上存在不合格坯料时，确认第三段辊道上无钢。将第二段、第三段辊道操作开关打到“反转”，待坯料在第三段辊道上自动停止时；将第二、第三段辊道操作开关打到“停止”，用天车将不合格钢坯剔除。

（6）由第二段向第一段辊道运送钢坯：第二段有合格钢坯，第一段无钢，将第二段及第一段动作开关打到“正转”，钢坯前进到第一段后，辊道自动停止，再把第二段及第一段辊道动作开关打到“停止”。

（7）由第一段向炉内辊道运送钢坯：当把炉门打开，炉内辊道无钢且步进梁处在下位发出允许装钢信号时，将第一段及炉内辊道动作开关打到“正转”，钢坯前进到炉内辊道后，辊道自动停止，把炉内及第一段辊道动作开关打到“停止”。

（8）当钢坯进入炉内并停止后，按装炉推钢机“推钢”按钮，推钢机把钢坯推到设定位置，按“返回”按钮使推钢机返回原位，至此，加热炉手动进钢完成。

2.2.4.2 全自动操作

全自动操作是指将炉区进料、装炉、步进梁动作、钢坯出炉各区域动作按一定的连锁关系实现的全过程自动。

2.3 任务3 烘炉操作

2.3.1 耐火材料基本知识

砌筑加热炉广泛使用各种耐火材料和绝热材料，耐火材料的合理选择、正确使用是保证加热炉的砌筑质量、提高炉子的使用寿命、减少炉子热能损耗的前提。耐火材料的种类繁多，了解各种耐火材料的性能、使用要求及方法，是正确使用耐火材料的必要条件。

砌筑加热炉的耐火材料应满足以下要求：

（1）具有一定的耐火度，即在高温条件下使用时，不软化、不熔融。各国均规定：耐火度高于1580℃的材料才称为耐火材料。

（2）在高温下具有一定的结构强度，能够承受规定的建筑荷重和工作中产生的应力。

（3）在高温下长期使用时，体积保持稳定，不会产生过大的膨胀应力和收缩裂缝。

（4）温度急剧变化时，不能迸裂破坏。

（5）对熔融金属、炉渣、氧化铁皮、炉衬等的侵蚀有一定的抵抗能力。

（6）具有较好的耐磨性及抗震性能。

（7）外形整齐，尺寸精确，公差不超过要求。

以上是对耐火材料总的要求。事实上，目前尚无一种耐火材料能同时满足上述要求，这一点必须给予充分的注意。选择耐火材料时，应根据具体的使用条件，对耐火材料的要求确定出主次顺序。

耐火制品通常根据耐火度、形状尺寸、烧制方法、耐火基体的化学矿物组成等进行分类。

（1）按耐火材料的化学成分分类。

1）硅质制品：

硅砖	SiO_2 的质量分数不小于93%
石英玻璃	SiO_2 的质量分数大于99%

2）硅酸铝质制品：

半硅砖	SiO_2 的质量分数大于65%，Al_2O_3 的质量分数小于30%
黏土砖	SiO_2 的质量分数小于65%，Al_2O_3 的质量分数为30%～46%

高铝砖	Al_2O_3 的质量分数不小于 46%

3）镁质制品：

镁砖	MgO 的质量分数为 85% 以上
镁铬砖	MgO 的质量分数为 55% ~60%，Cr_2O_3 的质量分数为 8% ~12%
白云石制品	CaO 的质量分数为 40% 以上，MgO 的质量分数为 30% 以上
镁铝砖	MgO 的质量分数不小于 80%，Al_2O_3 的质量分数为 5% ~10%

4）铬质；

5）碳质及碳化硅质制品；

6）锆质；

7）特种氧化物制品。

（2）按耐火度、形状尺寸和烧制方法分类：

1）耐火度为 1580 ~1770℃时为普通耐火制品，耐火度为 1770 ~2000℃时为高级耐火制品，耐火度大于 2000℃时为特级耐火制品。

2）按尺寸形状分为块状耐火材料和散状耐火材料。

3）按烧制方法分为不烧砖、烧制砖和熔铸砖。

（3）根据耐火材料的化学性质分类：

1）酸性耐火材料；

2）碱性耐火材料；

3）中性耐火材料。

2.3.1.1 耐火材料的性能

耐火材料的性能包括物理性能和工作性能两个方面。物理性能如体积密度、气孔率、热导率、真密度、线膨胀系数等往往能够反映材料制造工艺的水平，并直接影响着耐火材料的工作性能。耐火材料的工作性能指材料在使用过程中表现出来的性能，主要包括耐火度、高温结构强度、高温体积稳定性、抗热震性、化学稳定性等。耐火材料的工作性能取决于耐火材料的化学矿物组成及其制造工艺。

A 耐火材料的物理性能

a 体积密度

耐火材料的体积密度指的是单位体积（包括全部气孔在内）的耐火材料的质量，常用单位为 g/cm^3 或 kg/m^3。

b 气孔率

因制造工艺的局限性，耐火材料中总存在着一些大小不同、形状各异的气孔。耐火材料中所有气孔的体积与材料总体积的比值就称为耐火材料的气孔率。

耐火材料的气孔按其状态不同分为开口气孔、闭口气孔和贯通气孔 3 种。其中，一端封闭，另一端与大气相通的气孔称为开口气孔；被封闭在材料内部与外界隔绝的气孔称为闭口气孔；贯穿材料内部，两端均与大气相通的气孔称为贯通气孔。开口气孔和贯通气孔合称为显气孔。

设 V_1、V_2、V_3 分别代表耐火材料中开口气孔、闭口气孔、贯通气孔的体积，V 代表耐火材料的总体积，显然：

$$气体的气孔率 = \frac{V_1 + V_2 + V_3}{V} \times 100\%$$

$$显气孔率 = \frac{V_1 + V_3}{V} \times 100\%$$

$$闭气孔率 = \frac{V_2}{V} \times 100\%$$

除特别表明者外，我国有关耐火材料文献、资料中的气孔率通常是指显气孔率。

c　真密度

耐火材料的真密度是指不包含气孔在内，单位体积耐火材料的质量，常用单位为 kg/m^3。

体积密度、气孔率、真密度这些指标反映了耐火材料的致密程度，是评定耐火制品质量的重要指标之一。耐火材料的这些指标直接影响着耐火制品的耐压强度、耐磨性、抗渣性、导热性等。

d　热膨胀性

耐火材料的长度和体积随温度升高而增大的性质，称为耐火材料的热膨胀性。耐火材料的热膨胀是一种可逆变化，即受热后膨胀，冷却后收缩。

耐火材料的热膨胀性一般用线膨胀百分率表示。线膨胀百分率计算公式为：

$$\beta = \frac{l_t - l_0}{l_0} \times 100\%$$

式中　l_t，l_0——分别为 t℃和0℃时的试样长度。

B　耐火材料的工作性能

a　耐火度

耐火材料抵抗高温而不变形的性能称为耐火度。加热时，耐火材料中各种矿物组成之间会发生反应，并生成易熔的低熔点结合物而使之软化，因此，耐火度只是表明耐火材料软化到一定程度时的温度。

测定耐火度时，将耐火材料试样制成一个上底每边为2mm、下底每边为8mm、高30mm、截面呈等边三角形的三角锥体。把三角锥体试样和比较用的标准锥体放在一起加热。三角锥体在高温作用下则软化而弯倒，当锥的顶点弯倒并触及底板（放置试锥用的）时，此时的温度（与标准锥比较）称为该材料的耐火度。三角锥体软倒情况如图2－52所示。

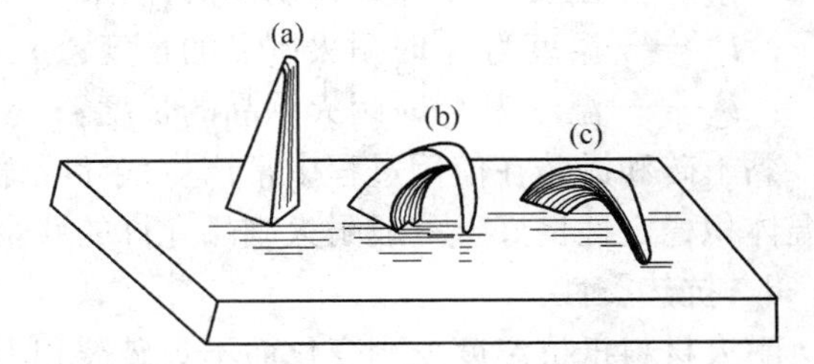

图2－52　耐火锥软倒情况
（a）软倒前；（b）在耐火温度下软倒情况；
（c）超过耐火度时软倒情况

耐火材料的耐火度越高，表明材料的耐高温性质越好。耐火材料实际使用温度应低于耐火度。

b　高温结构强度

加热炉中的耐火材料都是在一定的负荷下工作的，因此，要求其必须具有一定的抗负荷能力。耐火材料在高温下承受压力、抵抗变形的能力称为耐火材料的高温结构强度。耐火材料的高温结构强度通常用荷重软化点作为评定的指标。荷重软化温度就是耐火材料受压发生一定变形量的温度。

测定荷重软化温度的方法是：将待测耐火材料制成高为50mm、直径为36mm的圆柱体试样，在196kPa的荷重压力下，按照一定的升温速度加热，测出试样的开始变形温度和压缩4%及40%的温度作为试样的荷重软化温度。

耐火材料实际能够承受的温度要稍高于荷重软化温度。因为一方面材料的实际荷重很少达到196kPa，另一方面耐火材料在炉子中只是单面受热。

氧化硅质耐火材料的荷重软化温度和耐火度接近，因此，氧化硅质耐火材料的高温结构强度好。而黏土质耐火材料的荷重软化温度远比其耐火度低，这是黏土质耐火材料的一个缺点。氧化镁质耐火材料的耐火度虽然很高，但其高温结构强度同样很差，所以实际使用温度仍然低于其耐火度很多。当然，在没有什么荷重的情况下，其使用温度可以大大提高。

c　高温体积稳定性

耐火材料在高温及长期使用的情况下，应保持一定的体积稳定性。这种体积的变化不是指一般的热胀冷缩，而是指耐火材料在烧制时，由于其内部组织未完全转化，在使用过程中内部组织结构会继续变化而引起的不可逆的体积变化。

在工程上，耐火制品的高温体积稳定性一般用无荷重条件下材料的重烧体积变化率ΔV或重烧线变化率Δl表示。计算公式为：

$$\Delta V = \frac{V_2 - V_1}{V_1} \times 100\%$$

$$\Delta l = \frac{l_2 - l_1}{l_1} \times 100\%$$

式中　V_1——温度为t_1时耐火制品的体积；

V_2——温度为t_2时耐火制品的体积；

l_1——温度为t_1时耐火制品的长度；

l_2——温度为t_2时耐火制品的长度。

黏土砖和镁砖在使用过程中常产生残存收缩，硅砖常产生膨胀现象。只有碳质制品的高温体积稳定性良好。一般耐火制品允许的残余收缩或残余膨胀不超过1%。

d　抗热震性

耐火材料抵抗温度急剧变化而不致破裂和剥落的能力称为抗热震性，又称为耐热剥落性和耐热崩裂性。在炉子的操作过程中，如炉门开启时冷空气进入炉膛、台车式炉出炉时炉底空冷等，都会使耐火材料的温度处于波动之中，如果耐火材料没有足够的抗热震性能，就会过早地损坏。

耐火材料的抗热震性主要取决于其热膨胀性、导热性、抗张强度、弹性模量等性质，与材料的组织结构、形状尺寸等也有关系。一般而言，线膨胀系数小、热导率大、抗张强度高和弹性模量较低且在温度急变范围内无晶型转化的材料，具有较好的抗热震性。就同种材料而言，形状简单、尺寸较小的材料具有较好的抗热震性。

耐火材料抗热震性的指标可以用试验来测定。目前采用的标准方法是将耐火材料试样加热至850℃，然后在流动水中冷却，如此反复加热、冷却，直至试样的脱落部分质量为原质量的20%为止，以所经受的反复加热、冷却的次数作为该材料的抗热震性指标。

e 化学稳定性

耐火材料在高温下抵抗熔融金属、物料、炉渣、熔融炉尘等侵蚀作用的能力称为耐火材料的化学稳定性。这一指标通常也用抗渣性来表示。对轧钢加热炉而言，经常遇到的是熔融氧化铁皮对耐火材料的侵蚀，在某些热处理炉中还存在炉内气氛对耐火材料的侵蚀。熔渣对耐火材料的侵蚀包括可能同时发生的3种作用：化学侵蚀、物理溶解和机械冲刷。

影响材料抗渣性的主要因素有：

（1）炉渣化学性质。炉渣主要分酸性渣和碱性渣。含酸性较多的耐火材料，对酸性炉渣的抵抗能力强，对碱性炉渣的抵抗能力差。反之，碱性耐火材料如氧化镁质和白云石质耐火材料，对碱性渣的抵抗能力强，对酸性渣的抵抗能力差。

（2）工作温度。温度为800～900℃时，炉渣对材料的侵蚀作用不大显著，但温度达到1200℃以上时，材料的抗渣性就大大降低。

（3）耐火材料的致密程度。提高耐火材料的致密度，降低它的气孔率，是提高耐火材料抗渣性的主要措施，可以在制砖过程中选择合适的颗粒配比和较高的成型压力。

2.3.1.2 常用块状耐火制品

加热炉及热处理炉常用的耐火砖有黏土砖、高铝砖、硅砖、镁砖和碳化硅质制品等。

A 黏土砖

黏土砖是生产量最多、使用最广泛的耐火材料，属于硅酸铝质，以Al_2O_3及SiO_2为其基本化学组成，制作原料为耐火黏土和高岭土。

根据Al_2O_3及SiO_2的质量分数比例的不同，黏土类耐火材料分为3种：半硅砖（Al_2O_3的质量分数为15%～30%）、黏土砖（Al_2O_3的质量分数为30%～48%）和高铝砖（Al_2O_3的质量分数大于48%）。

黏土砖的耐火度一般为1580～1750℃，随着Al_2O_3质量分数的增加，黏土砖的耐火度提高。

黏土砖属于弱酸性耐火材料，在高温下容易被碱性炉渣所侵蚀。

黏土砖的荷重软化开始点温度很低，只有1250～1300℃，而且其荷重软化开始温度和终了温度（即40%变形温度）的间隔很大，约为200～250℃。

黏土砖有良好的抗热震性能，在850℃水冷次数可达10～25次。其线膨胀系数、热导率、热容量均小于其他耐火材料。

黏土砖在高温下出现再结晶现象，使砖的体积缩小。同时产生液相，由于液相表面张力的作用，使固体颗粒相互靠近，气孔率低，使砖的体积缩小，因此，黏土砖在高温下有残存收缩的性质。

黏土砖表面为黄棕色（Fe_2O_3的质量分数越多颜色越深），表面有黑点。

由于黏土砖化学组成的波动范围较大，生产方法不同，烧成温度有差异，各类黏土砖的性质变化较大。普通黏土砖根据组成中Al_2O_3质量分数的多少分为3种牌号：(NZ)-40、(NZ)-35、(NZ)-30。

我国耐火黏土资源极为丰富，质量好，价格便宜，被广泛地应用于砌筑各种加热炉和热处理炉的炉体、烟道、烟囱、余热利用装置和烧嘴等。

B　高铝砖

高铝砖是 Al_2O_3 的质量分数为 48% 以上的硅酸铝质制品。按照矿物组成的不同，高铝质制品分为刚玉质（Al_2O_3 的质量分数达 95% 以上）、莫来石质（$3Al_2O_3 \cdot 2SiO_2$）及硅线石质（$Al_2O_3 \cdot SiO_2$）3 大类。工业上大量应用的是莫来石质和硅线石质的高铝砖。

高铝砖的耐火度比黏土砖和半硅砖的耐火度都要高，达 1750 ~ 1790℃，属于高级耐火材料。高铝制品中 Al_2O_3 的质量分数高，杂质的质量分数少，形成易熔的玻璃体少，所以荷重软化温度比黏土砖高，但因莫来石结晶未形成网状组织，因此荷重软化温度仍没有硅砖高，只是抗热震性比黏土砖稍低。高铝砖的主要成分是 Al_2O_3，接近于中性耐火材料，因此，它对酸性、碱性炉渣和氧化铁皮的侵蚀均有一定的抵抗能力。高铝砖在高温下也会发生残存收缩。随着 Al_2O_3 质量分数的不同，普通高铝砖分为 3 种牌号：（LZ）-65、（LZ）-55、（LZ）-48。

高铝砖常用来砌筑均热炉的吊顶、炉顶、下部炉墙，连续加热炉的炉底、炉墙、烧嘴砖、吊顶等。另外，高铝砖也可用来砌筑蓄热室的格子砖。

C　硅砖

硅砖是指 SiO_2 的质量分数在 93% 以上的硅质耐火材料。由于 SiO_2 在烧成过程中发生复杂的晶型转变，体积发生变化，因此，硅砖的制造技术和使用性能与 SiO_2 的晶型转变有着密切的关系。在使用中通常通过测量其真密度的数值，判断烧成过程中的晶型转变的完全程度。真密度越小，表明转化越完全，在使用时的体积稳定性就越好。普通硅砖的真密度在 2.4 g/cm^3 以下。

硅砖属于酸性耐火材料，对酸性渣的抵抗能力强，对碱性渣的抵抗力较差，但对氧化铁有一定的抵抗能力。硅砖的荷重软化开始温度较其他几种常用砖都高，为 1620 ~ 1660℃，接近于其耐火度（1690 ~ 1730℃），这一特点允许硅砖可用于砌筑高温炉的拱顶。硅砖的抗热震性不好，在 850℃ 的水冷次数只有 1 ~ 2 次，因此不宜用在温度有剧烈变化的地方和周期工作的炉子上。

硅砖在 200 ~ 300℃ 和 575℃ 时有晶型转变，体积会骤然膨胀，因此，烘炉时在 600℃ 以下升温时不能太快，否则会有破裂的危险。同样，在冷却至 600℃ 以下时也应避免剧烈的温度变化。

硅砖是酸性冶炼设备主要的砌筑材料，在加热炉上一般用来砌筑炉子的拱顶和炉墙，尤其是拱顶。此外，硅砖也用来砌筑蓄热室上层的格子砖。

D　镁砖

镁砖是指 MgO 的质量分数在 80% 以上，以方镁石为主要矿物组成的耐火材料。

镁砖按其生产工艺的不同，分为烧结镁砖和化合镁砖两类。化合镁砖的强度较低，性能不如烧结镁砖好，但价格便宜。

镁砖属于碱性耐火材料，对碱性渣有较强的抵抗作用，但不耐酸性渣的侵蚀。在 1600℃ 高温下，镁砖与硅砖、黏土砖甚至高铝砖接触都能起反应，因此，使用镁砖时必须注意不要和硅砖等混砌。镁砖的耐火度在 2000℃ 以上，但其荷重软化开始温度只有 1500 ~ 1550℃。镁砖的抗热震性较差，只能承受水冷 2 ~ 3 次，这是镁砖损坏的一个重要原因。镁砖的线膨胀系数大，因此，砌砖过程中应留足够的膨胀缝。

煅烧不透的镁砖会因水化造成体积膨胀，使镁砖产生裂纹或剥落。因此，镁砖在储存过程中必须注意防潮。

镁砖在冶金工业中应用很广，加热炉和均热炉的炉底表面层及均热炉的炉墙下部都用镁砖铺筑。镁砖和硅砖一样，不能用于温度波动激烈的地方，用镁砖砌筑的炉子在操作过程中应注意保持炉温的稳定。

E　碳化硅质耐火材料

碳化硅质耐火材料是以碳化硅为主要原料制得的耐火材料。根据其制品结合相的性质，碳化硅质耐火材料分为3类：氧化物结合碳化硅制品、直接结合碳化硅制品和氮化物结合碳化硅制品。

碳化硅耐火材料具有优异的耐酸性渣或碱性渣及氧化铁皮侵蚀的能力和耐磨性能，其高温下强度大、线膨胀系数小、导热性好、抗热冲击性强。碳化硅制品的耐氧化性较差，价格昂贵，因此多被用于工作条件极为苛刻且氧化性不显著的部位。

碳化硅矿物原料在自然界极为罕见，工业上采用人工合成的方法获得。

2.3.1.3　不定型耐火材料

不定型耐火材料是指由耐火骨料、粉料和一种或多种结合剂按一定的配比组成的不经成型和烧结而直接使用的耐火材料。这类材料无固定的形状，可制成浆状、泥膏状和松散状，用于构筑工业炉的内衬砌体和其他耐高温砌体，因而也通称为散状耐火材料。用此种耐火材料可构成无接缝或少接缝的整体构筑物，因此又称为整体耐火材料。

不定型耐火材料通常根据其工艺特性和使用方法分为浇注料、可塑料、捣打料、喷射料和耐火泥等。

近年来，不定型耐火材料得到快速发展。目前，在加热炉中，不仅广泛使用普通不定型耐火材料，还使用轻质不定型耐火材料，并向复合加纤维的方向发展。目前，在一些发达国家，不定型耐火材料的产量已占其耐火材料产量的1/2以上。

不定型耐火材料施工方便，筑炉效率高，能适应各种复杂炉体结构的要求。不定型耐火材料的使用，也可以改善炉子的热工指标。

A　耐火浇注料

耐火浇注料是由耐火骨料、粉料、结合剂组成的混合料，加水或其他液体后，可采用浇注的方法施工或预先制作成具有规定的形状尺寸的预制件，构筑工业炉内衬。由于浇注料的基本组成和施工、硬化过程与土建工程中常用的混凝土相同，因此也常称此材料为耐火混凝土。

耐火浇注料的骨料由各种材质的耐火材料制成，其中以硅酸铝质和刚玉质材料用得最多；粉料是与骨料相同材质的、等级更优良的耐火材料；结合剂是浇注料中不可缺少的重要组分，目前广泛使用的结合剂是铝酸钙水泥、水玻璃和磷酸盐等。为了改善耐火浇注料的理化性能和施工性能，往往还加入适量的外加剂，如增塑剂、分散剂、促凝剂或缓凝剂等，如以水玻璃作结合剂的浇注料常采用氟硅酸钠为促凝剂。

根据结合剂的不同，耐火浇注料可分为铝酸盐水泥耐火混凝土、水玻璃耐火混凝土、磷酸盐耐火混凝土及硅酸盐耐火混凝土等。几种常用耐火混凝土的性能见表2-4。

表 2-4　几种常用耐火混凝土的性能

材　料	铝酸盐水泥耐火混凝土	磷酸盐耐火混凝土	水玻璃耐火混凝土
荷重软化开始温度/℃	1250～1280	1200～1280	1030～1090
耐火度/℃	1690～1710	1710～1750	1610～1690
抗热震性/次	>50	>50	>50
显气孔率/%	18～21	17～19	17
体积密度/g·m⁻³	2.16	2.26～2.30	2.19
常温耐压强度/MPa	20～35	18～25	30～40
1250℃烧后强度/MPa	14～16	21～26	40～50

耐火浇注料是目前生产和使用最为广泛的一种不定型耐火材料，主要用于砌筑各种加热炉内衬等整体构筑物。如广泛用于均热炉等冶金炉的磷酸盐浇注料。

耐火混凝土可以直接浇灌在模板内，捣固以后经过一定的养护期即可烘干使用。也可以做成混凝土预制块，如拱顶、吊顶、炉墙、炉门等。

B　耐火可塑料

耐火可塑料是以粒状的耐火骨料和粉状物料与可塑黏土等结合剂和增速剂配合，加入少量水分经充分搅拌后形成的硬泥膏状并在较长时间内保持较高的可塑性的耐火材料。可塑料与耐火浇注料的骨料是相同的，只是结合剂不同，耐火可塑料的结合剂是生黏土，而耐火浇注料是用水泥等作结合剂。

根据所用骨料的不同，耐火可塑料分为黏土质、高铝质、镁质、硅石质等。目前国内采用的都是以磷酸-硫酸铝为结合剂的黏土质耐火可塑料。

由于耐火可塑料中含有一定的黏土和水分，在干燥和加热过程中往往产生较大的收缩。如不加防缩剂的可塑料干燥收缩4%左右，在1100～1350℃内产生的总收缩可达7%左右。因此，体积稳定性是耐火可塑料的一项重要技术指标。耐火可塑料的抗热震性能高于其他同材质的不定型耐火材料。

耐火可塑料的施工不需特别的技术。制作炉衬时，将可塑料铺在吊挂砖或挂钩之间，用木槌或气锤分层（每层厚50～70mm）捣实即可。若用可塑料制作整体炉盖，可先在底模上施工，待干燥后再吊装。

耐火可塑料特别适用于各种加热炉、均热炉及热处理炉。耐火可塑料制成的炉子具有整体性、密封性好，热导率小，热损失少，抗热震性好，炉体不易剥落，耐高温，有良好的抗蚀性，炉子寿命较长等特点。目前，国内耐火可塑料在炉底水管的包扎、加热炉炉顶、烧嘴砖、均热炉炉口和烟道拱顶等部位的使用都取得了满意的效果。

C　耐火泥

耐火泥是由粉状物料和结合剂组成的供调制泥浆用的不定型耐火材料。主要用做砌筑耐火砖砌体的接缝和涂层材料，用以使耐火砖相互连接，保证炉子具有一定强度和气密性。

耐火泥一般由熟料与结合黏土组成。熟料是基本成分，结合黏土（生料）是结合剂，能在水中分散，增加耐火泥的可塑性。结合黏土适宜的数量随熟料的颗粒度而变，熟料粒度大，结合黏土的质量分数则应多，耐火泥中熟料的质量分数多，则耐火泥的机械强度增大；结合黏土的质量分数增加，耐火泥的透气性则降低。

耐火泥的耐火度取决于原料的耐火度及其配料比，一般耐火泥的耐火度应稍低于所砌筑耐火砌体的耐火度。在工业炉中，耐火泥的选择要考虑砌体的性质、使用环境和施工特点，通常所选耐火泥的化学成分、抗化学侵蚀性、热膨胀率等应该接近于被砌筑的耐火制品的相应性质。

根据化学成分的不同，耐火泥分为黏土质、硅质、高铝质、镁质等，分别用于砌筑黏土砖、硅砖、高铝砖和镁砖。由于镁质耐火材料有水化反应，因此镁质耐火泥不能加水调制，只能干砌或加卤水调制。

2.3.1.4 隔热材料

在炉子的热支出项目中，炉壁的蓄热和通过炉壁的散热损失占有很大比例。为了减少这方面的损失，提高炉子的热效率，需选用热容量小、热导率低的筑炉材料，即保温隔热材料。炉衬的外层一般砌筑保温隔热材料。炉子保温隔热材料的种类很多，常用的有轻质耐火砖、轻质耐火混凝土、耐火纤维和其他绝热材料，如硅藻土、石棉、蛭石、矿渣棉及珍珠岩制品等。

A 轻质耐火砖

轻质耐火砖是在耐火砖中加入某些特殊物质后烧成的，其气孔率比普通耐火砖高1倍，体积密度为同质耐火砖的1/7～1/2。轻质耐火砖的热导率小，常用来作为炉子的隔热层或内衬。

轻质耐火砖按所用材质不同可分为轻质黏土砖、轻质高铝砖和轻质硅砖。轻质耐火砖的耐火度与一般相同材质的耐火砖的耐火度相差不大，荷重软化点则略低。由于多数轻质砖在高温下长期使用时，会继续烧结而不断收缩，从而造成裂纹甚至破坏，因此，多数轻质砖有一个最高使用温度。轻质黏土砖的最高使用温度只有1150～1300℃；轻质高铝砖的最高使用温度不超过1350℃；轻质硅砖的最高使用温度高些，可达1600℃。

轻质耐火砖的抗热震性、高温结构强度和化学稳定性均较差，因此，不适合用于高速气流冲刷和振动大的部位。

综合来看，轻质耐火砖的优点是主要的。因此，国内外对轻质耐火材料的研究都十分重视，其应用越来越广泛，是一种有发展前途的材料。

轻质耐火砖宜用于炉子的侧墙和炉顶，用轻质黏土砖所砌的炉子质量轻、炉体蓄热损失少，因此炉子升温快，热效率高，这对周期性作业的炉子意义尤为重要。

与轻质耐火砖工艺相似，在耐火混凝土配料中，加入适当的起泡剂，可以制成轻质耐火混凝土，体积密度是黏土砖的1/2，热导率是黏土砖的1/3。如果用蛭石或陶粒一类材料作骨料，则密度及热导率更低。

B 耐火纤维

耐火纤维又称为陶瓷纤维，是一种纤维状的新型耐火材料，它不仅可用做绝热材料，而且可用做炉子内衬。

耐火纤维的生产方法有多种，但目前工业规模采用的都是喷吹法，即将配料在电炉内熔化，熔融的液体流出小孔时，用高速高压的空气或蒸汽喷吹，使熔融液滴迅速冷却并被吹散和拉长，就可以得到松散如棉的耐火纤维。耐火纤维以松散棉状用于工业炉只是使用方法之一，更多的是制成纤维毯、纤维纸、纤维绳，或与耐火可塑料制成复合材料，可适应多种用途。耐火纤维的节能效果显著。

陶瓷纤维使用的基本原料是焦宝石，它的成分属于硅酸铝质耐火材料，但因为形态是纤维，因此性能与黏土砖不尽相同，持续使用温度为1300℃，最高使用温度为1500℃。在1600℃以上，陶瓷纤维失去光泽并软化。其优点是：质量轻、绝热性能好、抗热震性好、化学稳定性好、容易加工。

C　硅藻土

硅藻土是由古代藻类植物形成的一种天然沉积矿物，其主要成分是非晶型的 SiO_2，质量分数为60%～94%。硅藻土制品含有大量气孔，质量很轻（500～600kg/m^3），是一种具有良好隔热性能的保温材料，其允许的工作温度一般不大于900℃。松散的硅藻土粉可作填料，也可制成硅藻土砖使用。

D　蛭石

蛭石俗称黑云母或金云母。其成分（质量分数）大致为：SiO_2 2%～40%、Fe_2O_3 6%～23%、Al_2O_3 14%～18%、MgO 11%～20%、CaO 1%～2%。蛭石内含有大量水分，受热时水分蒸发而体积膨胀，加热到800～1000℃时体积胀大数倍，称为膨胀蛭石。去水后的蛭石可直接填充使用，也可用高铝水泥作结合剂制成各种保温制品。蛭石的最高工作温度为1100℃。

E　珍珠岩

珍珠岩是一种较新型的保温材料，具有体积密度小、保温性能好、耐火度高等特点。其组成以膨胀珍珠岩为主，加磷酸铝、硫酸铝并以纸浆液为结合剂。珍珠岩的最高使用温度为1000℃。

F　矿渣棉

煤渣、高炉渣和某些矿石，在1250～1350℃熔化后，用压缩空气或蒸汽直接使其雾化，形成的线状物称为矿渣棉。矿渣棉可以直接使用，也可制成各种制品使用。矿渣棉的最高使用温度不超过750℃。

G　玻璃纤维

玻璃纤维是液态玻璃通过拉线模拉制成的，可作为保温材料填充使用。其最高使用温度为600℃。

H　石棉

石棉是纤维结构的矿物，它的主要成分是蛇纹石（$3MgO \cdot 2SiO_2 \cdot 2H_2O$）。松散的石棉密度为0.05～0.07g/cm^3，压紧的石棉密度为1～1.2g/cm^3。石棉的熔点超过1500℃，但在700℃时就会成为粉末，使强度降低，失去保温性能，因此，石棉制品的最高使用温度不得超过500℃。石棉板是将石棉纤维用白黏土胶合而成的，石棉绳则是用石棉纤维和棉线编织而成的。

2.3.1.5　耐火材料的选用

耐火材料的正确选用对炉子工作具有极重要意义，能够延长炉子的寿命，提高炉子的生产率，降低生产成本等。相反，如果选择不好，会使炉子过早损坏而经常停炉，降低作业时间和产量，增加耐火材料的消耗和生产成本。选择耐火材料时应注意下述原则：

（1）满足工作条件中的主要要求。耐火材料使用时，必须考虑炉温的高低、变化情况，炉渣的性质，炉料、炉渣、熔融金属等的机械摩擦和冲刷等。但是，任何耐火材料都不可能全部满足炉子热工过程的各种条件，这就需要抓住主要矛盾，满足主要条件。例如，砌筑炉子拱顶时，所选用的材料首先应考虑到有良好的高温结构强度，而抗渣性却是次要的要求。反之，在高温段炉底上层的耐火材料则必须满足抗渣性这个要求。又如，对间歇性操作的炉子来说，除了考虑抗渣性等基本条件外还应选择热稳定性好的材料。总之，就一个炉子来说，各部位的耐火材料是不相同的，应根据各部位的技术条件要求来选取合适的耐火材料。

（2）经济上的合理性。冶金生产消耗的耐火材料数量很大，在选用耐火材料时除了满足技术条件上的要求外，还必须考虑耐火材料的成本和供应问题，某些高级耐火材料虽然具备比较全面的条件，但因价格昂贵而不能采用。当两种耐火材料都能满足要求的情况下，应选择其中价格低廉、来源充足的那一种，即使该材料性能稍差，但能基本符合要求也同样可以选用。对于易耗或使用时间短的耐火制品更应考虑采用价格低、来源广的耐火材料。不必要使用高级耐火材料的地方就应当不用，以节约国家的资源。此外，经济上的合理性，不仅表现在耐火材料的单位价格，同时还应考虑到其使用寿命。

总之，选择耐火材料，不仅技术上应该是合理的，而且经济上也必须是合算的。应就地取材，充分合理利用国家经济资源，能用低一级的材料就不用高一级的，当地有能满足要求的就不用外地的。

2.3.2 炉子的干燥与烘炉

加热炉炉体的绝大部分是由耐火砖或耐火混凝土砌筑而成的，一般均在低温下砌筑，在高温下工作，因此，新建成或经大、中、小修的炉子竣工后，其耐火砌体内含有大量的水分和潮气，不能直接进入高温状态下工作，必须仔细地进行干燥和烘炉，以便砌体内的水分和潮气逐渐地逸出，否则，砌体就会因剧烈膨胀而受到损毁。

2.3.2.1 炉子的干燥及养护

烘炉前必须对炉子进行风干，风干时应将所有炉门及烟道闸门打开，使空气能更好地在炉内流通，加快干燥速度。炉子的干燥时间根据修炉季节、炉子的大小、砌体的干燥情况而定。时间一般为24~48h或更长一些。

当炉子从修砌竣工到开始烘炉之间的时间较长时，砌体的干燥情况已较好，这段时间实际上就是炉子的干燥期。

在炉子进行大修时，往往由于炉内温度较高，砌体内的潮气在修炉过程中就很快蒸发掉了，因而在这种情况下也就不需要专门的干燥过程了。

对于用耐火混凝土构筑的炉子，当现场捣固成型后，必须按养护制度进行养护，耐火混凝土的养护制度见表2-5。

表 2-5 耐火混凝土的养护制度

种　类	养护制度	养护温度/℃	最少养护时间/d
磷酸耐火混凝土	自然养护	720	3~7
矾土水泥耐火混凝土	水中或潮湿养护	15~25	3
水玻璃耐火混凝土	自然养护	15~25	7~14
硅酸盐水泥	水中或潮湿养护	15~25	7

2.3.2.2 烘炉

A 烘炉前的准备工作

在烘炉之前必须对炉子各部分进行仔细检查，并纠正建筑缺陷，在确认合格并经验收，清扫干净后才能点火。因此，在烘炉点火前必须做好下面的准备工作：

(1) 清除碎砖，拆去建筑材料及所有拱架。

(2) 检查砌体的正确程度、砌缝的大小及泥浆的填满情况，这些工作应在砌砖过程中进行；检查炉子砌体各部分的膨胀缝是否符合要求，因为在烘炉过程中往往会因膨胀缝不合适而使炉子遭到严重破坏；检查砖缝的布置，不允许有直通缝，应特别注意砌砖的错缝和砖缝厚度，检查每层的水平度及炉墙的垂直度。

(3) 应做机械设备的试车和试验，确保运转无误。鼓风机要正常运转，水、电、蒸汽均要接通。仪表要正常运转以及烘炉的检测仪器、工具、记录齐全。

(4) 检查煤气或油管道、空气管道、冷却水管道、蒸汽管道是否畅通及严密，所有管道必须在2~3倍使用压力下进行试压，确保安全生产。在开始烘炉前通知汽化冷却系统（包括余热锅炉）放水，使炉筋管和水冷部件全部通入冷却水。煤气空气管路开闭器、盲板、切断阀、调节器、烧嘴放散管、水封、蒸汽管等要齐备，符合要求。

(5) 检查所有炉门是否开闭灵活，关闭是否严密，各人孔、窥视孔均有盖板并严密覆盖。

(6) 检查烧嘴是否与烧嘴砖正确地相对，烧嘴头要在适当的位置上，烧嘴调整机构要灵活。

(7) 检查炉子计量仪表是否齐全、仪表空运转是否正常，烘炉工具、记录齐备。

(8) 检查炉底滑道焊接是否牢固，膨胀间隙是否符合要求，沿推钢方向有无卡钢可能，滑道之间是否水平，装出料口是否平整，炉底水管绝热包扎是否完整和符合要求。

(9) 连续炉为了防止炉筋管及滑轨在烘炉过程中的翘曲或变形，在炉温还不超过100℃时就应装入废钢坯压炉，并根据具体情况将坯料沿整个炉膛的炉筋管长度装满。

(10) 检查炉门和烟道闸门的灵活性，闸板与框架之间空隙要符合规定。烟道内应无严重渗水现象。当烟囱和烟道是新的或冷的时，产生不了抽力，在烘炉之前要先烘烟囱。在烟道和烟囱根部的人孔处堆放干木柴点火烘烤，将烟囱的温度烘到200~300℃，使之具有抽力。在烘烟囱和烘炉的全过程中，都应随时检查烟囱表面，发现裂纹时应及时调整升温速度，烘干后出现裂纹应及时补修。已经烘干的砖烟囱，冷却后应再次紧钢箍。

(11) 安全防护设备措施要齐全，以确保安全生产。

B 烘炉燃料

在上面的准备工作完成后，即可进行烘炉工作。烘炉燃料可用木柴、煤、焦油、重油或煤气。如果用木柴烘炉时，在炉底适当的位置放置木柴火堆，关闭所有炉门，逐渐提高炉温。若用重油或煤气烘炉，则必须设有特殊设备。如用煤气烘炉时可采用 50 ~ 60mm 的管子，管子一端堵死，在管子上开一排小孔，煤气从小孔喷出后燃烧。不论用哪种燃料和采用哪种方法烘炉，都应力求使炉内各部分的温度得到均匀的分配，否则砌体将会因局部升温过快造成膨胀不均匀而使局部损坏。升温按烘炉曲线进行，当炉温提高到可直接燃烧加热炉所用燃料时，则使用加热炉的燃烧装置继续烘炉，直至达到加热炉的工作温度。

C 烘炉制度

为了在烘烤时排除砌体中的附着水分、耐火材料中的结晶水和完成耐火材料的某些组织转变，增加砌体的强度而不剥落和破坏，应制定出烘烤升温速度、加热温度和在各种温度的保温时间，即温度 - 时间曲线，称为烘炉曲线。当然，在烘炉过程中想使炉温控制完全符合理想的烘炉曲线是很困难的，实际炉温控制总会有波动，但不应偏离烘炉曲线太远，否则可能产生烘炉事故。

制定烘炉曲线必须根据炉子砌体自然干燥情况、炉子大小、炉墙厚度与结构、耐火材料的性质等具体条件来定。

连续式加热炉在热修或凉炉 2d 之内时，可按照热修烘炉制度烘炉，热修烘炉可直接用上烧嘴烘炉，在炉温低于 300℃时，每小时温升不得大于 100℃，而在炉温低于 700℃时，每小时温升不得大于 200℃，炉温在 700℃以上时，每小时温升不受限制。凉炉 2 ~ 5d 时，按小修烘炉，长期停炉后按中修或大修烘炉。一般大修炉子需要烘炉约 5 ~ 6d（大炉子可达 10d），中修需烘炉 3 ~ 4d，小修烘炉 1 ~ 2d。

制定烘炉曲线必须根据具体情况而定，下面列举几种烘炉方案供参考。

a 耐火黏土砖砌筑加热炉的烘炉制度

原则是：在 150℃时保温一个阶段以排除泥浆中的水分，在 350 ~ 400℃缓慢升温以使结晶分解，在 600 ~ 650℃时要保温一段时间，以保持黏土砖的游离 SiO_2 结晶变态，在 1100 ~ 1200℃时要注意黏土砖的残存收缩。一般加热炉，砌体又不甚潮湿时可简化烘炉曲线，只有一个保温阶段，其余阶段控制升温速度。

b 耐火混凝土砌筑炉子的烘炉制度

耐火混凝土中含大量的游离水和结晶水，游离水在 100 ~ 150℃的温度下大量排出，结晶水在 300 ~ 400℃的温度下析出，一般在 150℃和 350℃保温，考虑到厚度方向传热的阻力，在 600℃再次保温，以利于水分充分排除。

耐火混凝土在烘烤过程中很容易发生爆裂，烘烤时必须注意：

（1）常温至 350℃阶段，最易引起局部爆裂，要特别注意缓慢升温，如在 350℃保温后仍有大量蒸汽冒出，应继续减缓升温速度。

（2）在通风不良、水汽不易排出的情况下，要适当延长保温时间。

（3）用木柴烘烤时，直接接触火焰处往往局部温度过高，应加以防护。

（4）用重油烘烤时，要防止重油喷在砌体表面，以免局部爆裂。

（5）新浇捣的耐火混凝土，至少要 3 天后才可进行烘烤。

c 耐火可塑料捣制炉体的烘炉制度

耐火可塑料捣制炉体的烘炉过程中有 140℃、600℃、800℃三个保温阶段。耐火可塑料和其他材料相比，含有更多的水分，设置三个保温阶段，主要是为了排出附着水分和结晶水分，同时，可塑料炉子的烘烤升温速度要比其他砌体慢得多。

为了在烘炉过程中有利于大量水分排出，在可塑料打结后，要在砌体表面位于锚固砖之间每隔 150mm 的距离锥成 ϕ4 ~ 6mm 的孔，孔深为可塑料砌体的 2/3。同时，打结时由于模板作用而形成的光滑表面要刮毛。这样在烘炉过程中砌体表面层虽然硬化，但内部水分仍可通过小孔和粗糙的表面顺利排出。如果打结后不进行锥孔和表面刮毛，烘炉过程中首先表面层干燥硬化，而砌体内部尚含有大量水分，当继续烘烤时，内部水分无法逸出，到一定程度时水汽就将已经硬化的表面鼓开，使耐火可塑料砌体一块块剥落，剥落块的厚度一般为 50 ~ 100mm，致使砌体遭受严重的破坏。

在烘炉前如果发现由于某些原因锥好的孔洞闭合，在补锥之后才可烘炉。

d 黏土结合耐火浇注料浇捣炉体的烘炉制度

黏土结合耐火浇注料浇捣炉体在烘炉过程中有 150℃、350℃、600℃、800℃四个保温阶段，主要是为了排出炉体中的游离水和结晶水。

黏土结合耐火浇注料是一种较新的不定型耐火材料。它是由颗粒不大于 12mm 的矾土熟料为骨料和矾土熟料细粉以及耐火生黏土细粉混合的一种散状材料。在使用时，将按一定比例配制的混合料加入定量的外加剂，用强制搅拌机搅拌，再加定量的水，再搅拌，然后像浇灌混凝土那样浇捣炉体。

配料时必须保证料的配比准确，加入的水水质必须清洁，水量不能超过规定。在满足正常施工的前提下，浇注料的用水量和促凝剂量要尽量少加，以保证浇注料的质量，延长炉体使用寿命。浇捣完成后至拆模前要有一段养护时间，养护时间长短视季节和气温而定，当常温耐压强度达到 0.98MPa 以上时方可拆模。拆模后到烘炉前应该有一段自然干燥期，尤其在深秋和冬季施工，充分干燥是相当必要的。在烘炉过程中，烘烤温度必须均匀，严禁局部温度过高和升温过快，必须使整个炉体温度均衡地沿烘炉曲线上升，以免产生炉体破裂剥落。

用耐火可塑料或黏土结合浇注料炉体预制块，按炉体各部位尺寸设计预制块的结构、形状和大小，事先由耐火材料厂捣打预制块并进行烘烤。这样现场吊装砌筑方便，可以缩短筑炉时间；由于预制块经过了烘烤，烘炉时间可以缩短。用预制块砌筑，在炉体损坏、局部更换和拆炉时比浇捣的炉体容易，但预制块炉体的气密性和整体性没有浇捣炉体的好。

D 烘炉操作程序

烘炉操作程序为：

(1) 首先进炉内检查炉膛内有无杂物，如有需进行清理。

(2) 检查炉顶的密封情况，如有空隙，要采用灌浆法进行封闭。

(3) 检查炉砌体的垂直度，如发现垂直度不合格，则应停止所有工作，重新拆砌。

(4) 检查炉内的汽化管是否全部包扎。

(5) 检查测温元件的安装情况，确认烘炉开始后才能有正确的炉温反馈。

(6) 检查炉门及烟闸的活动是否自如。

(7) 烟道内杂物清理是否完全彻底及换热器是否通畅。

(8) 炉内水冷件送水，检查水管是否堵塞。

(9) 汽化冷却系统是否合乎要求。

（10）风机、推钢机试车是否正常。

（11）与仪表工联系温度显示系统是否进行校验，并与仪表工配合对自控的执行机构进行试车（包括风的执行机构、煤气的执行机构、汽化放散的执行机构、转动烟闸的执行机构、升降烟闸的执行机构等）。

（12）开动汽化冷却的助循环启动阀门。

（13）如烘炉使用煤气，进行炉内烘炉用煤气燃烧装置的接通；如使用木柴，进行木柴倒运，并将木柴按规定堆放在炉内的需放位置。

（14）检查炉用蒸汽管路是否畅通。

（15）关闭所有的炉门，烟闸少留空隙。

（16）经请示点火。

（17）熟悉并掌握烘炉制度及烘炉曲线的温度要求及时间长短。

（18）按烘炉曲线要求升温，并注意观察砌体的情况。

（19）到一定的时间炉温停止变化，并且炉温已达到炉子生产使用燃料的着火温度时，对燃料管路进行吹扫试通。

（20）供给正常的燃料，只开少量的燃烧器。一般沿炉长方向只开前端的喷嘴2~3个；供油或煤气前，请打开烟道烟闸的50%。

（21）注意炉头砌体有无变化，以控制温升速度。

（22）按炉温曲线要求升温和保温。

（23）炉子保温温度超过800℃时，请打开部分喷嘴。

（24）与汽化冷却系统联系，看汽化冷却系统是否进行自然循环。

（25）提升炉温至生产需要的温度。

E　烘炉时应注意的事项

烘炉时应注意的事项主要有：

（1）烘炉曲线中在150℃、350℃、600℃都需要保温，在这三个温度时，有时掌握烘炉操作不当就会使砌体遭受破坏。在烘炉时要注意，在150℃时保温一个阶段以排出泥浆中的水分，在350~400℃缓慢升温以使结晶水析出，在600~650℃时需要保温一段时间，以保持黏土砖的游离SiO_2结晶变态，在1100~1200℃时要注意黏土砖的残存收缩。烘炉时间大致为：小修1~2d，中修3~4d，大修或新炉5~6d或更长一些。

（2）烘炉的温度上升情况应基本符合烘炉曲线表的规定。温度的上升不应有显著的波动，也不应太快，否则将产生不均匀膨胀，导致砌体的破坏。连续式加热炉要特别注意炉顶的膨胀情况，对用硅砖砌筑的炉顶应倍加注意，因为硅砖在200~300℃之间和573℃时，由于高低型晶型转变，体积骤然膨胀，因此烘炉时在600℃以下，升温不宜太快（在高低型晶型转变温度保温一个阶段），做法是在炉顶的中心线上做几块标志砖，以便观察炉顶的情况，如果膨胀不均匀，应调整该部位的火焰。另外，应密切注意热工仪表是否准确，以免发生事故。

（3）新建或大修后烘炉，连续式加热炉应关上炉门，并使炉内呈微小的负压，炉温达700℃以上转为微正压，并且在烘炉时不要长时间打开炉门。

（4）在使用煤气的时候，应经常检查煤气管道上是否有漏气现象，在低温时，应随时观察炉内火苗，防止熄火和不完全燃烧，炉温逐步提高后，根据炉内燃烧情况给予适当的空气，严禁不完全燃烧，以避免在换热器或烟道内积存，造成爆炸条件和浪费燃料。

（5）用木柴烘炉改为重油时，不要开风过大，以免将炉内的火堆吹散、吹灭。

（6）烘炉开始时，使用的热工仪表应采用手动操作，当炉温达到900℃以后时，才能转入自动。

（7）在烘炉过程中，应经常检查烟囱的吸力情况，如果烟囱吸力不足，影响烘炉速度时，应在烟囱底部点火，以增加烟囱抽力。

（8）砌体如有漏火现象要及时灌泥浆。

（9）炉内膨胀及金属结构的变形情况都要做记录。

2.3.2.3　烘炉过程中的事故处理

在烘炉过程中，有时由于烟囱逐渐冷却而产生不了抽力，这种情况多发生在下排烟、烟道较长的炉子上。烟囱没有吸力会影响烘炉的正常进行，同时使炉子周围的劳动环境变坏。

烟囱抽力的判断：当炉子烘到一定温度时，打开侧炉门感到有强烈的热气喷出，这说明炉膛压力过大，烟气不能排出，打开烟道闸板也不能排除，这就说明烟囱没有吸力。也可以用火把置于炉尾烟道口上，观察火焰动向也可进一步证实。

烟囱没有吸力的处置方法是：在烟道和烟囱根部的人孔处堆放干柴草，浇上燃料油或火油并点火，尽量使火焰旺盛，直至把炉膛废气吸引出为止。

2.4　任务4　开、停炉操作

2.4.1　送煤气操作

新建、检修后或长期停用后的炉前煤气管道在通煤气前必须将管道内的空气全部清除。将管道及其附件内的空气驱赶到车间外大气中的操作称为放散，即先用氮气或蒸汽驱赶空气，再用煤气驱赶氮气或蒸汽。

送煤气是指从炉子煤气总开关把煤气送到烧嘴前为止。对新建或改建的加热炉，必须对管道进行验收，验收合格后才能送煤气。向加热炉送煤气的操作步骤和要求如下。

2.4.1.1　送煤气前的准备

送煤气前的准备工作主要有：

（1）送煤气之前本班工长、看火工及有关人员到达现场。

（2）检查煤气系统和各种阀门、管件及法兰处的严密性，检查冷凝水排出口是否正常安全，排出口处冒气泡为正常。

（3）检查蒸汽吹扫阀门（注意冬季不得冻结）是否完好，蒸汽压力是否满足吹扫要求（压力不低于0.2MPa）。

（4）准备好氧气呼吸器、火把（冷炉点火）、取样筒等。

（5）通知与点火无关人员远离加热炉现场及上空。

（6）通知调度、煤气加压站，均得到允许后方可送煤气。

（7）通知仪表工、汽化站及电、钳工等。

2.4.1.2 送煤气操作

送煤气操作步骤为：

（1）向炉前煤气管道送煤气前，炉内严禁有人作业。

（2）烧嘴前煤气阀门、供风阀门关闭严密，关闭各放水管、取样管、煤气压力导管阀门。

（3）打开煤气放散阀。

（4）连接胶管或直接打开吹扫汽源阀门及各吹扫点旋塞阀，吹赶煤气管道内原存气体，待放散管冒蒸汽3～5min后，打开放水阀门，放出煤气管道内冷凝水，关闭放水阀门。

（5）开启煤气管道主阀门，关闭热汽吹扫阀门，使煤气进入炉前煤气管道。

（6）煤气由放散管放散20min后，取样做爆发试验，需做3次，均合格后，方可关闭放散阀门，打开煤气压力导管，待压力指示正常后方可点火。点火时如发生煤气切断故障，上述“放散”及“爆发试验”必须重新进行，合格后方可点火。

（7）关闭空气总阀后再启动鼓风机，等电流指针摆动稳定后，打开空气总阀。

（8）开启炉头烧嘴上的空气阀，排除炉膛内的积存气体和各段泄漏的煤气，送煤气前炉内加明火，确信炉内无煤气后方可进行点火操作。

2.4.2 煤气点火操作

2.4.2.1 点火程序

煤气点火程序为：

（1）适量开启闸板，使炉内呈微负压。

（2）点火应从出料端第一排烧嘴开始向装料端方向的顺序逐个点燃。

（3）点火时应三人进行，一人负责指挥，一人持火把放置烧嘴前100～150mm，另一人按先开煤气，待点着后再开空气的顺序，负责开启烧嘴前煤气阀门和风阀，无论煤气阀还是风阀均徐徐开启。如果火焰过长而火苗呈黄色，则是煤气不完全燃烧现象，应及时增加空气量或适当减少煤气量；如果火焰过短而有刺耳噪声，则是空气量过多现象，应及时增加煤气量或减少空气量。

（4）点燃后按合适比例加大煤气量和风量，直到燃烧正常；然后按炉温需要点燃其他烧嘴；最后调节烟道闸门，使炉膛压力正常。

（5）点不着火或着火后又熄灭，应立即关闭煤气阀门，向炉内送风10～20min，排尽炉内混合气体后再按规定程序重新点燃，以免炉膛内可燃气体浓度大而引起爆炸。查明原因经过处理后，再重新点火。

2.4.2.2 点火操作安全注意事项

点火操作安全注意事项有：

（1）点火时，严禁人员正对炉门，必须先给火种后给煤气，严禁先给煤气后点火。

（2）送煤气时不着火或着火后又熄灭，应立即关闭煤气阀门，查清原因，排净炉内混合气体后再按规定程序重新点燃。

（3）若炉膛温度超过900℃时，可不点火直接送煤气，但应严格监视其是否燃烧。

（4）点火时先开风机但不送风，待煤气燃着后再调节煤气、空气供给量，直到正常状态为止。

2.4.3　升温操作

若为蓄热式烧嘴加热炉，升温操作步骤为：

（1）炉膛温度在800℃前时，可启动炉子一边烧嘴供热，并且定期更换为另一边供热。

（2）不供热的一边、一组或某个烧嘴的煤气快速切断阀、空煤气手动阀门处于关闭状态。

（3）四通阀处于供风状态。

（4）排烟阀处于关闭状态，排烟机启动。

（5）用风量小时，必须适当关小风机入口调节阀开口度，严禁风机“喘振”现象发生。

（6）当要求某一边或某一组烧嘴供热时，先打开煤气快速切断阀（在仪表室控制），然后打开嘴前手动空气阀，再打开嘴前煤气手动阀，调节其开启度在30%，稳定火焰。

（7）根据炉子升温速度要求逐渐开大空煤气手动阀门来加大烧嘴供热能力，观察火焰，调节好空燃比。

（8）升温阶段远程手控烟道闸板，使炉膛压力保持在10～30Pa。

2.4.4　换向燃烧操作

某厂为蓄热式烧嘴加热炉，其换向燃烧操作步骤为：

（1）当均热段炉温升到800℃以上时，方可启动蓄热式燃烧系统换向操作。

（2）打开压缩空气用冷却水，启动空压机调整压力（管道送气直接调整压力），稳定工作在0.6～0.8MPa，打开换向阀操作箱门板，合上内部电源空气开关，系统即启动完毕。

（3）系统启动后，将手动、自动按钮旋至手动状态。

（4）启动引风机，延迟15s后，徐徐打开引风机前调节阀开启度为30%。

（5）将空气流量调节装置打到“自动”方式。

（6）参考热值仪数据，确定空燃比，调整燃烧状态为最佳。空燃比一般波动在0.7～0.9，可通过实际操作试验找到最佳值。

（7）炉压控制为“自动”状态，控制引风机入口处废气调节阀，使炉膛压力控制在5～10Pa。

（8）手动调节空气换向阀废气出口的调节阀，使其废气温度基本相同。

（9）当各段炉温稳定达到800℃以上时，换向方式改为“联动自动方式”。

（10）在生产过程中，若出现气压低，指示红灯亮、电铃报警且气动煤气切断阀关闭，这说明压缩空气压力低于0.4MPa，这时应按下音响解除按钮，修理空压机，调整压缩空气压力至0.6～0.8MPa。

（11）在生产过程中，若Ⅰ组、Ⅱ组阀板有误，指示红灯亮、电铃报警且气动煤气切断阀关闭，这说明换向阀阀位的接近开关损坏、阀板动作不到位超过16s，这时应按下音响解除按钮，首先查看阀板是否到位，如果阀板不到位，检查气缸是否松动使阀杆运行受阻，电磁换向阀、快速排气阀是否堵住或损坏。若阀位正常，应检查接近开关或接近开关连线。

（12）在生产过程中，若出现Ⅰ组、Ⅱ组超温指示红灯亮、电铃报警且气动煤气切断阀关闭，这说明排烟温度超过设定温度，这时应关闭气动煤气切断阀和引风机前蝶阀，检查测量排烟温度、热电偶或温度表是否完好，重新确认温度设定。

2.4.5 停炉操作

2.4.5.1 正常状态下停炉制度

A 操作程序

正常状态下停炉操作程序为：

（1）停煤气前，首先与调度、煤气站联系，说明停煤气原因及时间，并通知仪表工。

（2）停煤气前应由生产调度组织协调好吹扫煤气管道用蒸汽，蒸汽压力不得低于0.2MPa。

（3）停煤气前加热班工长、看火工及有关人员必须到达现场，从指挥到操作，分配好各自职责。专职或兼职安全员应携带“煤气报警器”做好现场监督，负责操作的人员备好氧气呼吸器。

（4）按先关烧嘴前煤气阀门、后关空气阀门顺序逐个关闭全部烧嘴。注意：风阀不得关死，应保持少量空气送入，防止烧坏烧嘴。

（5）关闭煤气管道两个总开关，打开总开闭器之间的放散管阀门。

（6）关闭各仪表导管的阀门，同时打开煤气管道末端的各放散管阀门。

（7）如炉子进入停炉状态，则应打开烟道闸板。

（8）打开蒸汽主阀门及吹扫阀门将煤气管道系统吹扫干净，之后关闭蒸汽阀门，关闭助燃鼓风机，有金属换热器时要等烟道温度下降到一定程度再停风机。

（9）如停煤气属于炉前系统检修或炉子大、中、小修，为安全起见，应通知防护站监检进行堵盲板水封注水。检修完成后，开炉前由防护站负责监检，抽盲板、送煤气。

（10）操作人员进炉内前必须确定炉内没煤气，并携带煤气报警器，两人以上工作。

B 安全注意事项

正常状态下停炉的安全注意事项有：

（1）停煤气时，先关闭烧嘴的煤气阀门后再关闭煤气总阀门，严禁先关闭煤气总阀门后关闭烧嘴阀门。

（2）停煤气后，必须按规定程序扫线。

（3）若停炉检修或停炉时间较长（10天以上），煤气总管处必须堵盲板，以切断煤气来源。

2.4.5.2 紧急状态下停煤气停炉制度

A 操作程序

紧急状态下停煤气停炉操作程序为：

（1）由于煤气发生站、加压站设备故障或其他原因，造成煤气压力骤降，发出报警，应立即关闭全部烧嘴前煤气阀门，并打开蒸汽吹扫，使煤气管道内保持必要压力，严防回火现象发生，同时与调度联系，确认需停煤气时，再按停煤气操作进行。

（2）如遇有停电或风机故障供风停止时，也应立即关闭全部烧嘴前煤气阀门，待恢复点火时，必须按点火操作规程进行。

（3）如加热炉发生塌炉顶事故，危及煤气系统安全时，必须立即通知调度和加压站，同时关闭全部烧嘴，切断主煤气管道，打开吹扫蒸汽，按吹扫的程序紧急停煤气。

B 安全注意事项

紧急状态下停煤气停炉的安全注意事项有：

（1）若发现风机停电或风机故障或压力过小时，应立即停煤气，停煤气时先关烧嘴阀门后关总阀门，严禁操作程序错误，并立即查清原因，若不能及时处理的，煤气管道按规定程序扫线；待故障消除，系统恢复正常后，按规定程序重新点炉。

（2）若发现煤气压力突降时，应立即打开紧急扫线阀门，然后关闭烧嘴煤气阀门，关闭煤气总阀门，打开放散阀门。因为当管内煤气压力下降到一定程度后，空气容易进入煤气管道而引起爆炸。

2.5 任务5 开停炉时汽化冷却系统操作

加热炉炉内水梁及立柱一般采用汽化冷却，其他冷却部件为水冷。

2.5.1 汽化冷却的原理与循环方式

2.5.1.1 汽化冷却的原理和优点

加热炉冷却构件采用汽化冷却，主要是利用水变成蒸汽时吸收大量的汽化潜热，使冷却构件得到充分的冷却。加热炉的冷却构件采用汽化冷却时，具有以下优点：

（1）汽化冷却的耗水量比水冷却少得多。因为1kg水汽化冷却时的总热量大大超过水冷却时所吸收的热量。

（2）用工业水冷却时，由冷却水带走的热量全部损失，而采用汽化冷却所产生的蒸汽则可供生产、生活方面使用，甚至可以用来发电。

（3）采用水冷却时，一般使用工业水，其硬度较高，容易造成水垢，常使冷却构件发生过热或烧坏。当采用汽化冷却时，一般用软水为工质，以避免造成水垢，从而延长冷却构件的寿命。

（4）纵炉底水管采用汽化冷却时，其表面温度比采用水冷却时的要高一些，这对于减轻钢料加热时形成的“黑印”、改善钢料温度的均匀性有一定的好处。

总之，加热炉采用汽化冷却，特别是采用自然循环冷却系统时，其经济效果是显著的。

2.5.1.2 汽化冷却系统组成

加热炉汽化冷却包括：除氧给水系统、循环系统、蒸汽系统、加药系统、排污系统等。

A 除氧给水系统

加热炉的除氧给水系统布置在炉区给水泵房内。由厂区供应的软化水进入加热炉软水箱，通过软水泵经调节阀送入大气式热力除氧器，然后从车间接入蒸汽经减压阀和调节阀进入除氧器。在除氧器中，软水和蒸汽充分混合，达到除氧器额定压力下的饱和温度。从水中分离出的空气由除氧器顶部排入大气，除氧后的水进入除氧水箱。除氧水箱的水位和除氧器的压力均采用自动调节控制。除氧后，符合《工业锅炉水质》标准的除氧软化水通过给水泵经给水调节阀送入汽包。一般设置两台电动给水泵，一台运行，一台备用；另设一台事故柴油机给水泵，作为停电备用。在电动给水泵事故或停电时，由柴油机给水泵向汽包供水，确保整个系统的安全。

B 循环系统

汽化冷却装置的循环方式有两种：一是强制循环，如图2－53所示；二是自然循环，如图2－54所示。

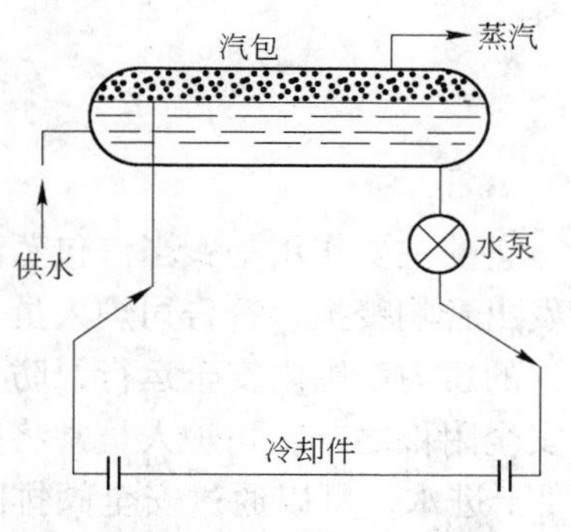

图2－53 强制循环原理图

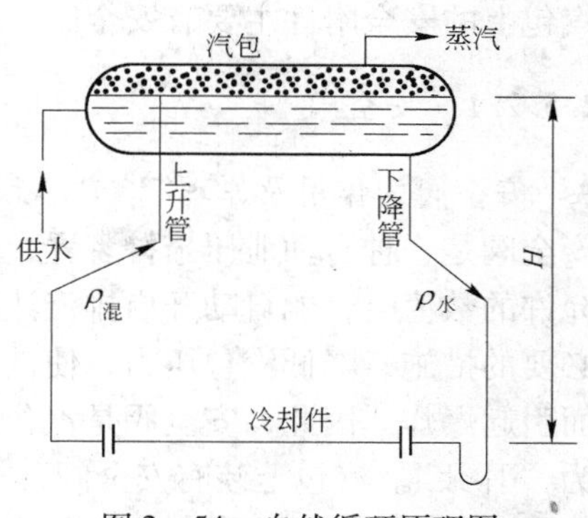

图2－54 自然循环原理图

自然循环时，水从汽包进入下降管流入冷却水管中，冷却水管受热时，一部分水变成蒸汽，于是在上升管中充满着汽水混合物，因为汽水混合物的密度$\rho_{混}$比水的密度$\rho_{水}$小，因此，下降管内水的重力大于上升管内汽水混合物的重力，两者的重力差$Hg(\rho_{水}-\rho_{混})$即为汽化冷却自然循环的动力，汽包的位置越高（H值越大）或汽水混合物密度$\rho_{混}$越小（即其中含汽量越大），则自然循环的动力越大。因此，管路布置上首先要考虑有利于产生较大的自然循环动力，并尽量减少管路阻力。

如果汽包的高度和位置受到限制或由于其他原因，采用自然循环系统难以获得冷却构件所需要的循环流速时，也可以采用强制循环系统。强制循环的动力是循环水泵产生的，循环水泵迫使水产生从汽包起经下降管、循环泵、炉底管和上升管，再回到汽包的密闭循环。

C 蒸汽系统

各冷却回路的冷却水在水梁中吸热后，部分水汽化，汽水混合物通过上升管进入汽包，在汽包内汽水分离，蒸汽送入蒸汽管网或通过放散管排入大气。

D 加药系统

为保证循环水系统的水质，保证给水的品质，特设加药系统。

E 排污系统

为保证汽包内循环水水质，需连续排除汽包内水表面含盐量高的水，并定期排除沉积在汽包底部及系统最低部位的不溶于水的磷酸盐等杂质，因此特设排污系统。

F　取样系统

为监控汽化冷却系统炉水、给水品质，系统还设置有软水取样冷却器及炉水取样冷却器，定期对炉水及给水进行取样检测。

G　安全水系统

当停电或软水停止供应时，由安全水管网向汽化冷却系统供水，维持加热炉运行，保证加热炉安全停炉。

H　冷却水系统

冷却水系统是向循环水泵、给水泵供冷却水，连续使用；向取样冷却器供冷却水，间断使用；向定期排污扩容器供冷却水，连续使用。

2.5.2　三大安全附件

汽包上的安全附件主要有安全阀、压力表和水位表。

2.5.2.1　安全阀

A　安全阀的作用及原理

安全阀是一种自动泄压报警装置，安装在汽包上。它的主要作用是：当汽包蒸汽压力超过允许的数值时，能自动开启排汽泄压，同时，能发出音响警报，警告司炉人员，以便采取必要的措施，降低汽包压力，使汽包压力降到允许的压力范围内安全运行，防止汽包超压而引起爆炸。因此，安全阀是汽包上必不可少的安全附件之一，司炉人员常将安全阀比喻为“耳朵”。汽包上装有安全阀，在运行前，为便于进水，可以通过安全阀排除汽包内的空气，在停炉后排水时，为解除汽包内的真空状况，可通过开启安全阀向汽包内引进空气。

安全阀主要由阀座、阀芯（或称阀瓣）和加压装置等部分组成。它的工作原理是：安全阀阀座内的通道与汽包蒸汽空间相通，阀芯由加压装置产生的压力紧紧压在阀座上。当阀芯承受的加压装置所施加的压力大于蒸汽对阀芯的托力时，阀芯紧贴阀座使安全阀处于关闭状态；如果汽包内汽压升高，则蒸汽对阀芯的托力也增大，当托力大于加压装置对阀芯的压力时，阀芯就被顶起而离开阀座，使安全阀处于开启状态，从而使汽包内蒸汽排出，达到泄压的目的。当汽包内汽压下降时，阀芯所受蒸汽的托力也随之降低，当汽包内汽压恢复到正常，即蒸汽托力小于加压装置对阀芯的压力时，安全阀又自行关闭。

B　安全阀的形式与结构

汽包上常用的安全阀，根据阀芯上加压装置的方式不同可分为静重式、弹簧式、杠杆式 3 种；根据阀芯在开启时的提升高度不同可分为微启式、全启式 2 种。下面只介绍常用的弹簧式安全阀。

弹簧式安全阀主要由阀体、阀座、阀芯、阀杆、弹簧、调整螺丝和手柄等组成，如图 2 - 55 所示。

这种安全阀是利用弹簧的力量，将阀芯压在阀座上，弹簧的压力大小是通过拧紧或放松调整螺丝来调节的。当蒸汽压力作用于阀芯上的托力大于弹簧作用在阀芯上的压力时，弹簧就会被压缩，使阀芯被顶起离开阀座，蒸汽向外排泄，即安全阀开启；当作用于阀芯上的托力小于弹簧作用在阀芯上的压力时，弹簧就会伸长，使阀芯下压与阀座重新紧密结合，蒸汽停止排泄，即安全阀关闭。手柄可用来进行手动排汽，当抬起手柄时，通过顶起调节螺丝带动阀杆使弹簧压缩，将阀芯抬起而达到排泄蒸汽的目的，这样手柄就可以用来检查阀芯的灵敏程度，也可以用做人工紧急泄压。

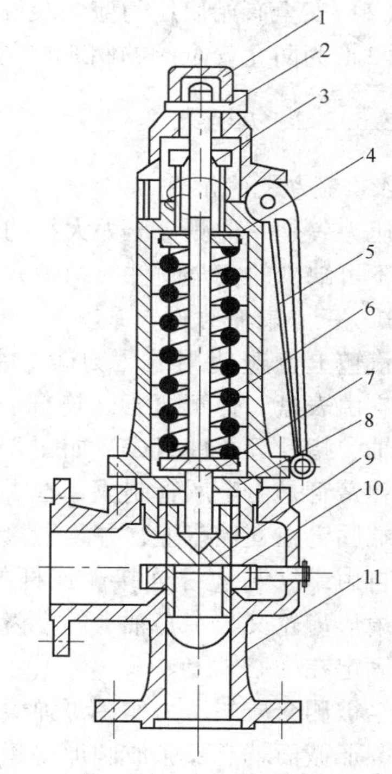

图2－55 弹簧式安全阀
1—阀帽；2—销子；3—调整螺丝；4—弹簧压盖；5—手柄；6—弹簧；7—阀杆；8—阀盖；9—阀芯；10—阀座；11—阀体

弹簧式安全阀在开启过程中，由于弹簧的压缩力随阀门的开度增加而不断增加，因此不易迅速达到全开位置。为了克服这一缺点，常将阀芯与阀座的接触面做成斜面形，使阀芯除遮盖阀座孔径外，边缘还有少许伸出，如图2－56所示。当蒸汽顶起阀芯后，阀芯的边缘也受汽压作用，从而增加对阀芯的托力，使安全阀迅速全部开启；当压力降低后，阀芯回座，边缘作用消失，由于蒸汽作用力突然减少，使阀芯一次闭合，不致产生反复跳动现象。

另外，弹簧式安全阀按使用条件不同可分为封闭式和不封闭式。封闭式即排除的介质不外泄，全部沿出口管道排到指定地点。封闭式安全阀主要用于易燃、易爆、有毒和腐蚀介质的设备和管道中。对于蒸汽和热水，则可以用不封闭式安全阀。

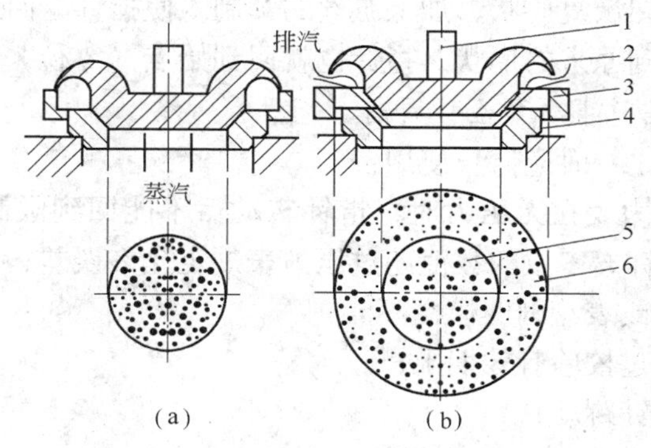

图2－56 安全阀工作原理示意图
(a) 闭合状态；(b) 开启状态
1—阀杆；2—阀芯；3—调整环；4—阀座；5—蒸汽作用于阀芯面积；6—排汽时蒸汽作用于阀芯扩大面积

弹簧式安全阀结构紧凑、调整方便、灵敏度高、适用压力范围广，是最常用的一种安全阀。

C 安全阀的使用注意事项和检验周期

安全阀的使用注意事项和检验周期是：

(1) 对新安装的汽包及检修后的安全阀，都应校验安全阀的始启压力和回座压力，回座压力一般为始启压力的4%～7%，最大不超过10%。安全阀一般应一年校验一次。

（2）安全阀始启压力应为装设地点工作压力的1.1倍。

（3）为防止安全阀的阀芯和阀座粘住，应定期对安全阀做手动放汽试验。

2.5.2.2　压力表

A　压力表的作用

压力表是一种测量压力大小的仪表，可用来测量汽包内实际的压力值。压力表也是汽包上不可缺少的安全附件，司炉人员常将压力表比喻为“眼睛”。

B　压力表的结构与原理

汽包上普遍使用的压力表，主要是弹簧管式压力表，它由表盘、弹簧弯管、连杆、扇形齿轮、小齿轮、中心轴、指针等零件组成，如图2－57所示。

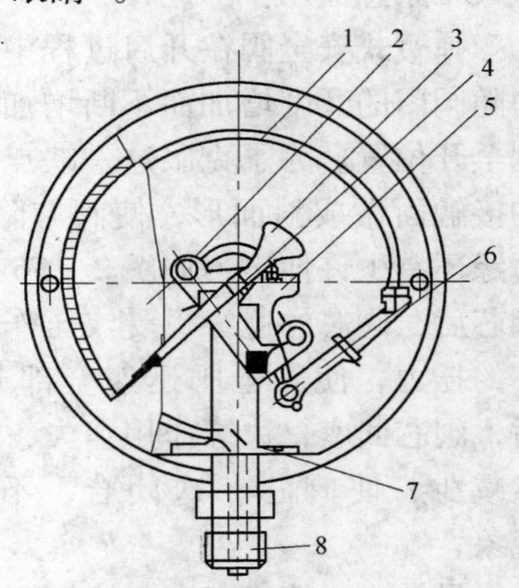

图2－57　弹簧管式压力表
1—弹簧弯管；2—表盘；3—指针；
4—中心轴；5—扇形齿轮；6—连杆；
7—支撑座；8—管接头

弹簧管是由金属管制成，管子截面呈扁平圆形，它的一端固定在支撑座上，并与管接头相通；另一端是封闭的自由端，与连杆连接。连杆的另一端连接扇形齿轮，扇形齿轮又与中心轴上的小齿轮相衔接，压力表的指针固定在中心轴上。

当被测介质的压力作用于弹簧管的内壁时，弹簧管扁平圆形截面就有膨胀成圆形的趋势，从而由固定端开始逐渐向外伸张，也就是使自由端向外移动，再经过连杆带动扇形齿轮转动，使指针向顺时针方向偏转一个角度，这时指针在压力表表盘上指示的刻度值，就是汽包内压力值。汽包压力越大，指针偏转角度也越大。当压力降低时，弹簧弯管力图恢复原状，加上游丝的牵制，使指针返回到相应的位置。当压力消失后，弹簧弯管恢复到原来的形状，指针也就回到始点（零位）。

C　压力表的使用注意事项和检验周期

压力表有下列情况之一时应停止使用：

（1）有限制钉的压力表在无压力时，指针转动后不能回到限制钉处；没有限制钉的压力表在无压力时，指针离零位的数值超过压力表规定允许误差；

（2）表面玻璃破碎或表盘刻度模糊不清；

（3）封印损坏或超过校验有效期限；

（4）表内泄漏或指针跳动；

（5）其他影响压力表准确指示的缺陷。

压力表与汽包之间应有存水弯管，如图2－58所示，它使蒸汽在其中冷却后再进入弹簧弯管内，避免由于高温造成读数误差，甚至损坏表内的零件。存水弯管的下部最好装有放水旋塞，以便停炉后放掉管内积水。

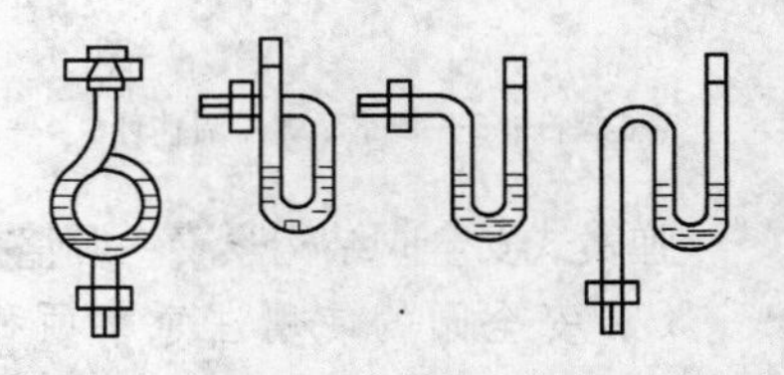

图2－58　不同形状的存水弯管

压力表与存水弯管之间应装有三通旋塞，以便冲洗管路和检查、校验、卸换压力表。其方法如图2－59所示。

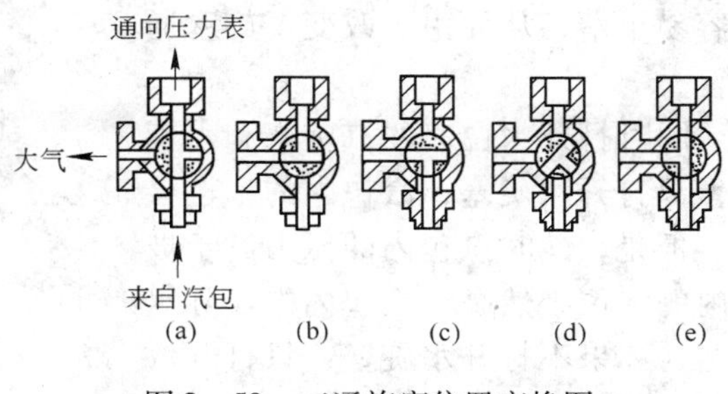

图2－59　三通旋塞位置变换图

图2－59（a）所示为压力表正常工作时的位置。此时，蒸汽通过存水弯管与压力表相通，压力表指示汽包的压力值。

图2－59（b）所示为检查压力表时的位置。此时，汽包与压力表隔断，压力表与大气相通，因为表内没有压力，所以如果指针不能回零位，证明压力表已经失效，必须更换。

图2－59（c）所示为冲洗存水弯管时的位置。此时汽包与大气相通，而与压力表隔断，存水弯管中的积水和污垢被汽包里的蒸汽吹出。

图2－59（d）所示为使存水弯管存水时的位置。此时存水弯管与压力表和大气都隔断，汽包蒸汽在存水弯管里逐渐冷却积存，然后再把三通旋塞转到图2－59（a）的正常工作位置。

图2－59（e）所示为校验压力表时的位置。此时汽包同时与工作压力表与校验压力表相通。三通旋塞的左边法兰上接校验用的标准压力表，蒸汽从存水弯管同时进入工作压力表和校验压力表。两块压力表指示的压力数值相差不得超过压力表规定的允许误差，否则，证明工作压力表不准确，必须更换新表。

三通旋塞手柄的端部必须有标明旋塞通路方向的指示箭头，以便识别。操作三通旋塞时，动作要缓慢，以免损坏压力表机件。

压力表的装置、校验和维护应符合国家计量部门的规定。压力表装用前应进行校验，并在刻度盘上划红线指示出工作压力，压力表装用后每半年至少校验一次，压力表校验后应封印。

2.5.2.3　水位表

A　水位表的作用与原理

水位表是一种反映液位的测量仪器，用来表示汽包内水位的高与低，可协助汽化工监视汽包水位的动态，以便控制汽包水位在正常范围之内。

水位表的工作原理和连通器的原理相同，因为汽包是一个大容器，当将它们连通后，两者的水位必定在同一高度上，所以水位表上显示的水位也就是汽包内的实际水位。

B　水位表的结构

常用的水位表有玻璃管式、平板式和低地位式3种。下面主要介绍玻璃管式水位表。

玻璃管式水位表主要由玻璃管、汽旋塞、放水旋塞等构件组成，如图2－60所示。

图中三个旋塞的手柄都是向下的，表明汽旋塞和水旋塞都是通路，而放水旋塞是闭路。这是水位表正常工作时的位置，与一般使用的旋塞通路相反。如果手柄不是向下，一旦受到碰撞或震动，很容易下落，从而由于改变了旋塞通路位置而发生事故。

在汽包运行时，必须同时打开水位表的汽旋塞和水旋塞。如果不打开汽旋塞，只打开水旋塞，汽包内的水也会经水连管进入玻璃管内。但是，此时汽包内的压力高于玻璃管内的压力，玻璃管内的水位必然高于汽包内的实际水位，而形成假水位；反之，如果不打开水旋塞，只打开汽旋塞，由于蒸汽不断冷凝，会使玻璃管内存满水，同样也会形成假水位。所以只有同时打开水位表的汽、水旋塞，使汽包和玻璃管内的压力一致，才能使水位显示正确。水位表玻璃管中心线与上下旋塞的垂直中心线应互相重合，否则玻璃管受扭力容易损坏。

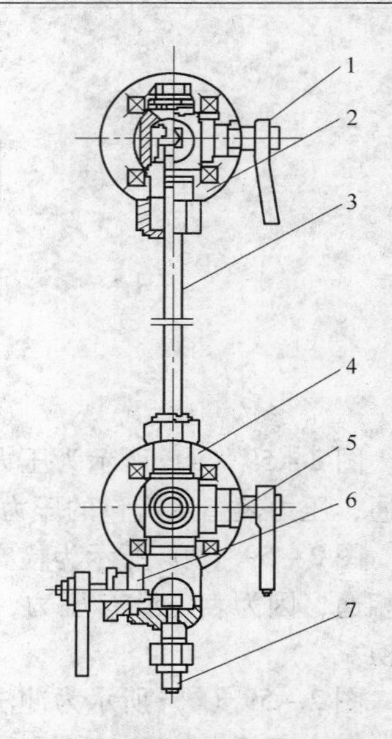

图 2 - 60　玻璃管式水位表

1—汽旋塞；2—接汽连管的法兰；3—玻璃管；4—接水连管的法兰；5—水旋塞；6—放水旋塞；7—放水管

水位表应有防护罩，以防止玻璃管炸裂时伤人。最好用较厚的耐热钢化玻璃管罩住，但不应影响观察水位，不能用普通玻璃板作防护罩，否则当玻璃管损坏时会连带玻璃板破碎，反而增加危险。有的用薄铁皮制成防护罩，为了便于观察水位，在防护罩的前面开有宽度大于 12mm、长度与玻璃管可见长度相等的缝隙，并在防护罩后面留有较宽的缝隙，以便光线射入，使汽化工清晰地看到水位。

为防止玻璃管破裂时汽水喷出伤人，最好配用带钢球的旋塞。当玻璃管破裂时，钢球借助汽水的冲力，自动关闭旋塞。

玻璃管式水位表结构简单，制造安装容易，拆换方便，但显示水位不够清晰，玻璃管容易破碎，适用于工作压力不超过 1. 6MPa 的高压容器，常用规格有 Dg15 和 Dg20 两种。

2. 5. 3　开、停炉时汽化冷却系统操作

汽化冷却在连续式加热炉上是广为采用的。汽化冷却的上水、排污、放散、容器内部的污垢清理、水质的化验、水处理等工作环节对汽化冷却的正常运行关系很大。下面主要介绍检修后的试压配合操作、排污操作、放散操作、容器内污垢的清理操作、停炉操作等。了解这些操作的顺序、方法和步骤，对汽化冷却的操作工来说是十分必要的。这些操作也是操作工应必须掌握的技能，下面介绍其操作步骤和方法。

2. 5. 3. 1　检修过程与专业人员的试压配合操作步骤

加热炉运行一年后，往往是在设备检修期间，汽化冷却系统同样要进行系统的检修工作，这些检修工作包括各阀门的更换、压力表的校验、执行机构的检修、各种显示仪表的校验、容器内的污垢清理等。在检修完毕后，按照国家的规定要进行本系统的打压试验，试验的目的是在系统工作压力的规定倍数下检查各焊口、各个阀门的严密情况。汽化冷却操作工要对职能部门的检验进行配合。配合试压工作的程序和步骤为：

（1）在试压前，操作工要首先对系统的各部位进行检查，检查的内容包括汽包与主蒸汽联箱的阀位、排污阀位、放散阀位、显示仪表的阀位、系统与外界连接管道各处的阀位

情况，应该关闭的要全部关闭，应打开的要全部打开，各步准备工作的检查情况符合要求后，再进行下步操作，如果发现不符合规定的现象，要及时反映给职能部门的工作人员。

（2）给上水系统的各电泵接通电源，检查询问接通情况，与仪表接通情况，查询各显示仪表正常与否，如没有问题，再进行下一步操作。

（3）上水操作。告诉各部门参与试压的工作人员，查询有关情况，如无问题，接通上水泵电源，电泵启动。查询电泵的正倒转情况，密切注意水位指示仪表的水位，与现场水位情况进行对证，沟通情况。

（4）水位在控制室内的仪表显示超出范围后要与现场人员联系，查询放散阀位是否已有水流出，如水从放散阀门流出则说明水满，如无流出则继续上水。

（5）水满后停泵，按下停止按钮，泵停后等待下步操作。

（6）经职能部门同意，关闭放散阀门。

（7）询问现场工作人员有无漏水现象，如有要进行处理；如果没有漏水现象，请示有关人员进行下一步操作。

（8）观察各部阀门及焊缝处，看有无漏水情况。

（9）经请示，开动蒸汽上水泵，首先要将蒸汽泵的出口阀门稍稍打开，逐渐加大蒸汽量，提高供水量。

（10）观察各阀门及焊缝处，看有无漏水情况。

（11）升压。各步正常，请示有关人员升压，稍稍打开蒸汽泵出口阀门，逐渐提高蒸汽泵的蒸汽量，密切注意系统的压力显示仪表的读数指针，当达到规定的数值时，压低蒸汽泵出口开度，小量度上水，注意观察压力表读数。

（12）当达到规定值时，停泵关闭蒸汽阀门，并严密观察回水逆止阀的密封情况，观察压力表指针读数，看能否保持压力，如能则保持压力至规定时间。

（13）试验完毕后卸压，按规定执行机构卸压至某一压力值，继续保持一定时间，然后再继续释放压力。

（14）观察各部阀位、焊缝有无漏水现象、有无渗水现象，查询这些情况。

（15）试压完毕。

（16）在试验书上签写操作人员姓名。

2.5.3.2 点炉时汽化工的操作

点炉时汽化工的操作步骤为：

（1）开动蒸汽上水泵或电泵，使本系统水量达中水位。

（2）当加热工通知温度达到一定数值时，要打开蒸汽助循环的管道阀门，使蒸汽通入上升管内，提高上升管内的水温。

（3）判断循环是否开始。循环是否处于稳定状态，一般可用倾听上升管中汽水混合物的流动声是否连续不断来加以辨别。当下降管设有流量计时，可观察流量达到一定数值后，用流量波动幅度的大小来判断循环的稳定性，波动幅度越小越稳定。一般加热炉加热段炉温达到800～1000℃，循环即趋于稳定。在引射过程中，装置的启动性能与外部蒸汽压力有关。对启动性能差的装置，要求外部蒸汽压力较高，反之，蒸汽压力可以较低。当外部蒸汽压力一定时，对于启动性能较差的装置，为了减弱其振动和响声，在引射停止前，汽包压力应控制在略低于外部蒸汽压力。根据生产经验，在启动上，一般汽包压力升至0.3～0.4MPa时，振动和响声均可消除，表示循环已趋稳定，即可停止引射。对于启动性能较好的装置，为了达到较好的引射效果，在整个启动过程中，汽包压力可以控制得低一些。

（4）如循环开始，关闭助循环蒸汽阀门。

（5）观察系统蒸汽压力是否正常。

（6）保持中水位。

2.5.3.3 停炉操作

汽化冷却装置的停炉有正常停炉和事故停炉两种，现分述如下。

A 正常停炉

加热炉熄火后，汽化冷却装置应停止向外供汽。随热负荷逐渐降低，汽包压力随之下降。为了保证装置的水循环正常，应维持缓慢降压，同时应逐渐减少汽包的进水量，以维持汽包内水位正常。对使用给水自动调节器的装置，也必须注意水位变化，当在低负荷调节器不灵时，可切换为手动调节。随炉温继续降低，汽压继续下降，若水循环出现异常现象时（如响声、管系振动等），可启动辅助循环设施（打开蒸汽引射或启动循环泵），直至炉温降至400℃以下时，方可停止辅助循环设施运行。

对加热炉停炉时间不长、汽化冷却装置本体又不需要检修时，可在停炉后仍保持汽包压力在0.1MPa左右，以便使汽包内炉水有一定温度，以利于再次启动。

长期停炉有冻结可能时，应考虑采取防冻措施。

B 事故停炉

事故停炉一般可分为两种：一种是由于突然停电而电源在短期内又不能恢复所引起的停炉；另一种是由于其他事故经处理无效所致的停炉。现分述如下：

（1）突然停电时，首先切除电动给水泵，然后紧急启动汽动给水泵，由专人监视水位，将全部自动调节改为手动操作。当电源不能恢复时，为了尽可能减少给水消耗，充分利用给水箱和汽包内的存水，使水循环能维持装置在原工作压力下运行，或使降压尽可能缓慢，直至炉温低于400℃，方可安全停炉。

（2）当其他事故经处理无效，装置必须迅速停运时，应在加热炉熄火降温过程中控制汽包降压速度不宜过快。为了保证炉底管的安全，应在加热段炉温降至800～1000℃、汽压降至0.4MPa以下时，启动辅助循环设施，直至炉温降至400℃以下时方可停炉。在整个停炉过程中，应对装置进行全面检查，并做好记录。

2.5.3.4 清污垢操作

清污垢操作也是操作工一年来自己对水质化验情况判断分析正确与否的检验，水垢太多，说明操作工一年来对化验分析方法掌握得不够准确，应加强分析与化验的准确性。汽化冷却器内的水垢越多，说明炉内受热部分管道的垢更厚。水垢太厚是十分危险的，它直接影响生产。水垢太多，水管受热不均，易造成水管弯曲，致使生产受到影响。清污垢操作一般采用机械清理的方法，操作步骤为：

（1）将汽包内的存水用下排污排净。

（2）打开汽包人孔。

（3）清理污垢。

（4）职能人员验收。

（5）合格后关闭人孔。

2.5.3.5 停炉保养

A 干保养法

对已安装好并进行了水压试验而又不能及时投入运行的或需停止运行一个较长时间（1个月以上）的汽化冷却装置，为了防止管道和汽包内部金属表面腐蚀，可采用干保养法，其步骤为：首先将汽包和管道内的全部积水放尽，并将汽包内的污垢彻底清除、冲洗干净后，用微火烘烤或用其他方法将系统内湿气除净；再用10～30mm的块状石灰分盘装好，放入汽包内（一般按汽包每1m^{3}空间放8kg计算用量），也可用硅胶作干燥剂分袋装好，或分装于容器中（要求容器大于硅胶体积，以便在硅胶吸湿后膨胀成散状时，仍不致溢出容器）放入汽包内；然后将所有的人孔、手孔、管道阀门等关闭严密。每三个月检查一次，若生石灰碎成粉状或硅胶吸湿成散状，应更换新的石灰或硅胶。

B 湿保养法

当装置停运时间较短（小于1个月）时，可采用湿保养法，其步骤为：在装置停止运行后，将全部积水放尽，并彻底清除内部污垢、冲洗干净，重新注入给水至全满，并将炉水加热到100℃，使水中气体排出，然后关闭所有阀门。

当气候寒冷易结冻时，不宜采用湿保养法。

2.6 任务6 正常生产时的加热操作

2.6.1 合理控制钢温

按加热温度制度要求，应正确控制钢的加热温度，同时还要保证钢坯沿长度和断面上温差小，温度均匀。过高的钢温，增加单位热耗，造成能源浪费，氧化烧损增加，容易造成加热缺陷和粘钢，但钢温过低，也会增加轧制电力消耗，容易造成轧制设备事故，因此，应合理控制钢温。

在加热段末端与均热段，钢温与炉温一般来说相差50～100℃，怎样正确地控制钢温以满足轧制的需要呢？

对于不同的钢种，加热有其自身的特点。对于普碳钢来讲，轧制时钢温的要求不太严格，由于普碳钢的热塑性较好，轧制温度的范围较宽，生产中即使遇到了钢温不均或钢温较低的情况，也可继续轧制。但对于合金钢来说，有的合金钢轧制温度范围很窄，所以就需要有较好的钢温来保障，不同种类的钢应掌握不同的温度，正确地确定钢的加热温度，对于保证质量和产量有着密切的关系。

2.6.2 合理控制炉温

在加热炉的操作中，合理地控制加热炉的温度，并且随生产的变化及时地进行调整是加热工必须掌握的一种技巧。一般加热炉的炉温制度是根据坯料的参数、坯料的材质来制定的，而炉膛内的温度分布，预热段、加热段和均热段的温度，又是根据钢的加热特性来制定的；加热时间是根据坯料的规格、炉膛温度的分布情况来确定的。一般对于碳的质量分数较低、加热性能较好的钢种，加热温度就比较高，但随着钢中碳质量分数的增加，钢对温度的敏感性也增强，钢的加热温度也就越来越低。如何合理对钢料进行加热，怎样组织火焰，并且能使燃料的消耗降低，就是一个技巧上的问题。

炉温过高，供给炉子的燃料过多，炉体的散热损失增加，同时废气的温度也会增加，出炉烟气的热损失增大、热效率降低、单位热耗增高。炉温过高，炉子的寿命会受到影响，同时也容易造成钢烧损的增加和钢的过热、过烧、脱碳等加热缺陷，还容易把钢烧化，侵蚀炉体，增加清渣的困难，引起粘钢事故。

对于一个三段连续式加热炉来说，经验的温度控制一般遵循如下的规定：预热段温度不超过 780℃；加热段温度不超过 1350℃；均热段温度不超过 1200℃。

炉温控制是与燃料燃烧操作关系最为密切的，也就是说，炉温控制是以增减燃料供应量来达到的。当炉温偏高时，应减少燃料的供应量；而炉温偏低时，又应加大燃料供应量。多数加热炉虽然安装有热工仪表，但测温计所指示的温度只是炉内几个点的情况。因此，用肉眼观察炉温仍是非常重要的。

同时，要掌握轧机轧制节奏来调节炉温，以适应加热速度。轧机高产时，必须提高炉子的温度，而轧机产量低时，必须降低炉子的温度。这样可以避免炉温过高产生过烧、熔化及粘钢，而炉温过低出现低温钢等现象。

连续式加热炉同时加热不同钢种的钢坯时，炉温应按加热温度低的加热制度来控制。在加热温度低的钢坯出完后，再按加热温度高的加热制度来控制。当然，在装炉原则上，应该尽量避免这种混装观象。

在有下加热的连续式加热炉上，应尽量发挥下加热的作用，这样既能增加产量，又能提高加热质量。

2.6.3　合理控制热负荷

在加热操作时，应根据炉子生产变化情况调节热负荷，使其控制在最佳的单耗水平，这样对加热质量、炉体寿命、能源消耗均有利。

原冶金部《关于轧钢加热炉节约燃料的若干规定》中规定：“操作规程中应规定加热不同品种规格坯料和不同轧机产量的经济热负荷制度，做到不往炉内供入多余的燃料。”

目前，加热炉的热耗比较高，主要是在低产或不正常生产时没有严格控制好往炉内供入的燃料所造成的。在低产或不正常生产时，还必须充分注意调节好炉子各段的燃料分配。理想的温度制度是三段式温度制度（即预热、加热、均热），均热段比加热段炉温低，能使钢坯断面温差缩小到允许范围之内，使钢坯具有良好的加热质量；适当提高加热段的温度，可实行快速加热，允许钢坯有较大的温差，可提高炉子生产率；预热段不供热，温度较低，充分利用炉气预热钢坯，降低出炉烟气温度，可提高炉子热效率。三段式加热制度对产量的波动有较大的适应性和灵活性。当炉子在设计产量下工作时，炉子可按三段制度进行操作；随着炉子产量的降低，可逐渐减少加热段的供热，从炉尾向炉头逐渐关闭喷嘴；当炉子产量低于设计产量很多时，可完全停止加热段的供热，均热段变成了加热段，加热段变成了预热段，预热段等于延长，出炉烟气温度也降低，炉子变成了两段制操作。随着炉子产量的波动，不向炉内供入多余燃料，出炉烟气带走的热量可以保持在一个最佳数值上，炉子单耗就可以降低。

在生产过程中，炉子待轧时间是不可避免的，研究制定待轧时的保温、降温和开轧前的升温制度，千方百计地降低待轧时的燃料消耗是个极其重要的问题。必须发挥热工操作人员的积极性才能收到较好的效果。

炉子在待轧时必须按待轧热工制度减少燃料和助燃空气的供给量，适当调节燃料和空气的配比，使炉子具有弱还原性气氛；调节炉膛压力要比正常生产时稍高些；还要关闭装出料口的炉门及所有侧炉门；要主动与轧钢工段联系，了解故障情况，分析预测需要停车时间的长短，决定炉子保温和降温制度；掌握准确的开轧时间，适时增加热负荷，以便在开轧时把炉温恢复到正常生产的温度。待轧降温制度见表2-6，可供参考。

表2-6 待轧降温制度

待轧时间/h	降温温度/℃	注意事项
≤0.5	基本不变	待轧期间减少燃料，同时要适当减少风量
≤1	50~100	
≤2	100~200	关闭所有炉门及观察孔
≤3	200~250	关闭烟道闸门，保持炉内呈正压，避免吸入冷风
≤4	250~350	待轧4h以上，炉温降至700~800℃

2.6.4 正确组织燃料燃烧

2.6.4.1 燃料的一般性质

各种燃料的性质是比较复杂的。这里重点是要了解那些和炉子热工过程有关的性质，即燃料的化学组成和燃料的发热量。

A 燃料的化学组成及成分表示方法

a 气体燃料的化学组成及成分表示方法

气体燃料由CO、H_2、CH_4、C_2H_4、C_mH_n、H_2S、CO_2、N_2、O_2、H_2O等简单的化合物和单质混合组成。其中，主要的可燃成分是CO、H_2、CH_4、C_2H_4、C_mH_n等，它们在燃烧时能放出热量。CO_2、N_2、O_2、H_2O等是不可燃成分，它们在燃烧时不能放出热量，因此，其质量分数希望不要过高。H_2S的燃烧产物SO_2有毒性，对人身和设备都有害，所以应视为煤气中的有害成分。此外，煤气中还含有少量灰尘，这些不可燃成分的增加会使得煤气中的可燃成分减少，从而使其发热量有所降低。

由于气体燃料是由各单一化学成分所组成的机械混合物，可采用吸收法进行化学成分分析，同时，分析的结果能够确切地说明燃料的化学组成和性质。因为在做煤气成分分析时，总是先把煤气中的水分吸收掉以后才进行成分分析，所以吸收法分析所得到的结果是不包括水分在内的“干成分”，但在实用中的煤气成分都含有一定的水分在内。因此，做燃烧计算时，应以“湿成分”为基准。气体燃料中的水分含量是单独测量的，通常以1m^3干煤气中吸收进去水分的质量表示，用符号$g^{干}_{H_2O}$（g/m^3）来表示。

煤气成分就是用上述各单一气体在煤气中所占的体积分数来表示。由于煤气的分析成分是干成分，而实际生产中煤气燃烧时又是以湿成分作为基准，因此，要求掌握干成分和湿成分之间的换算方法。

（1）湿成分，指包括水分在内的煤气成分，其表示方法为：

$$\varphi(CO)^{湿}+\varphi(H_2)^{湿}+\varphi(CH_4)^{湿}+\cdots+\varphi(N_2)^{湿}+\varphi(CO_2)^{湿}+\varphi(H_2O)^{湿}=100\% \quad (2-1)$$

式中　$\varphi(CO)^{湿}$，$\varphi(H_2)^{湿}$，…，$\varphi(H_2O)^{湿}$——分别为 CO、H_2、…、H_2O 等成分在湿煤气中所占的体积分数。

（2）干成分，指不包括水分在内的煤气成分，其表示方法为：

$$\varphi(CO)^{干}+\varphi(H_2)^{干}+\varphi(CH_4)^{干}+\cdots+\varphi(N_2)^{干}+\varphi(CO_2)^{干}=100\% \quad (2-2)$$

式中　$\varphi(CO)^{干}$，$\varphi(H_2)^{干}$，…，$\varphi(CO_2)^{干}$——分别为 CO、H_2、…、CO_2 等成分在干煤气中所占的体积分数。

（3）干、湿成分间的换算。从定义可知，干、湿成分之间的差别仅在于 $\varphi(H_2O)^{湿}$ 是否计算到100%之中的问题。水的含量可以实测，在计算煤气中水分含量时，一般都采用煤气在某温度下的饱和水蒸气含量来表示，当温度变化时，饱和水蒸气含量也发生变化。所以，$\varphi(H_2O)^{湿}$ 是煤气在一定温度下的水分含量，应在分析结果中注明温度。但湿成分又是实际应用时的成分，在计算时常常需要进行干湿成分的换算，如：

$$\varphi(CO)^{湿}=\varphi(CO)^{干}\times\frac{100-V(H_2O)^{湿}}{100} \quad (2-3)$$

式中　$\varphi(CO)^{湿}$——气体燃料中 CO 气体的湿成分；

$\varphi(CO)^{干}$——气体燃料中 CO 气体的干成分；

$V(H_2O)^{湿}$——$100m^3$ 湿气体燃料中水分的体积。

其余成分均照此类推。

用式（2-3）换算时，需要知道某温度下的水分含量（$\varphi(H_2O)^{湿}$），附表6能查到 $1m^3$ 干气体在某温度下所能吸收的饱和水蒸气的质量，即 $g^{干}_{H_2O}$（g/m^3）。在标准状态下，1kmol 水蒸气的体积为 $22.4m^3$，质量为18kg，所以1kg 水蒸气体积为 $22.4/18=1.24m^3$，所以 $1m^3$ 干煤气变为湿煤气时的总体积（m^3）将是：$1+0.00124g^{干}_{H_2O}$。

$$\varphi(H_2O)^{湿}=\frac{0.00124g^{干}_{H_2O}}{1+0.00124g^{干}_{H_2O}}\times100\% \quad (2-4)$$

【例2-1】 某天然气的干成分为 $\varphi(CH_4)^{干}=90.50\%$，$\varphi(C_2H_6)^{干}=5.78\%$，$\varphi(C_2H_4)^{干}=2.30\%$，$\varphi(CO_2)^{干}=0.30\%$，$\varphi(N_2)^{干}=1.12\%$，求30℃时湿成分。

解：由附表6查出30℃时的饱和水蒸气量 $g^{干}_{H_2O}=35.1g/m^3$，根据式（2-4）得：

$$\varphi(H_2O)^{湿}=\frac{0.00124\times35.1}{1+0.00124\times35.1}\times100\%=4.17\%$$

$$\varphi(CH_4)^{湿}=\varphi(CH_4)^{干}\times\frac{100-V(H_2O)^{湿}}{100}=90.50\%\times\frac{100-4.17}{100}$$

$$=90.50\%\times0.9583=86.73\%$$

$$\varphi(C_2H_6)^{湿}=5.78\%\times0.9583=5.54\%$$

$$\varphi(C_2H_4)^{湿}=2.30\%\times0.9583=2.20\%$$

$$\varphi(CO_2)^{湿}=0.30\%\times0.9583=0.29\%$$

$$\varphi(N_2)^{湿}=1.12\%\times0.9583=1.07\%$$

$$\varphi(CH_4)^{湿}+\varphi(C_2H_6)^{湿}+\varphi(C_2H_4)^{湿}+\varphi(CO_2)^{湿}+\varphi(N_2)^{湿}+\varphi(H_2O)^{湿}$$
$$=86.73\%+5.54\%+2.20\%+0.29\%+1.07\%+4.17\%$$
$$=100\%$$

b 液体和固体燃料的化学组成及成分表示方法

自然界中的液体和固体燃料都是来源于埋藏地下的有机物质，它们是古代植物和动物在地下经过长期物理和化学的变化而生成的，所以它们都是由有机物和无机物两部分组成。有机物主要由C、H、O及少量的N、S等构成。分析这些复杂的有机化合物十分困难，所以一般只测定C、H、O、N、S元素的百分含量，与燃料的其他特性配合起来，帮助判断燃料的性质和进行燃烧计算。燃料的无机物部分主要是水分（W）和矿物质（Al_2O_3、SiO_2、MgO等），其中矿物质又称为灰分，用符号A表示。

固、液体燃料的组成通常以其各组成物的质量分数表示。冶金燃料基于不同的分析基准，常用的成分表示方法有3种：应用成分、干燥成分和可燃成分。

应用成分反映了燃料在实际应用时的组成，包括全部C、H、O、N、S和灰分（A）、水分（W），以上述组成的总和为100%，即：

$$w(C)^{用}+w(H)^{用}+w(O)^{用}+w(N)^{用}+w(S)^{用}+w(A)^{用}+w(W)^{用}=100\% \quad (2-5)$$

式中 $w(C)^{用}$，$w(H)^{用}$，$w(O)^{用}$，…——分别为C、H、O、…这些组成在应用成分中的质量分数。

燃料中的水分受外界条件影响很大，因此，应用成分常常不能正确反映燃料的本性。为了便于比较，在工程上有时用干燥成分表示，即：

$$w(C)^{干}+w(H)^{干}+w(O)^{干}+w(N)^{干}+w(S)^{干}+w(A)^{干}=100\% \quad (2-6)$$

灰分往往受到运输和储存条件的影响而波动。为了更确切地反映燃料的性质，有时还采用无水无灰基准，以这种方式表达的质量分数组成，称为燃料的可燃成分，即：

$$w(C)^{燃}+w(H)^{燃}+w(O)^{燃}+w(N)^{燃}+w(S)^{燃}=100\% \quad (2-7)$$

对于上述几种成分表示方法而言，由于任何一种组成成分在试样中所占的绝对含量相同，不同表示方法中各成分只是所占的相对百分数有差别，因此，很容易找到它们之间的换算关系。固、液体燃料各成分进行换算的换算系数见表2-7。

表2-7 固、液体燃料各成分进行换算的换算系数

已知成分	要换算的成分		
	可燃成分	干燥成分	应用成分
可燃成分	1	$\frac{100-m(A)^{干}}{100}$	$\frac{100-(m(A)^{用}+m(W)^{用})}{100}$
干燥成分	$\frac{100}{100-m(A)^{干}}$	1	$\frac{100-m(W)^{用}}{100}$
应用成分	$\frac{100}{100-(m(A)^{用}+m(W)^{用})}$	$\frac{100}{100-m(W)^{用}}$	1

【例2-2】 已知煤的成分为：$w(C)^{燃}=85.22\%$，$w(H)^{燃}=4.33\%$，$w(O)^{燃}=8.47\%$，$w(N)^{燃}=1.35\%$，$w(S)^{燃}=0.63\%$，$w(A)^{干}=10.73\%$，$w(W)^{用}=8.34\%$。试确定煤的应用成分。

解： 由表2-7可求出灰分的应用成分为：

$$w(A)^{用}=(\frac{100-m(W)^{用}}{100})w(A)^{干}=(\frac{100-8.34}{100})\times10.73\%=9.84\%$$

再根据表2-7确定各元素的应用成分为：

$$w(C)^{用}=\left[\frac{100-(m(A)^{用}+m(W)^{用})}{100}\right]w(C)^{燃}$$

$$=\left[\frac{100-(9.84+8.34)}{100}\right]\times85.22\%$$

$$=0.8182\times85.22\%=69.73\%$$

同理可得：$w(H)^{用}=0.8182\times4.33\%=3.54\%$

$w(O)^{用}=0.8182\times8.47\%=6.93\%$

$w(N)^{用}=0.8182\times1.35\%=1.10\%$

$w(S)^{用}=0.8182\times0.63\%=0.52\%$

B　燃料的发热量

燃料发热量的高低是衡量燃料质量和热能价值高低的重要指标，也是燃料的一个重要特性。在实际生产中，知道燃料的发热量将有助于正确的评价燃料质量的好坏，以此可指导现场操作。

a　燃料发热量的概念

单位质量或体积的燃料完全燃烧后所放出的热量称为燃料的发热量。对于固、液体燃料，其发热量的单位是kJ/kg，气体燃料发热量的单位是kJ/m^3。燃料完全燃烧后放出的热量还与燃烧产物中水的状态有关，基于燃烧产物中水的状态不同，可以把燃料的发热量分为高发热量和低发热量。当燃烧产物的温度冷却到参加燃烧反应物质的原始温度20℃，同时产物中的水蒸气冷凝成为0℃的水时，所放出的热量称为燃料的高发热量，用$Q_{高}$表示。当燃烧产物中的水分不是呈液态，而是呈20℃的水蒸气存在时，由于水分的汽化热没有放出而使发热量降低，这时得到的热量称为燃料的低发热量，用$Q_{低}$表示。

在实验室条件下测定发热量时，燃烧产物中的水被冷却成液态水，因此可得到高发热量。而在实际的加热炉上，燃烧产物出炉时不可能使水冷凝成为液态水，所以实际生产上用的都是低发热量。

对于固、液体燃料，高发热量与低发热量之间的换算关系如下。

水在恒压下由0℃的水变为20℃蒸汽的汽化热近似地为2512kJ/kg，设100kg燃料中的氢为$m(H)$kg，水为$m(W)$kg，则燃烧后总的水质量为$9m(H)+m(W)$kg，因此，高发热量与低发热量之间的差额为：

$$2512(9m(H)+m(W))/100=25.12(9m(H)+m(W))\ (kJ/kg)$$

所以：

$$Q_{高}=Q_{低}+25.12(9m(H)+m(W)) \tag{2-8}$$

同理，对于气体燃料，高发热量与低发热量之间的换算关系应为：

$$Q_{高}=Q_{低}+\left[19.59(\varphi(H_2)^{干}+\sum\frac{n}{2}\varphi(C_mH_n)^{干}+\varphi(H_2S)^{干})+2352g_{H_2O}^{干}\right]\frac{1}{1+0.00124g_{H_2O}^{干}}$$

$$=Q_{低}+19.59(\varphi(H_2)^{湿}+\sum\frac{n}{2}\varphi(C_mH_n)^{湿}+\varphi(H_2S)^{湿}+\varphi(H_2O)^{湿}) \quad (2-9)$$

b 燃料发热量的计算

（1）气体燃料。气体燃料通常由若干单一的可燃成分所组成，每种可燃成分的发热量可以精确测定。因此，只需把各可燃成分的发热量加起来即可，其计算公式为：

$$Q_{低}=127.7V(CO)^{湿}+107.6V(H_2)^{湿}+358.8V(CH_4)^{湿}+599.6V(C_2H_4)^{湿}+231.1V(H_2S)^{湿}+712V(C_mH_n)^{湿} \quad (2-10)$$

式中 $V(CO)^{湿}$，$V(H_2)^{湿}$，…——100m^3 气体燃料中各成分的体积，m^3；

127.7，107.6，…——1/100m^3 气体燃料中各组成气体的发热量。

（2）固、液体燃料。对于固、液体燃料，由于燃料中化合物的组成和数量很难分析，加上C和H存在的状态非常复杂并且难以确定，因此，根据燃料成分计算燃料发热量的方法通常得不到准确的结果。目前，工业炉上广泛应用的近似计算公式是门捷列夫经验公式，即：

$$Q_{低}=339.1m(C)^{用}+1256m(H)^{用}-108.9(m(O)^{用}-m(S)^{用})-25.12(9m(H)^{用}+m(W)^{用}) \quad (2-11)$$

式中 $m(C)^{用}$,$m(H)^{用}$,…——100kg 燃料中各成分的质量，kg。

各种燃料的发热量差别很大，为了便于比较使用不同燃料的炉子热耗，人为地规定了一个“标准燃料（标准煤）”的概念，1kg 标准燃料（标准煤）的发热量定为29302kJ/kg(7000kcal/kg)，这样就可以把各种燃料折算为标准燃料（标准煤）进行对比分析。

2.6.4.2 加热炉常用燃料

加热炉的常用燃料有煤、重油、天然气、高炉煤气、焦炉煤气、发生炉煤气等。

A 固体燃料

煤是由古代的植物经过在地下长期炭化形成的。根据炭化程度的不同，煤又可分为泥煤、褐煤、烟煤、无烟煤。炭化程度越高，煤中的水分、挥发分就越少，固定碳越多。

a 泥煤

泥煤是最年轻的煤，其中还保留了一部分植物残体，含水量很高，作为燃料的工业价值不大。

b 褐煤

褐煤是泥煤进一步炭化的产物。它的外观呈褐色，少数呈褐黑或黑色。褐煤的挥发分较高，发热量较低，化学反应性强，在空气中可以氧化或自燃，风化后容易破裂，在炉内受热后破碎粉化严重。冶金厂有时用来烧锅炉或低温的炉子。

c 烟煤

烟煤是工业煤中最主要的一种，烟煤比褐煤炭化更完全，水分和挥发分进一步减少，固体碳增加，低发热量较高，一般都在23000～29300kJ/kg。

d 无烟煤

无烟煤是炭化程度最完全的煤，其中挥发分很少。它的外观呈黑色，有时稍带灰色，而有金属光泽。无烟煤化学反应性较差，受热后容易爆裂。无烟煤挥发分少，燃烧时火焰很短，因此在冶金生产中很少使用。

B　液体燃料

加热炉所用的液体燃料主要是重油。将天然石油经过加工，提炼了汽油、煤油、柴油等轻质产品后，剩下的相对分子质量较大的油就是重油，也称为渣油。由于重油在冶金企业生产中用途最广，因此，下面介绍它的元素组成和它的几种重要特性。

a　重油的元素组成和发热量

重油是由85% ~87% C，10% ~12% H，1% ~2% O，1% ~4% S，0.35% ~1% N，0.015% ~0.05% A，0 ~0.3% W 等成分（质量分数）组成的。重油主要由碳氢化合物组成，杂质很少。一般重油的低发热量为40000 ~42000kJ/kg。

b　黏度

黏度是表示流体流动时内摩擦力大小的物理指标。黏度越大，流体质点间内摩擦力越大，流体的流动性越差。黏度的大小对重油的运输和雾化有很大影响，所以在使用时对重油的黏度应当有一定的要求，并且应该保持稳定。

黏度的表示方法很多，工业上表示重油黏度指标通常采用恩氏黏度（°E），该值使用漏斗状的恩氏黏度计测得，即：

$$°E_t = \frac{t℃\text{时}200\text{mL油从容器中流出的时间}}{20℃\text{时}200\text{mL水从容器中流出的时间}} \tag{2-12}$$

重油的黏度主要与温度有关。随着温度的升高，黏度将显著下降。由于重油的凝固点一般在30℃以上，因此，在常温下大多数重油都处于凝固状态，因此它的黏度很高。为了保证重油的输送和进行正常的燃烧，一般采用电加热或蒸汽加热等方法来提高温度，以降低油的黏度，提高其流动性和雾化性。对于要求输送的重油，加热温度一般以70 ~80℃为宜（30 ~40°E），但在喷嘴前一般油温以110 ~120℃为佳（10 ~15°E）。因为这样可提高油的雾化质量，使油能充分完全燃烧。

c　闪点、燃点、着火点

重油加热时表面会产生油蒸气，随着温度的升高，油蒸气越来越多，并和空气相混合，当达到一定温度时，火种一接触油气混合物便发生闪火现象。这一引起闪火的最低温度称为重油的闪点。再继续加热，产生油蒸气的速度更快，此时不仅闪火而且可以连续燃烧，这时的温度称为燃点。继续提高重油温度，即使不接近火种油蒸气也会发生自燃，这一温度称为重油的着火点。

重油的闪点一般在80 ~130℃的范围内，燃点一般比闪点高7 ~10℃，而它的着火点一般在500 ~600℃之间。当炉温低于着火点时，重油一般不能进行很好地燃烧。

闪点、燃点和着火点关系到用油的安全。闪点以下油没有着火的危险，所以储油罐内重油的加热温度必须控制在闪点以下。

d　水分

重油含水分过高会使着火不良，火焰不稳定，降低燃烧温度，因此，要限制重油的水分含量（质量分数）在2%以下。但往往采用蒸汽对重油直接加热，因而使重油含水量大大增加，一般应在储油罐中用沉淀的方法使油水分离而脱去水分。

e　残碳率

使重油在隔绝空气的条件下加热，将蒸发出来的油蒸气烧掉，剩下的残碳以质量分数表示就称为残碳率。我国重油的残碳率一般在10%左右。

残碳率高的重油燃烧时，可以提高火焰的黑度，有利于增强火焰的辐射能力，这是有利的一面；但残碳多时，又会在油烧嘴口部积炭结焦，造成雾化不良，影响油的正常燃烧。

f 重油的标准

我国现行的重油标准共有4个牌号，即20号、60号、100号、200号4种。重油的牌号是指在50℃时该重油的恩氏黏度值。各牌号重油的分类标准见表2-8。

表2-8 重油的分类标准（SYB 1091—60）

指标		牌号			
		20	60	100	200
恩氏黏度°E	80℃时	≤5.0	≤11.0	≤15.5	
	100℃时				5.5~9.5
闪点（开口）/℃		≥80	≥100	≥120	≥130
凝固点/℃		≤15	≤20	≤25	≤36
灰分/%		≤0.3	≤0.3	≤0.3	≤0.3
水分/%		≤1.0	≤1.5	≤2.0	≤2.0
硫分/%		≤1.0	≤1.5	≤2.0	≤3.0
机械杂质/%		≤1.5	≤2.0	≤2.5	≤2.5

C 气体燃料

气体燃料的种类很多，目前，加热炉常用的气体燃料有天然气、高炉煤气、焦炉煤气、发生炉煤气、高炉和焦炉混合煤气等。下面介绍这些燃料各自的特性。

a 天然气

天然气是直接由地下开采出来的可燃气体，它的主要可燃成分是CH_4，其体积分数一般为80%~98%。此外，还有其他少量的碳氢化合物及H_2等可燃气体，不可燃气体很少，所以发热量很高，大多都在33500~46000kJ/m^3。天然气的理论燃烧温度高达2020℃。

天然气是一种无色、稍带腐臭味的气体，它比空气轻（密度约为0.73~0.80kg/m^3），而且极易着火，与空气混合到一定比例（容积比约为4%~15%）时，遇到明火会立即着火或爆炸，现场操作时应注意这一特征。天然气燃烧时所需的空气量很大，1m^3天然气需9~14m^3空气，而且燃烧时甲烷及其碳氢化合物分解析出大量固体碳粒，燃烧火焰明亮，辐射能力强。

b 高炉煤气

高炉煤气是高炉炼铁的副产品，它主要由可燃成分CO、H_2、CH_4和不可燃成分N_2、CO_2组成，其中，CO的体积分数为30%左右，H_2和CH_4的体积分数很少。高炉煤气含有大量的N_2和CO_2，其体积分数约为60%~70%，所以发热量比较低，通常只有3350~4200kJ/m^3。高炉煤气由于发热量低，燃烧温度也较低，约1470℃，在加热炉上单独使用困难，往往是与焦炉煤气混合使用，或在燃烧前将煤气与空气预热。应当注意，CO对人是有害的，如果大气中CO的质量浓度超过30mg/m^3，人就会有中毒的危险。因此，在使用 CO 成分较多的煤气，如高炉煤气时，需特别注意防止煤气中毒事故发生。此外，高炉煤气着火温度较高，通常为 740 ~ 810℃。

现代高炉往往采用富氧鼓风和高压炉顶等技术，这些技术往往对高炉煤气的热值有一定的影响。采用富氧鼓风时，高炉煤气中 CO 和 H_2 的含量升高，而氮气含量降低，所以煤气的发热量相应提高。采用高压炉顶技术时，随着炉顶压力的升高，煤气中 CO 含量略有降低，而 CO_2 含量相应升高，所以煤气的发热量稍有下降。

c　焦炉煤气

焦炉煤气是炼焦生产的副产品。它的燃料成分组成是：H_2 的体积分数一般大于 50%，CH_4 的体积分数一般大于 25%，其余是少量的 CO、N_2、CO_2、H_2S 等。由于焦炉煤气内的主要可燃成分是高发热量的 H_2 和 CH_4，因此焦炉煤气的发热量较高，为 16000 ~ 18800kJ/m^3。如果炼焦用煤的挥发分高，焦炉煤气中 CH_4 等成分的体积分数将增高，煤气的发热量也将增高。焦炉煤气的理论燃烧温度约为 2090℃。焦炉煤气由于含 H_2 高，所以火焰黑度小，较难预热。同时，焦炉煤气的密度只有 0.4 ~ 0.5kg/m^3，比其他煤气轻，火焰的刚性差，容易往上飘。

d　高炉和焦炉混合煤气

在现代的钢铁联合企业里，可以同时得到大量高炉煤气和焦炉煤气，高炉煤气和焦炉煤气的产量比值大约为 10∶1。针对高炉煤气产量大、发热量低和焦炉煤气产量低、发热量较高的特点，为了发挥其各自的优点，充分利用这些副产燃气资源，可以利用不同比例的高炉煤气和焦炉煤气配成各种发热量的混合煤气。

如果高炉煤气与焦炉煤气的发热量分别为 $Q_{高}$ 和 $Q_{焦}$，要配成发热量为 $Q_{混}$ 的混合煤气，可用式（2 - 13）计算。设焦炉煤气在混合煤气中的体积分数为 x，则高炉煤气的体积分数为（$1 - x$）。则：

$$Q_{混} = xQ_{焦} + (1 - x)Q_{高} \tag{2-13}$$

整理式（2 - 13），得：

$$x = \frac{Q_{混} - Q_{高}}{Q_{焦} - Q_{高}} \tag{2-14}$$

采用高炉和焦炉混合煤气，不仅合理利用了燃料，而且改善了火焰的性能，它既克服了焦炉煤气火焰上飘的缺点，同时也可以利用焦炉煤气中碳氢化合物分解产生的碳粒，在燃烧时可以增强火焰的辐射能力。

e　转炉煤气

转炉煤气含 CO 高达 50% ~ 70%（体积分数），转炉煤气极易造成人身中毒，爆炸范围更广。转炉煤气主要成分是 CO，冶炼 1t 钢一般可以回收 CO 的体积分数为 50% ~ 70% 的煤气 60m^3 左右。转炉煤气是良好的燃料和化工原料，发热量为 6280 ~ 10467kJ/m^3，为高炉煤气的 2 ~ 3 倍，理论燃烧温度为 1650 ~ 1850℃。

f　发生炉煤气

发生炉煤气是以固体燃料为原料，在煤气发生炉中制得的煤气，这个热化学过程称为固体燃料的气化。它是由可燃成分 CO、H_2、CH_4 和不可燃成分 N_2、CO_2 以及少量的其他化学成分组成。根据气化介质的不同，发生炉煤气分为空气煤气、空气 - 蒸汽煤气等。作为加热炉燃料，使用的主要是空气 - 蒸汽煤气，通常所说的发生炉煤气就是指这一种。这种煤气燃烧时发热量较低，仅为5020～5230kJ/m³。

各种常见气体燃料成分及热值见表2－9。

表2－9 各种常见气体燃料成分及热值

煤气名称	干成分(体积分数)/%							$Q_{低}$/kJ·m^{-3}
	CO	H_2	CH_4	C_mH_n	CO_2	O_2	N_2	
天然气		0～2	85～97	0.1～4	0.1～2		0.2～4	33500～46000
高炉煤气	22～31	2～3	0.3～0.5		10～19		55～58	3350～4200
焦炉煤气	6～8	55～60	24～28	2～4	2～4	0.4～0.8	4～7	16000～18800
发生炉煤气	24～30	12～15	0.5～3	0.2～0.4	5～7	0.1～0.3	46～55	5020～5230
转炉煤气	50～70	0.5～2.0			15～20	0.3～0.8	10～20.5	6280～10467

2.6.4.3 有关燃烧的几个基本概念

A 完全燃烧

燃料中的可燃物质和氧进行了充分的燃烧反应，燃烧产物中已不存在可燃物质，这称为完全燃烧。如燃料中的碳全部氧化生成CO_2，而不存在CO时，即为完全燃烧。

B 不完全燃烧

不完全燃烧是指燃料经过燃烧后在燃烧产物中存在着可燃成分，如CO燃料中的碳燃烧后在燃烧产物中存在等。不完全燃烧又分两种情况：

(1) 化学不完全燃烧。燃料中的可燃成分由于空气不足或燃料与空气混合不好，而没有得到充分反应的燃烧，称为化学不完全燃烧。例如燃烧产物中尚有CO存在的情况。在生产实际中，燃料燃烧时如果火焰过长而呈黄色，则是煤气不完全燃烧现象，应及时增加空气量或适当减少煤气量；如果火焰过短、发亮而有刺耳噪声，则是空气量过多现象，应及时增加煤气量或减少空气量。

(2) 机械不完全燃烧。燃料中的部分可燃成分没有参加燃烧反应就排出炉外的燃烧过程，称为机械不完全燃烧。如灰渣裹走煤，炉栅漏下煤，管道漏掉重油或煤气等。

可燃成分发生不完全燃烧时的发热量远远低于完全燃烧的发热量。例如碳在完全燃烧时的发热量要比不完全燃烧时的发热量高约3.25倍，因此，除了工艺上需要CO作为保护气氛外，应尽量避免碳的不完全燃烧。

C 空气消耗系数n

燃料燃烧时所需的氧气通常是由空气供给的。根据化学反应方程式计算的1kg或1m³燃料完全燃烧时所需的空气量，称为理论空气需要量。由于空气供给不足或燃料与空气的混合不好，都会造成化学不完全燃烧。因此，在生产实际中，为了保证燃料的完全燃烧，所供给的空气量一般都大于理论的空气需要量。L_n代表实际供给空气量，L_0代表理论空气需要量，则两者的比值称为空气消耗系数，用n表示，即$n = L_n/L_0$。

实际上，n的大小与燃料的种类、燃烧方法、燃烧装置结构及设备工况的好坏等都有直接关系。因此，对于各种燃料，n的确定将直接关系到燃料能否实现完全燃烧，原则上，应当是在保证燃料完全燃烧的基础上，使n越接近1越好。在$n>1$的条件下，当燃料燃烧结束后势必要多出一部分空气量，而这部分空气量的存在将带来以下几点不利影响：

(1) 燃烧后进入燃烧产物，增加了燃烧产物的体积，使废气带走的热损失增加，而且还需要增大排烟设备的容量；

(2) 由于这部分空气要吸收一部分燃料燃烧所放出的热量，从而降低了炉温；

(3) 这些多余的空气进入燃烧产物后将使炉膛内的氧化性增强，从而造成钢坯的大量氧化和脱碳，这严重影响产品的产量和质量。

各种燃料的空气消耗系数 n 的经验数据为：

固体燃料　$n = 1.20 \sim 1.50$

液体燃料　$n = 1.15 \sim 1.25$

气体燃料　$n = 1.05 \sim 1.15$

2.6.4.4　气体燃料的燃烧过程

A　气体燃料的燃烧特点

加热炉采用气体燃料与采用固体燃料、液体燃料相比较，有如下优点：

(1) 煤气与空气易于混合，用最小的空气消耗系数即可以实现完全燃烧；

(2) 煤气可以预热，因此可以提高燃烧温度；

(3) 点火、熄火及其燃烧操作过程简单，容易控制，炉内温度、压力、气氛等都比较容易调节；

(4) 输送方便，劳动强度小，燃烧时干净，有利于减轻体力劳动和改善生产环境，较易实现自动化。

加热炉采用气体燃料的缺点是：

(1) 管路施工及维护等费用高；

(2) 燃料价格贵；

(3) 储存困难；

(4) 煤气有发生爆炸和使人中毒的危险。

B　燃烧过程

气体燃料的燃烧是一个复杂的物理与化学综合过程。整个燃烧过程可以视为混合、着火、反应3个彼此不同又有密切联系的阶段，它们是在极短时间内连续完成的。

a　空气的混合

要实现煤气中可燃成分的氧化反应，必须使可燃物质的分子能和空气中氧分子接触，即使煤气与空气均匀混合。煤气与空气的混合是一种物理扩散现象，它的完成需一定的时间，这个过程比燃烧反应过程本身慢得多。因此，混合速度的快慢、混合的均匀程度都将会直接影响到煤气的燃烧速度及火焰的长短。研究煤气烧嘴时，必须了解煤气与空气两个射流混合的规律和影响因素。煤气及空气自烧嘴口喷出以后，在运动过程中相互扩散，它们的体积膨胀，而速度随之降低，混合的均匀程度基本上取决于煤气与空气相互扩散的速度。要强化燃烧过程必须改善混合的条件，提高混合的速度。

改善混合的途径有：

(1) 使煤气与空气流形成一定的交角，这是改善混合最有效的方法之一，由于两者相交，机械掺混作用占了主导地位。一般来说，两股气流的交角越大，混合越快。显然，在煤气与空气流动速度很慢并成为平行的层流流动时，其相互的扩散很慢，混合所经历的路径很长，火焰也拉得很长。这时在烧嘴上安设旋流导向装置，造成气流强烈的旋转运动，有利于混合。涡流式烧嘴、平焰烧嘴就充分发挥了旋流的加强混合的优势，取得了较优越的燃烧效果。

(2) 改变气流的速度。在层流情况下，混合完全靠扩散作用，与绝对速度的大小无关。在紊流状态下，气流的扩散大大加强，混合速度也增大。实验证明，在流量不变的情况下，采用较大的流速比采用较小的流速有利于混合的改善。此外，改变两股气流的相对速度，使两气流的比值增大，也有利于混合的改善。

(3) 缩小气流的直径。气体流股的直径越大，混合越困难。如果把气流分成许多细股，可以增大煤气与空气的接触面积，周围质点容易达到流股中心，有利于加快混合速度。许多烧嘴的结构都是基于这一点，把气流分割成若干细股，或采用扁平流股，使煤气与空气的混合条件改善。

b 空气混合物的着火

煤气与空气混合物达到一定浓度时，在低温条件下还不能着火，只有加热到一定温度时才能着火燃烧。反应物质开始正常燃烧所需要的最低温度称为着火温度。

在开始点火时，需要一火源把可燃气体与空气的混合物点燃。这一局部燃烧反应所放出的热，把周围可燃物又加热到着火温度，从而使火焰传播开来。这样一经点火，燃烧反应便可以继续进行下去。

当可燃混合物中燃料浓度太大或太小时，即使达到了正常的着火温度，也不能着火或不能保持稳定的燃烧。燃料浓度太小时，着火以后发出的热量不足以把邻近的可燃混合物加热到着火温度；燃料浓度太大时，相对空气的比例不足，也不能达到稳定的燃烧。要保持稳定的燃烧，必须使煤气处于一定的浓度极限范围。在点火时，如果出现点不着或不稳定燃烧的情况，就要调节煤气与空气的比例。

因此，煤气与空气混合物的着火需要两个条件：一是煤气与空气混合物达到一定浓度范围；二是煤气与空气混合物还必须加热到一定温度，即着火温度，才能着火燃烧。常温常压下各种煤气与空气混合物的着火温度及着火浓度极限见表2-10。

表2-10 常温常压下各种煤气与空气混合物的着火温度及着火浓度极限

气体名称	着火温度/℃		着火浓度极限/%	
	最低	最高	下限	上限
天然气	750	850	5.1~5.8	12.1~13.9
高炉煤气	700	800	35.0~40.0	56.0~73.5
焦炉煤气	550	650	5.6~5.8	28.0~30.8
发生炉煤气	700	800		

注：着火温度下限是有可能着火的，但不一定着火；上限是一定着火的。

着火浓度极限与煤气的成分有关，也和气体的预热温度有关，如果煤气与空气预热到较高温度，则浓度极限范围将加宽，即可燃混合物容易着火。在正常燃烧时，炉膛内温度很高，可以保证燃烧稳定进行。掌握煤气的着火温度和着火浓度极限不仅对正常生产的炉子在操作和管理上有实际意义，而且在煤气的防火、防爆炸等安全技术方面都有重要意义。比如，在煤气储存和运输管路附近不允许有引火物，或存在任何使煤气温度达到着火点的高温热源。

c　空气中的氧与煤气中的可燃物完成化学反应

空气与煤气的混合物加热到着火温度以后，就产生激烈的氧化反应，这就是燃烧。燃烧反应本身是一个化学过程。化学反应的速度和反应物质的温度有关，温度越高，反应的速度越快。燃烧反应本身的速度是很快的，实际上是在一瞬间完成的。

在燃烧过程中，火焰好像一层一层地向前推移，火焰锋面连续向前移动，这种现象称为火焰的传播。火焰前沿向前推移的速度称为火焰传播速度。各种可燃气体的火焰传播速度是靠实验方法测定的，而且随着条件的变化，测定数据各异。

在各种可燃气体中，氢的火焰传播速度最大，一氧化碳、乙烯次之，甲烷最小。

影响火焰传播速度大小的主要因素有：燃料的种类和成分、空气消耗系数的大小、烧嘴的结构形式、煤气和空气的预热温度、向外散热情况等。

火焰传播速度的概念对燃烧装置的设计与使用是很重要的，因为要保持火焰的稳定性，必须使煤气与空气喷出的速度与该条件下的火焰传播速度相适应。否则如果喷出速度超过火焰传播速度，火焰就会发生断火（或脱火）而熄灭；反之，如果喷出速度小于火焰传播速度，火焰会回窜到烧嘴内，出现回火现象，所以煤气与空气的流速实际上与火焰传播速度相互平衡，才能保持稳定的火焰。显然，火焰传播速度大的煤气（如含 H_2 多的煤气）不易脱火而易回火，火焰传播速度小的煤气（如含 CH_4 多的煤气）易脱火而不易回火。

生产中，脱火和回火都是不允许的。脱火时必然引起不完全燃烧，由于未燃气体连续不断流入炉内，易引起操作人员的窒息、中毒，并且极易发生爆炸事故。回火时，空气吸入量减少，导致不完全燃烧，同时，因燃烧在燃烧器内进行，不仅可能烧坏燃烧器，也可能发生爆炸等事故。

在上述三个阶段中，对整个燃烧过程起最直接影响的是煤气与空气的混合过程。要提高燃烧强度，必须很好地控制混合过程。所以，煤气与空气的混合是最关键的环节。

C　燃烧方法

根据煤气与空气在燃烧时混合情况的不同，气体燃料的燃烧方法（包括燃烧装置）分为两大类，即有焰燃烧和无焰燃烧。

a　有焰燃烧

有焰燃烧的主要特点是煤气与空气预先不混合，各以单独的流股进入炉膛，边混合边燃烧，混合和燃烧两个过程在炉内同时进行。如果燃料中含有碳氢化合物，容易热分解产生固体碳粒，因而可以看到明显的火焰，所以火焰实际表示了可燃质点燃烧后燃烧产物的轨迹，碳粒的存在能提高火焰的辐射能力，对炉气的辐射传热有利。能否看到“可见”的火焰，不仅与混合条件有关，也要看煤气中是否含有大量可分解的碳氢化合物，如果没有这些碳氢化合物，采用“有焰燃烧”时，实际上火焰轮廓也是不明显的。

有焰燃烧的主要矛盾在于煤气与空气的混合，混合得越完善，则火焰越短，燃烧过程在较小的火焰区域内进行，火焰的温度比较高。当煤气与空气混合不好时，则火焰拉长，火焰温度较低。可以通过火焰来控制炉内的温度分布。在实践中，改变火焰长度的方法主要是从改变混合条件着手，即喷出的速度、喷口的直径、气流的交角以及机械搅动等。这些影响因素就是设计和调节烧嘴的依据。

由于煤气与空气是分别进入烧嘴和炉膛的，因此，可以把煤气与空气预热到较高的温度，而不受着火温度的限制，预热温度越高，着火越容易。但是，由于是边混合边燃烧，混合条件不好时容易造成化学不完全燃烧，所以有焰燃烧的空气消耗系数必须高于无焰燃烧。随着空气消耗系数的增大，氧的浓度增大，会使得燃烧完全，火焰长度缩短。但是，空气消耗系数达到一定值以后，火焰长度基本保持不变，而形成较多的氮氧化合物。

b 无焰燃烧

如果将煤气与空气在进行燃烧之前预先混合再进入炉内，燃烧过程要快得多。由于较快地进行燃烧，碳氢化合物来不及分解，火焰中没有或很少有游离的碳粒，看不到明亮的火焰，或者火焰很短，这种燃烧方法称为无焰燃烧。

无焰燃烧的主要特点是：

(1) 空气消耗系数小；

(2) 由于过剩空气量少，燃烧温度比有焰燃烧高，高温区集中；

(3) 没有"可见的火焰"，火焰辐射能力不及同温度下有焰燃烧；

(4) 由于煤气与空气要预先混合，所以不能预热到过高的温度，否则要发生回火现象，一般限制在混合后温度不超过400～450℃；

(5) 煤气与空气的混合需要消耗动力，喷射式无焰烧嘴的空气是靠煤气的喷射作用吸入的，煤气则要较高的压力，必须有煤气加压设备；

(6) 为了防止发生回火爆炸，单个烧嘴能力不能过大（过大时烧嘴的结构、安装、维修都很困难），但是因为它可以自动按比例地吸入燃烧需要的空气，因而省去了庞大的供风系统，从而使得整个炉子结构变得十分紧凑、简单，多烧嘴的热处理炉这一优点更加明显。

2.6.4.5 控制燃料燃烧

正确地组织燃料燃烧就是保持炉内燃料完全燃烧。燃料入炉后如能立即完全燃烧，将有效地提高炉温，并能增加炉子生产率，降低燃料单耗，这对满足增产节能两方面的要求，有非常重要的意义。

从操作上来讲，正确地组织燃料的燃烧，有很多工作要做，如以前所述对燃料使用性能的了解，对风温、风压的控制都是十分重要的问题；燃烧器的安装、使用、维护保养对燃料燃烧情况的好坏都有很大的影响。在以上因素合理控制的基础上，燃料与空气的配比是影响燃烧和燃料节约的主要问题。

从节约燃料的观点出发，在保证燃料完全燃烧的条件下，在炉子操作中应尽可能地降低空气消耗系数。以前，用给定空气消耗系数来维持空、燃比例，但往往由于燃料热值的波动破坏正常的空、燃比例，实现低氧燃烧是困难的。近年来发展用氧化锆测氧仪连续测定烟气中的氧含量作为自动控制燃烧的信号，以控制燃料与空气的供给量。而且还可以进行分段控制，以每段各自分别测定烟气中的氧含量为信号来控制各段的空燃比。如果在操作中，对空气消耗系数的大小心中无数，完全靠观察、靠经验进行调节，会出现不完全燃烧。在操作中也常常出现只调燃料不调空气，或只调空气而不调燃料的错误操作。这些都是造成燃料浪费的原因，应该及时改进。

2.6.4.6　正常情况下的煤气操作

正常情况下的煤气操作主要是：

（1）接班后借助“煤气报警器”对煤气系统，尤其是嘴前煤气阀门、法兰连接处等认真巡视检查，如发现煤气泄漏等现象，立即报告上级有关单位或人员，并采取紧急措施。煤气系统检查严禁单人进行，操作人员应站在上风处。

（2）仪表室内与煤气厂煤气加压站的直通电话应保持良好工作状态，发现故障立即通知厂调度室。

（3）看火工应按规定认真填写岗位记录。

（4）当煤气压力低于2000Pa时，应关闭部分烧嘴，当煤气低压报警（1000Pa）时，应立即通知调度和加压站，并做好煤气保压准备。

（5）发现烧嘴与烧嘴砖接缝处有漏火现象，应立即用耐火隔热材料封堵严实，发现烧嘴回火，不得用水浇，应迅速关闭烧嘴，查明原因，处理后再开启使用。

（6）看火工必须根据煤气发热量情况，对煤气量和风量按规定比例进行调节。

（7）在加热过程中，加热工应经常检查炉内加热情况及热工仪表的测量结果，严格按加热制度要求控制炉温。在需增加燃料量时，应本着先增下加热后增上加热、先增炉头后增炉尾的原则进行，在需减燃料操作时，则与之相反。

（8）每班接班后，（水封或称为排水器）必须排水一次。

2.6.5　炉压控制

2.6.5.1　气体压力的概念

气体在单位面积上所受的压力称为压强。在气体力学中习惯上把压强简称为压力。气体压力的法定计量单位为Pa，非法定计量单位有大气压、mmHg、mmH_2O等。大气压还有物理大气压和工程大气压之分，其换算关系为：

1物理大气压 = 760mmHg = 10332mmH_2O = 101326Pa

1工程大气压 = 98066.5Pa = 0.968物理大气压

1mmH_2O = 9.81Pa

1mmHg = 133.32Pa

压力根据所取基准不同，可分为绝对压力和相对压力。以绝对真空为基准算起的压力称为绝对压力（p）。以当地大气压力为基准算起的压力称为相对压力（p_g）。一般压力表上的读数都是相对压力，指容器或管道内的绝对压力与周围大气压力之差，所以又称为表压力。相对压力和绝对压力的关系可以用下式表达：

$$p_g = p - p_a \tag{2-15}$$

式中　p_a——当地大气压力。

当流体中某处的绝对压力小于大气压力时，则该处视为处于真空状态。此时大气压力与绝对压力的差值称为真空度，即：

$$p_v = p_a - p \tag{2-16}$$

式中 p_v——真空度。

2.6.5.2 炉压的控制原则

炉压的控制是很重要的。炉压大小及分布对炉内火焰形状、温度分布以及炉内气氛等均有影响。炉压制度也是影响钢坯加热速度、加热质量以及燃料利用好坏的重要因素。例如，某些炉子加热时，由于炉压过高造成烧嘴回火而不能正常使用。

当炉内为负压时，会从炉门及各种孔洞吸入大量的冷空气，这部分冷空气相当于增加了空气消耗系数，导致烟气量的增加，更为严重的是，由于冷空气紧贴在钢坯表面，严重恶化了炉气、炉壁对钢的传热条件，降低了钢温和炉温，延长加热时间，同时也大大增加了燃料消耗。

当炉内为正压时，将有大量高温气流逸出炉外。这样不仅恶化了劳动环境，使操作困难，而且缩短了炉子寿命，并造成了大量的燃料浪费。

加热炉是个不严密的设备，吸风、逸气很难避免，但正确的操作可以把这些损失降低到最低程度。为了及时准确掌握和正确控制炉压，现在加热炉上都安装了测压装置，加热工在仪表室内可以随时观察炉压，并根据需要人工或自动调节烟道闸门的开启度。如果是蓄热式加热炉，炉膛压力主要通过设于高温排烟管道上引风机的变频控制来调节，从而保证炉子在正常压力下工作。

一般连续加热炉吸冷风严重的地方是出料门处，特别是端出料的炉子。因为端出料的炉子炉门位置低，炉门大，加上端部烧嘴的射流作用，大量冷风从此处吸入炉内。

在操作中应以出料端钢坯表面为基准面，并确保此处获得0～10Pa的压力，这样就可以使钢坯处于炉气包围之中，保证加热质量，减少烧损和节约燃料。此时炉膛压力约在10～30Pa，这就是微正压操作。在保证炉头正压的前提下，应尽量不使炉尾吸冷风或冒火。

当做较大的热负荷调整时，炉膛压力往往会发生变化，这时应及时进行炉压的调整。增大热负荷时炉压升高，应适当开启烟道闸门；减少热负荷时，废气量减少，炉压下降，则应关闭烟道闸门。

当炉子待轧熄火时，烟道闸门应完全关闭，以保证炉温不会很快降低。

在正确控制炉膛压力的同时，还应特别重视炉体的严密性，特别是下加热炉门。由于炉子的下加热侧炉门及扒渣门是炉膛的最低点，负压最大，吸风量也最多。因此，当下加热炉门不严密或敞开时，会破坏下加热的燃烧。在实际生产中，有些加热炉把所有的侧炉门都假砌死，这对减少吸冷风起到了积极作用。

在生产中往往有一些炉子炉膛压力无法控制，致使整个炉子呈正压或负压。究其原因，前者是由于烟道积水或积渣，换热器堵塞严重，有较大的漏风点，造成烟温低，烟道流通面积过小，吸力下降；而后者则是由于烟囱抽力太大之故。对于炉压过大的情况要查明原因，及时清除铁皮、钢渣和排出积水，并采取措施，堵塞漏风点；而对于炉压过小的情况，可设法缩小烟道截面积，增加烟道阻力。

2.6.6 换热器的操作

某厂为换热式加热炉，其换热器操作步骤为：

（1）换热器入口烟温允许长期不超过750℃，短期不超过800℃；煤气预热温度允许长期不超过320℃，短期不超过370℃。

（2）入口烟温及煤气预热温度超温时，应依次关闭靠近炉尾的烧嘴，紧急情况下可关闭嘴前所有煤气阀门。

（3）热风放散阀应做到接班检查，发现异常及时通知仪表工。

（4）风温允许长期不超过350℃，短期不超过400℃。如超温，采取如下措施：

1）热风全放散。

2）按换热器操作第（2）条执行。

（5）一旦换热器出现泄漏，立即采取补漏措施。

2.6.7　加热炉的日常维护规程

加热炉的日常维护规程主要是：

（1）每日检查加热炉的各种仪表是否正常，发现异常现象及时与仪表室联系处理。

（2）每日检查换热器的保护装置、热风放散阀的可靠性，要求进行班前试验。

（3）每日检查加热炉的各种管道煤气管、风管、水管等，杜绝"跑、冒、滴、漏"现象。

（4）随时检查加热炉冷却水管及水冷部件，不得断水，出水口水温不得高于45℃。

（5）在控制冷却水时，若发现阀门开启不正常，应通知管工及时处理。

（6）冷却水循环系统出现停水事故时，应立即停炉，并把所有炉门及烟道闸板打开降温，向炉内置换凉钢坯迅速降温，同时立刻与供水单位联系，供水正常后，方可提温生产。

（7）当有停风事故发生时，应严格按技术操作规程处理。

（8）换热器出现异常现象时，应严格按技术操作规程处理。

（9）看火工要随时观察炉况，按加热技术操作规程操作，发现异常情况及时与工段联系。

（10）交接班时，看火工要逐一检查烧嘴情况，做好记录。

（11）对加热炉的炉渣做到及时清理，严防流渣浸泡炉子钢结构。

（12）严禁天车吊料在加热炉顶停放，严禁吊料碰撞风管及炉子钢结构。

（13）交接班前检查炉炕情况，对上涨的炉炕要利用换辊或检修时间组织处理。

（14）加热炉要定期小修，周期一般为2～3个月，小修期间要做好如下工作：

1）彻底检查加热炉各部位。

2）炉底管找平。

3）打压检查炉底有无漏水及破裂现象，发现问题及时处理。

4）检查滑轨磨损情况，一般不得磨损纵水管。

5）炉底管包扎。

6）修补炉墙及砌破损的保护墙。

7）处理生产时不易解决的问题。

8）浇注炉头、斜坡及滑道修补。

9）清理炉坑，在炉坑上铺50～80mm厚的镁砂。

2.6.8 采用正确的操作方法

正确的操作是实现加热炉高产、优质、低耗的重要条件。在多年生产实践中，人们总结出了不少好的操作经验。其中包括“三勤”操作法、定点烧钢法和“三定”操作法。

2.6.8.1 “三勤”操作法

“三勤”操作法是比较成熟的操作方法，一个优秀的加热工应该十分认真地执行“三勤”操作法。“三勤”就是勤检查、勤联系、勤调整。

勤检查就是要经常检查炉内钢坯运行情况，注意观察燃料发热量波动情况、燃烧状况以及各段炉温和炉膛压力变化情况，正确判断炉内供热量及其分配是否合理，判断钢坯在各段内的加热程度；经常检查冷却水的水压、水量、水温及水质变化，掌握生产情况，并及早发现未来可能影响生产的一切征兆，以便对症采取措施。

勤联系就是经常与有关方面联系，搞好与其他各生产工序或岗位的配合衔接。要经常与轧钢或调度室联系，了解轧制钢材的规格、速度、待轧时间及换辊、处理事故时间等，做到心中有数。当煤气发热量及压力发生较明显的波动时，应立即通过调度室与煤气加压混合站取得联系，问明情况，以便做出相应的调整。要经常与质量检查人员取得联系，掌握加热质量情况。当检查发现入炉冷却水水质污浊，有明显的杂质，如木块、破布等物以及水压低于0.2MPa或水温过高（入炉水温超过35℃）时，应及时通过调度向给水部门反映，要求立即给予调整。当检查发现重大设备隐患及安全隐患时，应及时向主管部门汇报，以便及早决策，制订和采取措施，消除隐患。

勤调整就是根据检查和了解到的情况，勤调节炉况，使之适应不断变化着的生产要求。当轧机轧制节奏、加热钢种、规格发生变化时，要掌握适当的时机改变热负荷，在保证合适的钢加热温度前提下，尽可能降低炉温，以低限热负荷满足生产。当加热断面尺寸小的钢坯时，可不开或少开加热段烧嘴；当加热较大钢坯时，轧制速度快，加热时间短，则应加大加热段的供热量，以强化加热，增加炉子加热能力。在调整热负荷的同时，切记还要调整好空燃比和炉膛压力，否则，仅仅采用调热负荷的做法很可能达不到预期的调节效果和目的。

在一些较先进的炉子上，一般都有燃烧的自动比例调节装置，如模拟量调节器，单、多回路调节器等，特别是形成闭环控制的单回路调节系统，自动化程度很高，操作很容易，只要改变设定值就行了。在这种情况下，人们往往产生依赖思想。应该强调指出，即使在这种情况下，“三勤”操作法还是非常重要而且是必不可少的。因为，只有根据轧制情况经常改变设定值才能烧好钢。

2.6.8.2 定点烧钢法

定点烧钢法操作要点是选定炉子的某一部位，一般以均热段和加热段之间的炉顶下部位或加热段第一侧炉门处作为测定坯料温度的固定点。

正常生产时，某一规格坯料，在不同小时产量和规定的各段热负荷情况下，坯料运行到固定的测温点时应达到某一规定温度，使坯料继续以正常速度运行到出料口，此时坯料恰好达到规定的加热温度，即可出炉轧制。这就是定点烧钢的模式。以规定的固定测温点应当达到的温度作为检查实际坯料加热速度是否合适的标准。如果运行到固定测温点时坯料温度超过规定值，说明坯料加热速度快了，供给的热负荷过大，应当减少加热段的热负荷；相反，坯料温度没有达到规定值，说明加热速度慢了，应当增加加热段热负荷。按照定点烧钢方法操作的好处就是不往炉内供入多余的燃料。

搞好定点烧钢必须通过生产实际测定和实验的方法来确定热工控制参数，并载入热工制度之中。定点烧钢既可以用人工操作控制，又可以实现自动控制。

2.6.8.3　“三定”操作法

加热炉烧钢时，按不同的钢种和规格，定小时产量、定炉温制度、定热负荷，严格按规定进行操作，达到均衡稳定地生产，这样的操作方法称为“三定”操作法。“三定”操作法是从“三勤”操作法发展而来的。“三勤”操作法没有量的概念，而“三定”操作法就有严格的量的规定。严格地按规定的小时产量、炉温制度和与之相适应的热负荷进行操作，所以也称为定量烧钢法。

实现“三定”操作法的关键是组织好均衡稳定的生产速度，即使在事故后也不允许用拼命提高小时产量的方法来弥补亏欠的产量。实践证明，实行“三定”操作法后，不仅均衡完成了生产任务，而且节约了大量燃料，是行之有效的科学的操作方法。

实现“三定”操作的另一个重要条件是，炉子要有良好的密封性和绝热性，并且炉底水管的绝热包扎要完好，使炉子经常处于良好状态。

2.7　任务7　正常生产时的汽化冷却系统操作

2.7.1　运行

操作的主要任务是保证汽化冷却装置和加热炉的安全运行，并保证蒸汽的参数、品质满足生产的要求。运行的基本操作为：

（1）保持均衡给水，使汽包保持正常水位，不允许超过最高和最低水位（一般为正常水位线 ±50mm）。

（2）汽包的水位计应定期冲洗（一般每班冲洗 1～2 次），使其保持完好状态。

（3）应维持适合于装置的正常给水压力，如发现给水压力过低和过高时，应及时进行检查和调整。

（4）应经常维持汽包压力稳定，不宜波动过大，以保证汽化冷却装置循环稳定和满足用户要求。

（5）为了保证汽包、上升管、下降管内部的清洁，避免炉水发生泡沫和炉水品质变坏，必须进行排污。定期排污通常每班进行 1～2 次，若设有连续排污装置，应调节连续排污阀排污，以保证炉水的品质在规定范围内。

（6）应经常注意装置的各管道阀门、配件是否有损坏或泄漏现象，每周应检查一次，并做好检查记录。

（7）在汽化冷却装置中，要保证运行中给水、炉水和蒸汽品质符合标准，防止由于水垢或腐蚀而引起管道及部件的损坏，确保安全运行。因此，给水水质每班化验 1～2 次，当化验结果超过规定指标时，应及时进行调整。

2.7.2 排污操作

排污操作主要是：

（1）进行水质化验，检查碱度是否超标，如已超标，进行下步操作。

（2）水位情况是否具备排污条件，如具备，进行下一步。

（3）打开下排污阀门，排污。

（4）上水保持中水位。

（5）在某一汽压下排污水量已够标准，停止排污。

（6）取样罐放水，判断取样罐的余水放尽与否，如已放尽，取样化验水的碱度。

（7）如碱度不超标，则操作完毕。

2.7.3 放散操作

放散操作主要是：

（1）汽包内蒸汽压力是否超标，如已超标进行下一步。

（2）打开放散阀门。

（3）观察汽包内蒸汽压力情况，如已符合标准，停止放散。

（4）放散操作完毕。

2.8 任务8 出钢操作

本节所说的出钢指的是要钢、托出机与输送辊道的操作。

2.8.1 出钢方式

加热炉的出钢方式有轧制节奏控制方式、定时抽钢方式和强制抽钢方式3种。轧制节奏控制方式指的是当坯料从加热炉抽出时，由轧线计算机计算下一块坯料的抽出时间；定时抽钢方式则是以除磷箱为准，由操作工设定时间，该时间为本块坯料到达除磷箱与下一块坯料到达除磷箱的时间差，根据此时间差来计算下一块坯料的抽出时间；强制抽钢方式是指操作人员向加热炉指示出料，若按轧制节奏方式，通常用加热炉自动指示出料炉和出料时间，但操作人员以强制出料优先。

2.8.2 上岗作业前的准备

出钢工在上岗作业前，除认真进行交接班、检查设备状况、了解一般生产情况外，还要侧重了解炉内钢种、规格及其分布和钢温等情况，熟悉当班作业计划，掌握加热炉的状况，准备好撬棍等工具。

2.8.3 出钢操作要点

出钢操作要点是：

（1）出钢要贯彻按炉送钢制度，本着均匀出钢的原则，各炉各排料交替出钢。一般应按照装炉单重的顺序，各排料同一规格的都出完后，才可要下一个规格的料。当遇炉子出现事故等特殊情况时，绝不允许切断正在轧制钢种尾号而直接出下一炉号的钢。如遇特殊情况时，也要及时征得检查人员的同意方可断号。

（2）当轧机正常出钢信号灯亮时，应及时出钢。出钢应视轧机节奏和钢温状况均衡出钢，尽量避免轧机待钢现象。

（3）当用托出机出钢时，当炉头钢坯到达出钢位置及推钢机的允许出钢信号灯亮时，才能操作主令控制器，提升炉门；当炉门下底面超过炉内钢坯下表面时，启动托出机托杆，水平进入炉内；当托头超过炉头钢坯2/3后，方可抬起托杆，平衡托起钢坯后，后退将钢坯平稳放置出钢辊道中间位置，托杆降至最低位；然后启动辊道送走钢坯；最后降下炉门，各主令控制器打回零位，停止出钢。

如果是侧出料炉子，用出钢机出钢时，炮杆与坯料要对准，严禁倾斜出料；炮杆将坯料推出炉后，应立即将炮杆退回炉外，以免烧坏或发生变形，退回时要到位，将主令控制器打回零位，不允许将炮杆留在炉门内烘烤；出钢时要密切观察钢坯在炉内的运行情况，发现异常或有粘钢、卡钢等现象时，应立即通知推钢工停止推钢，并及时报告班长和有关人员处理，不准用推杆顶撞或横移拨料。

（4）做好坯料出炉记录。出炉记录应与实际情况及装钢记录相符，如有不符立即检查，未弄清前不得出钢。当一个批号出完后，应通知轧机操作室下批钢种、规格等信息。

（5）当推钢机、托出机或出钢机、出钢辊道、炉门、端墙、端墙水梁等出现故障后，应首先将主令控制器打回零位，关闭电锁，通知有关人员处理。

（6）若为板坯出炉后，开动相应的辊道将钢坯送去除鳞，同时准确无误地填写好出炉记录。

（7）为了尽量减少辊道运输中钢坯的散热损失，保证轧机要求的开轧温度，出钢时应在满足轧机生产速度的前提下，相对晚些出钢，以免钢坯在辊道上停留过久；对那些因操作不当、温度过高而且容易出现再生氧化铁皮的钢坯，不宜推迟出钢，以防温度继续升高而产生大量的再生氧化铁皮。

（8）要钢后，应随时注意观察出炉钢坯上有无隔号标记，特别是当两炉批号不同的钢种相连接处，尤其要注意。如发现出钢标记与卡片的记录不一致时，应立即做好记录，以备查明真相，防止发生混钢事故。

（9）如果通过观察发现两座加热炉的实际加热能力各不相同，钢温有高有低，而坯料又都是均等装炉的，应及时通知记号工和看火工进行调整。如果这时轧制规格单一，为了避免因一个炉子炉温过低而待热，可根据情况先要高温炉的钢，以便给低温炉一个调整提温的时机，使之满足轧制的要求。但这种情况不能维持太久，因为它有可能打乱每次出钢规格、从小到大的次序，应特别注意提醒轧钢工当前所送坯料的规格。

（10）若为板坯加热炉，出炉板坯因故未轧，符合逆装条件时，允许趁热逆装回炉。回炉坯料及时装炉，如未能装炉，应用高温蜡笔写上炉罐号、钢种、规格、块数，重新组批装炉。逆装条件为：

1）炉内有空位，足以放下钢坯；

2）钢坯未经轧制，或即使轧过但尺寸合格；

3）钢坯温降不是太大，在事故处理好时能保证钢温。

作为一名合格的出钢工，要经常与前后工序联系了解炉内的布料情况以及炉内钢坯的大致温度，出钢节奏的控制主要就是靠对炉子和对轧线生产情况的了解，这样才能做到心中有数。

2.8.4 操作台上的出钢操作

下面介绍某厂采用辊道侧出料时的出钢操作。

2.8.4.1 手动出钢操作

手动出钢操作为：

（1）确认CPF控制部分设备状态良好且轧线要钢，把加热炉“半自动—自动”开关打在“半自动”。

（2）把出钢“手动—自动”转换开关打到“手动”位，把炉内出料辊道转换开关打到“停止”位。

（3）按出料炉门“打开”按钮，将出料炉门打开。

（4）确认液压站状态正常，把步进梁“手动—自动”选择开关拨到“手动”位，“单动—点动”选择开关拨到“单动”位，按顺序按步进梁“上升”、“前进”、“下降”、“后退”按钮，步进梁完成一个正循环，同时，让出料端梁上第一根钢坯进至出料辊上。

（5）把炉内出料辊道转换开关打到“前进”位，辊上钢坯出炉进入轧线，手动出钢完成。

2.8.4.2 半自动出钢操作

半自动出钢操作为：

（1）确认CPF控制部分设备状态良好且轧线正常，加热炉“半自动—自动”开关打在“半自动”。

（2）按出料炉门“打开”按钮，将出料炉门打开，把出钢“手动—自动”转换开关打到“自动”位。

（3）确认液压站状态正常，把步进梁“手动—自动”选择开关拨到“自动”位，点击“正循环”按钮，步进梁完成一个正循环，同时把出料端梁上第一根钢坯进至出料辊上。

（4）收到轧线要钢信号之后，出料悬臂辊自动运转，将钢坯送上轧线。半自动出钢完成。

2.8.4.3 全自动出钢操作

全自动出钢操作为：

（1）确认CPF控制设备状态良好且轧线正常。

（2）按出料炉门“打开”按钮，将出料炉门打开。

（3）把出钢“手动—自动”转换开关打到“自动”位，把步进梁“手动—自动”选择开关拨到“自动”位，加热炉“半自动—自动”开关打在“自动”位。

（4）当轧线有要钢信号时自动连续出钢。

图2－61所示为某厂自动出钢操作的程序框图。

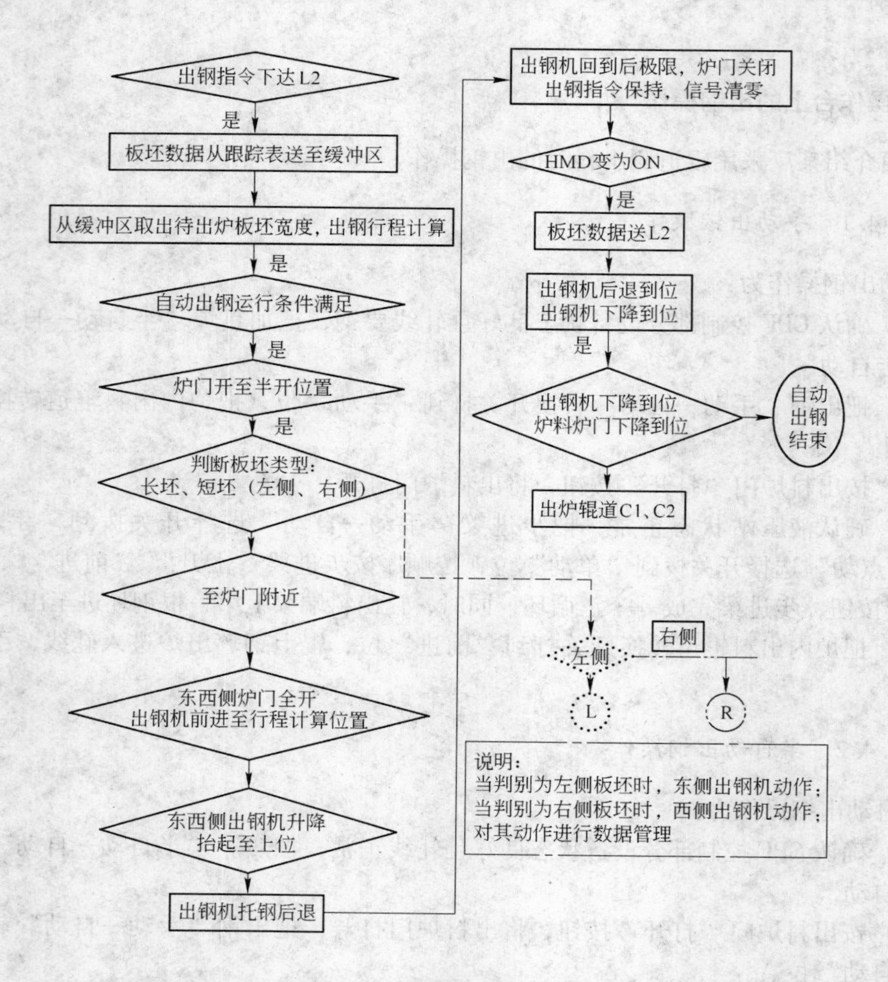

图2－61　某厂自动出钢操作的程序框图

2.8.5　辊道操作

运转辊道是通过操纵控制器来实现的，一般向前推控制把手为正转，向后拉是反转，中间是停止。

在运送钢坯时，出钢工可根据需要开动一组或几组辊道，使之向要求方向转动。

为了节约电能，出炉辊道应在钢坯即将下落时开动，钢坯离开辊道后立刻停止，整个输送钢坯的作业要像接力赛一样，一个接一个地启动和停止，不允许空转。

在操作中，由正转变为反转时，要有停转的过渡期，不允许立即由正转变为反转，以防辊道电机负荷过大而烧毁或损坏机械。

在钢坯输送过程中，如发现隔号砖还留在钢坯上面，要在运行中把砖头打掉。

2.8.6　其他操作

换炉出钢和待轧保温时，出钢工应及时关闭加热炉出料炉门，以减少炉子辐射热损失，防止炉头钢坯温度下降。出钢前则应切记打开出料炉门，否则钢坯卡在坡道里难以处理。

由于轧机事故出现回炉品时，出钢工要将回炉钢坯运送至吊车司机能够看见、视野较宽阔的位置，以便挂吊。

在辊道上有人撬钢或吊挂回炉品时，出钢工一定要注意瞭望，听从上述作业人员的指挥，做好配合，停止一切设备转动。

2.9 任务9 加热炉的安全操作技术

安全生产是企业管理的一项重要任务。安全的含义有两个方面：一是人身安全；二是设备安全。安全生产就是岗位工在从事劳动生产过程中，保护好自己的安全和健康，采取各种办法消除危害他们安全、健康和影响生产正常进行的因素，使他们有一个既安全又卫生的工作环境，使机器设备等经常保持正常运行，以促使劳动生产率不断提高。

2.9.1 加热工的安全职责

2.9.1.1 安全技术操作规程

安全技术操作规程是每一个岗位工在生产中为了预防事故必须严格遵守的操作规程。安全技术操作规程反映了客观规律，是根据不同的生产性质、不同的机械设备性能，规定出的合乎安全技术要求的操作程序。贯彻执行这个规程，就能达到不出事故的目的。因此，每一个操作工都要认真学习、严格执行各种安全技术规程，如生产工艺的安全要求、人的操作和设备安全上的要求等。

2.9.1.2 加热工在安全生产中应做好的10项工作

加热工在安全生产中应做好的10项工作是：

（1）熟悉所用设备的结构、性能和安全操作方法，经考核合格后，方可独立操作。

（2）工作前必须穿戴好规定的防护用具。

（3）工作前应检查炉门升降机构及配重是否牢靠；检查炉子各烧嘴、风阀及烟道闸门是否灵活、可靠。

（4）新砌的炉子应按烘炉工艺技术要求进行烘炉后方可使用。

（5）操作人员必须随时按要求对设备进行维护和检查。

（6）在使用火钩、夹钳、撬棍等工具时，应观察身后是否有人，不得随手扔工具。

（7）炉中加热坯料应做好记录，交接班必须清楚，经常保持炉子周围的清洁卫生。

（8）在煤气区应挂上“煤气危险区”等标志牌。

（9）进入危险区作业应有人监护；检查高炉煤气管道时，应事先做好事故预测和安全措施，佩戴氧气呼吸器。

（10）要用肥皂水等方法试漏，不得采用鼻子嗅的方法检查管道泄漏。对查出煤气管道泄漏要马上处理，不准延误。

2.9.2 煤气的安全使用

煤气是大型钢铁联合企业轧钢厂加热炉中最常用的燃料，它一方面有燃烧效率高，燃烧装置简单，易于控制，输送、操作方便等许多优点；另一方面还有极易产生煤气中毒和煤气爆炸的缺点，有时甚至造成厂毁人亡的严重后果。为了避免煤气事故的发生，每个加热工都应具有一定的安全知识，在日常操作上必须严格遵守煤气安全技术规程。为了区分各管道，动力管网标色分别为：氧气天蓝色；蒸汽红色；煤气黑色；氮气黄色。煤气区应有明显的警示标志，禁止停留，禁止随意动用煤气设备设施，禁止一些明火和火源。

2.9.2.1 煤气管道的严密性检查

为了保证煤气管道和煤气设备区域的空气符合国家规定卫生标准，防止煤气中毒，应使煤气管道和煤气设备完全严密。因此，凡是大修、改建和新建的煤气管道和设备在投产前都要进行严密性试验，合格后才准交付使用。

严密性试验的标准是：室内或厂房内部的管道和设备的试验压力为煤气的计算压力加14.71kPa（1500mmH_2O），但不少于29.42kPa（3000mmH_2O），试验时间持续2h，压力降不大于2%；室内或厂房外部的管道和设备的试验压力为煤气的计算压力加4.90kPa（500mmH_2O），但不少于19.61kPa（2000mmH_2O），试验时间持续2h，压力降不大于4%。

煤气管道虽经严密性试验合格，但并非一劳永逸，并不能保证在长期运行过程中不产生新的泄漏点。如果新的泄漏点没有及时发现，泄漏在室内的煤气不易扩散出去，极易造成严重的煤气中毒事故。因此，必须定期用肥皂水试漏。如果发现泄漏煤气，应立即采取措施，进行处理。保持煤气管道始终处于完好、严密状态，以保证安全生产。

2.9.2.2 煤气管道的放散吹扫和爆发试验

在生产实践中证明，氮气吹扫工艺是一个非常有效地防止煤气爆炸的措施。氮气是一种无毒无害不可燃气体，是制氧过程中的副产品，来源广泛，成本低，因此是很理想的吹扫介质。吹扫的过程实际上就是气体置换的过程。在进行检修前或在事故状态下，必须把管道中的煤气全部赶走。相对于抽真空来说，用氮气置换煤气的方法既安全又经济，也便于操作。相对于蒸汽置换来说，氮气置换效率高，安全可靠，不损坏设备。

众所周知，炉膛是与烧嘴及煤气管道连通的，凡进入炉内进行检修作业，必须用盲板或水封可靠地切断来源，并将盲板或水封以后管道的所有放散管全部打开放散，这样才能保证炉内检修作业的安全。

用点火爆炸法检验煤气管道或煤气设备内煤气纯洁性的试验称为爆发试验。通过爆发试验来检验煤气管道或煤气设备在通入煤气后是否还残留空气。爆发试验是防止煤气爆炸的重要措施。

爆发试验在直径70~100mm、长300mm左右的圆筒内进行。离煤气现场稍远的安全地点处点着一小火团置于地上，将充有试样的圆筒筒口移向火团，打开筒盖试样，当着火和燃烧都缓慢而无声地一直烧到筒底时，则认为合格。如点着后燃烧较快，说明还有若干空气；如点着后迅速燃烧或产生爆鸣，说明试样正在爆炸范围内。后两种情况都应继续进行放散，并再次做爆发试验。

必须注意，用爆发试验筒取煤气试样时，一定要把筒的放散口打开，以便将筒内原有的空气全部排净，否则试验就不真实，就会得出错误的判断。

2.9.2.3 煤气中毒事故的预防及处理

A 发生煤气中毒的原因

煤气中使人中毒的成分有CO、C_2H_4和一些重碳氢化合物、苯酚等，其中，CO的毒性最大，CO能与血液中的红细胞相结合，使人失去吸收氧气的能力，从而使人中毒和死亡，中毒的特征是头痛、头晕等。为了预防中毒，做到安全生产，在操作时应特别注意。

一氧化碳的密度同空气相近，一旦扩散就能在空气中长时间不升不降，随空气流动。因为它是一种无色无味的气体，人的感官很难发现，所以它往往使人在不知不觉中中毒。

B 煤气中毒事故的预防

新建、改建、大修后的加热炉煤气系统，在投产前必须经过煤气防护部门的检查验收。煤气操作注意事项有：

(1) 对煤气设备要定期检查，如管道、阀门、放散管、排水器等。

(2) 凡在煤气区作业必须到防护站办理作业票，防护站到现场检查发现问题应及时处理。

(3) 利用风向，在上风头工作不允许时，可根据现场CO浓度决定工作的时间长短。国标规定CO浓度及工作时间见表2-11。

表2-11 CO浓度及工作时间

CO浓度/$mg \cdot m^{-3}$	允许工作时间	CO浓度/$mg \cdot m^{-3}$	允许工作时间
30	可以长期工作	100	可以工作半小时
50	可以工作1h	200	可以工作15~20min，但间隔时间2h

(4) 上炉子工作时至少2人以上，点火时至少3人以上操作，并且必须佩戴煤气报警器。

(5) 严禁在煤气区休息、打盹、用煤气水洗衣服等。

(6) 所有报警器每班使用前校对一次。

(7) 新建或改建大修后的煤气设备要进行严密性试验，符合标准后才能使用。

(8) 凡进行煤气放散前，要通知调度室，并由调度室通知汽化人员，严禁自行放散。

(9) 煤气设备检修时应有可靠的切断煤气源装置。

(10) 扫线时胶管与阀门连接处捆绑铁丝不得少于两圈，开阀门时应侧身缓慢进行，扫线完毕拆胶管时应缓慢进行，把管内残气排净方可拆掉，以免蒸汽烫伤人。

(11) 带氧气呼吸器工作，应检查氧气呼吸器是否好用，是否有足够氧气。

(12) 煤气作业区应常通风，CO含量应合格。

C 煤气中毒事故的处理

发生煤气中毒事故时应立即用电话报告煤气防护站到现场急救，并指派专人接救护车。同时将中毒者迅速救出煤气危险区域，安置在上风侧空气新鲜处，并立即通知附近卫生所医生到现场急救。检查中毒者的呼吸、心脏跳动及瞳孔等情况，确定煤气中毒者的中毒程度，采取相应救护措施。

必须注意，当中毒者处于煤气严重污染区域时，必须戴好防毒面具才能进行抢救，不可冒险从事，扩大事故。

对轻微中毒者，如只是头痛、恶心、头晕、呕吐等，可直接送附近卫生所或医院治疗。

对较重中毒者，如有意识模糊、呼吸微弱、大小便失禁、口吐白沫等症状，应立即在现场补给氧气，待中毒者恢复知觉，呼吸正常后，送医院治疗。

对意识完全丧失、呼吸停止的严重中毒者，应立即在现场施行人工呼吸，中毒者未恢复知觉前，不准用车送往医院治疗。未经医务人员允许，不得中断对中毒者的一切急救措施。

为了便于抢救，应解开中毒者的领扣、衣扣、腰带，同时注意冬季的保暖，防止患者着凉。

发生煤气中毒事故后，必须查明原因，并立即处理和消除，避免重复发生同类事故。

2.9.2.4 煤气着火事故的预防及处理

A 煤气着火事故的预防

在冶金企业中，发生煤气着火事故是比较常见的，这方面的教训是深刻的，经济损失也比较严重。

发生煤气着火事故必须具备一定的条件：一是要有氧气或空气；二是有明火、电火或达到煤气燃点以上的高温热源。大多数的煤气着火事故都是由于煤气泄漏或带煤气作业时，附近有火源或高温热源而产生的，因此，防止煤气着火事故的根本办法就是严防煤气泄漏和带煤气作业时杜绝一切火源，严格执行煤气安全技术规程。

在带煤气作业中要使用铜质工具，无铜质工具时，应在工具上涂油而且使用时应小心慎重。抽、堵盲板作业前，要在盲板作业处法兰两侧管道上各刷石灰液 1 ~2m，并用导线将法兰两侧连接起来，使其电阻为零，以防止作业产生火花。

在加热煤气设备上不准架设非煤气设备专用电线。

带煤气作业处附近的裸露高温管道应进行保温，必须防止天车、蒸汽机车及运输炽热钢坯的其他车辆通过煤气作业区域。

在煤气设备上及其附近动火，必须按规定办理动火手续，并可靠地切断煤气来源，处理净残余煤气，做好防火灭火的准备。在煤气管道上动火焊接时，必须通入蒸汽，趁此时进行割、焊。

B 煤气着火事故的处理

凡发生煤气着火事故应立即用电话报告煤气防护站和消防队到现场急救。

当直径为 100mm 以下的煤气管道着火时，可直接关闭闸阀止火。

当直径在 100mm 以上的煤气管道着火时，应停止所有单位煤气的使用，并逐渐关闭阀门 2/3，使火势减小后再向管内通入大量蒸汽或氮气，严禁关死阀门，以防回火爆炸，让火自然熄灭后，再关死阀门。煤气压力最低不得小于 50Pa，严禁完全关闭煤气或封水封，以防回火爆炸。

如果煤气管道内部着火，应封闭人孔，关闭所有放散管，向管道内通入蒸汽灭火。

当煤气设备烧红时，不得用水骤然冷却，以防管道变形或断裂。

2.9.2.5 煤气爆炸事故的预防及处理

空气内混入煤气或煤气内混入了空气，达到了爆炸范围，遇到明火、电火花或煤气着火点以上的高温物体，就会发生爆炸。煤气爆炸可使煤气设施、炉窑、厂房遭到破坏，人员伤亡，因此，必须采取一切积极措施，严防煤气爆炸事故的发生。部分煤气的爆炸浓度和爆炸温度见表2－12。

表2－12 部分煤气的爆炸浓度和爆炸温度

气体名称	气体在混合物中的体积分数/%		爆炸温度/℃
	下限	上限	
高炉煤气	30.84	89.49	530
焦炉煤气	4.72	37.59	300
无烟煤发生炉煤气	15.45	84.4	530
烟煤发生炉煤气	14.64	76.83	530
天然气	4.96	15.7	530

A 产生煤气爆炸事故的主要原因

产生煤气爆炸事故的主要原因是：

（1）送煤气时违章点火，即先送煤气后点火，或一次点火失败接着进行第二次点火，不做爆发试验冒险点火，造成爆炸。

（2）烧嘴未关或关闭不严，煤气在点火前进入炉内，点火时发生爆炸。

（3）强制通风的炉子发生突然停电事故，煤气倒灌入空气管道中造成爆炸。

（4）煤气管道及设备动火，未切断或未处理净煤气，动火时造成爆炸。

（5）煤气设备检修时无统一指挥，盲目操作，造成爆炸。

（6）长期闲置的煤气设备，未经处理与检测冒险动火，造成事故等。

应当指出：煤气爆炸的地点是煤气易于淤积的角落，如空煤气管道、炉膛及烟道和通风不良的炉底操作空间等，其中，点火时发生爆炸的可能性最大。

B 煤气爆炸事故的预防

既然加热炉点火时最易发生爆炸事故，那么预防爆炸事故首先就要做好点火操作的安全防护工作。

点火作业前应打开炉门，打开烟道闸门，通风排净炉内残气，并仔细检查烧嘴前煤气开闭器是否严密，炉内有无煤气泄漏，如炉内有煤气必须找到泄漏点，处理完毕并排净炉内残气，确认炉内、烟道内无爆炸性气体后，方可进行点火作业。

点火作业应先点火，后给煤气；第一次点火失败，应在放散净炉内气体后重新点火，点火时所有炉门都应打开，门口不得站人。

在加热炉内或煤气管道上动火，必须处理净煤气，并在动火处取样做氧含量分析。氧含量达到20.5%以上时，才允许进行动火作业。管道动火应通蒸汽动火，作业中始终不准断汽。

在带煤气作业时，作业区域禁止无关人员行走和进行其他作业，周围30m内（下风侧40m）严禁一切火源和热渣罐、机车头、红坯等高温热源及天车通过，要设专人进行监护。

在煤气压力低或待轧、烧嘴热负荷过低以及烘炉煤气压力过大时，要特别注意防止回火和脱火，以免酿成爆炸事故。切不可因非生产状态而产生麻痹思想。

如果遇有风机突然停运及煤气低压或中断时，应立即同时关闭空气、煤气快速切断阀及烧嘴前煤气、空气开闭器，要特别注意，首先要关闭煤气开闭器，切断煤气来源，止火完成后，通知有关部门，查明原因，消除隐患后才可点火生产。

C 煤气爆炸事故的处理

发生煤气爆炸事故时，一般都伴随着设备损坏而发生煤气中毒和着火事故，或者产生第二次爆炸。因此，在发生煤气爆炸事故时，必须立即报告煤气防护站及消防保卫部门，切断煤气来源，迅速处理净煤气，组织人力抢救伤员。煤气爆炸后引起的煤气中毒或煤气着火事故，应按相应的事故处理方法进行妥善的处理。

2.9.2.6 预防回火

生产时，还应注意燃烧器的回火现象。回火就是煤气和空气的可燃混合物回到燃烧器内燃烧的现象。

回火的产生是由于煤气与空气的混合物从喷嘴喷头喷出的速度小于火焰传播速度。根据理论分析和现场操作实践总结出以下情况容易发生回火：

（1）煤气的压力突然大幅度降低。

（2）烧嘴的热负荷太小，混合可燃气体的喷出速度过低。

（3）烧嘴混合管内壁不光洁，混合可燃气体产生较大的涡流。

（4）关闭煤气的操作不当时，例如在关闭煤气时没有及时关闭风阀，空气就将窜入煤气管道中造成回火。

（5）混合气体喷出速度分布不均匀（在喷出口断面上）也容易引起回火。

（6）焦油及灰尘的沉析也容易引起回火。

当烧嘴回火时，要关闭烧嘴，检查并处理。如果烧嘴回火时间较长，已将烧嘴混合管烧红，应冷却混合管后再点燃。在实际操作中，要掌握煤气压力过低时不能送煤气这一点。

在实际操作中，只要保证混合气体的喷出速度在 30～50m/s 就可以了，过大的喷出速度将使燃烧不稳定，火焰断续喘气，甚至熄火。这就是说，在一定条件下，除考虑防止回火问题外，还必须注意“灭火”问题。

2.10 任务 10 加热炉区突发事故的处理程序

为处理加热炉区的突发事故，各班加热炉人员必须为以下的各种突发情况做好事先分工，一旦发生事故，应该立刻按照各自的分工有条不紊地处理。

2.10.1 鼓风机突然停转或停电造成鼓风机停转的处理程序

鼓风机突然停转或停电造成鼓风机停转的处理程序是：

（1）加热炉所有人员，必须全力以赴，马上闭火（按闭火规程进行），同时通知电工或钳工处理。

（2）如果处理时间需要超过 1h，立即使用氮气扫线。

（3）处理好事故后，根据事故原因，制定预防措施后方可重新点火。否则，不准送煤气。

2.10.2 排烟机突然停转或停电造成排烟机停转的处理程序

排烟机突然停转或停电造成排烟机停转的处理程序是：

（1）立即通知电工或钳工处理。

（2）将煤气电动调节阀及嘴前煤气手动阀门的开度适当关小，将烟道阀门的开度开大。

（3）处理好事故后，重新启动排烟机。根据事故原因制定措施，以防止类似事故再次发生。

2.10.3 压缩空气停送或低压造成煤气管道快切阀关闭的处理程序

压缩空气停送或低压造成煤气管道快切阀关闭的处理程序是：

（1）通知调度，尽快恢复压缩空气压力。

（2）炉温高于900℃时，关闭快切阀前压缩空气球阀，掀动放压口放压，然后逆时针转动手柄，将快切阀打开，烧嘴重新点燃。

（3）炉温低于900℃时，首先关闭所有烧嘴前的煤气手动阀门，再手动打开快切阀，然后使用氮气扫线，扫完线后再按照程序点火。

（4）压缩空气恢复后，打开快切阀前的压缩空气球阀，为快切阀充压，然后将手柄顺时针转动到底，退出手动状态。

2.10.4 净环冷却水停水的处理程序

净环冷却水停水的处理程序是：

（1）通知调度，尽快恢复净环冷却水的供应。

（2）保留部分烧嘴，其余烧嘴全部关闭。

（3）停止排烟机的运转，适当开大烟道阀门的开度，保持炉膛微正压。

（4）净环水恢复后，启动排烟机，根据生产的要求打开其他烧嘴，并调整烟道阀门。

复习思考题

2-1 轧钢加热炉主要由哪几部分组成？

2-2 为什么实炉底一般是架空通风的？

2-3 简述汽化冷却的基本原理。

2-4 步进式加热炉炉内钢坯是如何运送的？

2-5 步进梁运行方式有哪几种？

2-6 对煤气管道布局有哪些要求？

2-7 烟道闸板和烟道人孔的作用是什么？

2-8 为什么工业炉用烟囱在投入使用前一般要进行烘烤？

2-9 简述废气余热利用的意义。

2-10 余热利用的方法及其所用的设备有哪些？

2-11 说明换热器的传热过程。

2 - 12　说明蓄热室的工作原理。

2 - 13　连续式加热炉在预热段与加热段之间有一个比较明显的过渡，加热段与均热段之间将炉顶压下，这是为什么？

2 - 14　连续加热炉的热工制度包括哪些制度？

2 - 15　一般情况下，为什么下加热烧嘴布置的数量应多于上加热烧嘴？

2 - 16　影响炉压的因素有哪些？

2 - 17　连续加热炉装料与出料方式有哪些？

2 - 18　什么是推钢比，推钢比太大有哪些影响？

2 - 19　简述高效蓄热式加热炉的工作原理。

2 - 20　蓄热式燃烧技术的主要特点有哪些？

2 - 21　通常耐火材料怎样分类？

2 - 22　影响耐火材料抗渣性的主要因素有哪些，如何影响？

2 - 23　耐火材料有哪些高温使用性能，各有什么意义？

2 - 24　耐火混凝土具有哪些特点？

2 - 25　耐火可塑料具有哪些优点？

2 - 26　如何选用耐火材料？

2 - 27　为什么要烘炉？

2 - 28　简述汽化冷却自然循环的工作原理。

2 - 29　说明气体燃料和固液体燃料的化学组成。

2 - 30　什么是燃料的发热量、高发热量和低发热量？

2 - 31　什么是完全燃烧和不完全燃烧？

2 - 32　空气消耗系数大于 1 时有何影响？

2 - 33　空气消耗系数小于 1 时有何影响？

2 - 34　简述煤气的燃烧过程。

2 - 35　影响煤气混合的因素有哪些？

2 - 36　生产中为什么不允许出现脱火和回火？

2 - 37　说明正确组织燃料燃烧的原则。

2 - 38　炉压的控制原则是什么？

2 - 39　什么是“三勤”操作法？

习　题

2 - 1　已知某连续加热炉采用高炉、焦炉混合煤气，并已知煤气的温度为 28℃，高炉、焦炉煤气的干成分见表 2 - 13。要求混合后煤气的发热量 $Q_{低} = 8374 kJ/m^3$。求高炉煤气、焦炉煤气、混合煤气的湿成分及其低发热量，并填入表 2 - 14 中。

表 2 - 13　高炉、焦炉煤气的干成分

煤气	干成分(体积分数)/%						
	$CO^{干}$	$H_2^{干}$	$CH_4^{干}$	$C_2H_4^{干}$	$CO_2^{干}$	$N_2^{干}$	$O_2^{干}$
高炉煤气	28	2.7	0.3	—	10.5	58.5	—
焦炉煤气	6	56	22	2	3	10	1

表 2-14 高炉煤气、焦炉煤气、混合煤气的湿成分及其低发热量

煤气	湿成分(体积分数)/%								$Q_{低}$
	$CO^{湿}$	$H_2^{湿}$	$CH_4^{湿}$	$C_2H_4^{湿}$	$CO_2^{湿}$	$N_2^{湿}$	$O_2^{湿}$	$H_2O^{湿}$	
高炉煤气				—			—		
焦炉煤气									
混合煤气									

2-2 某烟煤的成分在化验室给出的化验单上为表 2-15，试问炉子中实际燃烧时的应用成分如何？该煤的低发热量为多少?

表 2-15 某烟煤的成分

成分	$C^{燃}$	$H^{燃}$	$O^{燃}$	$N^{燃}$	$S^{燃}$	$A^{干}$	$W^{用}$
体积分数/%	85.32	4.56	4.07	1.80	4.25	7.78	3.0

项目三　炉况的分析与判断

3.1　任务1　加热炉工作状况的分析与判断

炉子工作正常与否，可以通过分析某些现象来判断。掌握分析判断的方法，对加热操作是十分有益的。

3.1.1　加热过程中钢坯温度的判断

准确地判断钢坯加热温度，对于及时调节炉子加热制度，提高烧钢质量，是十分重要的，一般可以通过仪表测量出炉钢温及炉温，但仪表所指示的温度一般是炉内几个检测点的炉气温度，它有一定的局限性，所以，加热工如果想正确地控制钢温，必须学会用肉眼观察钢的加热温度，以便结合仪表的测量，更正确地调节炉温。作为一名优秀的加热工，应该练好过硬的目测钢温的本领。目测钢温主要是观察并区别开钢的火色，钢坯在高温下温度与火色的关系见表3－1。在有其他光源照射的情况下，目测钢温时，应该注意遮挡，最好是在黑暗处进行目测，这样目测的误差会相对小些。

表3－1　钢坯在高温下温度与火色的关系

钢坯火色	温度/℃	钢坯火色	温度/℃
暗棕色	530～580	亮红色	830～880
棕红色	580～650	橘黄色	880～1050
暗红色	650～730	暗黄色	1050～1150
暗樱桃色	730～770	亮黄色	1150～1250
樱桃色	770～800	白　色	1250～1320
亮樱桃色	800～830		

通过观察钢的颜色，就能够知道钢温，但被加热的钢料在断面上温度差的判断又是一个问题，所以看火工在判断出钢温以后，要做的就是观察钢料是否烧透。一般钢料中间段的温度与钢料两端的温度相同时，说明钢料本身的温度已比较均匀；若端部温度高于中间部分温度，说明钢料尚未烧透，需继续加热；若中间段的温度高于端部的温度，则说明炉温有所降低，此时便要警惕发生粘钢现象。钢温与炉子的状况有直接的联系，如有时料的端头温度过高，多是因为炉子两边温度过高，坯料短尺交错排料时，两头受热面大，加热速度快或炉子下加热负荷过大，下部热量上流，冲刷端头引起的。钢长度方向温度不均，轧制延伸不一致、轧制不好调整，也影响产品质量。端头温度低，轧制进头率低，容易产生设备事故，影响生产，增加燃料和电力消耗。

钢加热下表面温度低或水管“黑印”严重，轧制时上下延伸不同容易造成钢的弯曲，同时也影响产品质量。下加热温度低的原因是下加热供热不足，炉筋水管热损失太大，水管绝热不良，下加热炉门吸入冷风太多或均热时间不够。此时就应采取如下措施：提高下加热的供热量；检查下加热炉门密封情况；观察炉内水管的绝热情况，如有脱落现象发生，在停炉时间进行绝热保护施工，以保证炉筋管的绝热效果。有些加热操作烧“急火”，钢在出炉以前的均热段加热过于集中，炉子是两段制的操作方法，均热段变成了加热段，加热段变成了预热段或热负荷较低的加热。这样，容易造成均热段炉温过高，损坏炉墙炉顶，烧损增加，均热时间短，“黑印”严重或外软里硬的“硬心”。烧“急火”的原因是因为产量过高或待轧降温、升温操作不合理，轧机要求高产时，由于加热制度操作不合理没有提前加热，为了满足出钢温度要求或加热因滑道水管造成“黑印”，在均热段集中供热，或者因待轧时温度调整过低，开车时为赶快出钢，在出钢前集中供热，使局部温度过高，钢坯透热时间不够，钢坯表面温度高，内部温度偏低，这会影响轧机生产，使各种消耗增加。

3.1.2 煤气燃烧情况的判断

煤气燃烧状况可以用以下方法判断：从炉尾或侧炉门观察火焰，如果火焰长度短而明亮，或看不到明显的火焰，炉内能见度很好，这说明空燃比适中，燃料燃烧正常；如火焰暗红无力，火焰拉向炉尾，炉内气氛混浊，甚至冒黑烟，火焰在烟道中还在燃烧，这说明严重缺乏空气，燃料处于不完全燃烧状态；如果火焰相当明亮，噪声过大，可能是空气量过大，但对喷射式烧嘴不能以此来判断。

煤气燃烧情况也可以通过目测烟气进行判断：如果炉外或烟囱仍有较长火焰，并有异味，这说明煤气燃烧情况不好，空气量不足。

煤气燃烧正常与否还可以通过观察仪表进行分析判断。当燃烧较充分完全时，空气与煤气流量比例大致稳定在一数值，这一数值因燃料发热量不同而不同。

有一些加热炉上已安装了氧化锆装置以检测烟气中氧的体积分数，这就使燃烧情况的判断变得更简单了。当烟气中氧的体积分数在1%～3%时，燃烧正常；氧的体积分数超过3%时为过氧燃烧，即供入空气量过多；氧的体积分数小于1%时为氧化锆“中毒”反映，这说明空气量不足，是欠氧燃烧。当然，氧化锆安装位置不当，取样点不具有代表性，所测得的数据也不能作为判断依据。

3.1.3 炉膛压力的判断

均热段第一个侧炉门下缘微微有些冒火时，炉膛压力正合适。如果从炉头、炉尾或侧炉门、扒渣门及孔洞都往外冒火，则说明炉膛压力过大。当看不见火焰时，可点燃一小纸片放在炉门下缘，观察火焰的飘向，即可判断炉压的概况，合适的炉压应使火苗不吸入炉内或微向外飘。

炉压过大的原因可从以下几方面分析：

（1）烟道闸门关得过小。

（2）煤气流量过大。

（3）烟道堵塞或有水。

（4）烟道截面积偏小。

（5）烧嘴位置布置不合理，火焰受阻后折向炉门；烧嘴角度不合适，火焰相互干扰。

3.1.4　冷却水温的判断

冷却水温的高低既可以用温度计测量，也可以用手触摸进行估计：当手感觉温和时，水温为36～40℃；当手感觉有点热时，水温为45～50℃；当感觉烫手时，水温为60～65℃；当感觉非常烫手时，水温为70～75℃；当手接触水马上缩回时，水温为75～80℃；当有热气时，水温为80～83℃。

3.1.5　压力和流量的判断

3.1.5.1　观察炉前煤气压力

煤气压力与流量是正比关系，压力大流量也大，压力小流量也小。当炉膛温度达不到工艺要求时，观察现场运行的压力表，如煤气压力低于额定压力，供热能力就达不到设计能力，造成炉膛温度低，大多数情况是由于管道积水或焦油堵塞等引起的。

3.1.5.2　观察油嘴前油压

炉子在运行过程中必须保证最低额定油压。如观察到燃烧情况不好，供油量不足而引起炉膛温度低，则就有可能存在油压不足的问题。所以应检查过滤器、加热器、截止阀、管路等有无堵塞现象，回油阀开启度是否太小。

3.1.5.3　观察风压和风量

鼓风机应能满足炉子最大供热需要的风压和风量，以使燃料得到充分燃烧。当观察到烧嘴或油嘴的工作恶化时，要观察插板阀开启度、鼓风机实际出风情况。要注意鼓风机转速对风压和风量的影响。

3.1.6　设备状况的目测

3.1.6.1　观察换热器工作情况

煤气换热器有泄漏时，煤气从换热器漏出，使环境受到污染并造成浪费，如引起燃烧，会使换热器温度增高而被烧坏，一般用肉眼能观察到。当空气换热器有泄漏时，如采用喷射式烧嘴的炉子，烟气能被吸入到换热器的空气通道中，使预热空气中氧的体积分数相应减少，烧嘴工作恶化。同时，漏入高温烟气而使空气预热温度过高。当预热温度过高时，往往存在着某些故障，要引起注意。

3.1.6.2　观察煤气烧嘴的工作性能

煤气在一定的额定压力下，压力升高或降低，使吸入的空气量也按比例随之增加或减少，而过剩空气系数始终保持在理想状态，这样不用手动调节空气阀就能保证正常燃烧，说明自调性能良好。喷口离烧嘴混合管的距离过深或过浅都会影响吸入空气量，影响烧嘴的自调性能。

3.1.6.3　观察油嘴的工作性能

油嘴的工作性能可用目测火焰的办法来确定。良好的火焰不应有亮点和黑点，要避免大量冒黑烟和烟点。要注意在一定的油压、风压范围内使油嘴雾化性能良好，燃料得到充分燃烧。

3.2 任务2 熟悉加热炉的热工仪表与自动控制系统

在冶金生产过程中，总希望加热炉一直处于最佳的工作状态，而靠人工来实现这一目标往往是不可能的。因此，一般都采用仪表将加热炉的工作参数显示出来并对其进行一些检测，以此来指导人们的操作和实现自动调节，从而达到增加产量、提高质量、降低热耗的目的。检测及调节的热工参数主要为温度、压力、流量等几个基本物理量以及燃烧产物成分的分析等几个方面。对温度、压力、流量等可采用单独的专门仪表进行检测或调节，对燃烧产物成分可用专门的气体分析器进行检测或调节。这一类专用仪表称为基地式仪表。随着科学技术的发展，为了适应全盘自动化的需要，要求检测及调节仪表系列化、通用化，因而在20世纪60年代初期开始出现单元组合仪表，如今在我国的轧钢加热炉上也广泛采用这一类仪表。

对热工参数进行检测，无论采用哪类仪表，大体都由下列几部分组成：

（1）检测部分。它直接感受某一参数的变化，并引起检测元件某一物理量发生变化，而这个物理量的变化是被检测参数的单值函数。

（2）传递部分。它将检测元件的物理量变化传递到显示部分去。

（3）显示部分。它测量检测元件物理量的变化并且显示出来，可以显示物理量变化，也可以根据函数关系显示待测参数的变化。前者多采用在实验室内，而工业生产中大多数采用后者，因为它比较直观。

由于电信号的传递迅速、可靠，传递距离比较远，测量也准确、方便，因此，常将检测元件感受到待测参数的变化而引起的物理量变化转换成电信号再进行传递，这类转换装置称为变送器。下面就介绍一下这些检测仪表的结构、工作原理及计算机自动控制。

3.2.1 测温仪表

用来测量温度的仪表，称为测温仪表。温度是热工参数中最重要的一个，它直接影响工艺过程的进行。在加热炉中，钢的加热温度、炉子各区域的温度分布及炉温随时间的变化规律等，都直接影响炉子的生产率及加热质量。检测金属换热器入口温度对预热温度及换热器使用寿命起很大作用，因此，对温度的正确检测极其重要。加热炉经常使用的温度计有热电偶高温计、光学高温计和光电高温计3种。这里分别介绍它们的工作原理和结构。

3.2.1.1 测温方法简介

要检测温度，必须有一个感受待测介质热量变化的元件，称为感温元件或温度传感器。感温元件感受到待测介质的热量变化后，引起本身某一物理量发生变化，产生一输出量。当达到热平衡状态时，感温元件有一稳定的物理量输出（μ）。μ 可以直接观察出来，如水银温度计即是根据水银受热膨胀后的体积大小从刻度上读出所测温度。大多数的 μ 要经过传递部分传送到显示仪表中将其变化显示出来，如图3-1（a）所示。在单元组合仪表中，感温元件的物理量 μ 的变化要经过变送器转换成统一的标准信号 g 后再传递到显示单元中加以显示，如图 3 - 1（b）所示。

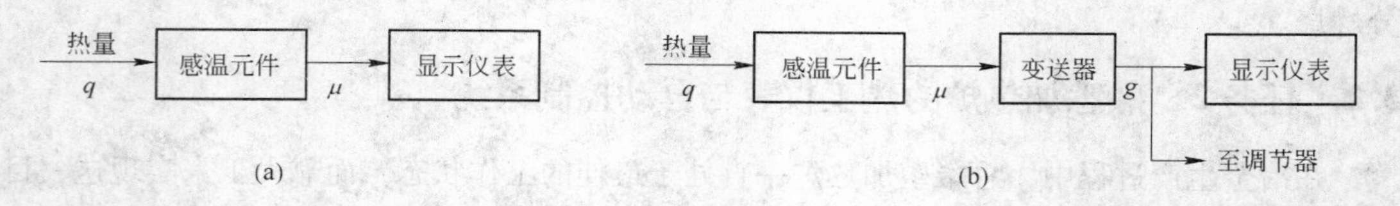

图 3 - 1　测温原理图

测温仪表的种类、型号、品种繁多。按其所测温度范围的高低，将测 500℃以上温度的仪表称为高温计，测 500℃以下温度的仪表称为温度计。最常用的分类方法是按测温原理，即感温元件是何种物理变化来分类。

3.2.1.2　热电偶高温计

最简单的热电偶测温系统如图 3 - 2 所示。它由热电偶感温元件 1、测温仪表 2（动圈仪表或电位差计）以及连接热电偶和测量电路的导线 3（铜线）及补偿导线组成。

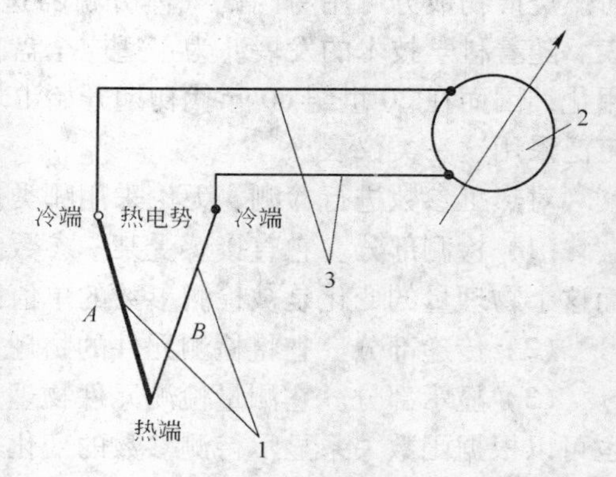

图 3 - 2　最简单的热电偶测温系统
1—热电偶感温元件；2—测温仪表；3—导线

热电偶是由两根不同的导体或半导体材料（见图 3 - 2 中的 A 与 B）焊接或铰接而成。焊接的一端称为热电偶的热端（或工作端）；和导线连接的一端称为冷端。把热电偶的热端插入需要测温的生产设备中，冷端置于生产设备的外面，如果两端所处的温度不同，则在热电偶的回路中便会产生热电势。在热电偶材料一定的情况下，热电势的大小完全取决于热端温度的高低。用动圈仪表或电位差计测得热电势后，便可知道被测物温度的大小。

A　热电偶测温的基本原理

热电偶测量温度的基本原理是热电效应。热电效应就是将两种不同成分的金属导体或半导体两端相互紧密地连接在一起，组成一个闭合回路，当两连接点 a、b 所处温度不同时，则此回路中就会产生电动势，形成热电流的现象。换言之，热电偶吸收了外部的热能而在内部发生物理变化，将热能转变成电能的结果。图3 - 3所示为热电效应示意图。

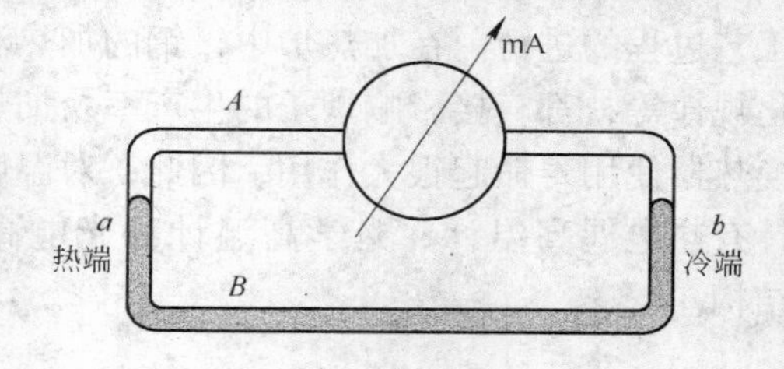

图 3 - 3　热电效应

B　热电偶的冷端补偿

从热电偶的测温原理中知道，热电偶的总热电势与两接点的温度差有一定关系。热端温度越高，则总热电势越大；冷端温度越高，则总电势越小。从总电势公式 $E_{AB}(t, t_0) = E_{AB}(t, 0) - E_{AB}(t_0, 0)$可以看出，当冷端温度 t_0 越高时，则热电势 $E_{AB}(t_0, 0)$越大，因此，总热电势 $E_{AB}(t, t_0)$越小。所以，冷端温度的变化对热电偶的测温有很大影响。热电偶的刻度是在冷端温度 $t_0 = 0$℃时进行的。但在实际应用时，冷端温度不但不会等于 0℃，也不一定能恒定在某一温度值，因而就会有测量误差。消除这种误差的方法很多，下面介绍几种常用的方法。

a　补偿导线法

补偿导线法在工业上应用广泛。补偿导线实际就是由在一定的温度范围内（0～100℃）与所配接的热电偶有相同的温度－热电势关系的两种廉价金属线所构成，或者说，当将此两种廉价金属线配制成热电偶形式时，使热端受100℃以下温度范围的作用，与所配接的热电偶有相同的温度－热电势等值关系。例如，铂铑－铂热电偶就是利用铜和铜镍合金两种廉价金属构成补偿导线。由上述可知，当热电偶的冷端配接这种补偿导线以后，就等于将其冷端迁移，迁移到所接补偿导线的另外一端的地方。

补偿导线的原理如图3－4所示。由图3－4可以明显地看出，补偿导线的原理就是等于将热电偶的原冷接点位置移动一下，搬移到温度比较低和恒定的地方。同时也可以知道，利用补偿导线作为冷接的补偿并不意味着完全可以免除冷端的影响误差（除非所搬移的地方为0℃或配用仪表本身附有温度的自动补正装置），因为新移的冷端一般都是仪表所在处的室温或高于0℃，但配用仪表的温度刻度关系一般从0℃开始，因此，在这种情况下也要产生一定程度的读数误差，其大小要看新移冷接点温度的高低而定。相反，若将补偿导线所接引的新冷端处于一温度较高或波动的地方，那么很明显地可以看出补偿导线会完全失掉其应有的意义。另外，更应注意到，热电偶与补偿导线连接端所处的温度不应超出100℃，不然也会产生一定程度的温度读数误差。

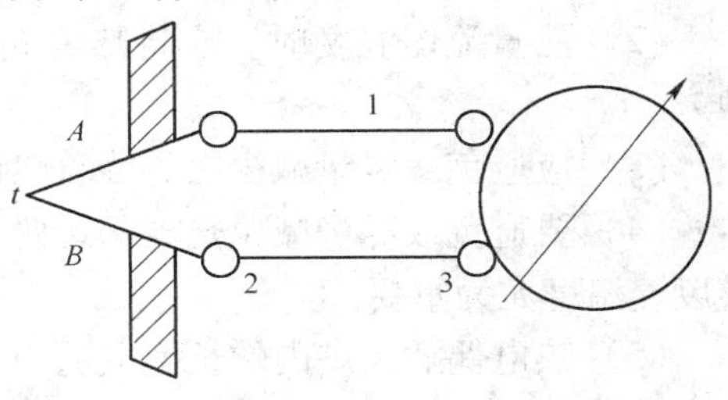

图3－4　补偿导线的原理

1—补偿导线；2—原自由端；3—新自由端

举例来进一步说明，用镍铬－镍硅热电偶测量某一真实温度为1000℃地方的温度，配用仪表放置于室温20℃的室内，设热电偶冷接点温度为50℃，若热电偶和仪表的连接使用补偿导线或使用普通铜质导线，两者所测得的温度各为多少？又与真实温度各相差多少？

由温度和热电势关系表中可查出1000℃、50℃、20℃的等值热电势各为41.27mV、2.02mV、0.8mV，若使用补偿导线时，热电偶的冷接点温度则为20℃，所以配用仪表测得的热电势为41.27－0.8＝40.47mV或为979℃；若使用一般铜导线时，其实际冷接点仍在热电偶的原冷接点，即50℃，这样配用仪表所测得的实际热电势为41.27－2.02＝39.25mV或为948℃。那么，两者相差为979－948＝31℃，与真实温度各相差21℃和52℃。

b　调整仪表零点法

一般仪表在正常时指针指在零位上a处，如图3－5所示。应用此法补正冷端时，将指针调到与冷端温度相等的b点（设冷端温度为20℃）处。此法在工业上经常应用，虽不太准确，但比较简单。

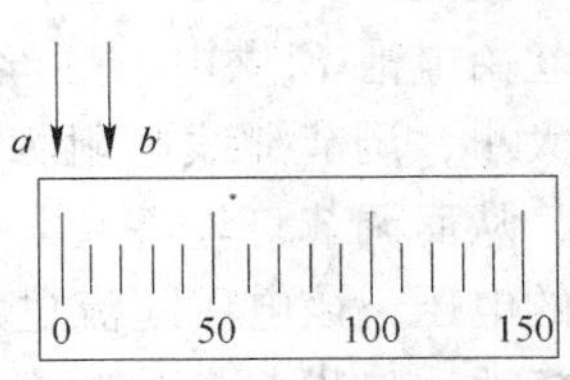

图3－5　零点调整示意图

c　冷端恒温法

冷端恒温法中使用最普遍的是采用冰浴方法。在实验中常采用此法，如图3－6所示。在恒温槽内装有一半凉水和一半冰，并严密封闭，使恒温槽内不受外界的热影响，槽内冷接点要和冰水绝缘，以免短路，一般把冷接点放在试管中。

C　热电偶的使用注意事项

为提高测量精确度，减少测量误差，在热电偶使用过程中，除要经常校对外，安装时还应特别注意以下问题：

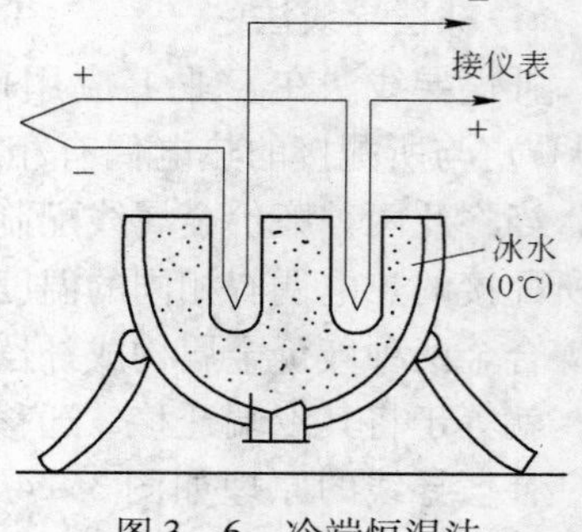

图 3－6　冷端恒温法

（1）安装热电偶时要注意检查测点附近的炉墙及热电偶元件的安装孔需严密，以防漏风，不应将测点布置在炉膛或烟道的死角处。

（2）测量流体温度时，应将热电偶插到流速最大的地方。

（3）应避免或尽量减少热量沿着热电极及保护管等元件的传导损失。

（4）要避免或尽量减少热电偶元件与周围器壁或管束等辐射传热，这对于测量炉气或废气温度尤为重要。

（5）热电偶插入炉内的长度应适当，且不能被挡住，否则测量结果会偏低。

3.2.1.3　光学高温计

在冶金生产过程中，常常要测定加热炉加热的钢坯表面温度和炉温。而测量这些参数无法用直接接触测量方法（如热电偶高温计），而只能用非接触测量方法进行测量，即主要是热辐射测温法。光学高温计就是常用的一种。

A　光学高温计的测温原理

任何物体在高温下都会向外投射一定波长的电磁波（辐射能），而人的眼睛对电磁波波长为 0.65μm 的可见光较为敏感，况且此波长的辐射能随温度变化，它的变化很显著。可见光能的大小表现在它对人眼亮度的感觉上，物体温度越高，它所射出的可见光能越强，即看到的可见光就越亮。

光学高温计测量温度的方法就是把被测物体在 0.65μm 波长时的亮度和灯泡的灯丝亮度做比较，当仪表灯丝亮度与被测物体所发出亮度相同时，即说明灯丝温度与被测物体温度相同。因为灯丝的亮度由通过灯丝的电流决定，每一个电流强度对应于一定的灯丝温度，因此，测得电流大小即可得知灯丝的温度，也即测得被测物体的温度。所以这种高温计也称为隐丝式光学高温计。

图 3－7 所示为隐丝式光学高温计示意图，当合上按钮开关 S 时，标准灯 4（又称为光度灯）的灯丝由电池 E 供电。灯丝的亮度取决于流过电流的大小，调节滑线电阻 R 可以改变流过灯丝的电流，从而调节灯丝亮度。毫伏计用来测量灯丝两端的电压，该电压随流过灯丝电流的变化而变化，间接地反映出灯丝亮度的变化。因此，当确定了灯丝在特定波长（0.65μm 左右）上的亮度和温度之间的对应关系后，毫伏计的读数即反映出温度的高低。所以毫伏计的标尺都是按温度刻度的。

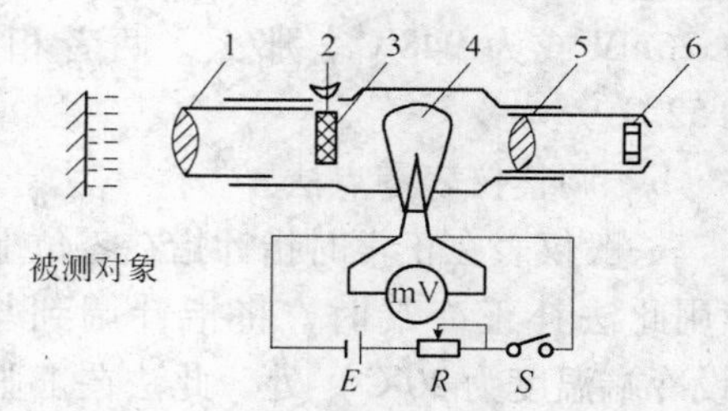

图 3－7　隐丝式光学高温计示意图

1—物镜；2—旋钮；3—吸收玻璃；4—光度灯；5—目镜；6—红色滤光片；mV—毫伏计

由放大镜1（物镜）和5（目镜）组成的光学透镜部分相当于一架望远镜，移动目镜5可以清晰地看到标准灯灯丝的影像，移动物镜1，可以看到被测对象的影像，它和灯丝影像处于同一平面上。这样就可以将灯丝的亮度和被测对象的亮度相比较。当被测对象比灯丝亮时，灯丝相对地变为暗色；当被测对象比灯丝暗时，灯丝变成一条亮线。调节滑线电阻 R 改变灯丝亮度，使之与被测对象亮度相等时，灯丝影像就隐灭在被测对象的影像中，如图3－8所示，这时说明两者的辐射强度是相等的，毫伏计所指示的温度即相当于被测对象的“亮度温度”。这个亮度温度值经单色黑度系数加以修正后便获得被测对象的真实温度。

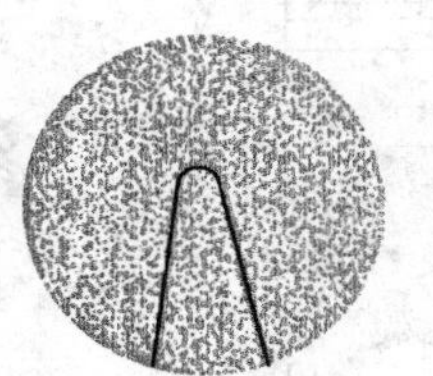
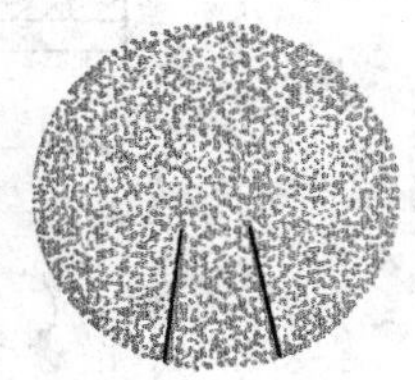
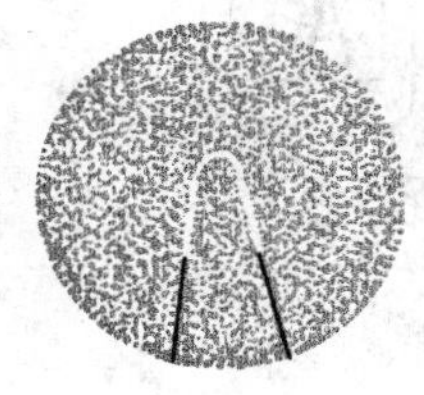

图3－8 光学高温计瞄准状况

红色滤光片6的作用是为了获得被测对象与标准灯的单色光，以保证两者是在特定波段上（0.65μm左右）进行亮度比较。吸收玻璃3的作用是将高温的被测对象亮度按一定比例减弱后供观察，以扩展仪表的量程。

但是，光学高温计毕竟是用人的眼睛来检测亮度偏差的，也是用人工通过调整标准灯亮度来消除偏差达到两者的平衡状态的（灯丝影像隐灭）。显然，只有被测对象为高温时，即其辐射光中的红光波段（λ 为0.65μm左右）有足够的强度时，光学高温计才有可能工作。当被测对象为中、低温时，由于其辐射光谱中红光波段微乎其微，这种仪表也就无能为力了。所以光学高温计的下限一般为700℃。再者，由于人工操作，反应不能快速、连续，更无法与被测对象一起构成自动调节系统，因而光学高温计不能适应现代化自动控制系统的要求。

B 使用光学高温计应注意的事项

使用光学高温计应注意的事项有：

（1）非黑体的影响。由于被测物体是非绝对黑体，而且物体的黑度系数 ε_λ 不是常数，它和波长 λ、物体的表面情况以及温度的高低均有关系。黑度系数有时变化是很大的，这对测量带来很不利的影响，有时为了消除 ε_λ 的影响，可以人为地创造黑体辐射的条件。

（2）中间介质的影响。光学高温计和被测物体之间如果有灰尘、烟雾和二氧化碳等气体时，对热辐射会有吸收作用，因而造成误差。在实际测量时很难控制到没有灰尘，因此光学高温计不要距离被测物体太远，一般在1~2m之内，最多不超过3m。

（3）光学温度计要尽量做到不在反射光很强的地方进行测量，否则会产生误差。

（4）特别注意保持物镜清洁，并定期送检。

3.2.1.4 光电高温计

由光电感温元件制成的全辐射光电高温计是一种新型的感温元件。由传热原理得知，

物体的辐射能力 E 与其绝对温度的四次方成正比。如能测出辐射体（高温物体）的辐射能力，即可得到 T。光电高温计就是通过测量 E 达到测量 T 的目的，其测量过程如图 3－9 所示。

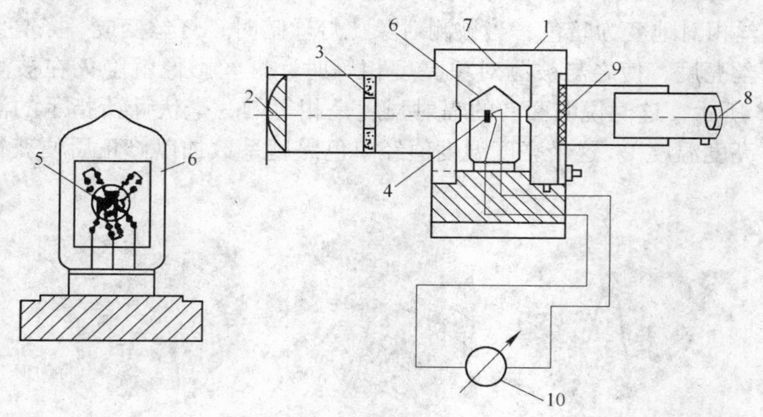

图 3－9　全辐射感温元件原理

1—镜头外壳；2—物镜；3—遮光屏；4—热电堆；5—铂片；6—热电堆灯泡；7—灯泡外罩；8—目镜；9—滤光片；10—显示仪表

物体的辐射能力 E 经物镜聚焦在由数只热电偶串联组成的电堆上，根据 E 的变化来测热电堆的热电势。热电堆焊在一面涂黑的铂片 5 上，接受待测物体经物镜 2 聚焦后的 E，使热电堆 4 受热产生热电势，由显示仪表显示，遮光屏 3 用来调节射到铂片 5 上的辐射能。

这种温度计的最大优点是热电偶不易损坏，当测量 1400℃ 的炉温时，铂片的温度也只有 250℃ 左右，因而可大大降低热电偶的消耗量；缺点是测量温度受物体黑度及周围介质影响而不太准确，校正也较困难。

3.2.2　测压仪表

压力检测是指流体（液体或气体）在密闭容器内静压力与外界大气压力之差，即表压力的检测。压力检测是热工参数检测的重要内容之一。加热炉炉膛压力对炉子操作、加热质量及其产量均有重大影响。同时，管道内煤气压力的检测是安全技术方面的重要内容。本节主要介绍加热炉常用的测压仪表。

3.2.2.1　U 型液柱压力计

如果玻璃 U 形管的一端通大气，而另一端接通被测气体，这时便可由左右两边管内液面高度差 h 测知被测压力的数值 p（表压），如图 3－10 所示。

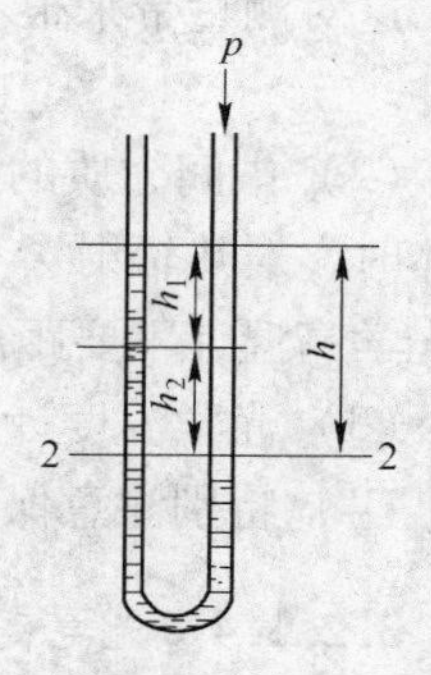

图 3－10　U 型液柱压力计

根据静力平衡原理得到被测压力为：

$$p=\rho gh \tag{3-1}$$

式中　p——被测压力的表压值，Pa；

ρ——U 形管内所充工作液的密度，kg/m^3；

h——U形管内两边液面高度差，m。

由式（3-1）可见，U形管内两边液面高度差h与被测压力的表压值p成正比，比例系数取决于工作液的密度。因此，被测压力的表压值p可以用已知工作液高度h的毫米数来表示，例如mmHg、mmH_2O。U型液柱压力计的测量准确度受读数精度和工作液体毛细作用的影响，绝对误差可达2mm。

3.2.2.2 单管液柱压力计

单管液柱压力计的结构如图3-11所示。它的工作原理和U型液柱压力计相同，只是右边杯的内径D远大于左边管子的内径d。由于右边杯内工作液体积的减少量始终是与左边管内工作液体积的增加量相等，因此，右边液面的下降将远小于左边液面的上升，即$h_2 \ll h_1$。根据静力平衡可得到被测压力的表压值p和液柱高度h_1的关系：

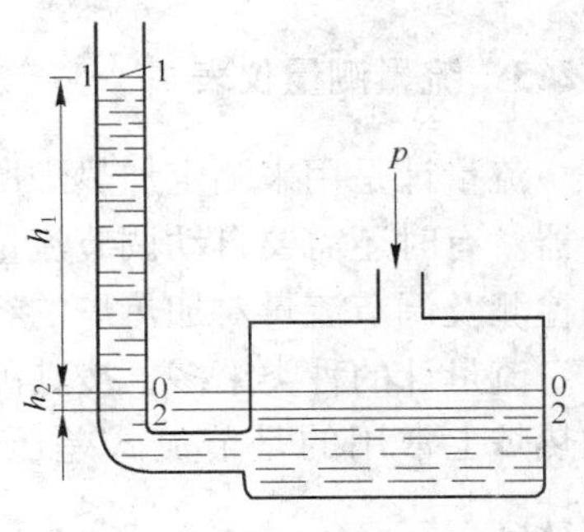

图3-11 单管液柱压力计的结构

$$h_1 = \frac{p}{\rho g\left(1 + \frac{d^2}{D^2}\right)}$$

由于$D \gg d$，所以$(1 + d^2/D^2) \approx 1$，这样就只需进行一次读数，取得h_1的数值便可测知被测压力的大小。用h_1来代替h是足够精确的，它的绝对误差可比U型液柱压力计减少一半。

如果将这种压力计的单管倾斜放置，便成为斜管压力计，由于h_1读数标尺连同单管一起被倾斜放置，使刻度标尺的分度间距得以放大，它可以测量到1/10mmH_2O的微压。

另外，还有一种压力计——弹性压力计。弹性压力计测压范围宽、结构简单、价格便宜、使用方便，是应用最广的一类压力计。弹性元件是一种简单可靠的测压元件，它不仅用以制造各类弹性式压力表，而且可作为变送器的压力感受元件。随着测压范围的不同，所用弹性元件的材质及结构也不同。其中，管弹簧式压力计应用最广。

3.2.2.3 测量压力时应注意的问题

测量压力时应注意的问题是：

（1）取压点必须具有代表性，不得在气流紊乱的地方或者有漏出、吸入的地方取压。

（2）取压时最好使用取压管，以避免动压力对所测静压力的影响。管壁钻孔取压时，应注意钻孔必须垂直于管壁，内壁钻孔处不能有毛刺产生，接管内径应与孔径一致。

（3）测量气体压力时，取压点应在管道的上半周，以免液体进入导压管内；测量液体压力时，取压点应在管道的下半周，以免气体进入导压管内，但不能在管道的底部，以免沉淀物进入导压管内。

（4）传递压力的导压管不应太细，内径以10~12mm为宜，导压管应保证不漏和不堵。测量液体压力时，导压管内不能有气体存在，在最高点应有排气阀，最低点应有排污阀；测量气体压力时，导压管内不能有液体存在，在最低点应有放水阀。敷设导压管时应有一定的倾斜度。

（5）当测量温度高于800℃的烟气压力时应采用水冷取压管。

（6）测量炉膛压力时，应沿导压管敷设补偿导管，以排除环境温度的影响。

（7）测量压差时，应在两根引压管之间安置平衡阀，在接通压差前打开平衡阀，使两根引压管相通，接通压差后再关闭平衡阀，以免将所充液体冲至导压管内，影响测量结果，或将弹性元件损坏。

3.2.3　流量测量仪表

流量计是用来测定加热炉所使用的燃料（气体或液体）、空气、水、水蒸气等用量的仪器。有时还需要自动调节流量及两种介质的流量比，如燃料与助燃空气的流量比。准确地检测及调节流量对加热炉的经济指标十分重要，对节能工作具有重要意义。

流量计的种类繁多，按其测量原理，通常分为容积式流量计和速度式流量计两大类。加热炉上常用的是节流式差压流量计，即速度式流量计。本节主要介绍节流式差压流量计。

3.2.3.1　流量的定义及表示方法

流量是指流体（气体或液体）通过管道或容器内的数量，常用瞬时流量及累计流量表示。瞬时流量指检测的瞬间流体在单位时间内所流过的数量；累计流量指检测的一段时间内流过的流体数量总和。

流量的表示方法常用体积流量和质量流量。体积流量的瞬时流量是单位时间内流过管道某处截面流体的体积，单位为m^3/s。质量流量是指在单位时间流过管道某截面处流体的质量，单位为kg/s。

3.2.3.2　节流式差压流量计

节流式差压流量计，即用节流装置测流量。其原理为：在管道内装设有截面变化的节流装置（元件），当流体流经节流装置时，由于流束收缩，其流速发生变化而在节流装置前后产生静压差，称为差压。利用此差压与流量的关系达到检测流量的目的。该差压可以直接显示，也可经差压变送器转换成电信号再显示或累积流量，其组成如图3－12所示。由图3－12可以看出，节流式流量计由下列3个部分组成：

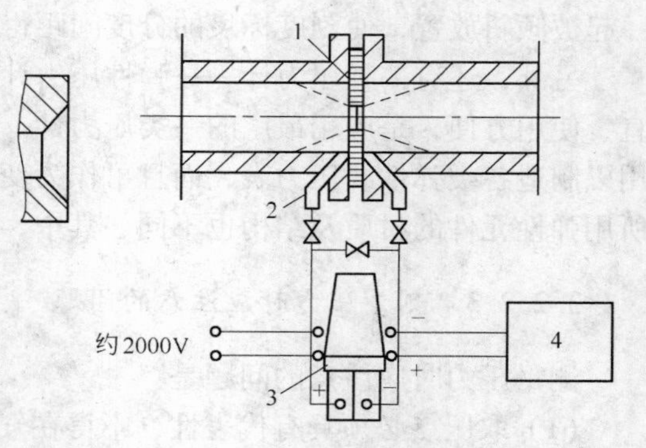

图3－12　节流式流量计组成

1—节流装置；2—连接管道；3—差压变送器；4—显示仪表

（1）节流装置，产生与流量有关的差压。

（2）传递部分，用管道将差压传递到差压计或差压变送器。

（3）差压计，显示、记录或累积流量。

节流装置是节流式差压流量计的关键元件，常用的节流装置有孔板、喷嘴及文丘利管。其中用得最多的是孔板，目前已标准化、系列统一化了。1976年制定的ISO/5167为正式国际标准。我国也参照国际标准制定了《流量测量节流装置国家标准》，其结构形式如图3－13所示。

A 节流式差压流量计流量方程式

流体流经节流装置——孔板时，在节流装置前后产生的压力差 Δp 与流量之间的关系可用下式表示：

$$V=\mu F_0\sqrt{\frac{2}{\rho}\Delta p}$$

式中 V——体积流量，m^3/s；

μ——流量系数；

F_0——孔板面积，m^2；

ρ——流体的密度，kg/m^3；

Δp——压力差，Pa。

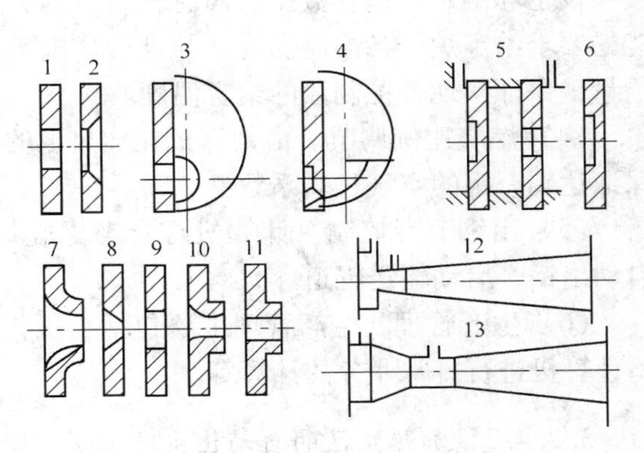

图3－13 节流装置的结构形式

1，2—标准孔板；3，4—偏心和圆缺孔板；5—双重孔板；6—双斜孔板；7—标准喷嘴；8—1/4圆喷嘴；9—半圆喷嘴；10—组合喷嘴；11—圆筒形喷嘴；12—文丘利管喷嘴；13—文丘利管

B 流量显示仪表

在加热炉的流量检测仪表中，广泛采用单元组合仪表测量流量。DDZ单元组合仪表（电动单元组合仪表）测流量时，是用DBC差压变送器将差压信号 $p_1-p_2=\Delta p$ 转换成电流信号 $I_{\Delta p}$，将其开方后送到显示仪表显示瞬时流量或送到比例计算器显示出累计流量来。为了补偿使用过程中 p 及 T 变化所造成的误差，$I_{\Delta p}$在进入开方器前还要使用乘除器补正。它的组成原理如图3－14所示。在节流装置的安装时，应严格按仪表说明书的安装规则进行。具体规则可在有关资料或手册中查到。

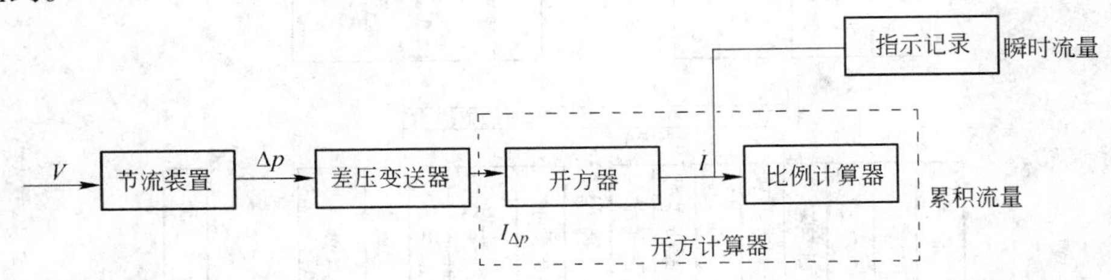

图3－14 DDZ仪表测流量原理方框图

3.2.4 加热炉的自动化简介

3.2.4.1 加热炉区自动化的功能

连续式加热炉的计算机自动控制主要实现以下几个方面的功能：

（1）装入钢坯位置控制。在加热炉前的辊道上，长钢坯排单行，短钢坯排双行，正确定位。计算机根据钢坯宽度来确定推程。

（2）钢坯跟踪。每根钢坯装进加热炉后，在计算机存储器上有相应的位置，记录每根钢坯的若干数据，包括钢种、尺寸、钢号、炉号、成品规格以及终轧温度等，对钢坯在加热炉内的位置进行跟踪。

（3）温度控制。这是用控制加热炉各段炉温的方法来间接控制钢坯的温度。计算机按照设定和测定的钢坯数据、当时轧制节奏所需要的推钢速度、加热炉的最大生产率和节能的要求给定炉子各段的温度，并且计算机实行直接数字控制（DDC），通过调节燃料供给量，保证实现各控制段的给定温度。

（4）燃烧比例调节。由计算机在加热炉的各控制段做 DDC 燃料和空气比例调节，要保证达到一定的空气过剩系数。

（5）出钢节奏控制。计算机综合考虑轧机到精整各工序的情况和炉子的最大产量，自动出钢，启动输送辊道。

（6）生产管理。生产管理主要包括：操作情况监测、各数据的处理和管理以及用微型计算机进行日常业务的计算等。

3.2.4.2　加热炉区的自动化系统配置

加热炉控制系统一般分为零级系统（热电偶、执行机构等）、一级系统（控制计算元件）和二级系统（设定值的确定）3 个系统。计算机主要在二级系统发挥关键作用。

图 3－15 所示为某厂加热炉区域的自动化系统配置示意图。其中，配置的 2 台 MMI（工业控制计算机），1 台用于全线批跟踪的处理，1 台用于加热炉区燃烧控制参数的设定、更改、燃烧状态的监控、炉区液压站的远程控制以及故障监测。

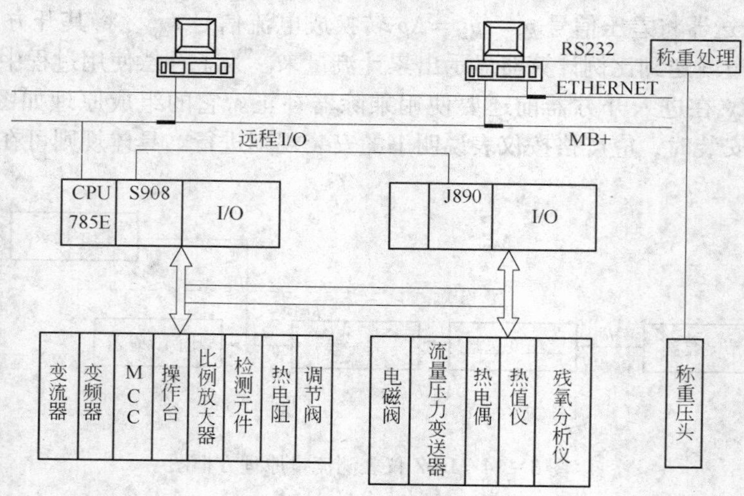

图 3－15　某厂加热炉区域的自动化系统配置示意图

3.2.4.3　加热炉区的自动化过程

图 3－16 所示为加热炉区设备的传动控制系统示意图。

工作时，冷坯经磁盘吊被成排吊至上料台架；由上料台架拉钢机成组拉至台架末端分钢机处；操作员手动启动分钢机，将单根钢坯分至 1 号辊道上；在自动操作模式时，1 号辊道旁的 2 号冷金属检测器检测到有钢后，1 号、2 号辊道自动启动正转，2 号升降挡板升起；钢坯尾部离开 4 号冷金属检测器延时并在 1 号、2 号辊道上对中后，1 号、2 号辊道停止；称重装置自动升起，称重结束后，下降到中位时，2 号升降挡板下降，入料炉门开启；称重下降到底位时，2 号辊道重新启动；3 号、4 号辊道处于常转状态，当钢坯头

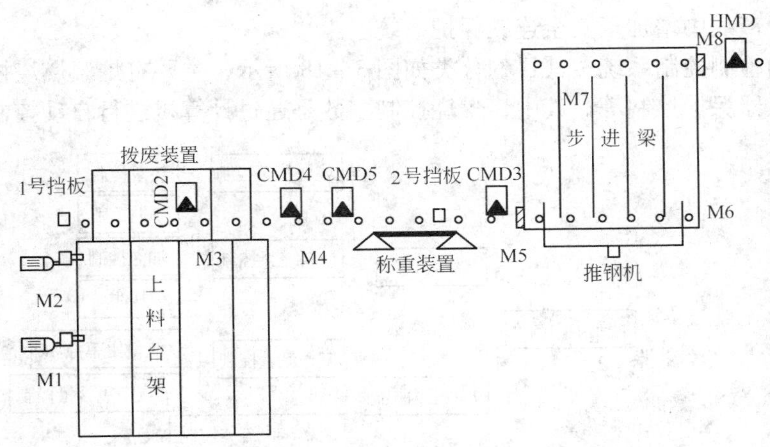

图3-16 加热炉区设备的传动控制系统示意图

M1~M8—电机

部通过入料炉门前的3号冷金属检测器后，延时并自动停止3号辊道，使钢坯在炉内对中，同时关闭入料炉门，并自动启动推钢机；推钢机推钢到位，返回后位后，3号辊道又启动，该到位信号同时又触发步进梁做正循环；在出炉侧，当步进梁下降时，出料炉门打开，红钢坯出炉；钢坯尾部离开出料炉门的热金属检测器HMD后，出料炉门关闭。

3.2.4.4 控制系统操作画面

图3-17所示为某厂加热炉自动控制的主画面。

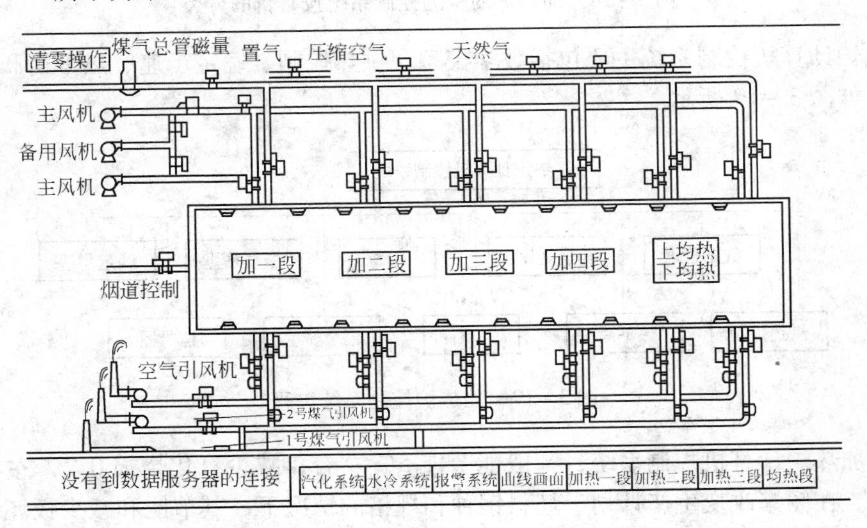

图3-17 某厂加热炉自动控制的主画面

3.2.5 加热炉的自动控制

加热炉的自动控制是指对加热炉的出口温度、燃烧过程、连锁保护等进行的自动控制。早期加热炉的自动控制仅限于通过调节燃料进口的流量来控制钢坯的出炉温度。现代化大型加热炉自动控制的目标是进一步提高加热炉燃烧效率，减少热量损失。为了保证安全生产，在生产线中增加了安全连锁保护系统。

加热炉的检测控制系统按其目的分类如图3－18所示，主要有炉温燃烧控制、炉内压力控制及预热器保护控制等。其中，燃烧控制多数是通过计算机进行自动控制。

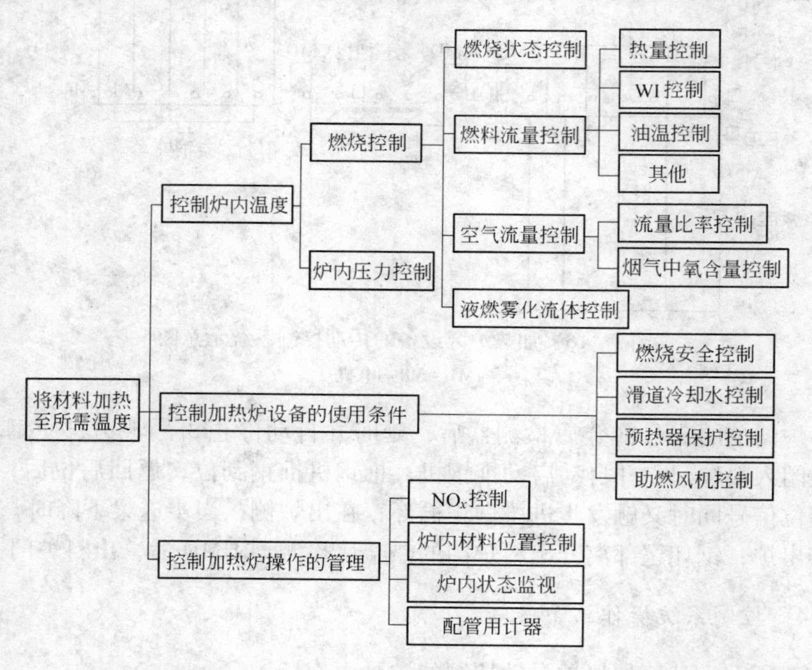

图3－18　加热炉的检测控制系统按其目的分类

加热炉计算机控制系统主要包括数学模型、供热控制、确定步速、热平衡和诊断等各种功能，如图3－19所示。

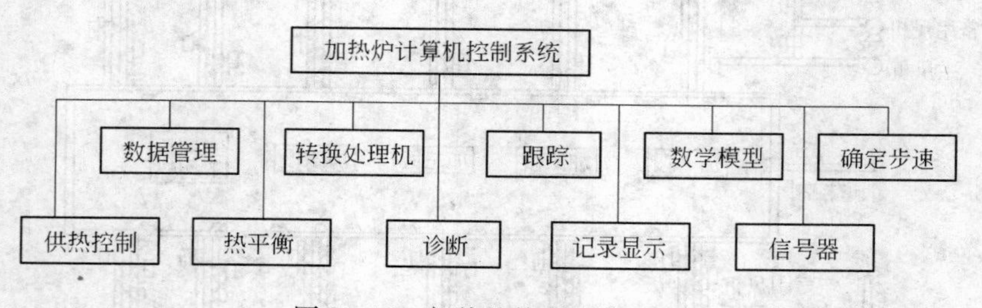

图3－19　加热炉控制系统工程

采用加热炉计算机控制系统，一般能节能5%左右，减少氧化烧损0.2%左右，并可减少脱碳。在频繁改变生产计划、坯料钢种和规格的情况下，其节能和减少板坯氧化脱碳的效果将更加显著。

3.2.5.1　加热炉自动控制的方式

目前，加热炉上自动控制的方式有位式、比例调节（P）、比例积分调节（PI）、微分调节（D）、比例积分微分调节（PID）等几种，其中，PID，即比例调节（P）、比例积分调节（PI）和微分调节（D）的综合调节，是目前加热炉自动控制中控制质量最高的一种调节方式。

下面以简单的热交换器为例做一简单介绍。

当由于冷水供给量增加或是由于蒸汽温度降低而导致热水温度低于设定值时，蒸汽的阀门的调节方式有如下几种：

（1）比例调节。它是使阀门的开度与偏差大小保持一定的比例关系的调节，即偏差值大的时候，把调节阀开大（或关小）一些，偏差小的时候，则把调节阀略开大（或略关小）一些。

（2）比例积分调节。它是按一定的速度打开（或关闭）阀门，而这一速度又与偏差成比例，直到偏差消除为止的调节。

（3）微分调节。它是在被调节参数变化速度很大时，提前打开（或关闭）调节阀，以克服这个将要出现的偏差；参数变化越剧烈，阀门开得越大，参数不变化时阀门不动。

在自动控制系统中，采用比例调节能够产生强有力的稳定作用，如有突然波动，它能较快地去校正。比例调节的缺点是往往产生静差的调节结果。积分调节能消除静差，但有滞后作用。由于其输出是慢慢增大的，因此对偏差的校正作用也是慢慢增强的，从而导致在自动控制中有时达到稳定的时间（即调节时间）比较长，调节过程中的波动也会较大（超调现象）。微分调节作用可以阻止当由于某种原因发生激烈变动时的变化，使其较迅速地趋于稳定。

可见，由比例调节、积分调节、微分调节三者结合的比例积分微分调节，既可以使偏差较快地得到校正，又能最终消除静差，而且在有偏差出现时可以立即产生大幅度的校正偏差的动作，从而缩短调节时间，所以比例积分微分调节是一种比较理想的调节方式。

3.2.5.2 加热炉的燃烧控制

加热炉的燃烧控制，就是在各种燃烧工况条件下，找到合理的最佳空燃比，使燃烧处于较佳状态，从而提高炉温控制精度，保证钢坯以较快的速度达到出钢温度，节约能源，减少氧化烧损。

加热炉的燃烧控制包括炉内温度控制、燃料流量控制、上下部炉膛串级控制、空气燃料比例控制和燃烧烧嘴选择控制等。图3－20所示为某推钢式板坯加热炉热工仪表的配置情况。g_{01}，g_{03}，g_{05}分别为三个燃烧段的上区喷嘴燃气流量；g_{02}，g_{04}，g_{06}分别为三个燃烧段的下区喷嘴燃气流量；a_{01}，a_{03}，a_{05}分别为三个燃烧段的上区喷嘴空气流量；a_{02}，a_{04}，a_{06}分别为三个燃烧段的下区喷嘴空气流量；t_{01}，t_{03}，t_{05}，t_{07}，t_{09}，t_{11}，t_{13}分别为四个段的上区沿炉长方向分布的七个炉温检测量；t_{02}，t_{04}，t_{06}，t_{08}，t_{10}，t_{12}，t_{14}分别为四个段的下区沿炉长方向分布的七个炉温检测量；p_{01}，p_{02}，p_{03}分别为炉膛压力、燃气总管压力、空气总管压力（在图中未表示出）；O_{01}为烟道烟气氧含量（在图中未表示出）；T_{-1}，T_{-2}，T_{-3}分别为钢坯的下表面温度、钢坯的中心温度、钢坯的上表面温度（在图中未表示出）。

目前，加热炉上采用的主要燃烧控制方法有串级并联双交叉限幅控制燃烧、氧化锆残氧分析法、用热值分析仪测煤气的热值、利用高炉和焦炉混合煤气成分理论推测空燃比、目标专家寻优算法、模糊控制技术等。下面对其做简要介绍。

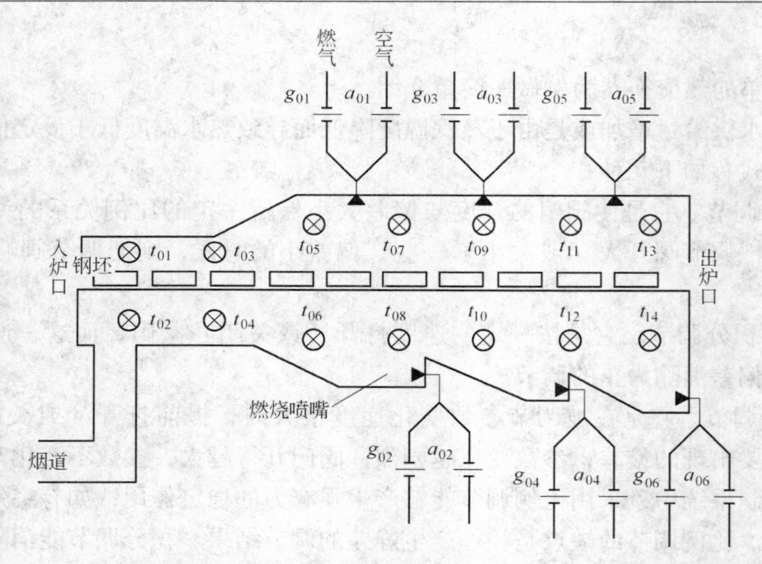

图 3－20　某推钢式板坯加热炉热工仪表的配置情况

A　串级并联双交叉限幅控制燃烧

串级并联双交叉限幅控制燃烧是以炉温调节回路为主环、燃料流量和空气流量调节为副环构成的控制系统。它在负荷变化时，既根据实测空气流量对燃料流量进行上、下限幅，也根据实测燃料流量对空气流量进行上、下限幅，因此，在负荷增加或减小时，燃料流量和空气流量相互限制交替增加或减小，使得即使在动态情况下，系统也能保持良好的空燃比。

串级并联双交叉限幅控制燃烧是仪表控制调节回路的基本方式，可以作为独立的控制单元使用。现在与氧化锆残氧分析仪、热值分析仪、专家寻优、模糊控制等一起使用，控制效果比过去单独使用要理想。

B　氧化锆残氧分析法

采用电化学法，利用氧化锆固体电解质做成的检测器通过氧化锆测量烟气中氧含量的办法，判断炉内煤气燃烧是否充分，它可以避免煤气热值和压力波动或管道漏气而影响配比控制。残氧检测数据被送到计算机用来参与闭环控制，反馈速度快。计算机算出空燃比，实现串级并联燃烧自动控制。目前存在的主要问题是氧化锆探头价格昂贵，并且使用寿命短。

C　用热值分析仪测煤气的热值

热值分析仪实际上是一个小型燃烧炉，它将经过预处理后的干净煤气引入，通过减压阀减压，进入陶瓷过滤器进行过滤，并经恒压调节，至燃烧室与机柜内的小型助燃风机经恒压调节后的空气混合燃烧。微机利用热电偶检测的燃烧装置温度场的废气温度，结合标定的系数和煤气、空气压差计算出热值及空燃比，将该信号输出至参与燃烧控制的计算机或其他显示仪。

热值分析仪测得的数据较准确，但是热值分析仪一次性投资费用大，煤气清洁麻烦，维修量大。随着热值分析仪技术水平的提高和价格的降低，热值分析仪在国内外大型加热炉上将进一步广泛运用，它成为空燃比的主流检测设备。

D 利用高炉和焦炉混合煤气成分理论推测空燃比

高焦比值即高炉煤气流量与焦炉煤气流量之比。假设现测高焦比为7∶3（计算时忽略空气中的水分），根据煤气成分（主要含CO、H_2、CH_4）可计算出理论空燃比为：

$$L_{理论空气需要量}:L_{混合煤气量}=1.77\ (m^3/m^3)$$

取空气过剩系数为1.05，则：

$$L_{实际空气需要量}:L_{混合煤气量}=1.77\times1.05:1=1.86\ (m^3/m^3)$$

当混合煤气高焦比为7∶3时，空燃比为1.86。

理论计算空燃比采用的是高炉、焦炉煤气混合前的数值，再考虑煤气压力变化、含水分、杂质等因素，所以理论计算的只是一个近似值。

实践证明，通过高焦比计算空燃比与其他几种方法结合使用，反应快，省去了大量的寻优时间。

理论计算空燃比不需添置设备，计算简单，作为参考值来用经济合算。高炉煤气、焦炉煤气流量可根据混合前的流量计实测。

E 目标专家寻优算法

目标专家寻优算法的控制思想是：在煤气热值、压力等炉况不稳定的状态下，把影响燃烧的多个因素考虑进来，炉温升温速度合理（可能快或一般），烟气升温速度合理（满足一定范围），炉压合理（满足一定范围），热风升温速度合理（满足一定的范围），满足所有这些条件的才是“最佳空燃比”。

当计算机燃烧控制系统开始运行时，选用当前控制加热炉的平均空燃比值作为基值，“专家寻优系统”根据炉温、烟气上下部温度、炉压、热风等条件的变化寻找合适的空燃比。空燃比合适时，升温、保温曲线良好，“专家寻优系统”不运行，保持这个状态，煤气流量、热风流量、炉压不变；当煤气热值、压力变化时，专家寻优系统推理机根据数据库内专家经验，判断煤气加减方向及推算加减量，寻找到“最佳空燃比”。目标专家寻优算法的优点是避免了使用氧化锆、热值分析仪，缺点是不如氧化锆、热值分析仪反馈时间快、数据准确。但寻优算法的思路在燃烧控制方面已得到广泛承认，并越来越多地应用于实践。

F 模糊控制技术

随着模糊控制技术的不断发展完善，越来越多的模糊控制技术应用到加热炉的燃烧控制中，常用的是二维模糊控制器，即选用误差、误差变化率两个输入量，一个输出量。多维模糊控制器（三维及以上）除了误差外，还增加了误差变化率，从理论上讲，控制会更加精细。但是，由于模糊控制器输入维数增多，控制规则的选取越来越困难，相应的控制算法也越来越复杂。

复习思考题

3-1 如何判断钢料是否烧透?

3-2 如何判断煤气的燃烧情况?

3-3 炉压过大的原因有哪些?

3-4 加热炉上需要检测及调节的热工参数主要有哪些?

3-5 安装热电偶时有哪些注意事项?

项目四　加热参数的确定

4.1　任务1　钢温和炉温的确定

4.1.1　钢的加热温度

钢的加热温度是指钢料在炉内加热完毕出炉时的表面温度。确定钢的加热温度不仅要根据钢种的性质，而且还要考虑到加工的要求，以获得最佳的塑性，最小的变形抗力，从而有利于提高轧制的产量、质量，降低能耗和设备磨损。实际生产中，加热温度主要由以下几方面来确定。

4.1.1.1　加热温度的上限和下限

碳钢和低合金钢加热温度的选择主要是借助于铁碳平衡相图（见图4－1）。当钢处于奥氏体区时，其塑性最好，加热温度的理论上限应当是固相线 AE（1400～1530℃）。实际上，由于钢中偏析及非金属夹杂物的存在，加热还不到固相线温度就可能在晶界出现熔化而后氧化，晶粒间失去塑性，形成过烧。所以钢的加热温度上限一般低于固相线温度

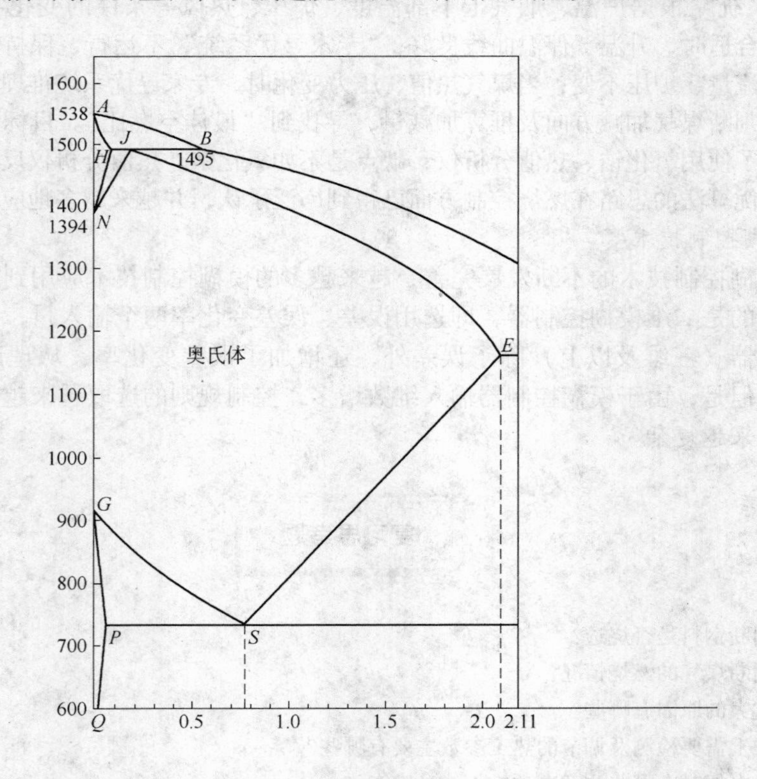

图4－1　铁碳平衡相图（其中指出了加热温度界限）

100～150℃。碳钢的最高加热温度和理论过烧温度见表4－1。加热温度的下限应高于A_{c3}线30～50℃。根据终轧温度再考虑到钢在出炉和加工过程中的热损失，便可确定钢的最低加热温度。终轧温度对钢的组织和性能影响很大，终轧温度越高，晶粒集聚长大的倾向越大，奥氏体的晶粒越粗大，钢的力学性能越低。所以终轧温度也不能太高，最好在850℃左右，不要超过900℃，也不要低于700℃。

表4－1 碳钢的最高加热温度和理论过烧温度

碳的质量分数/%	最高加热温度/℃	理论过烧温度/℃
0.1	1350	1490
0.2	1320	1470
0.5	1250	1350
0.7	1180	1280
0.9	1120	1220
1.1	1080	1180
1.5	1050	1140

4.1.1.2 加热温度与轧制工艺的关系

上面讨论的仅是确定加热温度的一般原则。实际生产中，钢的加热温度还需结合压力加工工艺的要求。如轧制薄钢带时，为满足产品厚度均匀的要求，其加热温度比轧制厚钢带时的加热温度要高一些；大坯料加工道次多要求加热温度高些，反之，小坯料加工道次少则要求加热温度低些等。这些都是压力加工工艺特点决定的。

高合金钢的加热温度则必须考虑合金元素及生成碳化物的影响，要参考相图，根据塑性图、变形抗力曲线和金相组织来确定。

目前，国内外研究人员有一种意见，认为应该在低温下轧制，因为低温轧制所消耗的电能比提高加热温度所消耗的热能要少，在经济上更合理。各类钢的参考加热温度以及加热时的注意事项见表4－2。

表4－2 各类钢的参考加热温度以及加热时的注意事项

钢 种	加热温度/℃	注 意 事 项
普通低碳钢	1000～1150	
普通高碳钢	1000～1150	高温下容易脱碳，必须注意避免
奥氏体不锈钢（包括耐热钢）	1100～1250	（1）镍、铬含量高的钢，热导率差，加热时间要比碳素钢延长0.5～1.0倍； （2）燃烧产物中的硫与钢中的镍生成低熔点的NiS，加工时易出现裂纹，应使用低硫燃料； （3）变形抗力大，需高温加热； （4）高温下生成一部分铁素体，加工温度范围变窄，应均匀加热； （5）高温下长时间加热则晶粒长大，加工时易裂

续表 4－2

钢　种	加热温度/℃	注 意 事 项
铁素体和马氏体不锈钢（包括耐热钢）	1100～1250	（1）变形抗力比奥氏体不锈钢小，加热温度和碳素钢差不多； （2）低碳高铬钢温度在1050℃以上易过热，影响正常轧钢
高速钢	1050～1150	（1）含钨高速钢加工温度范围窄，应充分均匀加热； （2）高温下很容易过热和脱碳，必须注意避免； （3）热导率差，加热时间比碳素钢延长2倍以上
轴承钢、弹簧钢	950～1050	（1）必须严格避免脱碳，高温段快速加热； （2）温度过低则轧辊孔型磨损快
高磷高硫易切削钢	1100～1200	轧件端部温度偏低则易于出现裂纹，因而要求均匀加热
复合易切削钢	1150～1250	

4.1.2　钢的加热速度

钢的加热速度通常是指钢在加热时，单位时间内其表面温度升高的度数，单位为℃/h，有时也用加热单位厚度钢坯所需的时间（min/cm）或单位时间内加热钢坯的厚度（cm/min）来表示。钢的加热速度和加热温度同样重要，在操作中常常由于加热速度控制不当，造成钢的内外温差过大，钢的内部产生较大的热应力，从而使钢出现裂纹或断裂。加热速度越大，炉子的单位生产率越高，钢坯的氧化、脱碳越少，单位燃料消耗量也越低。因此，快速加热是提高炉子各项指标的重要措施。但是，提高加热速度受到一些因素的限制，对厚料来说，不仅受炉子给热能力的限制，而且还受到工艺上钢坯本身所允许的加热速度的限制，这种限制可归纳为在加热初期断面上温差的限制、在加热末期断面上烧透程度的限制和因炉温过高造成加热缺陷的限制。下面分述它们对加热速度的影响。

4.1.2.1　*加热初期断面上温差的限制*

在加热初期，钢坯表面与中心产生温度差。表面的温度高，热膨胀较大；中心的温度低，热膨胀较小。而表面与中心是一块不可分割的金属整体，所以膨胀较小的中心部分将限制表面的膨胀，使钢坯表面部分受到压应力；同时，膨胀较大的表面部分将强迫中心部分和它一起膨胀，使中心受到拉应力。这种应力称为“温度应力”或“热应力”。显然，从断面上的应力分布来看，表面与中心处的温度应力都是最大的，而在表面与中心之间的某层金属则既不受到压应力也不受到拉应力。可以证明，钢坯加热时的温度应力曲线与温度曲线一样，也是呈抛物线分布的。

加热速度越大，内外温差越大，产生的温度应力也越大。当温度应力在钢的弹性极限以内时，对钢的质量没有影响，因为随着温度差的减小和消除，应力会自然消失。当温度应力超过钢的弹性极限时，钢坯将发生塑性变形，在温度差消除后，所产生的应力将不能完全消失，即生成残存应力。如果温度应力再大，超过了钢的强度极限时，则在加热过程中就会破裂。这时温度应力对于钢坯中心的危害性更大，因为中心受的是拉应力，一般钢的抗拉强度远低于其抗压强度，所以中心的温度应力易造成内裂。

如果钢的塑性很好，即使在加热过程中形成很大的内外温差，也只能引起塑性变形，以任意速度加热，都不会因温度应力而引起钢坯断裂。如果钢的导热性好（或热导率高），则在加热过程中形成的内外温差就小（因 $\Delta t = \frac{qS}{2\lambda}$），因而加热时温度应力所引起的塑性变形或断裂的可能性较小。低碳钢的热导率大，高碳钢和合金钢的热导率小，因而高碳钢和合金钢在加热时容易形成较大的内外温差，而且这些钢在低温时塑性差、硬而脆，所以它们在刚入炉加热时，容易发生因温度应力而引起的断裂。

如果被加热坯料的断面尺寸较小，则加热时形成的内外温差也较小；断面尺寸大的钢坯，因加热时形成较大的内外温差，容易因温度应力而导致钢坯变形或断裂。

根据上述分析，可概括出下列结论：

（1）在加热初期，限制加热速度的实质是减少温度应力。加热速度越快，表面与中心的温度差越大，温度应力越大，这种应力可能超过钢的强度极限，而造成钢坯的破裂。

（2）对于塑性好的金属，温度应力只能引起塑性变形，危害不大。因此，对于低碳钢，温度在500℃以上时可以不考虑温度应力的影响。

（3）允许的加热速度还与金属的物理性质（特别是导热性）、几何形状和尺寸有关，因此，对大的高碳钢和合金钢加热要特别小心，而对薄材则可以任意速度加热也不会导致断裂危险发生。

4.1.2.2 加热末期断面上烧透程度的限制

在加热末期，钢坯断面同样具有温度差。加热速度越大，则形成的内外温度差越大。这种温度差越大，可能超过所要求的烧透程度，从而造成压力加工上的困难。因此，所要求的烧透程度往往限制了钢坯加热末期的加热速度。

但是，实际和理论都说明，为了保证所要求的最终温度差而降低整个加热过程的加热速度是不合算的。因此，往往是在比较快的速度加热以后，为了减少这一温差而降低它的加热速度或执行均热，以求得内外温度均匀，这个过程称为"均热过程"。

4.1.2.3 因炉温过高造成加热缺陷的限制

钢坯表面的温度是和炉温相联系的，炉温过高给准确地控制钢坯表面温度带来困难。特别是当发生待轧时，将因炉温过高而造成严重氧化、脱碳、粘钢、过烧等，这在连续加热炉上常是限制快速加热的主要因素。

上述的两个温度差（加热初期为避免裂纹和断裂所允许的内外温差和加热末期因烧透程度要求的内外温差）都对加热速度有所限制，加上准确地控制钢坯达到所要求的加热温度所需要的加热时间，这三个要素构成了制定加热制度的主要基础。

一般低碳钢大都可以进行快速加热而不会给产品质量带来什么影响。但是，加热高碳钢和合金钢时，其加热速度就要受到一些限制，高碳钢和合金钢坯在500℃以下时易产生裂纹，所以加热速度的限制是很重要的。

4.1.3 钢的加热制度

加热制度是指在保证实现加热条件的要求下所采取的加热方法。具体来说，加热制度包括温度制度和供热制度两个方面。

对连续式加热炉来说，温度制度是指炉内各段的温度分布。对连续加热炉来说，供热制度是指炉内各段的供热分配。

从加热工艺的角度来看，温度制度是基本的，供热制度是保证实现温度制度的条件，一般加热炉操作规程上规定的都是温度制度。

具体的温度制度不仅取决于钢种、钢坯的形状尺寸、装炉条件，而且依炉型而异。加热炉的温度制度大体分为：一段式加热制度、两段式加热制度、三段式及多段式加热制度。这里重点介绍三段式加热制度。

三段式加热制度是把钢坯放在三个温度条件不同的区域（或时期）内加热，依次是预热段、加热段、均热段（或称为应力期、快速加热期、均热期）。

这种加热制度是比较完善的加热制度。钢料首先在低温区域进行预热，这时加热速度比较慢，温度应力小，不会造成危险。当钢温度超过500℃以后，进入塑性范围，这时就可以快速加热，直到表面温度迅速升高到出炉所要求的温度。加热期结束时，钢坯断面上还有较大的温度差，需要进入均热期进行均热，此时钢的表面温度不再升高，而使中心温度逐渐上升，缩小断面上的温度差。

三段式加热制度既考虑了加热初期温度应力的危险，又考虑了中期快速加热和最后温度的均匀性，兼顾了产量和质量两方面。在连续式加热炉上采用这种加热制度时，由于有预热段，出炉废气温度较低，热能的利用较好，单位燃料消耗低。加热段可以强化供热，快速加热减少了氧化和脱碳，并保证炉子有较高的生产率，所以对许多钢坯的加热来说，这种加热制度是比较完善与合理的。

这种加热制度适用于大断面坯料、高合金钢、高碳钢和中碳钢冷坯加热。

4.1.4　碳素钢的加热

根据铁碳平衡相图，碳素钢分为亚共析钢和过共析钢两大类。

4.1.4.1　亚共析碳素钢的加热

碳的质量分数在0.77%以下的碳素钢称为亚共析钢，其加热温度的选择按铁碳相图固相线以下100~150℃范围内进行加热，这个温度范围就能保证轧制始终在奥氏体单相区内进行。

对于碳的质量分数低于0.3%的碳素钢，其开轧温度为1100~1240℃；碳的质量分数为0.35%~0.6%的碳素钢，其开轧温度为1100~1200℃；碳的质量分数大于0.6%的高碳钢，其开轧温度为1100~1180℃。开轧温度在一定的范围里，温度的上下限取值，一般取决于钢锭或钢坯的断面，如果断面较大则取上限温度，小断面钢坯可取下限温度，另外，还取决于加工过程的温降损失及终轧温度的要求等。亚共析钢的终轧温度一般控制在A_{c3}以上20~30℃。

亚共析钢的加热速度：碳的质量分数在0.6%以下的亚共析钢，大断面的钢锭装炉温度不受限制，升温速度控制在300℃/h以下；碳的质量分数为0.6%~0.8%的大断面钢锭装炉温度小于800℃，升温速度控制在180℃/h以下。钢坯的升温速度不受限制。

4.1.4.2　过共析碳素钢的加热

碳的质量分数在0.77%~2.11%的碳素钢称为过共析钢，如碳素工具钢T8~T12就是过共析钢。由于碳的质量分数高，对过热、过烧非常敏感，加上它的导热性差，易脱碳，因此，加热温度和升温速度要加以适当限制。一般冷钢锭装炉温度控制在450～500℃，钢温在800℃以下的升温速度一般在80℃/h左右，其加热温度为1220～1240℃，开轧温度为1120～1180℃。对已经加工过的钢坯，装炉温度控制在700～800℃，对钢坯温度在800℃以下的升温速度适当加以控制，加热温度根据断面尺寸和形状的不同控制在1100～1160℃。由于过共析钢易脱碳，因此，加热时应采取控制炉温和气氛的措施来加以避免。

终轧温度对过共析钢的质量影响很大。当终轧温度较高（850～900℃）时，可能形成针状组织的网状渗碳体；终轧温度中等（800～850℃）时，则可能形成不带针状的网状渗碳体；当终轧温度低于750℃时，形成少量的网状渗碳体，网状渗碳体是有害的，它将严重损害钢的力学性能，降低热处理后的韧性和恶化钢的冷加工（如冷拔）性能。因此，从减少网状渗碳体的角度看，希望终轧温度低些为好，也就是说，加热温度应选得低些。一般加热温度在A_{ccm}以上30～50℃的范围，终轧温度控制在A_{rcm}～A_{r1}之间，使钢在冷却过程中形成少量的网状渗碳体。

4.1.5 合金钢的加热

合金钢的钢种很多，成分也十分复杂，下面介绍几类合金钢的加热特点。

4.1.5.1 15Cr～50Cr合金结构钢的加热

这类合金钢按其碳的质量分数来说是亚共析钢，Cr的质量分数在0.7%～1.1%，主要用于一些机械零件上，如齿轮、凸轮和轴等。

这种钢材对过热不敏感，与10～50号碳素钢的加热工艺性能差不多。一般在合金钢厂把它与中碳钢合并为同一组，采用同一加热制度。这种钢的加热温度为1280～1300℃（对钢锭），钢坯则视断面尺寸不同，采用1160～1250℃（断面尺寸小的采用下限）的加热温度，这种钢的装炉温度和升温速度可以不限制，其终轧温度控制在850℃左右。

但是必须注意，含Cr钢的氧化铁皮塑性很大，生成氧化铁皮较致密，并且紧紧贴在金属基体上，轧制时不易脱落。所以对这种钢的加热应采取控制气氛，加热温度宜偏低取下限，以尽量减少氧化铁皮生成。

4.1.5.2 锰结构钢的加热

对于15Mn～60Mn及10Mn2～50Mn2钢，从碳的质量分数来看也是亚共析钢，其Mn的质量分数一般在1.8%以下。它主要用在机械零件上，如螺帽、铆钉、电焊条、齿轮等。

亚共析碳素钢加锰量为1%～1.5%（质量分数）时，可以增加钢的强度和耐磨性，但塑性降低很少，除40Mn～50Mn2的钢锭装炉温度需控制在800℃左右外，其余各号的锰结构钢的装炉温度、升温速度均不受限制。这类钢的加热温度对钢锭来说在1260～1300℃；对钢坯来说视断面不同波动在1140～1220℃之间。对过共析碳素钢来说，加入锰量很高就会使钢增加过热、过烧的敏感性，并降低钢的塑性，因此，对过共析锰钢的加热必须十分注意。例如，9Mn2合金工具钢的钢锭，装炉温度一般控制在500℃左右，钢温在 800℃以下的升温速度不超过 80℃/h，加热温度为 1250℃，终轧温度为 800～850℃；对加工过的钢坯视断面不同加热温度为 1140～1180℃，装炉温度为 700～850℃。

4.1.5.3　滚动轴承钢的加热

滚动轴承钢主要是制造滚动轴承的专用钢。常用的钢号有 GCr6、GCr9、GCr15、GCr15SiMn、GCr9SiMn 等，它们实际上是碳的质量分数为 0.95%～1.05%、铬的质量分数为 0.5%～1.65%的高碳铬钢。它们的使用性能要求有高硬度、高耐磨性、高的弹性极限与接触疲劳强度，并且要有一定的韧性和淬透性。这就要求加热时尽量不脱碳和氧化。因此，这类钢加热制度的选择必须仔细。

由于滚动轴承钢中的碳和加入的合金元素 Cr 形成 Cr 的碳化物，并使钢的导热性降低，而 Si 的加入又能促使碳化物分解，在加热时最易脱碳，因而加热温度不能太高，在开坯或成材的轧前加热时速度不宜过快，钢坯入炉时的炉尾温度不宜过高，应小于 700℃。高碳钢的加热温度区间比较窄，通常在 1150～1200℃之间。温度过低时变形抗力较大，而温度过高则会出现过热和过烧缺陷。

轴承钢铸态坯料中存在碳化物偏析现象，它将严重影响轴承钢产品的质量，会造成硬度不均匀或裂纹。因此，坯料轧制前的加热时，要求在 1160～1200℃进行高温扩散，以使碳化物团块扩散以及消除碳化物偏析，并能促使钢中氢气析出，减少白点缺陷。进行高温扩散的时间一般为 0.3～5h，根据坯料尺寸大小而定。

因为滚动轴承钢在高温轧制时在奥氏体相区内，当终轧温度过高、冷却速度过慢时，就会在晶粒边界处析出碳化物的网状组织，从而使耐磨性和机械强度降低，所以终轧温度一般控制在 800～850℃，然后空冷，但是终轧温度过低时，又将产生条带状的碳化物，使得轧制时易出现裂纹。

4.1.5.4　弹簧钢的加热

弹簧钢的主要性能要求是高的强度和屈服极限、疲劳极限，因此，弹簧钢采用的碳的质量分数高。碳的质量分数一般在 0.50%～0.75%之间，主要的合金元素是硅和锰。常见的钢号有 60Mn、60Si2Mn、50CrVA、70Si3MnA 等，由于 Si 的存在能促使碳化物分解，有产生石墨化的倾向，所以这种钢易脱碳，特别是在 900～1050℃之间反应剧烈，过此温度后，坯料表面的氧化层阻止进一步脱碳。脱碳严重的就会降低钢的疲劳强度和抗拉强度。这种钢的导热性很差，因此，装炉温度要低，在 800℃以前适当缓慢加热，到 800℃以上时快速加热，特别是缩短在高温区停留时间。加热温度为 1100～1150℃，开轧温度为 1080℃，另外，加热温度要求均匀，由于温差的原因，将对成品材的力学性能有很大的影响，终轧的温度要求在 A_{r3} 以上。

4.1.5.5　不锈钢的加热

不锈钢有 3 种类型，一种是马氏体不锈钢，如 2Cr13～4Cr13；一种是奥氏体不锈钢，如 1Cr18Ni9Ti；另一种是铁素体不锈钢，如 Cr17、Cr25、Cr28 等。

由于不锈钢的变形抗力都很大，因此加热温度都比较高。从低温塑性来看，虽然不锈钢的低温塑性较好，但导热性很差，线膨胀系数大，所以加热速度也要适当控制。

对奥氏体不锈钢来说，加热温度还不能过高，否则将产生铁素体相（α 相），当加热温度超过1250℃时，α 相迅速增加，晶粒长大且呈棱形，轧制时很容易出现龟裂，所以在此温度下保温是很不利的，因为经过保温后能使析出的铁素体球化。对于钢坯加热温度的选择来说，从铁素体析出物的角度看，以低于1250℃为好。但若考虑到生产实践中的轧制负荷很大，可先加热到1200~1250℃保温2.5~3h，以减少α 相并使之球化，而后升温到1270~1290℃，短时保温1h左右，这样出炉轧制会取得较好的效果，充分发挥轧机的能力；装炉温度控制在700~800℃，此温度下的升温速度为100℃/h，对于加工过的钢坯来说，装炉温度一般控制在900℃，升温速度不限，加热温度则随断面的不同控制在1200~1240℃，终轧温度是考虑到其变形抗力在800~900℃时要比碳素钢高好几倍，因此，对锭或坯来说，终轧温度都保持在900℃以上。

对铁素体不锈钢来说，因为在高温长时间保温，晶粒会急剧长大，使塑性变坏，原因是铁素体不锈钢在加热时没有相变，不能用退火的方法使晶粒细化，因此，铁素体不锈钢的加热温度应低些，一般控制在1050~1090℃。

对马氏体不锈钢来说，它们的共性是均含有13%（质量分数）Cr，由于大量Cr的加入，使其相图共析点位置大大左移而成为共析钢和过共析钢，所以其加热特点类似过共析碳素钢的加热，钢锭加热温度为1240℃，钢坯加热温度为1150~1180℃，终轧温度为900℃以上，为了防止发生裂纹，轧后必须立即送入保温坑进行缓冷。

4.1.5.6 高速工具钢的加热

高速工具钢是用来制造各种刀具的主要材料，典型的钢种有W18Cr4V、W12Cr4VMo、W9Cr4V、W6Mo5Cr4V2等，这类钢经热处理后，在600℃以下具有高硬度、强度和耐磨性。高速钢的铸态组织是骨骼状的莱氏体，经过锻压加工，才能将粗大共晶碳化物打碎，并使其均匀分布。这种钢的加热特点是：由于它的合金的质量分数很高，因此其导热性很差，它的升温速度必须缓慢；另外，它是莱氏体共晶组织，它的理论过烧温度降低，大约在1380℃左右，在加热中要避免过烧；它的热加工温度范围较狭窄，随着温度降低，其变形抗力成倍地增加，终轧温度要求在950℃以上。一般钢锭的装炉温度为700℃，升温速度小于80℃/h，加热温度为1180~1220℃。钢坯的加热温度为1160~1180℃，终轧温度大于950℃，轧后必须立即送入保温坑，以及及时退火。

某厂三段式连续加热炉一般钢种的加热工艺见表4-3。

表4-3 某厂三段式连续加热炉一般钢种的加热工艺

钢 种	钢坯规格/mm×mm	加热时间/h	加热温度/℃	炉尾温度/℃	终轧温度/℃
碳素结构钢	160×160	≥1.33	1100~1240	750~900	>850
合金结构钢	160×160	≥1.67	1140~1220	700~800	>850
碳素工具钢	160×160	≥1.67	1120~1160	700~800	>850
合金工具钢	160×160	1.75	1140~1180	700~850	≥950
弹簧钢	160×160	≥1.83	1120~1160	700~800	≥850
不锈钢	160×160	≥2	1140~1180	700~850	≥900
滚动轴承钢	160×160	≥2	1160~1180	700~850	≥950

4.2 任务2 空燃比的确定

燃料的燃烧是一种激烈的氧化反应，是燃料中的可燃成分与空气中的氧气所进行的氧化反应。要使燃料达到完全燃烧并充分利用其放出的热量，首先要对燃烧反应过程做物料平衡和热平衡计算，算出燃料燃烧时需要的空气量、产生的燃烧产物量、燃烧产物成分、密度以及燃烧后能够达到的温度等。只有在此基础上才能有根据地去改进燃烧设备，控制燃烧过程，达到满意的燃烧效果。

燃烧过程是很复杂的，为了使计算简化，在燃烧计算中做如下几项假定：

（1）气体的体积都按标准状态（0℃和101326Pa）计算，1kmol任何气体的体积都是22.4m^3；

（2）在计算中不考虑热分解效应；

（3）空气的组成只考虑O_2和N_2，认为干空气由体积分数为21%的氧气和体积分数为79%的氮气组成；

（4）在计算理论空气量和理论燃烧产物量时，均考虑在完全燃烧条件下进行。

4.2.1 气体燃料完全燃烧的分析计算

已知气体燃料的湿成分为：

$$\varphi(CO)^{湿}+\varphi(H_2)^{湿}+\varphi(CH_4)^{湿}+\varphi(C_mH_n)^{湿}+\varphi(H_2S)^{湿}+\varphi(CO_2)^{湿}+\varphi(SO_2)^{湿}+\varphi(O_2)^{湿}+\varphi(N_2)^{湿}+\varphi(H_2O)^{湿}=100\%$$

因为1kmol任何气体在标准状态下的体积为22.4m^3，所以参加燃烧反应的各气体与生成物之间的摩尔数之比，就是其体积比。例如：

$$H_2+\frac{1}{2}O_2 \xlongequal{} H_2O$$

$$1mol:0.5mol:1mol$$

$$1m^3:0.5m^3:1m^3$$

因此，气体燃料的燃烧计算可以直接根据体积比进行计算。其计算步骤见表4-4。

表4-4 1m^3气体燃料的燃烧反应

湿成分（体积分数）/%	反应方程式（体积比例）	需氧气体积/m^3	燃烧产物体积/m^3				
			CO_2	H_2O	SO_2	N_2	O_2
$\varphi(CO)^{湿}$	$CO+\frac{1}{2}O_2=CO_2$ $1:\frac{1}{2}:1$	$\frac{1}{2}\varphi(CO)^{湿}$	$\varphi(CO)^{湿}$				
$\varphi(H_2)^{湿}$	$H_2+\frac{1}{2}O_2=H_2O$ $1:\frac{1}{2}:1$	$\frac{1}{2}\varphi(H_2)^{湿}$		$\varphi(H_2)^{湿}$			
$\varphi(CH_4)^{湿}$	$CH_4+2O_2=CO_2+2H_2O$ $1:2:1:2$	$2\varphi(CH_4)^{湿}$	$\varphi(CH_4)^{湿}$	$2\varphi(CH_4)^{湿}$			

续表 4-4

湿成分（体积分数）/%	反应方程式（体积比例）	需氧气体积/m^3	燃烧产物体积/m^3				
			CO_2	H_2O	SO_2	N_2	O_2
$\varphi(C_mH_n)^{湿}$	$C_mH_n+(m+\frac{n}{4})O_2 = mCO_2+\frac{n}{2}H_2O$ $1:(m+\frac{n}{4}):m:\frac{n}{2}$	$(m+\frac{n}{4})\varphi(C_mH_n)^{湿}$	$m\varphi(C_mH_n)^{湿}$	$\frac{n}{2}\varphi(C_mH_n)^{湿}$			
$\varphi(H_2S)^{湿}$	$H_2S^{湿}+\frac{3}{2}O_2 = SO_2+H_2O$ $1:\frac{3}{2}:1:1$	$\frac{3}{2}\varphi(H_2S)^{湿}$		$\varphi(H_2S)^{湿}$	$\varphi(H_2S)^{湿}$		
$\varphi(CO_2)^{湿}$	不燃烧，到烟气中		$\varphi(CO_2)^{湿}$				
$\varphi(SO_2)^{湿}$	不燃烧，到烟气中				$\varphi(SO_2)^{湿}$		
$\varphi(O_2)^{湿}$	助燃，消耗掉	$-\varphi(O_2)^{湿}$					
$\varphi(N_2)^{湿}$	不燃烧，到烟气中					$\varphi(N_2)^{湿}$	
$\varphi(H_2O)^{湿}$	不燃烧，到烟气中			$\varphi(H_2O)^{湿}$			
$1m^3$ 气体燃料燃烧所需 O_2 的体积数（m^3）为： $\left[\frac{1}{2}\varphi(CO)^{湿}+\frac{1}{2}\varphi(H_2)^{湿}+2\varphi(CH_4)^{湿}+\left(m+\frac{n}{4}\right)\varphi(C_mH_n)^{湿}+\frac{3}{2}\varphi(H_2S)^{湿}-\varphi(O_2)^{湿}\right]$							
$1m^3$ 气体燃料燃烧理论空气需要量（m^3/m^3）为： $L_0=4.76\times\left[\frac{1}{2}\varphi(CO)^{湿}+\frac{1}{2}\varphi(H_2)^{湿}+2\varphi(CH_4)^{湿}+(m+\frac{n}{4})\varphi(C_mH_n)^{湿}+\frac{3}{2}\varphi(H_2S)^{湿}-\varphi(O_2)^{湿}\right]$						$0.79L_0$	
实际空气需要量： $L_n=nL_0$							
过剩空气量： $\Delta L=L_n-L_0=(n-1)L_0$						$0.79(n-1)L_0$	$0.21(n-1)L_0$

4.2.1.1 空气需要量

$1m^3$ 气体燃料燃烧理论空气需要量为：

$$L_0=4.76\times\left[\frac{1}{2}\varphi(CO)^{湿}+\frac{1}{2}\varphi(H_2)^{湿}+2\varphi(CH_4)^{湿}+\left(m+\frac{n}{4}\right)\varphi(C_mH_n)^{湿}+\frac{3}{2}\varphi(H_2S)^{湿}-\varphi(O_2)^{湿}\right] \tag{4-1}$$

实际空气需要量为：

$$L_n=nL_0 \tag{4-2}$$

式中 L_0——理论空气需要量，m^3/m^3；

L_n——实际空气需要量，m^3/m^3；

n——空气消耗系数；

$\varphi(CO)^{湿}$，$\varphi(H_2)^{湿}$，…——$1m^3$ 气体燃料中各成分的体积。

4.2.1.2　燃烧产物量

1m³ 气体燃料燃烧理论燃烧产物量为：

$$V_0=\varphi(CO)^{湿}+\varphi(H_2)^{湿}+3\varphi(CH_4)^{湿}+\left(m+\frac{n}{2}\right)\varphi(C_mH_n)^{湿}+\varphi(CO_2)^{湿}+2\varphi(H_2S)^{湿}+\varphi(N_2)^{湿}+\varphi(SO_2)^{湿}+\varphi(H_2O)^{湿}+0.79L_0 \tag{4-3}$$

实际燃烧产物量为：

$$V_n=V_0+(n-1)L_0 \tag{4-4}$$

式中　V_0——理论燃烧产物量，m³/m³；

$\varphi(CO)^{湿}$，$\varphi(H_2)^{湿}$，…——1m³ 气体燃料中各成分的体积；

V_n——实际燃烧产物量，m³/m³。

4.2.1.3　燃烧产物成分

各成分的体积分数为：

$$\left.\begin{aligned}
\varphi(CO_2)&=\frac{\varphi(CO)^{湿}+\varphi(CH_4)^{湿}+m\varphi(C_mH_n)^{湿}+\varphi(CO_2)^{湿}}{V_n}\times100\%\\
\varphi(H_2O)&=\frac{\varphi(H_2)^{湿}+2\varphi(CH_4)^{湿}+\frac{n}{2}\varphi(C_mH_n)^{湿}+\varphi(H_2S)^{湿}+\varphi(H_2O)^{湿}}{V_n}\times100\%\\
\varphi(SO_2)&=\frac{\varphi(H_2S)^{湿}+\varphi(SO_2)^{湿}}{V_n}\times100\%\\
\varphi(N_2)&=\frac{\varphi(N_2)^{湿}+0.79L_n}{V_n}\times100\%\\
\varphi(O_2)&=\frac{0.21(n-1)L_0}{V_n}\times100\%
\end{aligned}\right\} \tag{4-5}$$

4.2.1.4　燃烧产物的密度

密度 ρ_0 是指 1m³ 燃烧产物所具有的质量，ρ_0 的单位为 kg/m³。当已知燃烧产物成分时，密度即燃烧产物各成分质量之和除以燃烧产物的总体积。由式（4-5）求出各成分的体积再乘以该成分的密度，便得到了该成分的质量。比如 CO_2 质量即为：

$$m(CO_2)=V(CO_2)\times\rho(CO_2)=\frac{\varphi(CO_2)\times V_n\times44}{22.4}$$

按此类推，即可求得燃烧产物的密度 ρ_0 为：

$$\rho_0=\frac{44\varphi(CO_2)+18\varphi(H_2O)+64\varphi(SO_2)+28\varphi(N_2)+32\varphi(O_2)}{22.4} \tag{4-6}$$

式中　$\varphi(CO_2)$，$\varphi(H_2O)$，…——燃烧产物中各成分的体积分数，%。

当不知道燃烧产物成分时，可根据质量守恒定律（参加燃烧反应的原始物质的质量应等于燃烧反应生成物的质量），根据气体燃料的成分，用下式计算燃烧产物密度：

$$\rho_0=\frac{(28\varphi(CO)^{湿}+2\varphi(H_2)^{湿}+16\varphi(CH_4)^{湿}+28\varphi(C_2H_4)^{湿}+\cdots+44\varphi(CO_2)^{湿}+28\varphi(N_2)^{湿}+18\varphi(H_2O)^{湿})\frac{1}{22.4}+1.293L_n}{V_n} \tag{4-7}$$

式中 $\varphi(CO)^{湿}$，$\varphi(H_2)^{湿}$，…——1m^3气体燃料中各成分的体积，m^3。

还应指出：以上求出的L_0、L_n均为忽略了空气中水分的干空气量。实际上，即使常温下空气中也含有一定的水蒸气量，因此，在精确计算时应把空气中水蒸气量估算进去。当估算空气中的水分后，则实际湿空气消耗量$L_n^{湿}$和实际湿燃烧产物量$V_n^{湿}$为：

$$L_n^{湿}=(1+0.00124g_{H_2O}^{干})L_n \tag{4-8}$$

$$V_n^{湿}=V_n+0.00124g_{H_2O}^{干}L_n \tag{4-9}$$

此外，若已知燃料的发热量$Q_{低}$，也可按下列近似式计算理论空气量和理论烟气量。

空气量（L_0）（m^3/m^3）的计算如下。

高炉煤气和发生炉煤气为： $L_0=\frac{0.85}{1000}Q_{低}$ （4-10）

焦炉煤气为： $L_0=\frac{1.075}{1000}Q_{低}-0.25$ 或 $L_0=\frac{1.105}{1000}Q_{低}-0.05$ （4-11）

烟气量（m^3/m^3）的计算如下。

$$V_0=L_0+\Delta V \tag{4-12}$$

高炉煤气和发生炉煤气为： $\Delta V=0.98-\frac{0.13}{1000}Q_{低}$

焦炉煤气为： $\Delta V=1.08-\frac{0.1}{1000}Q_{低}$

【例4-1】 已知发生炉煤气的湿成分（体积分数）：$\varphi(CO)^{湿}=29.0\%$，$\varphi(H_2)^{湿}=15.0\%$，$\varphi(CH_4)^{湿}=3.0\%$，$\varphi(C_2H_4)^{湿}=0.6\%$，$\varphi(CO_2)^{湿}=7.5\%$，$\varphi(N_2)^{湿}=42.0\%$，$\varphi(O_2)^{湿}=0.2\%$，$\varphi(H_2O)^{湿}=2.7\%$。在$n=1.05$的条件下完全燃烧，计算煤气燃烧所需的空气量、燃烧产物量、燃烧产物成分和密度。

解：（1）空气需要量：

$$L_0=\frac{4.76}{100}\times(0.5\times29.0+0.5\times15.0+2\times3.0+3\times0.6-0.2)=1.41\ (m^3/m^3)$$

$$L_n=1.05\times1.41=1.48\ (m^3/m^3)$$

（2）燃烧产物量：

$$V_0=\frac{1}{100}\times(29.0+15.0+3\times3.0+4\times0.6+7.5+42.0+2.7)+0.79\times1.41=2.19\ (m^3/m^3)$$

$$V_n=2.19+(1.05-1)\times1.41=2.26\ (m^3/m^3)$$

（3）燃烧产物成分（体积分数）：

$$\varphi(CO_2)=\frac{29.0+3.0+2\times0.6+7.5}{2.26}=18.00\%$$

$$\varphi(H_2O)=\frac{15.0+2\times3.0+2\times0.6+2.7}{2.26}=11.02\%$$

$$\varphi(N_2)=\frac{42+79\times1.48}{2.26}=70.32\%$$

$$\varphi(O_2)=\frac{21\times(1.05-1)\times1.41}{2.26}=0.66\%$$

（4）燃烧产物密度：

$$\rho_0=\frac{44\times18+18\times11.02+28\times70.32+32\times0.66}{22.4\times100}=1.33\ (\text{kg/m}^3)$$

4.2.2 固体燃料和液体燃料完全燃烧的分析计算

固体燃料和液体燃料的燃烧反应通常以千摩尔为依据，求出所需氧气的千摩尔数，再换算为体积。固体燃料和液体燃料的主要可燃成分是碳和氢，还有少量的硫也可以燃烧。在计算空气需要量和燃烧产物量时，应该根据各可燃元素燃烧的化学反应式来进行。例如：

$$C+O_2=\!=\!=CO_2$$

$$1\text{kmol}:1\text{kmol}:1\text{kmol}$$

具体的计算方法和步骤可以用表4－5说明。

表4－5 1kg固、液体燃料的燃烧反应

各组成物含量		反应方程式（物质的量比例）	燃烧时所需氧气量/kmol	燃烧产物的量/kmol				
应用成分	物质的量/kmol			CO_2	H_2O	SO_2	N_2	O_2
$w(C)^{用}$	$\frac{w(C)^{用}}{12}$	$C+O_2=CO_2$ 1:1:1	$\frac{w(C)^{用}}{12}$	$\frac{w(C)^{用}}{12}$				
$w(H)^{用}$	$\frac{w(H)^{用}}{2}$	$H_2+\frac{1}{2}O_2=H_2O$ $1:\frac{1}{2}:1$	$\frac{1}{2}\times\frac{w(H)^{用}}{2}$		$\frac{w(H)^{用}}{2}$			
$w(S)^{用}$	$\frac{w(S)^{用}}{32}$	$S+O_2=SO_2$ 1:1:1	$\frac{w(S)^{用}}{32}$			$\frac{w(S)^{用}}{32}$		
$w(O)^{用}$	$\frac{w(O)^{用}}{32}$	助燃，消耗掉	$-\frac{w(O)^{用}}{32}$					
$w(N)^{用}$	$\frac{w(N)^{用}}{28}$	不燃烧，到烟气中					$\frac{w(N)^{用}}{28}$	
$w(W)^{用}$	$\frac{w(W)^{用}}{18}$	不燃烧，到烟气中			$\frac{w(W)^{用}}{18}$			
$w(A)^{用}$		不燃烧，无气态产物						
1kg燃料燃烧所需氧气的物质的量(kmol)为： $\frac{w(C)^{用}}{12}+\frac{w(H)^{用}}{4}+\frac{w(S)^{用}}{32}-\frac{w(O)^{用}}{32}$								
1kg燃料燃烧所需氧气的体积数为： $22.4\times\left(\frac{w(C)^{用}}{12}+\frac{w(H)^{用}}{4}+\frac{w(S)^{用}}{32}-\frac{w(O)^{用}}{32}\right)$								

续表 4－5

各组成物含量		反应方程式（物质的量比例）	燃烧时所需氧气量/kmol	燃烧产物的量/kmol				
应用成分	物质的量/kmol			CO_2	H_2O	SO_2	N_2	O_2
1kg 燃料燃烧理论空气需要量为：$L_0 = 4.76 \times 22.4 \times \left(\frac{w(\text{C})^{用}}{12} + \frac{w(\text{H})^{用}}{4} + \frac{w(\text{S})^{用}}{32} - \frac{w(\text{O})^{用}}{32}\right)$							$0.79L_0$	
实际空气需要量（m^3/kg）为：$L_n = nL_0$								
过剩空气量为：$\Delta L = L_n - L_0 = (n-1)L_0$							$0.79(n-1)L_0$	$0.21(n-1)L_0$

根据表 4－5 的分析，可得出各有关燃烧参数的计算公式。

4.2.2.1 空气需要量

1kg 燃料燃烧理论空气需要量为：

$$L_0 = 4.76 \times 22.4 \times \left(\frac{w(\text{C})^{用}}{12} + \frac{w(\text{H})^{用}}{4} + \frac{w(\text{S})^{用}}{32} - \frac{w(\text{O})^{用}}{32}\right) \tag{4-13}$$

实际空气需要量为：

$$L_n = nL_0 \tag{4-14}$$

式中 L_0——理论空气需要量，m^3/kg；

L_n——实际空气需要量，m^3/kg；

n——空气消耗系数；

$w(\text{C})^{用}$，$w(\text{H})^{用}$，…——1kg 燃料中各成分的质量分数。

4.2.2.2 燃烧产物量

$n=1$ 时的理论燃烧产物量为：

$$V_0 = 22.4 \times \left(\frac{w(\text{C})^{用}}{12} + \frac{w(\text{H})^{用}}{2} + \frac{w(\text{S})^{用}}{32} + \frac{w(\text{N})^{用}}{28} + \frac{w(\text{W})^{用}}{18}\right) + 0.79L_0 \tag{4-15}$$

$n>1$ 时的实际燃烧产物量为：

$$V_n = V_0 + (n-1)L_0 \tag{4-16}$$

式中 V_0——理论燃烧产物量，m^3/kg；

V_n——实际燃烧产物量，m^3/kg；

n——空气消耗系数；

L_0——理论空气需要量，m^3/kg。

4.2.2.3 燃烧产物成分

各成分的体积分数为：

$$\left.\begin{aligned}
\varphi(CO_2) &= \frac{22.4 \times \dfrac{w(C)^{用}}{12}}{V_n} \times 100\% \\
\varphi(H_2O) &= \frac{22.4 \times \left(\dfrac{w(H)^{用}}{2} + \dfrac{w(W)^{用}}{18}\right)}{V_n} \times 100\% \\
\varphi(SO_2) &= \frac{22.4 \times \dfrac{w(S)^{用}}{32}}{V_n} \times 100\% \\
\varphi(N_2) &= \frac{22.4 \times \dfrac{w(N)^{用}}{28} + 0.79L_n}{V_n} \times 100\% \\
\varphi(O_2) &= \frac{0.21(n-1)L_0}{V_n} \times 100\%
\end{aligned}\right\} \qquad (4-17)$$

4.2.2.4 燃烧产物密度

当已知燃烧产物的成分时，固、液体燃料燃烧产物的密度可按式（4-6）计算。当不知道燃烧产物成分时，根据质量守恒定律，按1kg燃料参加燃烧反应前后的质量平衡即可写出下式：

$$\rho_0 V_n = 1 - w(A)^{用} + 1.293L_n$$

所以

$$\rho_0 = \frac{1 - w(A)^{用} + 1.293L_n}{V_n} \qquad (4-18)$$

式中 $w(A)^{用}$——1kg燃料中灰分的质量，kg；

1.293——空气在标准状态下的密度，kg/m^3；

L_n——燃烧反应所需的实际空气量，m^3/kg；

V_n——实际燃烧产物量，m^3/kg。

如果需要考虑空气中含水分的影响时：

$$L_n^{湿} = (1 + 0.00124g_{H_2O}^{干})L_n$$

$$V_n^{湿} = V_n + 0.00124g_{H_2O}^{干}L_n$$

【例4-2】 已知烟煤的成分（质量分数）：$w(C)^{用} = 56.7\%$，$w(H)^{用} = 5.2\%$，$w(S)^{用} = 0.6\%$，$w(O)^{用} = 11.7\%$，$w(N)^{用} = 0.8\%$，$w(A)^{用} = 10.0\%$，$w(W)^{用} = 15.0\%$。当 $n = 1.3$ 时，试计算完全燃烧时的空气需要量、燃烧产物量、燃烧产物成分和密度。

解：（1）空气需要量：

$$L_0 = \frac{4.76 \times 22.4}{100} \times \left(\frac{56.7}{12} + \frac{5.2}{4} + \frac{0.6}{32} - \frac{11.7}{32}\right) = 6.07\ (m^3/kg)$$

$$L_n = 1.3 \times 6.07 = 7.89\ (m^3/kg)$$

（2）燃烧产物量：

$$V_0 = \frac{22.4}{100} \times \left(\frac{56.7}{12} + \frac{5.2}{2} + \frac{0.6}{32} + \frac{0.8}{28} + \frac{15}{18}\right) + 0.79 \times 6.07 = 6.63\ (m^3/kg)$$

$$V_n = 6.63 + (1.3 - 1) \times 6.07 = 8.45 \ (m^3/kg)$$

（3）燃烧产物成分：

$$\varphi(CO_2) = \frac{22.4 \times \frac{56.7}{12 \times 100}}{8.45} \times 100\% = 12.53\%$$

$$\varphi(H_2O) = \frac{\frac{22.4}{100} \times (\frac{5.2}{2} + \frac{15}{18})}{8.45} \times 100\% = 9.09\%$$

$$\varphi(SO_2) = \frac{\frac{22.4}{100} \times \frac{0.6}{32}}{8.45} \times 100\% = 0.05\%$$

$$\varphi(N_2) = \frac{\frac{22.4}{100} \times \frac{0.8}{28} + 0.79 \times 7.89}{8.45} \times 100\% = 73.83\%$$

$$\varphi(O_2) = \frac{0.21 \times (1.3 - 1) \times 6.07}{8.45} \times 100\% = 4.52\%$$

（4）燃烧产物密度：

$$\rho_0 = \frac{(1 - 0.1) + 1.293 \times 7.89}{8.45} = 1.32 \ (kg/m^3)$$

4.2.3 燃烧温度

4.2.3.1 燃烧温度的概念

燃料燃烧放出的热量包含在气态燃烧产物中，燃烧产物所能达到的温度称为燃料的燃烧温度，又称为火焰温度。

燃烧温度既与燃料的化学成分有关，又受外部燃烧条件的影响。化学成分相同的燃料，燃烧条件不同，燃烧产物的数量也不同，单位燃烧产物中所含的热量也就不同。因此，燃烧温度的高低取决于燃烧产物中所含热量的多少，燃烧产物中所含热量的多少取决于燃烧过程中热量的收入和支出。

根据能量守恒和转化定律，燃料燃烧时燃烧产物的热量收入和热量支出必然相等，由热量收支关系可以建立热平衡方程式，根据热平衡方程式即可求出燃烧温度。现以 1kg 或 $1m^3$ 燃料为依据来计算燃烧过程的热平衡，热量的单位均为 $kJ/m^3(kg)$。

热收入各项有：

（1）燃料燃烧的化学热，即燃料的低发热量 $Q_{低}$。

（2）燃料带入的物理热：

$$Q_{燃} = c_{燃} t_{燃}$$

式中 $c_{燃}$——$t_{燃}$ 温度下燃料的平均比热容，$kJ/(m^3 \cdot ℃)$，可由附表 5 查得；

$t_{燃}$——燃料的实际温度，℃。

（3）空气带入的物理热：

$$Q_{空} = L_n c_{空} t_{空}$$

式中 $c_{空}$——温度为 $t_{空}$ 时空气的平均比热容，$kJ/(m^3 \cdot ℃)$，可由附表 5 查得；

$t_{空}$——空气的预热温度，℃；

L_n——实际空气需要量，m^3/m^3。

热支出各项有：

（1）燃烧产物所含的热量：

$$Q_{产} = V_n c_{产} t_{产}$$

式中　$c_{产}$——燃烧产物在 $t_{产}$ 温度下的平均比热容，kJ/(m^3·℃)，可由附表5查得；

$t_{产}$——燃烧产物的温度，℃；

V_n——实际燃烧产物量，m^3/m^3。

（2）由燃烧产物向周围介质的散热损失，以 $Q_{介}$ 表示。它包括炉墙的全部热损失、加热金属和炉子构件等的散热损失。

（3）燃料不完全燃烧损失的热量，以 $Q_{不}$ 表示。它包括化学性不完全燃烧损失和机械性不完全燃烧损失两项。

（4）高温下燃烧产物热分解损失的热量，以 $Q_{解}$ 表示。因为热分解是吸热反应，所以要损失部分热量。

因此，可以建立热平衡方程式为：

$$Q_{低} + Q_{燃} + Q_{空} = V_n c_{产} t_{产} + Q_{介} + Q_{不} + Q_{解} \tag{4-19}$$

由式（4－19）所确定的燃烧产物温度 $t_{产}$ 就是实际燃烧温度。由于影响 $t_{产}$ 的因素很多，特别是 $Q_{介}$ 在实际条件下很难确定，不完全燃烧的热损失 $Q_{不}$ 从理论上计算也很困难，所以不可能进行实际燃烧温度的理论计算。把燃料能完全燃烧而没有其他热损失时，燃烧产物所能达到的最高温度称为理论燃烧温度。在实际的燃烧条件下，由于向周围介质散失的热量和燃料不完全燃烧造成的损失，实际燃烧温度比理论燃烧温度低得多。通过对各类炉子长期实践，总结出炉子的理论燃烧温度与实际燃烧温度的比值大体波动在一个范围内，即：

$$t_{实} = \eta t_{理} \tag{4-20}$$

式中　η——炉温系数。

加热炉和热处理炉的炉温系数 η 的经验数据见表4－6。

表4－6　炉温系数 η 的经验数据

炉　型		炉温系数 η
室状加热炉		0.75～0.80
连续加热炉	炉底强度200～300kg/(m^2·h)	0.75～0.80
	炉底强度500～600kg/(m^2·h)	0.70～0.75
均热炉		0.68～0.73
热处理炉		0.65～0.70

4.2.3.2　提高燃烧温度的途径

在生产实际中，提高燃烧温度是强化加热炉生产的重要手段之一。提高加热炉的燃烧温度可采取以下几条途径：

（1）提高燃料的发热量。燃料的发热量越高，则燃烧温度越高。但燃料发热量的增大和实际燃烧温度是不完全成正比的，当发热量增大到一定值后，再增大发热量其对应的理论燃烧温度几乎不再增高。这主要是因为此时相应的燃烧产物量也随燃料发热量的增大而增大。

（2）实现燃料的完全燃烧。采用合理的燃烧技术，实现燃料的完全燃烧，加快燃烧速度，是提高燃烧温度的基本措施。

（3）降低炉体热损失。若采用轻质耐火材料、绝热材料、耐火纤维等，可以大大降低此项热损失，对于间歇操作的炉子，采用轻质材料还可以减少炉体蓄热的损失。

（4）预热空气和燃料。这对提高燃烧温度的效果最为明显，目前，全国各地加热炉都纷纷安装了空气换热器、煤气换热器或把炉子改造成蓄热式加热炉来提高空气和煤气的预热温度，从而达到提高燃烧温度的目的。

（5）尽量减少烟气量。在保证燃料完全燃烧的基础上，尽量减少实际燃烧产物量 V_n 是提高理论燃烧温度的有效措施。具体来说就是：选择空气消耗系数 n 小的无焰烧嘴或改进烧嘴结构，加强热工测试，安装检测仪表，对炉温、炉压和燃烧过程进行自动调节等，都能使 V_n 降低而提高 $t_{实}$，从而达到提高燃烧温度、降低燃料消耗的目的。此外，采用富氧空气助燃也可以降低从空气中带入的 N_2 而使 V_n 值大幅度降低。富氧空气助燃对于强化炉子热工过程的效果是很突出的，但富氧太多，燃烧产物的热分解将会增加，这反而对提高燃烧温度不利，一般富氧到 28% ~30% 时为最佳。国外的轧钢加热炉有采用富氧的，但国内目前一般还不采用这种方法，一方面是因为没有条件，另一方面是有增加钢坯氧化烧损的顾虑。

4.3 任务3 炉压的确定

4.3.1 炉压沿高度方向上的变化规律

实际上自然界中并不存在处于绝对静止状态的气体。但可以认为某些情况下的气体（如气罐中的煤气、加热炉内非流动方向上的烟气等）是处于相对静止状态。现就这种相对静止状态气体的压力变化规律加以讨论如下：

4.3.1.1 气体绝对压力的变化规律

如图 4－2 所示，在静止的大气中截取一底面积为 $f(m^2)$、高为 $H(m)$ 的长方体气柱。如果气柱处于静止状态，则此气柱在 x、y、z 轴方向的作用力将保持平衡状态，作用在 x、y、z 轴上各作用力投影的代数和必为零。即：

$$\sum P_x = \sum P_y = \sum P_z = 0$$

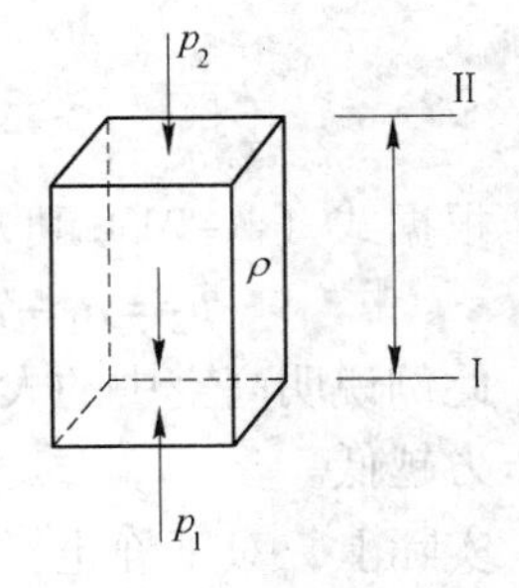

图 4－2 气体绝对压力分布

由于气柱在水平方向上只受到外部大气的压力作用，则气柱在同一水平面前后（z 轴方向）和左右（x 轴方向）所受到的外部压力是大小相等、方向相反的，正是这些互相抵消的压力才使得气柱能够在水平方向上保持力平衡。而在垂直方向上（即 y 轴方向）气柱受到三个力的作用，即：

（1）向上的 1 面处大气的总压力（N）$p_1 f$；

（2）向下的 2 面处大气的总压力（N）$p_2 f$；

（3）向下的气柱本身的总质量（N）$G=\rho gHf$。

当气柱处于平衡状态时，由 $\Sigma P_y=0$ 可得到：

$$p_2f+G-p_1f=0$$

即 $p_1f=p_2f+\rho gHf$，考虑单位作用面积，则有：

$$p_1=p_2+\rho gH$$

或
$$p_1-p_2=\Delta p=\rho gH \tag{4-21}$$

式中　p_1——气柱下部的绝对压力，Pa；

p_2——气柱上部的绝对压力，Pa；

ρ——气柱的密度，kg/m³；

H——p_1 面和 p_2 面之间的高度差，m。

式（4－21）就是气体绝对压力沿高度变化规律的平衡方程式。静止气体沿高度方向上绝对压力变化的规律是：下部气体的绝对压力始终大于上部气体的绝对压力，上下两水平面间的绝对压力之差将恒等于此气体在实际状态下的平均密度 ρ 和重力加速度 g 与此两平面间的距离 H 的乘积。式（4－21）适用于任何静止状态下的气体和液体。但要注意：应用静力平衡方程，除了必须是相对静止状态外，同时密度（重度）要不随高度而变化。所以当两水平面间的高度很大时，必须考虑由于气压和温度变化而引起气体密度变化而加以修正。这可由状态方程导出式（4－22）来加以计算。

$$\rho=\frac{\rho_0}{1+\beta t}\cdot\frac{p}{p_0} \tag{4-22}$$

式中　ρ_0——基准面上 0℃时气体的密度，kg/m³；

p_0——基准面上气体的绝对压力，Pa，一般 $p_0=760\text{mmHg}=10332\text{Pa}$；

p——离基准面某高度 H（m）处的大气压力，Pa。

【例 4－3】　某地平面为标准大气压，当该处的平均温度为 20℃、大气密度均匀一致时，求距该地平面 100m 的空中的实际大气压力是多少？

解：大气一般可视为理想气体，则在 20℃时大气的密度为：

$$\rho'=\frac{\rho_0}{1+\beta t}=\frac{1.293}{1+\frac{20}{273}}=1.205\ (\text{kg/m}^3)$$

根据式（4－21）可求出 100m 高处的实际大气压力 p_2，即：

$$p_2=p_1-\rho gH=101326-1.205\times9.81\times100=100144\ (\text{Pa})$$

此例说明高空中的大气压力低于地平面的大气压力，并且是海拔越高的山顶上，其大气压力越低。

实际上，对于静止气体和液体，式（4－21）均可适用。现进一步分析绝对压力的分布规律。如图 4－3 所示，在密闭容器内盛有密度为 ρ 的静止液体，自由液面之上是绝对压力为 p_f 的气体。由式（4－21）可得自由液面下深度为 h 的任意一点处的绝对压力为：

$$p=p_f+\rho gh \tag{4-23}$$

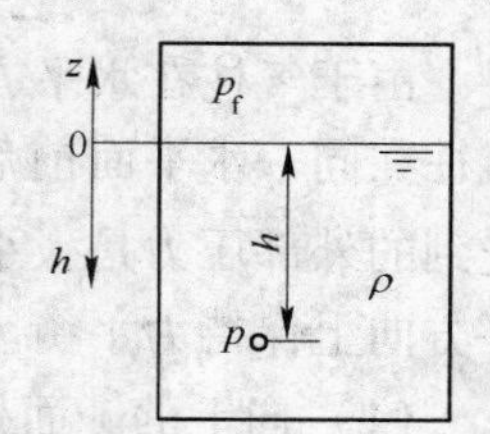

图 4－3　例 4－3 图

式（4－23）表明，静止流体内任一点的绝对压力由两部分组成：一部分是自由液面上的绝对压力 p_f，另一部分是深度为 h、密度为 ρ 的流体柱所产生的压力 ρgh；或者说，静止均质流体的绝对压力随深度增加呈直线增大。显然，深度（或高度）相同的各点，其绝对压力相同。

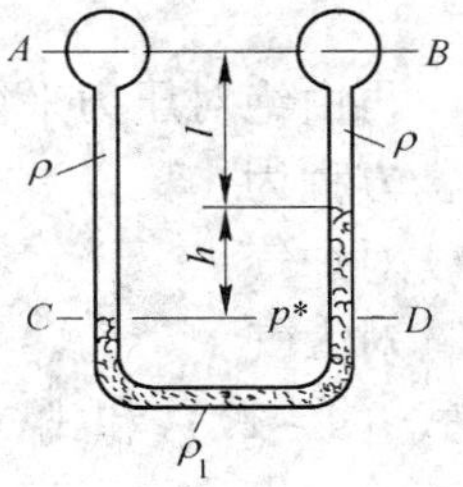

图4－4　例4－4图

【例4－4】　设两容器 A 和 B 位于同一高度，内部充满不同压力、密度为 ρ 的同一流体，且与U形管相连，管内液体密度为 ρ_1，液面高差为 h，试求 A、B 两容器的压力差（见图4－4）。

解：设 A、B 容器内流体的绝对压力分别为 p_A、p_B，等压面 C、D 上的绝对压力为 p^*。

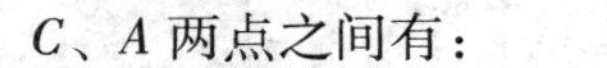

C、A 两点之间有：　　$p^* = p_A + \rho g(l+h)$

D、B 两点之间有：　　$p^* = p_B + \rho gl + \rho_1 gh$

两式相减，即得 A、B 的压力差为：

$$p_A - p_B = (\rho_1 - \rho)gh$$

若 A、B 内为密度较小的气体时，因 $\rho_1 >> \rho$，$\rho_1 - \rho \approx \rho_1$，则 $p_A - p_B = \rho_1 gh$。

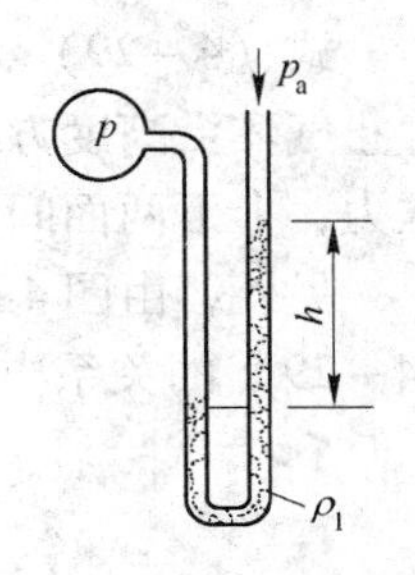

图4－5　例4－4图

当U形管右端直接与大气相通时（见图4－5），U形管内气体绝对压力 p 与 p_a 之差为：

$$p - p_a = \rho_1 gh$$

此压差即为容器内气体的相对压力 p_g，其数值等于U形管内的液柱质量 $\rho_1 gh$，以上便是U形管测压计的测量原理。

4.3.1.2　*炉压沿高度方向上的变化规律*

在工业炉内或烟道、烟囱中多是密度较小的热气体，外面则是密度较大的冷空气，研究冷热气体同时并存的静力平衡规律，分析其表压力的变化规律，既方便又能较好地说明问题的实质。如图4－6所示，炉膛内为实际密度为 ρ 的热气体，炉外为实际密度为 ρ' 的大气，炉气在各截面的绝对压力分别为 p_1、p_2 和 p_0，相应的表压力分别为 p_{g1}、p_{g2} 和 p_{g0}，现分析炉气表压力沿炉膛高度上的变化情况。

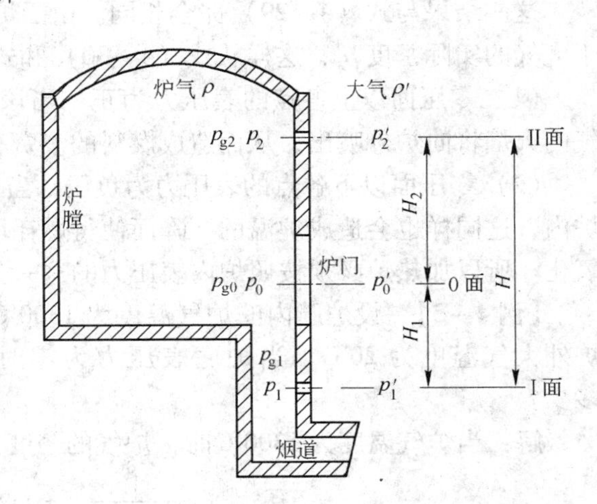

图4－6　炉膛高度上炉气表压力分布

由表压力式的定义可知，炉气在Ⅰ面和Ⅱ面处的表压力将分别为：

$$p_{g1} = p_1 - p_1' \tag{4-24}$$

$$p_{g2} = p_2 - p_2' \tag{4-25}$$

式中　p_1'，p_2'——分别为Ⅰ面和Ⅱ面处的大气压力；

p_1，p_2——分别为Ⅰ面和Ⅱ面处炉气的绝对压力。

则Ⅰ面与Ⅱ面的表压力差为式（4－25）－式（4－24），即：

$$p_{g2}-p_{g1}=(p_2-p_1)+(p'_1-p'_2) \tag{4-26}$$

再由绝对压力平衡式（4－21）即可分别对炉气和大气按Ⅰ面和Ⅱ面写出它们的静力平衡方程为：

对炉气
$$p_2-p_1=-\rho gH \tag{4-27}$$
对大气
$$p'_1-p'_2=\rho' gH \tag{4-28}$$

将式（4－27）和式（4－28）代入式（4－26）中，即得：

$$p_{g2}-p_{g1}=-\rho gH+\rho' gH=(\rho'-\rho)gH$$

或
$$p_{g2}=p_{g1}+(\rho'-\rho)gH \tag{4-29}$$

式中　p_{g2}——上部炉气的表压力，Pa；

p_{g1}——下部炉气的表压力，Pa；

ρ，ρ'——分别为炉气和大气的密度，kg/m^3；

H——Ⅰ面和Ⅱ面间的高度差，m。

式（4－29）为气体静力平衡方程的另一表现形式，它适用于任何与大气同时存在的静止气体沿高度方向上表压力变化情况。其规律是：上部气体的表压力大于下部气体的表压力，上下两面间的表压力差为 $(\rho'-\rho)gH$。

另外，由图4－6还可看出，当把炉门中心线处的炉气表压力控制为零压时，则由式（4－29）的关系中可以得到Ⅰ面和Ⅱ面的表压力将分别为：

$$p_{g2}=p_{g0}+(\rho'-\rho)gH_2=(\rho'-\rho)gH_2 \tag{4-30}$$

$$p_{g1}=p_{g0}-(\rho'-\rho)gH_1=-(\rho'-\rho)gH_1 \tag{4-31}$$

将式（4－30）－式（4－31）则得到：

$$p_{g2}-p_{g1}=(\rho'-\rho)gH_2+(\rho'-\rho)gH_1=(\rho'-\rho)gH$$

这一结果与式（4－29）完全相同。由于炉膛内是高温的炉气，其实际密度 ρ 总是小于大气的实际密度 ρ'，这样从式（4－30）和式（4－31）中不难看出：

（1）零压面以上各点的表压力为正，当该点处有孔洞时炉气就会向大气逸出，即炉气的火焰将向炉外喷出，从而造成燃料的浪费和对操作与设备的危害。

（2）零压面以下各点的表压力为负压，当该处有孔洞时就会把大气（冷空气）吸入炉内，这同样也会造成炉温的下降而使得燃耗增高。同时，被吸入的冷空气还将增加坯料氧化。所以加热炉必须按照炉内表压力的这一分布规律来正确地控制炉压。

【例4－5】 设炉膛内的炉气温度为1300℃，炉气在标准状态下的密度为1.3kg/m^3，炉外大气温度为20℃。当炉底表压力为零时，距炉底2m高处炉顶下面的表压力为多少？

解：当炉气温度为1300℃时，炉气的密度为：

$$\rho=\frac{1.3}{1+\frac{1300}{273}}=0.225\ (\mathrm{kg/m^3})$$

20℃的空气密度为：

$$\rho'=\frac{1.293}{1+\frac{20}{273}}=1.205\ (\mathrm{kg/m^3})$$

由式（4－29）得：

$$p_{g顶} = p_{g底} + (\rho' - \rho) gH$$

由题意知：

$$p_{g底} = 0$$

所以：

$$p_{g顶} = (1.205 - 0.225) \times 9.81 \times 2 = 19.23 \text{ (Pa)}$$

4.3.2 炉压的影响因素

炉压主要反映燃料和助燃空气输入与废气排出之间的关系。燃料由烧嘴和空气由喷嘴喷入，而废气由烟囱排出，若排出少于输入时，炉压就要增加，反之，炉压就要减小。影响炉压的主要因素为：一是烟囱的抽力；二是烟道阻力。

4.3.2.1 基本概念

A 流体

自然界中能够流动的物质称为流体，如液体和气体。

B 气体温度

目前国际上常用的温标有摄氏温标和绝对温标。摄氏温标用 t 表示，单位为℃；绝对温标用 T 表示，单位为 K。摄氏温标与绝对温标的关系为：

$$T = t + 273$$

C 密度和重度

单位体积气体所具有的质量称为密度，用符号 ρ 表示，即：

$$\rho = \frac{m}{V}$$

式中 ρ——气体的密度，kg/m^3；

m——气体的质量，kg；

V——气体的体积，m^3。

密度的倒数称为比体积，用符号 v 表示，即：

$$v = \frac{1}{\rho}$$

式中 v——气体的比体积，m^3/kg。

单位体积气体所具有的重量，称为气体的重度，用符号 γ 表示，即：

$$\gamma = \frac{G}{V}$$

式中 γ——气体的重度，N/m^3；

G——气体的重量，N。

在重力场的条件下，密度和重度的关系为：

$$\gamma = \rho g$$

式中 g——当地重力加速度，通常取值为 $9.81m/s^2$。

在标准状态（$t = 0℃$，$p_0 = 1.013 \times 10^5 Pa$）下，空气的密度 $\rho_0 = 1.293 kg/m^3$，比体积 $v = 0.773 m^3/kg$，重度 $\gamma = 1.293 \times 9.81 = 12.67$（$N/m^3$）。

D　气体的黏性

当气体沿着平板做平行流动时，远离平板表面的气流几乎不受平板的影响，但在紧靠平板表面的地方，由于气体分子与板壁的附着力大于气体分子间的内聚力，气体黏附在表面上，该处的流速为零。可见与平板距离不同的地方流速是不相同的，越接近于平板，流速就越小。

在这里，可以把速度不同平行流动的气体看做一层层气体的平行移动，当一层气体对另一层气体做相对移动时，较快的气流层显示出一种拉力带动着较慢的气流层向前移动，而较慢的气流层则显示出一种大小相等、方向相反的阻力，阻止着较快的一层气流前进。这种相互作用力称为气体的内摩擦力或黏性力，内摩擦力的大小体现了气体黏性的大小。

牛顿在1686年提出了内摩擦力定律，即黏性力与垂直于黏性力方向的速度梯度与接触面积成正比。牛顿内摩擦定律的数学表达式可写为：

$$F=\mu\frac{\mathrm{d}w}{\mathrm{d}n}A$$

式中　F——黏性力（内摩擦力），N；

$\frac{\mathrm{d}w}{\mathrm{d}n}$——速度梯度，当速度梯度为零时，气体静止无黏性力，1/s；

w——速度，m/s；

n——垂直于流动方向的坐标尺寸，m；

A——接触面积，m^2；

μ——黏性系数，或称黏度，Pa · s 或 N · s/m^2。

工程计算中还可采用运动黏度 ν 和内摩擦系数 η 来表示黏度的大小，它们与动力黏度 μ 的关系为：

$$\nu=\frac{\mu}{\rho}=\frac{\mu g}{\gamma}=\frac{\eta}{\gamma}$$

而

$$\eta=\mu g$$

式中　ν——运动黏度，m^2/s；

η——内摩擦系数，N/(m · s)。

从机理上看，液体因其分子间距离比气体小而引力较大，因此，液体流动时的黏性力主要是由液体分子间的吸引力所引起的，当液体温度升高时，分子间引力减小，因而液体的黏度随温度的升高而降低；而气体的黏性力则主要是气体分子热运动所造成，当气体温度升高时，分子热运动加强了，因而气体的黏度随温度上升而增大。气体黏度随温度变化的关系可用下列经验公式表示：

$$\mu_t=\mu_0\left(\frac{273+C}{T+C}\right)\left(\frac{T}{273}\right)^{3/2}\tag{4-32}$$

式中　T——气体的绝对温度，K；

C——常数，决定于气体的性质，参见表4－7；

μ_0——气体在标准状态下的黏性系数，参见表4－7。

自然界中存在的气体和液体都是有黏性的，称为“实际流体”。但因为黏性的问题很复杂，影响因素较多，给研究气体运动的规律带来困难。为了使问题简化，引进了理想流体的概念。理想流体，即黏性系数为零的流体（$\mu=0$）。在一定条件下，可以把实际流体当做理想流体来处理，找出规律后再考虑黏性的因素加以修正，实践证明这是一种有效的方法。

表 4-7 各种常见气体的 μ_0 和 C 值

气　体	μ_0/Pa·s	C	气　体	μ_0/Pa·s	C
空气	1.72×10^{-5}	122	一氧化碳	1.65×10^{-5}	102
氧	1.92×10^{-5}	138	二氧化碳	1.38×10^{-5}	250
氮	1.67×10^{-5}	118	水蒸气	0.85×10^{-5}	673
氢	0.85×10^{-5}	75	燃烧产物	1.48×10^{-5}	173

E 理想流体与实际流体

理想流体：黏性为零的流体。

实际流体：有黏性的流体。

为了使问题简化，常将实际流体作为理想流体来处理。

F 稳定流与不稳定流

气体的运动过程涉及许多物理参数，如流速 w、流量 q、压力 p、密度 ρ 等，在空间的各点上，如果这些物理量不随时间而改变（尽管不同的坐标点上这些量是不同的），这种流动称为稳定流；如果这些物理量随时间而改变，则这种流动称为不稳定流。

在实际工作中，绝大多数流动属于不稳定流，而提出稳定流这一概念，主要是应用上的方便，因为多数不稳定流在一段时间内各物理量的平均值相对波动不大，可以视为是稳定的。只是在工作条件突然改变时，例如刚刚调节了闸阀以后，气流的许多物理参数都要发生变化，但这种不稳定也只是暂时的，很快便会趋于相对的稳定。不稳定流的规律十分复杂，这里只讨论稳定流。

G 流速

单位时间内气体流过的距离称为气体的流速，并以符号 w 表示，单位为 m/s。由于气体在管道中沿径向的流速是变化的，因此，流速一般均指截面平均流速。流速表征着气体流动的快慢。气体在标准状态下的流速用 w_0 表示。各种气体在不同的设备中都有其适合的 w_0（经验值）。

流速也随着气体的压力和温度的变化而变化。当压力变化不大时，流速随温度的变化关系为：

$$w_t = w_0(1+\beta t) \tag{4-33}$$

式中 w_t——1 物理大气压下温度为 t 时气体的流速，m/s；

w_0——标准状态下气体的流速，m/s；

t——气体的温度，℃；

β——气体的体积膨胀系数，其值为 1/273。

式（4-33）适用于压力变化不大的常压气体的流动。由于 w_t 随温度而变化，这就不便于比较，所以生产中有关气体流速的各种资料中都按标准状态下的流速 w_0 给出。温度不同时，则可按式（4-33）根据实际温度 t 进行换算。

高压下气体的流动则多属于可压缩气体的流动问题，但在金属压力加工加热炉范围内较少涉及，因此本书不予介绍。

H 流量

单位时间内气体流过某截面的数量称为气体的流量。对于流过的气体数量若以重量计则称为重量流量，用符号 G 表示，单位为 N/s；若以质量计则称为质量流量，用符号 q_m 表示，单位为 kg/s；若以体积计，则称为体积流量，用符号 q_V 表示，单位为 m^3/s。这里主要介绍体积流量（因实际应用最多）。

当气体的流过截面积为 F，在标准状态下的流速为 w_0 时，则气体在标准状态下的体积流量 q_{V_0} 为：

$$q_{V_0} = w_0 F \tag{4-34}$$

式（4-34）适用于稳定流动时的任何气体。

同样，在气体的压力变化不大时，气体的体积流量随温度的变化关系为：

$$q_{V_t} = q_{V_0}(1 + \beta t) \tag{4-35}$$

或

$$q_{V_t} = w_0 F(1 + \beta t) \tag{4-36}$$

或

$$q_{V_t} = w_t F \tag{4-37}$$

式中 q_{V_t}——1 个物理大气压下温度为 t 时气体的体积流量。

式（4-35）~式（4-37）适用于 1 标准大气压、温度为 t 时流动的任何可以视为理想气体的气体，在压力变化不大时也可近似采用，高压时不能采用。在压力变化较大时，必须对压力的变化而引起气体体积的变化加以修正。

I 流动的两种形态

英国科学家雷诺（O. Reynolds）1883 年通过一个著名的实验，发现了流体流动的两种不同形态，其装置原理如图 4-7 所示。水箱 1 中的水经由圆玻璃管 2 流出，速度可由阀 3 调节。在玻璃管的进口处有一股由墨水瓶 5 引出经细管 4 流出的墨水。开始，当水的流量不大时，2 中水的流速较小，墨水在水中成一直线，管中的水流都是沿轴向流动，这种流动称为层流。如果继续加大水的流量，由于管径截面不变，则玻璃管内水的流速增大。当达到某一流速时，墨水不能再保持直线运动，开始发生脉动。流速继续增大，墨水将在前进的过程中很快与水混在一起，不再有明显的界限，显示流动的性质已发生改变，流体的质点已不是平行的运动，而是不规则紊乱的运动，这种流动形态称为紊流或湍流。

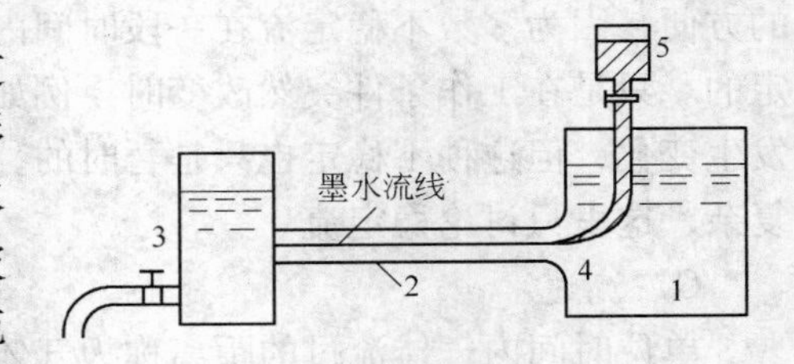

图 4-7 层流紊流实验装置

1—水箱；2—圆玻璃管；3—阀；4—细管；5—墨水瓶

根据以不同的流体和不同的管径所获得的实验结果，证明影响流体流动形态的因素，除流体的流速 w 外，还有流体流过的管径 d、流体的密度 ρ 和流体的黏度 μ，并且提出以上述 4 个因素所组成的无因次复合数群 $wd\rho/\mu$ 作为判定流动形态的依据，这个数群称为雷诺数，用符号 Re 表示，即：

$$Re = \frac{wd\rho}{\mu} = \frac{wd}{\nu} = \frac{wd\gamma}{\eta} \tag{4-38}$$

如果流体流过的管道截面不是圆形，则上述雷诺数中的 d 需要用当量直径 $d_{当}$ 来代替，即把任意形状截面的管道换算为圆形管道。当量直径的计算公式为：

$$d_{当} = \frac{4F}{s} \tag{4-39}$$

式中 $d_{当}$——管道的当量直径，m；

F——管道的流通截面积，m^2；

s——管道截面上与流体接触部分的周长，m。

例如，截面为矩形的充满流体的管道，其边长分别为 a 和 b，则当量直径为：

$$d_{当} = \frac{4ab}{2(a+b)} = \frac{2ab}{a+b} \tag{4-40}$$

又如，在套管的环隙中流动的气体，若 d_1 为内管外径，d_2 为外管内径，则当量直径为：

$$d_{当} = \frac{4(F_{外} - F_{内})}{s_{外} + s_{内}} = d_2 - d_1 \tag{4-41}$$

当量直径的概念应用很广，不仅在决定雷诺数时，在其他热工计算中也常用到。

根据雷诺和许多研究工作者的实验，在截面为圆形表面光滑的管道中，$Re < 2100$ 时，流动是层流；而 $Re > 2300$ 时，流动是紊流。用人工的方法也可以使 $Re > 2300$ 的情况下保持层流流动，但是这种层流不稳定，只要某处发生扰动，便立刻变成紊流。由层流转变为紊流往往经过一个过渡阶段，其转变点称为临界状态，通常认为 $Re = 2300$ 为雷诺数的临界值。但这个临界值并不是固定不变的，而是与许多条件有关，特别是流体的入口情况和管壁的粗糙度等。例如，当入口处是光滑的圆形入口时，Re 的临界值大约为4000。

由于流动形态的不同，管内流体速度的分布情况也随之而异，如图4-8所示。

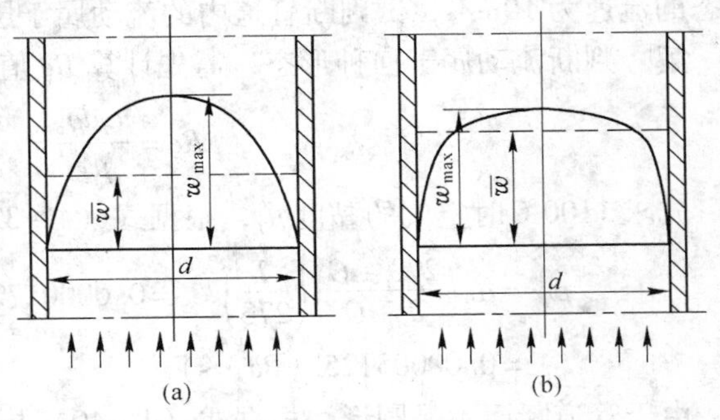

图4-8 管内速度的分布

(a) 层流；(b) 紊流

研究表明，层流时流体的速度沿管的截面是按抛物面的规律分布，管中心的速度最大，沿抛物面渐近管壁，则速度逐渐减少以至为零，其平均速度为管中心最大速度的一半，即：

$$\overline{w} = 0.5w_{max} \tag{4-42}$$

圆管中紊流的速度分布也为一曲面，与抛物面相似，但顶端稍宽。由于在紊流中流体质点无规律的脉动，其速度在大小和方向上时时变化，只能取一定时间间隔的速度统计平均值作为平均流速。在较为稳定的紊流流动中，其平均速度与中心最大速度的关系为：

$$\overline{w} = (0.82 \sim 0.86)w_{max} \tag{4-43}$$

实际流体由于具有黏性，当流体流过固体壁面时，紧贴表面的速度为零，在接近壁面处有一层速度急剧降低的薄层，层内流动保持层流状态，称为层流边界层。层内速度梯度很大，且接近于常数。层流边界层的厚度与流股核心的紊乱程度有关，流股核心紊动越激烈，边界层越薄，即边界层厚度与 Re 成反比。流体继续沿壁面向前流动，边界层逐渐加厚，边界层内流体流动的性质开始转变为紊流，在此区域紊流程度不断增强，发展到完全的紊流流动，这时的边界层称为紊流边界层。但即使在紊流边界层中，在紧靠壁表面那一薄层中，流动仍然保持层流，称为层流底层。在层流底层和紊流区之间又有一过渡层，如图 4 - 9 所示。边界层的存在，对传热过程有重大的影响，以后将专门讨论这个问题。

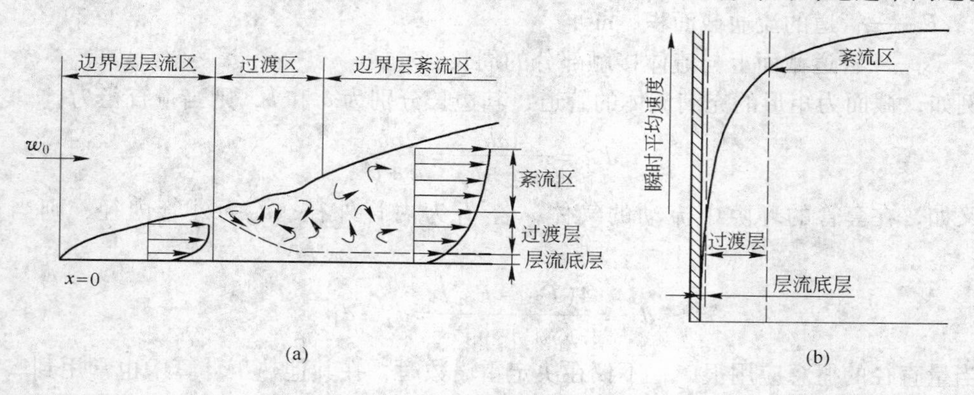

图 4 - 9 靠近管壁区域内紊流的速度分布

上述速度分布情况是指流体的流动情况已趋稳定而言。流体在进入管道后经过一定距离才能达到稳定。对于紊流，这一段流经的直管距离约为管道直径的 40 倍。同时，上述速度分布规律只是在等温状态下才是正确的，而且稳定不变。

【例 4 - 6】 温度 1100℃的热空气通过断面为 1.5m × 1.0m 的矩形管道，设空气标准状态的流速为 10m/s，试判断管道内的流动属于层流还是紊流？

解：判断流动属于何种形态，需先计算 Re 值，对于高温气体：

$$Re = \frac{w_t d\rho_t}{\mu_t} = \frac{w_0 d\rho_0}{\mu_t}$$

先求 1100℃时空气的黏度 μ_t，根据式（4 - 32）和表 4 - 7：

$$\mu_t = \mu_0\left(\frac{273 + C}{T + C}\right)\left(\frac{T}{273}\right)^{3/2} = 0.0000172 \times \left(\frac{273 + 122}{1373 + 122}\right) \times \left(\frac{1373}{273}\right)^{3/2}$$
$$= 0.00005125 \ (\text{Pa} \cdot \text{s})$$

由于管道断面不是圆形，根据式（4 - 40）折算为当量直径（m）：

$$d_{当} = \frac{2ab}{a + b} = \frac{2 \times 1.5 \times 1}{1.5 + 1} = 1.2 \ (\text{m})$$

$$Re = \frac{1.2 \times 10 \times 1.293}{5.125 \times 10^{-5}} = 3.03 \times 10^5$$

Re 远大于 2300，所以管内流动属于紊流。

4.3.2.2 连续性方程式

气体运动的连续性方程式是质量守恒定律在气体力学上具体应用的一种形式。当气体在变径管道中做连续稳定流动时，气体流过管道各个截面积的质量流量 q_m 必相等。如图 4 - 10 所示，气体在流管内由任意截面 Ⅰ—Ⅰ 向 Ⅱ—Ⅱ 截面做连续稳定流动时，则两个截面上的质量流量必相等。即：

$$q_{m_1}=q_{m_2}$$

于是便有：

$$\rho_1 q_{V_1}=\rho_2 q_{V_2}$$

或
$$w_1\rho_1 F_1=w_2\rho_2 F_2 \tag{4-44}$$

式（4-44）为气体稳定连续流动时的连续性方程，它适用于做连续稳定流动的任意状态下的一切流体。

对于不可压缩气体，式（4-44）变为：

$$w_1 F_1=w_2 F_2 \tag{4-45}$$

或写成
$$q_{V_1}=q_{V_2}$$

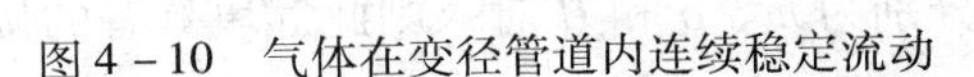

图4-10 气体在变径管道内连续稳定流动

式（4-45）是连续性方程的另一种表达形式。它的适用条件，除流体做连续稳定流动外，还必须是流过任意截面时流体的密度ρ始终保持不变。所以式（4-45）不适用于高压气体的流动过程，对于流动过程中压力和温度变化较大时也不适用。式（4-45）只适用于压力和温度变化均不大的气体流动过程（这时计算结果的误差很小）。

【例4-7】 0℃的冷空气通过一段截面变化的圆形管道（见图4-11），空气流量为120kg/min，气流在Ⅰ—Ⅰ和Ⅱ—Ⅱ截面处的流速分别为30m/s和10m/s，试计算Ⅰ—Ⅰ和Ⅱ—Ⅱ截面的管道直径。

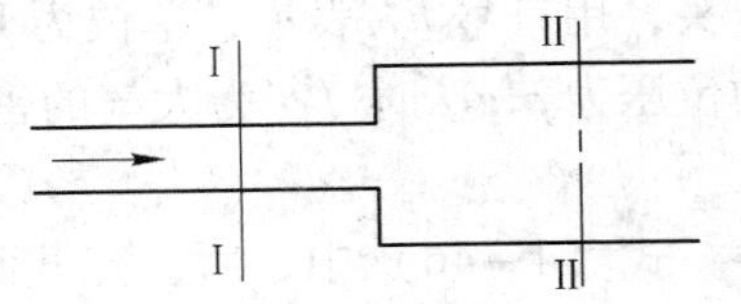

图4-11 圆形管道直径计算

解：由题意已知$q_m=120\text{kg/min}=2\text{kg/s}$。

体积流量为：

$$q_V=\frac{q_m}{\rho}=\frac{2}{1.293}=1.55\ (\text{m}^3/\text{s})$$

在流动过程中，密度可视为不变，根据式（4-45）可得：

$$F_1=\frac{q_V}{w_1}=\frac{1.55}{30}=0.0517\ (\text{m}^2)$$

所以Ⅰ—Ⅰ截面的管道直径为：

$$d_1=\sqrt{\frac{4F_1}{\pi}}=\sqrt{\frac{4\times 0.0517}{3.1416}}=0.256\ (\text{m})$$

同理可得：

$$F_2=\frac{q_V}{w_2}=\frac{1.55}{10}=0.155\ (\text{m}^2)$$

$$d_2=\sqrt{\frac{4F_2}{\pi}}=\sqrt{\frac{4\times 0.155}{3.1416}}=0.444\ (\text{m})$$

4.3.2.3 柏努利方程

柏努利方程是气体流动时的机械能守恒定律。它说明气体在流动中各种能量间的相互关系。柏努利方程在理论和实践上都是十分重要的基本方程式。

A 气体的能量

考察气体的运动就需要计算气体所具有的能量。由于地面上任何地方都要受到大气层的作用力，因此，把作为考察对象的气体（炉气或输送气体）的能量减去周围大气因大气压力所具有的能量，并用剩下的相对能量作为炉气或输送气体本身的实际能量。单位体积气体所具有的这种相对能量称为气体的压头。

在气体力学中，往往把单位体积气体所具有的相对位能、相对压力能和相对动能分别称为位压头、静压头和动压头。

a　位压头

自然界的物体都具有位能，气体也具有位能。当气体的质量、密度和距基准面的高度分别为 m、ρ 和 H 时，则此气块具有的位能为：

$$位能 = mgH = \rho VgH$$

单位体积气体具有的位能称为位压，因此：

$$位压 = \rho gH$$

当气体的密度 ρ 一定时，气体各处的位压仅随该处距基准面的高度而变。若基准面取在下面，越向上，气体位压越大；越向下，气体的位压越小。

管内气体位压与管外同高度上大气的位压的差值，称为管内气体的相对位压或简称位压头，用符号 $h_{位}$ 表示，单位为 Pa。显然，当管内气体的位压为 ρgH，管外同高度上大气的位压为 $\rho' gH$ 时（ρ' 为大气的密度），则管内气体的位压头为：

$$h_{位} = Hg(\rho - \rho') \tag{4-46}$$

式（4－46）中，所研究截面在基准面的上面时，H 取正值；反之，H 取负值。当气体的密度 ρ 小于大气密度 ρ'，即浮力大于气体本身的重力时，由式（4－46）可知：这时位压头为负值，即位压头是一种促使气体上升的能量。为了使位压头为正值，常将基准面取在气体的上面，因为基准面以下的高度为负值，当（$\rho - \rho'$）一定时，$h_{位}$ 随 H 变化而变化，高处 $h_{位}$ 小，反之亦然。一般来讲，位压头只能计算，不能测量。

b　静压头

压力是一种能量，一定量流体的压力在静止状态下可以抵抗外界的压力而保持平衡。在流动的流体中所具有的压力和外界大气压力之差可以使流动加速或减速。这本身就表明流体的压力就是它所具有的一种机械内能。从气体压力的单位也表明，它是单位体积气体所具有的对外界做功的一种能力。已经知道压力的国际单位是 $1N/m^2 = 1N \cdot m/m^3 = 1J/m^3$，也就是 $1m^3$ 气体对外界具有做 $1N \cdot m = 1J$ 功的本领。单位体积气体本身所具有的这种对外界做功的能力称为静压。静压和静压力两者之间的概念是不同的。静压力是指气体垂直作用在单位面积上的力。但两者在数值上相等，单位相同，都是 N/m^2。把输送气体的静压 p 与同一基准面高度上大气的静压 p' 之差称为输送气体的静压头（简称静头），并以 $h_{静}$ 表示：

$$h_{静} = p - p' = \Delta p \tag{4-47}$$

静压头是输送气体的相对压力能，即输送气体实际对外界做功的能力。它的单位和静压、表压力的单位相同。尽管静压头和表压力两者的概念是不同的，但它们在数值上相等且单位相同。因为表压力可以直接用压力表测量，所以静压头也可直接用压力表测量。

【例 4－8】　有一高 H、内盛满静止热气体的下部开口容器（见图 4－12），设热气体的密度为 ρ，其外冷空气的密度为 ρ'，试分析容器内 A、B、C 三点的位压头与静压头为多少？

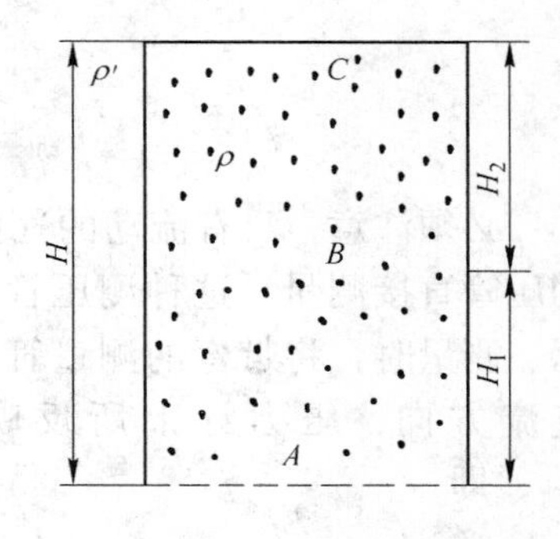

图4-12 位压头与静压头计算

解：按题意，现以 C 平面为基准面进行分析。

(1) 在 A 点，因为容器下部是开口的，与大气相通，则知：

$$h_{静A}=0$$

A 点处热气体对基准面的位压头为正值，且最大为：

$$h_{位A}=Hg(\rho'-\rho)$$

于是，A 点处热气体的总压头为：

$$h_{总A}=h_{静A}+h_{位A}=0+Hg(\rho'-\rho)=Hg(\rho'-\rho)$$

(2) 在 C 点，根据静力平衡方程：

$$h_{静C}=h_{静A}+Hg(\rho'-\rho)=Hg(\rho'-\rho)$$

由于 C 点为基准面，因此：

$$h_{位C}=0$$

于是，C 点处热气体的总压头为：

$$h_{总C}=h_{静C}+h_{位C}=Hg(\rho'-\rho)+0=Hg(\rho'-\rho)$$

(3) 在 B 点，根据静力平衡方程：

$$h_{静B}=H_1g\ (\rho'-\rho)$$

由于 C 点为基准面，因此：

$$h_{位B}=H_2g\ (\rho'-\rho)$$

于是，B 点处热气体的总压头为：

$$h_{总B}=h_{静B}+h_{位B}=H_1g(\rho'-\rho)+H_2g(\rho'-\rho)=Hg(\rho'-\rho)$$

由此可得出结论：静止气体在任意高度上的静压头和位压头是可以相互转变的，但是其总压头不变，为一定值 $Hg(\rho'-\rho)$，显然，这是机械能守恒的一种表现形式。

c 动压头

一切运动的物体都具有动能，同样，流动的气体也具有动能。由物理学中得知，物体的动能是 $mw^2/2$，其中，m 是物体的质量，w 是物体的运动速度。所以单位体积流体所具有的动能为：$\rho w^2/2$，单位是：$kg/m^3\cdot(m/s)^2=N/m^2$。同样，在气体力学中，把单位体积气体所具有的动能称为动压，并把输送气体与同一高度上大气动压之差称为相对动压，简称为动压头，以 $h_动$ 表示。其单位与动压相同，仍为 N/m^2，即：

$$h_{动}=\frac{1}{2}\rho w^2-\frac{1}{2}\rho' w'^2$$

在一般情况下，输送气体的流速远远大于同高度上大气的流速 w'，所以把 w' 视为零，因而在工程计算中通常把同高度上大气的动压能视为零，所以系统内的动压能即动压头了。所以：

$$h_{动}=\frac{1}{2}\rho w^2 \tag{4-48}$$

又因为密度 ρ 和流速 w 都和温度有关，即：

$$\rho_t=\frac{\rho_0}{1+\beta t};\ w_t=w_0(1+\beta t)$$

将其代入式（4-48），得：

$$h_{动} = \frac{\frac{\rho_0}{1+\beta t} w_0^2 (1+\beta t)^2}{2} = \frac{w_0^2}{2}\rho_0 (1+\beta t)$$

必须注意，只有流动的气体才具有动压头。$h_{动}$可以用动压管直接测量。这种测压管称为毕托管，如图 4－13 所示。测量时，将带弯的测量管插入被测气流中心，并迎着气流方向，压力计上所反映的水柱差即为所测得的$h_{动}$，即：

$$h_{动} = h_{总} - h_{静}$$

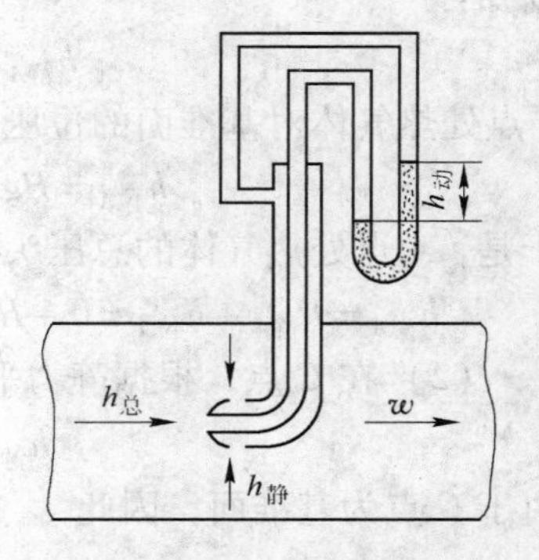

图 4－13　动压头的测量

B　柏努利方程

a　理想气体的柏努利方程式

对于理想流体，黏度系数 $\mu = 0$，流动过程中没有摩擦力，因而在流动过程中无能量损失。在无外加能量和没有机械能与热能或化学能之间的相互转变的条件下，单位体积气体在流动过程中必然保持机械能守恒。对于非压缩性气体，在稳定流动时，单位体积输送气体本身的机械能（输送气体的静压能、位压能和动压能）守恒。三者在流动过程中可以相互转变，但其机械能即三者的总和将保持不变，即理想气体的柏努利方程式为：

$$p_1 + \rho g H_1 + \frac{\rho w_1^2}{2} = p_2 + \rho g H_2 + \frac{\rho w_2^2}{2} = 常数 \tag{4-49}$$

式中　p_1，w_1，H_1——分别为 1 面处气体的静压、流速和距基准面的高度；

p_2，w_2，H_2——分别为 2 面处气体的静压、流速和距基准面的高度。

式（4－49）为输送气体密度 ρ 不变时稳定流动理想气体的柏努利方程式。对于密度变化不大的稳定流动过程，也可用式（4－49）进行计算。对于气体密度变化较大的稳定流动过程，不能用式（4－49）进行计算。该式表明：密度不变的理想流体在稳定流动时，各个截面上的静压、位压和动压之和都相等，即单位体积气体的总能量保持常数不变。

b　实际流体的柏努利方程式

式（4－49）没有考虑黏性力的作用，而实际气体是有黏性的，这就需要对理想气体的柏努利方程式进行修正。

由于黏性力表现为流动中的摩擦阻力，气体为了克服这些阻力，就会有部分机械能变为热能，成为不可恢复的能量损失。令 $h_{失}$表示实际气体由任意截面 1 处流到任意截面 2 处其间的能量损失。按照能量守恒定律，截面 1 处气体的总能量应当恒等于截面 2 处的总能量加上 1～2 截面间的能量损失 $h_{失}$之和。实际气体在流动过程中很难保持密度不变，但是当压力变化不大时，一般可认为气体的密度 ρ 只随温度而变化，于是，对式（4－49）中的密度 ρ 采用两面间的平均温度下的密度代替，同时，相应地将式中的流速 w 也以平均流速代替。按式（4－49）可写出实际气体的柏努利方程式为：

$$p_1 + \rho g H_1 + \frac{\rho w_1^2}{2} = p_2 + \rho g H_2 + \frac{\rho w_2^2}{2} + h_{失} \tag{4-50}$$

式中　p_1，p_2——分别为 1 面和 2 面处的静压，N/m^2；

H_1，H_2——分别为1面和2面距基准面的高度，m；

ρ——气体在1面和2面间平均温度下的密度，kg/m^3；

$h_{失}$——两面间的能量损失，Pa。

式（4-50）就是实际气体流动的柏努利方程式，它也适用于液体流动的分析与计算。式（4-50）用于计算时，高度的基准面通常取在系统的下面。

以上分析的是一种气体在流动过程中各种能量的关系。对于炉子系统，由于炉外大气对炉内气体的作用，因此，还要分析炉内气体在大气影响下各种相对能量间的关系。

设图4-14的管道内流过的是密度为ρ的热气体，外面是密度为ρ'的静止气体。现在就Ⅰ—Ⅰ、Ⅱ—Ⅱ截面写出柏努利方程式如下。

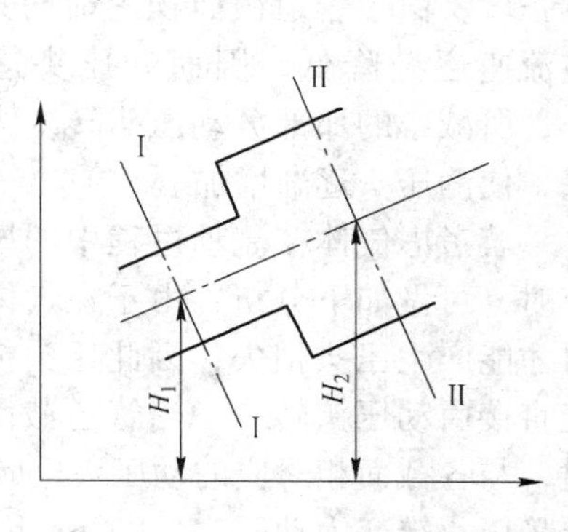

图4-14　管道Ⅰ—Ⅰ、Ⅱ—Ⅱ截面示意图

管道内：

$$p_1+\rho gH_1+\frac{\rho w_1^2}{2}=p_2+\rho gH_2+\frac{\rho w_2^2}{2}+h_{失}$$

管道外：

$$p_1'+\rho' gH_1=p_2'+\rho' gH_2 \quad (因为大气是静止的，因此\ w_1'=w_2'=0)$$

两式相减，因$p_g=p-p'$，或令$\Delta p=p-p'$，可得：

$$p_{g1}+(\rho-\rho')gH_1+\frac{\rho w_1^2}{2}=p_{g2}+(\rho-\rho')gH_2+\frac{\rho w_2^2}{2}+h_{失} \qquad (4-51)$$

式中　$\rho w^2/2$——管内外气体的动压之差，即为单位体积热气体所具有的相对动能，称为动压头，用符号$h_{动}$表示。

式（4-51）若用压头表示，可表达为：

$$h_{静1}+h_{位1}+h_{动1}=h_{静2}+h_{位2}+h_{动2}+h_{失}$$

式（4-51）就是在大气作用下气体的柏努利方程式，又称为双流体方程或气体的压头方程式。它表明，对于热气体管流，由于流动产生压头损失，气体的总压头沿流程会不断减少。在流动过程中，各种压头可以相互转换，但压头损失只能转变为热能而损耗掉，损失的动压头则由静压头或位压头来补偿。式（4-51）常用于工业炉烟道、烟囱、热风管以及煤气管的分析与计算。由于实际气体在管道截面上的速度分布是不均匀的，为了简化计算，工程上通常用平均流速来计算动压头，即：

$$w=q_v/F$$

式中　q_v——气体的体积流量；

F——管道的流通截面积。

下面举例分析压头之间的转变。

例如，气体在如图4-15所示的水平文氏管中流动时，分析流动过程中的压头转变。

由于水平管道各截面上的位压头相同，先不考虑压头损失，因此只有静压头和动压头在变，但任意截面上总压头保持不变。

在收缩管段，管道截面逐渐减小，气流速度逐渐增加，因而动压头逐渐增大。由于气体总压头一定，静压头必然会减小，即气体的一部分静压头转变为动压头。在扩张段，由于管道截面积逐渐增大，气体流速逐渐降低，因而动压头逐渐减小，所减小的那部分动压头转变为静压头，使静压头逐渐增加。

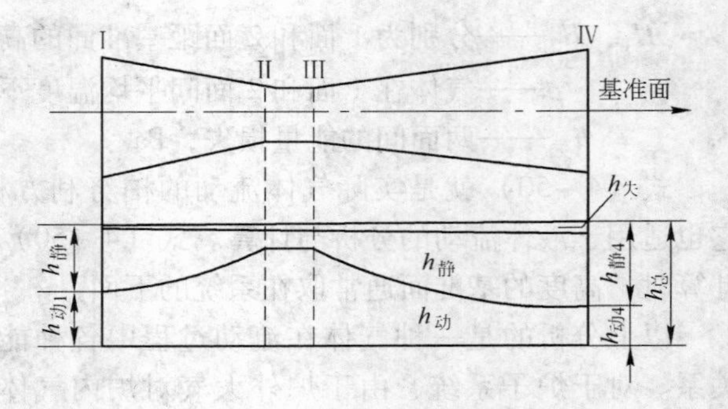

图 4 – 15　气体在文氏管中的流动

若考虑气体在流动过程中的压头损失时，可做如下分析：由于在气体流动时才能产生压头损失，因此压头损失只能直接由动压头转变。当管道截面已定时，与各截面相对应的动压头也应不变，为了维持各截面相对应的动压头不变，必须有部分静压头转变为动压头，以补充因产生压头损失而减小的动压头。由此可见，在气体由截面Ⅰ流至截面Ⅳ的整个过程中，都存在着静压头变成动压头又转变为压力损失的过程。

综合上述分析，得出如图 4 – 15 所示的压头转变。

例如，当热气体在截面不变的垂直管道内上升时，分析压头间的转变。由于截面Ⅰ与截面Ⅱ相等，则 $h_{动1}=h_{动2}$，如暂不考虑 $h_失$，则双流体方程为：

$$h_{位1}+h_{静1}=h_{位2}+h_{静2}$$

因为是热气体，$h_{位1}>h_{位2}$，则必定 $h_{静1}<h_{静2}$，可见，气体由截面Ⅰ上升至截面Ⅱ时存在位压头转变为静压头的过程。

若考虑压头损失，则必然存在动压头转变为压头损失的过程。但因截面不变，动压头要求不变，则压头损失所消耗的动压头必须由位压头和静压头补充，而位压头仅随高度和气体密度变化，当气体密度不变时，位压头只随高度变化，与动压头无关。因此，压头损失所消耗的动压头只能由静压头补充，即静压头转变为动压头，动压头又转变为压头损失。压头损失所消耗的压头实质为静压头。

根据上述分析，得出如图 4 – 16 所示的压头转变。

从以上两例分析压头转变可知：

(1) 各种压头可相互转变，但只有动压头才能直接变为压头损失，消耗的动压头则由静压头补充。

(2) 气体在管道中稳定流动时，动压头变化取决于管道截面及气体温度。截面不变的等温流动，动压头不变；截面变化或变温流动，动压头会变。动压头的变化直接引起静压头的变化。

(3) 位压头的变化取决于高度和温度（密度）的变化。等温的水平流动，位压头不变；高度变化或变温流动时，位压头会变。位压头的变化也会直接影响静压头的变化。

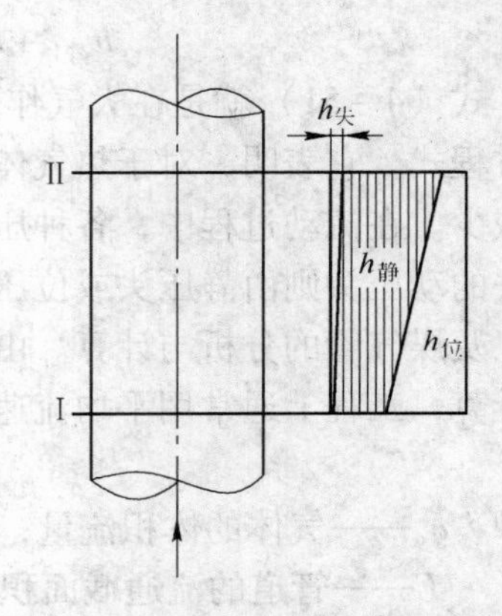

图 4 – 16　气体在垂直管道中的流动

(4) 压头损失和压头转变是不同的。压头转变是可逆的，而压头损失已变为热散失掉，是不可逆的。

c　柏努利方程式和连续性方程式的实际应用

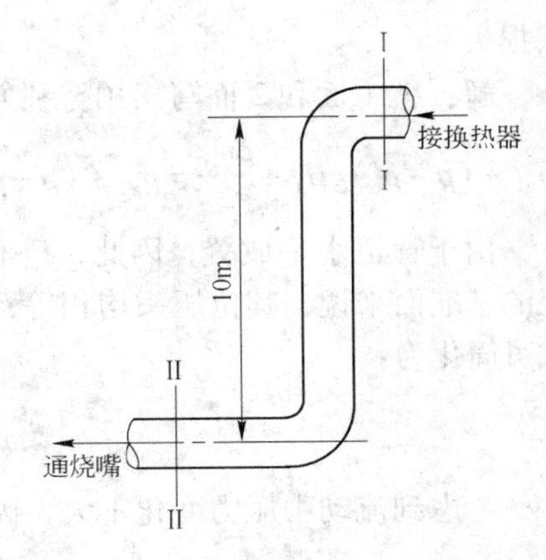

图4-17 热风管Ⅰ—Ⅰ、Ⅱ—Ⅱ截面示意图

柏努利方程式和连续性方程式通过联立求解可以解决生产中的许多实际问题。它们在炉子热工操作和炉子系统的设计中有着非常广泛的应用。比如管路中对流体压头损失的间接测量与计算，流量的测量，炉膛孔洞的逸气和炉门逸气量的计算，烧嘴的设计计算，供气系统及烟道、烟囱等的设计计算等，都离不开这两个基本方程式。下面通过几个实例来加以说明。这两个基本方程式是本章学习中必须掌握的重点，它的深入讨论在后面几节中还将谈到。

【例4-9】 某炉的热风管一端与换热器相连，另一端通往烧嘴，如图4-17所示。热风管垂直段高10m，热空气平均温度400℃，车间空气温度20℃。Ⅰ—Ⅰ截面处的静压头 $p_{g1}=250\text{mmH}_2\text{O}$，Ⅱ—Ⅱ截面处的静压头 $p_{g2}=200\text{mmH}_2\text{O}$，求Ⅰ—Ⅰ到Ⅱ—Ⅱ这段热风管的压头损失。

解：就Ⅰ—Ⅰ和Ⅱ—Ⅱ截面写出柏努利方程式为：

$$p_{g1}+(\rho-\rho')gH_1+\frac{\rho w_1^2}{2}=p_{g2}+(\rho-\rho')gH_2+\frac{\rho w_2^2}{2}+h_{失}$$

由于管径不变：

$$w_1=w_2,\ \frac{\rho w_1^2}{2}=\frac{\rho w_2^2}{2}$$

设基准面取在Ⅱ—Ⅱ截面的水平中心线，则：

$$H_1=10,\ H_2=0$$

根据题意，求出密度 ρ' 及 ρ 为：

$$\rho'=\frac{1.293}{1+\frac{20}{273}}=1.205\ (\text{kg/m}^3)$$

$$\rho=\frac{1.293}{1+\frac{400}{273}}=0.525\ (\text{kg/m}^3)$$

所以：

$$\begin{aligned}h_{失}&=p_{g1}-p_{g2}+(\rho-\rho')gH_1\\&=250\times9.81-200\times9.81+(0.525-1.205)\times9.81\times10=424\ (\text{Pa})\end{aligned}$$

由上例可见，摩擦损耗了一部分静压头，此外因为管内是热气体流动，它有上浮的趋势，当热气体自上而下流动时，会使一部分静压头转变成流动中所增加的位压头 $(\rho-\rho')gH_1$。因此，可以得出这样的结论：当热气体自上而下流动时，位压头阻碍气体流动，会使气体的静压头降低；当热气体自下而上流动时，位压头起着帮助气体流动的作用，使静压头增加。这一点在安置热风管道时应予注意。

【例4-10】 有一截面逐渐收缩的水平管道如图4-18所示，已知气体的密度 $\rho=1.2\text{kg/m}^3$，气体在 F_1 截面处的表压力 $p_{g1}=288.4\text{Pa}$，F_2 截面处的表压力 $p_{g2}=9.81\text{mmH}_2\text{O}$，又知 $F_1/F_2=2.0$，$F_1=0.1\text{m}^2$，求每小时流过气体的体积流量（不考虑压

头损失)。

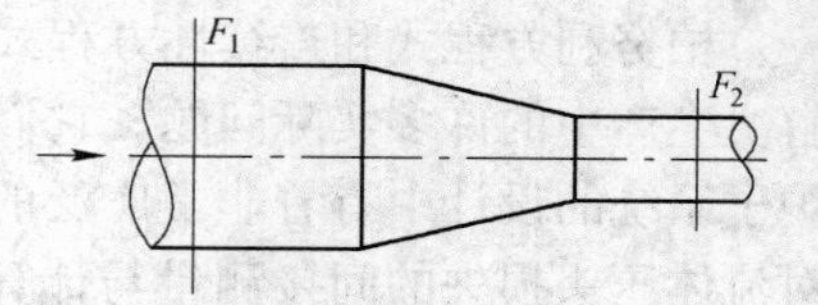

图 4-18　截面逐渐收缩的水平管道示意图

解：就 1 面和 2 面写出柏努利方程式为：

$$p_{g1} + (\rho - \rho')gH_1 + \frac{\rho w_1^2}{2} = p_{g2} + (\rho - \rho')gH_2 + \frac{\rho w_2^2}{2} + h_{失}$$

由于管道水平放置，因此，F_1 和 F_2 面对任何高度上的基准面来说，其位压头均相等，$h_{失} = 0$。因此，上式可简化为：

$$p_{g1} + \frac{\rho w_1^2}{2} = p_{g2} + \frac{\rho w_2^2}{2} \tag{a}$$

考虑到流动中压力变化不大，因此可视为密度不变，于是由连续性方程式可知：

$$w_1 F_1 = w_2 F_2 \tag{b}$$

所以有：

$$\frac{w_2}{w_1} = \frac{F_1}{F_2}$$

今已知$\frac{F_1}{F_2} = 2.0$，于是将式（b）代入式（a）经整理后得到：

$$p_{g1} - p_{g2} = \frac{\rho(2w_1)^2}{2} - \frac{\rho w_1^2}{2} = \frac{3\rho w_1^2}{2}$$

所以：

$$w_1 = \sqrt{\frac{2(p_{g1} - p_{g2})}{3\rho}}$$

由题意：

$p_{g1} = 288.4\text{Pa}$，$\rho = 1.2\text{kg/m}^3$，$p_{g2} = 9.81\text{mmH}_2\text{O} = 9.81\text{mmH}_2\text{O} \times 9.81 = 96.2\text{Pa}$

所以：

$$w_1 = \sqrt{\frac{2 \times (288.4 - 96.2)}{3 \times 1.2}} = 10.3 \ (\text{m/s})$$

于是，气体流过 F_1 截面处的体积流量为：

$$q_v = w_1 F_1 \tau = 10.3 \times 0.1 \times 3600 = 3708 \ (\text{m}^3/\text{h})$$

通过此例说明：在已知水平收缩管道中，如果测得收缩管两截面处的压力差，则可推算出流过气体的体积流量。节流式流量计就是根据此原理制作的。

【例 4-11】 有一上下加盖的直圆筒高 20m（见图 4-19），内储温度为 500℃ 的热气体，它在标准状态下的密度 $\rho_0 = 1.3\text{kg/m}^3$，筒外为 0℃ 的大气，其密度 $\rho_0' = 1.293\text{kg/m}^3$，如果把上盖打开，求在上盖打开的瞬间直筒底部所受的静压头为多少（不计损失）？

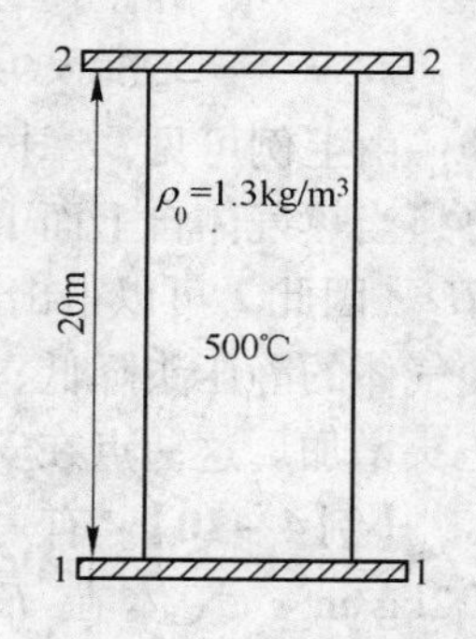

图 4-19　静压头计算

解：按题意，所求上盖打开的瞬间此时热气体尚未往外流动，即 $h_{动} = 0$，现以 1—1 截面为基准面写出柏努利方程式为：

$$p_{g1} + (\rho - \rho')gH_1 + \frac{\rho w_1^2}{2} = p_{g2} + (\rho - \rho')gH_2 + \frac{\rho w_2^2}{2} + h_{失}$$

因为 $h_{动} = 0$，$h_{失} = 0$，即：

$$\frac{\rho w_1^2}{2}=\frac{\rho w_2^2}{2}=0$$

而在上盖打开时，顶部热气体和大气相通，即：

$$p_{g2}=0$$

于是得：

$$p_{g1}=(\rho-\rho')gH_2=\left(\frac{1.3}{1+\frac{500}{273}}-1.293\right)\times 9.81\times 20$$
$$=-163.61\ (\text{Pa})$$

此时，底部静压头为 -163.61Pa，表现为抽力。如果将底盖也打开并与某气源接通，则可借此抽力的作用，通过消耗部分静压头把热气体不断地抽入圆筒底部再不断地从顶部排出，显然，这和炉子系统的烟囱完全一样。

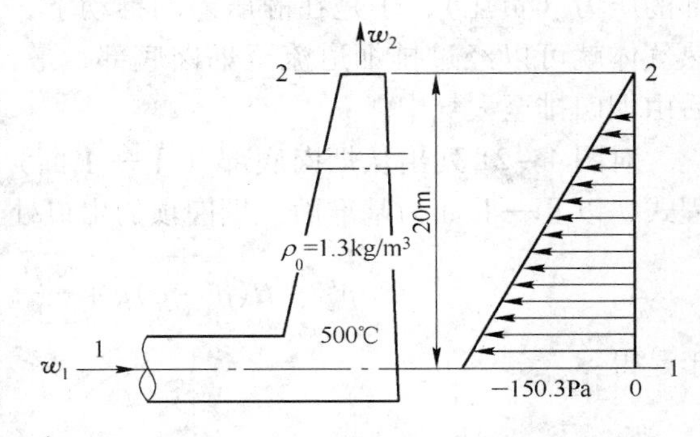

图4-20 抽力计算示意图

【例4-12】 在【例4-11】的基础上，设圆筒底直径 $d_1=1.2\text{m}$，筒顶直径 $d_2=0.8\text{m}$，如图4-20所示，并已知排入筒底标准状态下的烟气量 $q_{v_0}=1.5\text{m}^3/\text{s}$，试求此时筒底的静压头 p_{g1} 为多少？

解： 按图4-20写出柏努利方程式为：

$$p_{g1}+(\rho-\rho')gH_1+\frac{\rho w_1^2}{2}=p_{g2}+(\rho-\rho')gH_2+\frac{\rho w_2^2}{2}+h_{失}$$

取1—1面为基准面，$H_1=0$，又 $p_{g1}=0$，$h_{失}=0$，上式简化为：

$$p_{g1}=(\rho-\rho')gH_2+\frac{\rho w_2^2}{2}-\frac{\rho w_1^2}{2}$$

而

$$w_{01}=\frac{q_{v_0}}{F_1}=\frac{1.5}{\frac{3.14}{4}\times 1.2^2}=1.33\ (\text{m/s})$$

$$w_{02}=\frac{q_{v_0}}{F_2}=\frac{1.5}{\frac{3.14}{4}\times 0.8^2}=2.99\approx 3.00\ (\text{m/s})$$

于是：

$$\frac{\rho w_2^2}{2}-\frac{\rho w_1^2}{2}=\frac{\rho_0(w_{02}^2-w_{01}^2)}{2}(1+\beta t)=\frac{1.3\times(3.00^2-1.33^2)}{2}\times\left(1+\frac{500}{273}\right)=13.31\ (\text{Pa})$$

所以，此时：

$$p_{g1}=-163.61+13.31=-150.3\ (\text{Pa})$$

此例说明：烟囱底部的抽力是由位压头转变的，并且烟囱越高、热气体与大气的温差越大，则烟囱的抽力就越大。

4.3.2.4　影响烟囱抽力的因素

从图 4-21 的加热炉排烟系统中可以看出：要使高温烟气从炉内排出，则必须克服排烟系统的一系列阻力。烟囱之所以能克服这些阻力，是由于烟囱能借助烟气与空气的密度差在其底部形成负压，如果令炉膛尾部的表压力为零压，则炉尾压力必大于烟囱底部的压力（负压），于是在静压差的推动下，热气体就可以经过排烟道流至烟囱底部，最后由烟囱排至大气中。

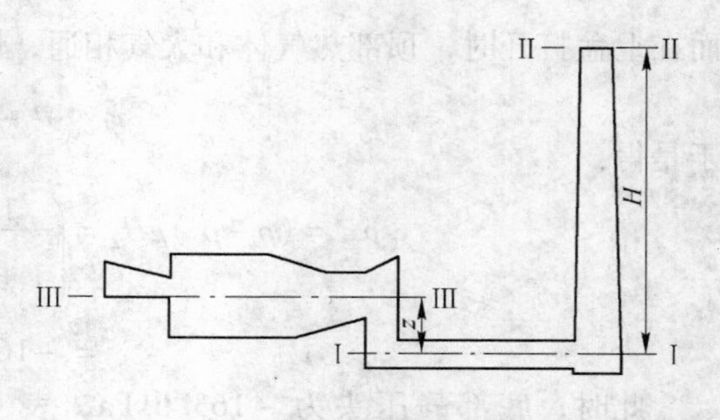

图 4-21　加热炉排烟系统示意图

对图 4-21 列出从烟囱底部（Ⅰ—Ⅰ面）至烟囱顶部出口（Ⅱ—Ⅱ面）的柏努利方程式，以Ⅱ—Ⅱ面为基准面，烟囱顶的出口处与大气相通，因此 $p_{g2}=0$，则得：

$$p'_{g1}+H(\rho'-\rho)g+\frac{w_1^2\rho_1}{2}=0+0+\frac{w_2^2\rho_2}{2}+h_{摩囱}$$

于是得：

$$p'_{g1}=-\left[H(\rho'-\rho)g-\left(\frac{w_2^2\rho_2}{2}-\frac{w_1^2\rho_1}{2}\right)-h_{摩囱}\right] \tag{4-52}$$

$$|p'_{g1}|=H(\rho'-\rho)g-\left(\frac{\rho_2 w_2^2}{2}-\frac{\rho_1 w_1^2}{2}\right)-h_{摩囱}$$

式中　p'_{g1}——烟囱底部的静压头，是一个负值（即负压），由于炉子内部炉底平面Ⅰ—Ⅰ的静压头一般保持零压左右，即炉内压力大于烟囱底部的压力，因此，炉内烟气能流向烟囱底部，并经烟囱排入大气，p'_{g1}的绝对值就是烟囱对烟气的抽力（$h_{抽}$）；

$H(\rho'-\rho)g$——烟囱底部烟气的位压头，抽力就是来自这一项的能量，抽力的大小主要取决于烟囱的高度 H 和空气密度 ρ' 与烟气平均密度 ρ 之差；

$\rho_1 w_1^2/2$，$\rho_2 w_2^2/2$——分别为烟囱底部及顶部烟气的动压头；

ρ_1，ρ_2——分别为烟气在烟囱底部和顶部不同温度下的密度；

$h_{摩囱}$——从烟囱底部到烟囱顶部的摩擦阻力损失。

外面空气的速度可以视为零。由于烟囱断面常为下大上小（即 $w_2>w_1$），$\frac{w_2^2\rho_2}{2}-\frac{w_1^2\rho_1}{2}$ 表示速度增加产生的动压头增量。

可见，当烟囱形成的烟囱底部负压 p'_{g1} 大小等于排烟管道在烟囱底部所要求的负压 p_{g1} 时，即 $p_{g1}=p'_{g1}$ 时，烟囱就能够顺利地将烟气从炉膛内排出到烟囱底部，并把烟气排到大气中。

烟囱的高度除了考虑有足够的抽力之外，还要考虑对周围环境的污染问题。烟囱一般应比附近最高建筑物高 5m 以上，所以多数炉子的烟囱高度都有富裕。由于计算中是以假定炉底水平面的相对静压为零作为前提的，烟囱的抽力有富裕，就一定会在炉膛内造成负压。这样将会有大量冷空气被吸入，这是不希望的。为了调节炉内的静压，通常在烟道内设置闸门。当闸门插下时，烟道通道的局部阻力加大，烟囱对炉子的实际抽力则减小。有的工厂还采取人为地让冷空气吸入烟道的办法来调节抽力，冷空气吸入后烟气量增大，烟气温度降低，这两个因素都使实际抽力减小。依靠人工调节的闸门往往难以及时调整，因此，在现代化的炉子上，闸门的控制是通过压力参数输入自动调节系统进行调节的。

由式（4－52）可知，烟囱的抽力是由于冷热气体的密度不同而产生的，抽力的计量单位用 Pa 表示，其大小为：$(\rho_{冷}-\rho_{热})gH$，式中，$\rho_{冷}$、$\rho_{热}$分别为冷热气体的密度，单位为 kg/m^3；H 为烟囱高度，单位为 m。可以看出，烟囱抽力的大小与烟囱的高度以及烟囱内废气状态有直接关系。烟囱高度确定后，其抽力大小主要取决于烟囱内废气温度的高低，废气温度高则抽力大，反之，则抽力小。要使烟囱抽力增加，在操作上应该减少或消除烟道的漏气部分，保持烟道的严密性，如果不严密，外部冷空气吸入，不仅会使废气温度降低，而且会增加废气的体积，从而影响抽力。烟道应具有较好的防水层，烟道内应保持无水，水漏入不但直接影响废气温度，而且烟道积水会使废气的流通断面减小，使烟囱的抽力减小。

4.3.2.5 影响烟道阻力的因素

烟囱底部需要形成多大的负压，主要取决于排烟系统阻力损失的大小。应用柏努利方程式可列出图4－21炉尾（Ⅲ—Ⅲ面）至烟囱底部（Ⅰ—Ⅰ面）的柏努利方程。如取Ⅲ—Ⅲ面为基准面，并考虑该处与大气相通，则可得到：

$$0+0+\frac{w_3^2\rho_3}{2}=z(\rho'-\rho)g+p_{g1}+\frac{w_1^2\rho_1}{2}+h_{局}+h_{摩}$$

于是得：

$$-p_{g1}=z(\rho'-\rho)g+\left(\frac{w_1^2\rho_1}{2}-\frac{w_3^2\rho_3}{2}\right)+h_{局}+h_{摩} \qquad (4-53)$$

式（4－53）说明烟气在烟囱底部的静压头为负值，这是由于烟气从零压的炉尾流出后，一部分静压头消耗于排烟管道内的阻力；另一部分静压头转变为位压头增量（热气体自上而下流动时，位压头增大，也相当于一种阻力）；还有一部分则转变为动压头增量。可见，用烟囱排烟时，就必须在烟囱底部形成一个与 p_{g1} 相同的负压，才能使炉尾处的烟气克服压头损失与压头转变中所消耗的能量而顺利流向烟囱底部。

气体由于有黏性，在流动过程中要产生阻力。一部分阻力是由于气体本身的黏性及其与管壁的摩擦所形成，称为摩擦阻力，而且这种阻力沿流动路程都存在，所以又称为沿程阻力；另一部分是由于气流方向的改变或速度的突变引起的阻力，称为局部阻力。气体流动要克服阻力，就必须做功，因此要消耗部分能量，形成压头损失。

在讨论柏努利方程式时，已经指出压头损失只产生在气体流动的时候，如果气体静止不动，就没有损失可言。所以压头损失的大小和气体的动压头成正比，即：

$$h_{失}\propto\frac{w^2\rho}{2}$$

或者

$$h_{失}=K\frac{w^2\rho}{2} \qquad (4-54)$$

如果式中的速度 w 和密度 ρ 都用标准状态下的速度 w_0 和密度 ρ_0 来表示，则式(4－54)

可改写为：

$$h_{失} = K\frac{w_0^2\rho_0}{2}(1+\beta t)\frac{p_0}{p_t}$$

式中　K——阻力系数。

阻力系数 K 和气体流动的性质、管道的几何形状及表面状况等许多因素有关，除少数情况下可以进行理论分析外，大多数情况下的 K 值是通过实验测定的。

为了克服摩擦阻力所造成的压头损失称为摩擦阻力损失，用符号 $h_{摩}$ 表示。一般可按下式计算：

$$h_{摩} = \lambda\frac{l}{d_{当}}\cdot\frac{\rho w^2}{2} = \lambda\frac{l}{d_{当}}\cdot\frac{\rho_0 w_0^2}{2}(1+\beta t) \tag{4-55}$$

式（4－55）是摩擦阻力损失的计算公式，式中，λ 称为摩擦阻力系数，是雷诺数与管壁粗糙度的函数，其数值可由实验测定；l 为管道长度；其他符号意义同前。

层流流动的摩擦阻力系数与 Re 有下列关系：

$$\lambda = \frac{A}{Re} \tag{4-56}$$

对于圆形管道，式（4－56）中的常数 $A=64$；对于非圆形管道，常数 A 视管道截面形状而异，其数值见表4－8。

表4－8　非圆形管道的常数 A

管道截面形状	当量直径	常数 A
正方形，边长为 a	a	57
等边三角形，边长为 a	$0.58a$	53
环隙形，宽度为 b	$2b$	96
长方形，边长 $a=0.5b$	$1.33a$	62

层流流体只有靠近管壁的一层与管壁接触，其速度为零。而整个流动是平行流动，气流核心部分并不与管壁接触，所以层流时不论管壁粗糙度如何，对摩擦阻力没有影响。

紊流时摩擦阻力系数可以用下列公式：

$$\lambda = \frac{A}{Re^n} \tag{4-57}$$

式中　n，A——根据实验确定的常数，与管壁的粗糙度有关，其值可由表4－9查出。

表4－9　不同管道的 A、n 和 λ 的数值

常　数	光滑的金属管道	表面粗糙的金属管道	砌砖管道
A	0.32	0.129	0.175
n	0.25	0.12	0.12
λ	0.025	0.035～0.045	0.05

加热炉上的气体输送基本上都是紊流，由于管径（或烟道截面）很大，管壁的粗糙度对摩擦阻力系数的影响不很大，因此，以上公式计算结果具有足够的精确度。

气体流过管道除了沿程摩擦阻力而外，在流经转弯、扩张、收缩、阀门等处时，由于流速或方向突然发生变化，从而造成气体与管壁的碰撞及气体质点之间相互的冲撞，这时产生局部阻力。局部阻力造成的能量损失也可用式（4－54）计算，其中，阻力系数 K 值从理论上推导是较困难的，除个别情况外，绝大多数局部阻力系数都是通过实验方法确定的。在实际生产中，局部阻力系数 K 可参考《工业炉设计手册》予以确定。

复习思考题

4－1 什么是钢的加热温度，碳钢和低合金钢加热温度是如何选择的？

4－2 什么是三段式加热制度，为什么三段式加热制度是比较完善与合理的？

4－3 什么是燃烧温度，提高燃烧温度的途径有哪些？

4－4 简述静止气体沿高度方向上绝对压力的变化规律。

4－5 密度小于大气的静止气体在高度方向上表压力的变化规律如何？

4－6 气体和液体的黏度随温度是如何变化的，为什么？

4－7 影响紊流形成的因素有哪些，如何影响？

4－8 什么是压头？

4－9 简述烟囱的工作原理。

4－10 影响烟囱抽力的因素有哪些，如何影响？

4－11 影响烟道阻力的因素有哪些，如何影响？

习 题

4－1 已知高炉煤气的湿成分（体积分数）为：$\varphi(CO)^{湿}=26.1\%$，$\varphi(H_2)^{湿}=3.07\%$，$\varphi(CH_4)^{湿}=0.19\%$，$\varphi(CO_2)^{湿}=14.1\%$，$\varphi(N_2)^{湿}=52.2\%$，$\varphi(O_2)^{湿}=0.19\%$，$\varphi(H_2O)^{湿}=4.17\%$。试确定 $n=1.2$ 的条件下完全燃烧所需的实际空气量、实际燃烧产物量、燃烧产物成分和密度。

4－2 已知重油供用成分（质量分数）为：$w(C)^{用}=85.6\%$，$w(H)^{用}=10.5\%$，$w(S)^{用}=0.7\%$，$w(O)^{用}=0.5\%$，$w(N)^{用}=0.5\%$，$w(A)^{用}=0.2\%$，$w(W)^{用}=2.0\%$。当 $n=1.1$ 时，试计算完全燃烧时的空气需要量、燃烧产物量、燃烧产物成分和密度。

4－3 某地平面为标准大气压，当该处平均气温为25℃、大气密度均匀一致时，距地平面200m的空中的实际大气压为多少？

4－4 某炉膛内的炉气温度为 $t=1638$℃，炉气在标准状态下的密度 $\rho_0=1.3\text{kg/m}^3$，炉外大气温度 $t'=27$℃。试求当炉门中心线为零压力时，距离炉门中心线2m高处炉顶下部炉气的表压力为多少？

4－5 某连续加热炉均热段炉气温度为1250℃，炉气在标准状态下的密度 $\rho_0=1.3\text{kg/m}^3$，炉外大气温度 $t'=30$℃，试求当距炉门坎1.5m高处炉膛压力为9.8Pa时，炉门坎处是冒火还是吸冷风？

4－6 有一收缩风管如图4－22所示，空气流量（0℃时）q_{v_0} 为90m³/min，设流动过程中风压变化不大，并已知截面 F_1、F_2 处的流速（0℃时）w_1、w_2 分别为12m/s、20m/s，试计算截面 F_1、F_2 处的风管直径 d_1 和 d_2。

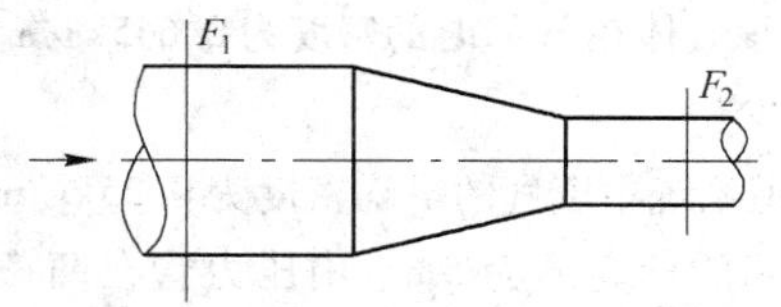

图4－22 习题4－6中收缩风管

4-7　已知抽风机出口直径 d_1 为0.8m，出口平均流速 w_1 为13.5m/s，若管道直径 d_2 为1m时，求气体在管道中的平均流速 w_2。

4-8　某厂三段连续加热炉，每小时需要供入3t重油，炉子预热段、加热段和均热段的油量之比为10:55:35。若为了保证重油压力稳定，要求重油在各段管中的速度保持为0.3m/s，现知重油的密度 $\rho=980\text{kg/m}^3$，试计算总油管和分段各细管的直径。

4-9　如图4-23所示，已知压力计上的读数 $h=59\text{Pa}$，风管内气体密度为 1.29kg/m^3。试求风管内的气流速度。若风管的直径为100mm，每小时通过风管的质量风量和体积风量各为多少？

4-10　某炉管径不变的热风管一端与换热器相连，另一端通往烧嘴，如图4-24所示。热风管垂直段高10m，热空气平均温度400℃，车间空气温度20℃。Ⅰ—Ⅰ截面处的静压头 $\Delta p_1=250\text{mmH}_2\text{O}$，Ⅰ—Ⅰ到Ⅱ—Ⅱ这段热风管的压头损失为400Pa，求Ⅱ—Ⅱ截面处的静压头 Δp_2。

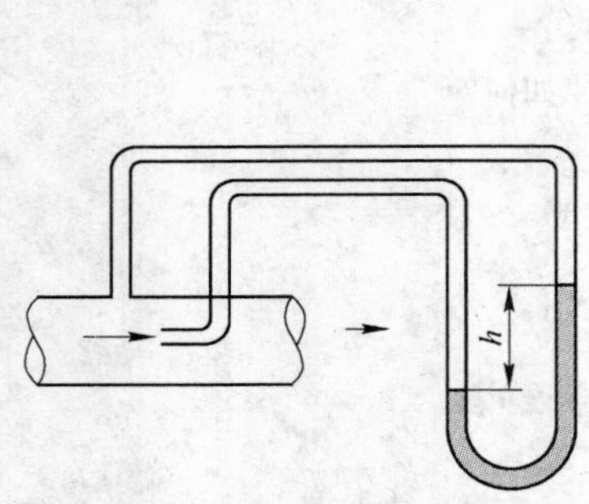

图4-23　习题4-9中风管

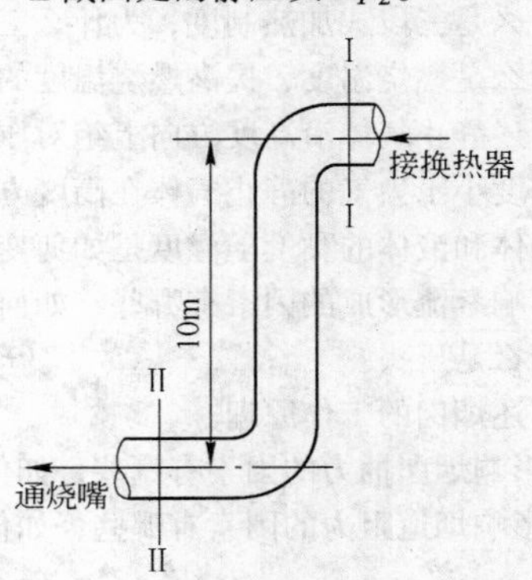

图4-24　习题4-10中风管

4-11　有一水平热风管如图4-25所示，已知截面 F_1 为 0.3m^2，F_2 为 0.5m^2。管内热空气的平均温度为300℃，空气0℃时的密度 $\rho_0'=1.293\text{kg/m}^3$，0℃时的流量 q_{v_0} 为 $240\text{m}^3/\text{min}$。设截面 F_1 处的静压头为3924Pa，若不计流动过程中的压头损失，试求 F_2 处的静压头。

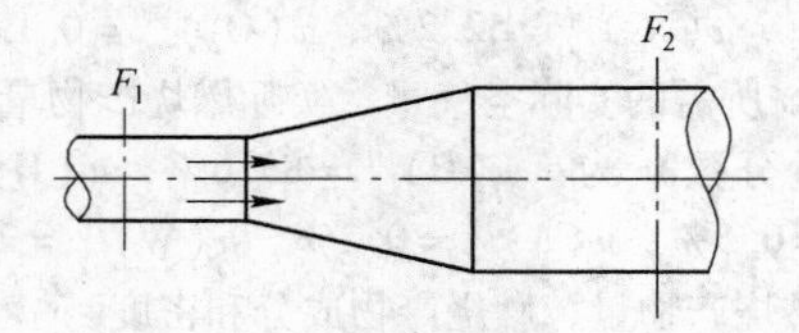

图4-25　习题4-11中风管

4-12　某炉子所用冷却水由水塔供应，其供应系统如图4-26所示，当水塔内的水上部（1点处）为1工程大气压；水管出口处（2点处）要求3个工程大气压，水在管道内流动过程的总能量损失为 $h_失=44145\text{Pa}$。计算由水管流出的水量（m^3/h）为多少（$w_1\approx0$，$\rho=1000\text{kg/m}^3$）？

4-13　某厂原有烟囱如图4-27所示，已知生产时的有关值为：烟气温度 $t=546℃$，烟气密度 $\rho_0=1.32\text{kg/m}^3$，烟气流速 $w_1=w_2$，大气温度 $t'=30℃$，烟气在烟囱内的总压头损失 $h_失=34.3\text{Pa}$。试求当 $h_{静2}$ 为零时 $h_{静1}$ 为多少？

4-14　如图4-28所示，已知 D_1 为200mm，D_2 为100mm，管中流过温度为30℃的气体，其标准状态时的体积流量为 $1700\text{m}^3/\text{h}$，该气体在30℃时的密度为 0.645kg/m^3，现已测得 h_1 等于392.4Pa，若不计压头损失，求 h_2 为多少？

4-15　如图4-29所示，在此烟道系统中废气的平均密度为 0.25kg/m^3，车间大气密度为 1.25kg/m^3，Ⅰ—Ⅰ、Ⅱ—Ⅱ两截面之间的标高差为5m。用压力管在两截面测得的表压力分别为：$p_{g1}=-49\text{Pa}$，$p_{g2}=-147\text{Pa}$。已知 $w_1=6\text{m/s}$，$w_2=10\text{m/s}$，求1、2两截面间的压头损失。

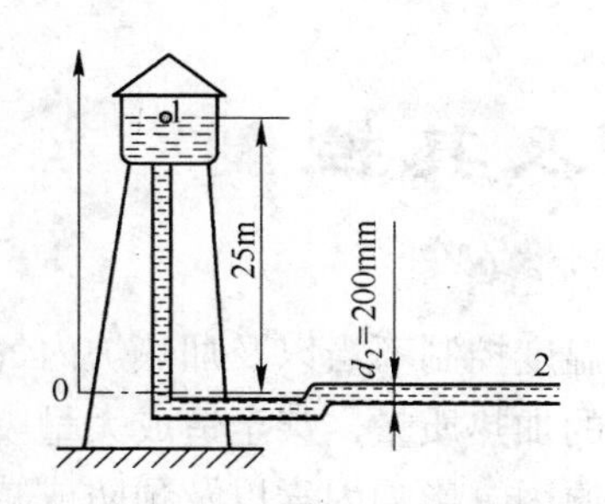

图 4-26　习题 4-12 中供水系统

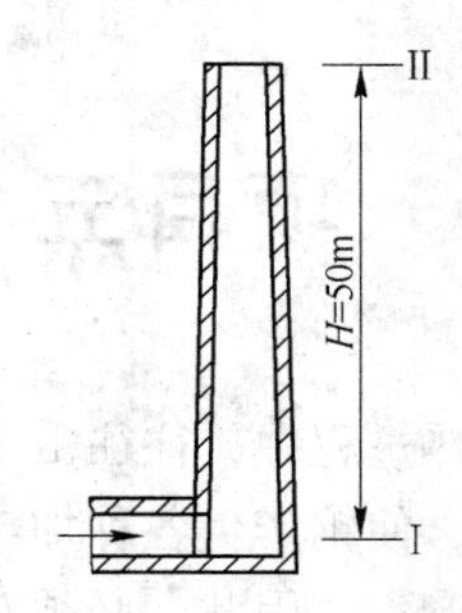

图 4-27　习题 4-13 中烟囱

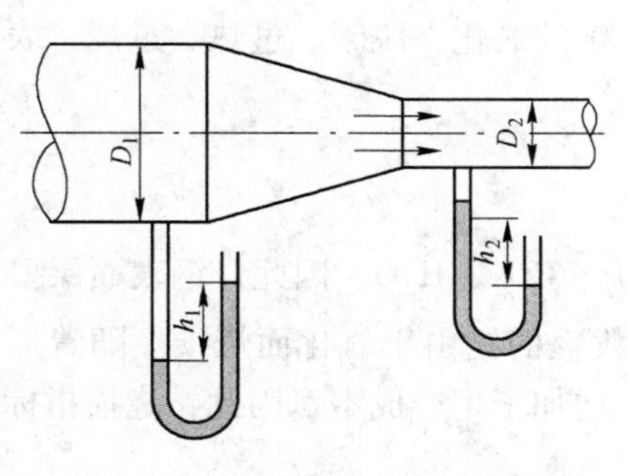

图 4-28　习题 4-14 图

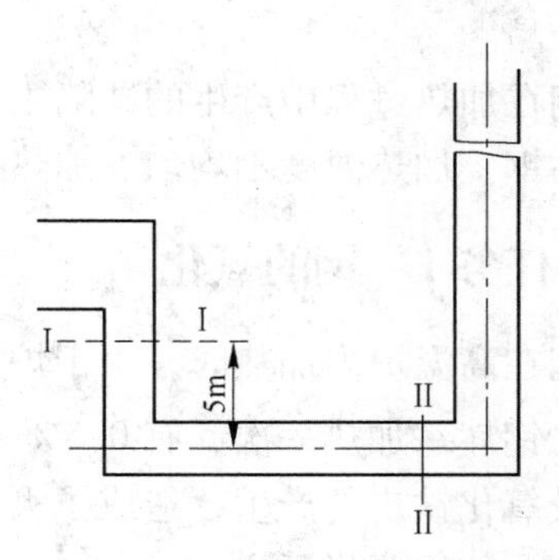

图 4-29　习题 4-15 图

4-16　某炉子的重油供应系统如图 4-30 所示。已知重油的实际密度 $\rho=960\text{kg/m}^3$，油在油管内的实际流速为 $w_1=0.3\text{m/s}$，油管系统的总能量损失 $h_{失}=9810\text{Pa}$。当重油从Ⅱ—Ⅱ截面出口处的要求压力（静压）为 $p_2=2$ 工程大气压，要求出口实际流速 $w_2=1\text{m/s}$ 时，油泵的出口压力（静压）（Pa）应为多少？油泵出口处的表压力（Pa）应为多少（设大气压力为 1 工程大气压）？

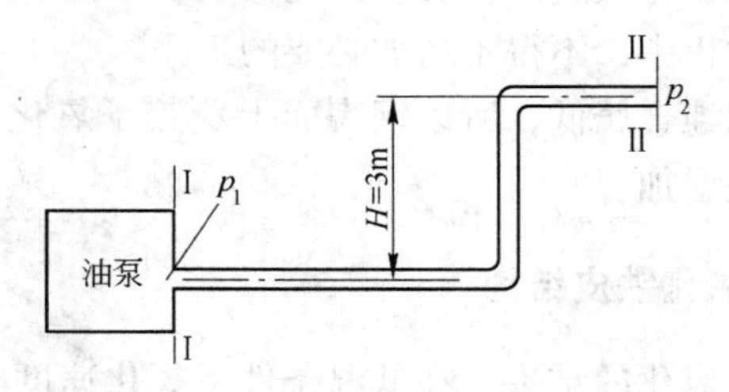

图 4-30　习题 4-16 图

项目五　加热质量及其控制

钢在加热过程中，往往由于加热操作不好、加热温度控制不当以及加热炉内气氛控制不良等原因，使钢产生各种加热缺陷，严重地影响钢的加热质量，甚至造成大量废品和降低炉子的生产率。因此，必须对加热缺陷及其产生的原因、影响因素以及预防或减少缺陷产生的办法等进行分析和研究，以期改进加热操作，提高加热质量，从而获得加热质量优良的产品。

钢在加热过程中产生的缺陷主要有以下几种：钢的氧化、脱碳、过热、过烧、表面烧化和粘钢、加热温度不均匀、加热裂纹等。

5.1　任务1　钢的氧化

钢在高温炉内加热时，由于炉气中含有大量 O_2、CO_2、H_2O，因此，钢表面层要发生氧化。钢坯每加热一次，有0.5%～3%（质量分数）的钢由于氧化而烧损。随着氧化的进行及氧化铁皮的产生，造成了大量的金属消耗，增加了生产成本，因此，烧损指标是加热炉作业的重要指标之一。

氧化不仅造成钢的直接损失，而且氧化后产生的氧化铁皮堆积在炉底上，特别是实炉底部分，不仅使耐火材料受到侵蚀，影响炉体寿命，而且清除这些氧化铁皮是一项很繁重的劳动，严重的时候加热炉会被迫停产。

氧化铁皮还会影响钢的质量，它在轧制过程中压在钢的表面上，就会使表面产生麻点，损害表面质量。如果氧化层过深，会使钢坯的皮下气泡暴露，轧后造成废品。为了清除氧化铁皮，在加工的过程中，不得不增加必要的工序。

氧化铁皮的热导率比纯金属低，所以钢表面上覆盖了氧化铁皮，又恶化了传热条件，炉子产量降低，燃料消耗增加。

5.1.1　钢的氧化过程及氧化铁皮结构

钢在常温下生锈就是氧化的结果，在低温条件下氧化速度非常慢；当温度达到200～300℃时，就会在钢的表面生成薄薄的一层氧化铁皮；温度继续升高，氧化的速度也随之加快；当温度达到1000℃以上时，氧化开始剧烈进行；当温度达到1300℃以后时，氧化铁皮就开始熔化，这时的氧化速度更为剧烈。如果900℃时的烧损量作为1，则1000℃时的烧损量为2，1100℃时的烧损量就是3.5，到1300℃时的烧损量则为7。

钢的氧化是炉气中氧化性气体（O_2、CO_2、H_2O、SO_2）和钢的表面进行化学反应的结果。根据氧化程度的不同，氧化时生成了几种不同程度的铁的氧化物——Fe_2O_3、Fe_3O_4、FeO。

铁的氧化反应方程式如下。

与 O_2的反应式为：

$$Fe + \frac{1}{2}O_2 = FeO$$

$$3FeO + \frac{1}{2}O_2 = Fe_3O_4$$

$$2Fe_3O_4 + \frac{1}{2}O_2 = 3Fe_2O_3$$

与CO_2的反应式为：

$$Fe + CO_2 = FeO + CO$$
$$3FeO + CO_2 = Fe_3O_4 + CO$$
$$3Fe + 4CO_2 = Fe_3O_4 + 4CO$$

与H_2O的反应式为：

$$Fe + H_2O = FeO + H_2$$
$$3FeO + H_2O = Fe_3O_4 + H_2$$
$$3Fe + 4H_2O = Fe_3O_4 + 4H_2$$

与SO_2的反应式为：

$$3Fe + SO_2 = FeS + 2FeO$$

钢的氧化过程不仅仅是化学过程，而且还是物理过程（即扩散过程）。首先是炉气中的氧在钢的表面被吸附后便发生以上的化学反应。而开始生成薄薄一层氧化铁皮层，以后继续氧化，则是铁和氧的原子（分子）透过已生成的氧化物薄层向相反的方向互相扩散，并发生化学反应的结果。在一个方向上，是氧原子透过已生成的氧化物层向钢的内部扩散。在另一个方向上则是铁的离子（原子）由钢的内部透过已形成的氧化物层向外部扩散。当两种元素在相互扩散中相遇时，便发生化学反应而生成铁的氧化物。内层因为铁离子浓度大于氧原子浓度因而生成低价氧化铁，最外层为高价氧化铁，如图5－1所示，它表明了氧化铁皮结构分层的情况。

由示意图中可以大致看出各层所占的比例，实验结果指出：Fe_2O_3占10%，Fe_3O_4占50%，FeO占40%。这样的氧化铁皮其熔点约为1300～1350℃，相应的纯物质的熔点为：FeO 1377℃，Fe_3O_4 1538℃，Fe_2O_3 1565℃。

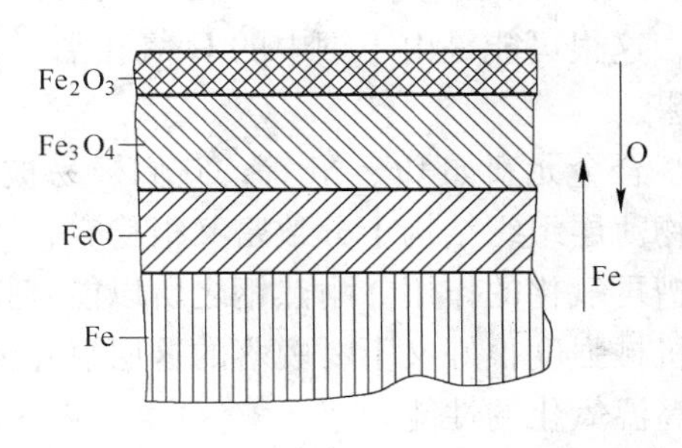

图5－1 氧化铁皮结构示意图

氧化烧损层的厚度有以下关系：

$$\delta = \frac{a}{\rho g} \qquad (5-1)$$

式中 δ——氧化铁皮的厚度，m；

a——钢的表面烧损量，kg/m^2；

ρ——氧化铁皮的密度，计算时可按3900～4000kg/m^3选取；

g——氧化铁皮中铁的平均含量，它的范围为0.715～0.765kg/kg。

一般认为，钢的氧化受加热温度、加热时间、炉气成分、钢的成分等诸多方面的影响，尤其是炉气成分、加热温度、钢的成分对钢的氧化影响较大。

5.1.2 影响氧化的因素

影响氧化的因素有：加热温度、加热时间、炉气成分、钢的成分，这些因素中炉气成分、加热温度、钢的成分对氧化速度有较大的影响，而加热时间主要影响钢的烧损量。

（1）加热温度的影响。因为氧化是一种扩散过程，所以温度的影响非常显著。温度越高，扩散越快，氧化速度越大。常温下钢的氧化速度非常缓慢，600℃以上时开始有显著变化，钢温达到900℃以上时，氧化速度急剧增长。

（2）加热时间的影响。在同样的条件下，加热时间越长，钢的氧化烧损量就越多。所以加热时应尽可能缩短加热时间。例如，提高炉温可能会使氧化增加，但如果能实现快速加热，反而可能使烧损由于加热时间缩短而减少。又如钢的相对表面越大，烧损也越大，但如果由于受热面积增大而使加热时间缩短，也可能反而使氧化铁皮减少。

（3）炉气成分的影响。火焰炉炉气成分对氧化的影响是很大的，炉气成分取决于燃料成分、空气消耗系数 n、完全燃烧程度等。

按照对钢氧化的程度分为氧化性气氛、中性气氛、还原性气氛，炉气中属于氧化性的气体有 O_2、CO_2、H_2O 及 SO_2，属于还原性的气体有 CO、H_2 及 CH_4，属于中性的气体有 N_2。

加热炉中燃料燃烧生成物常是氧化性气氛，在燃烧生成物中保持2%～3%（体积分数）CO 对减少氧化作用不大，因为燃料燃烧不完全，炉温降低，将使加热时间延长而使氧化量增加。由于钢与炉气的氧化还原反应是可逆的，因此，炉内气氛的影响主要取决于氧化性气体与还原性气体之比。如果在炉内设法控制炉气成分，使反应逆向进行，就可以使钢在加热过程中不被氧化或少氧化。

当燃料中含 S 或 H_2S 时，燃烧后 SO_2 气体或极少量 H_2S 气体，它们对 FeO 作用后生成低熔点的 FeS，熔点为1190℃，这会使钢的氧化速度急剧增大，同时生成的氧化铁皮更加容易熔化，这都大大加剧了氧化的进行。

（4）钢的成分的影响。对于碳素钢，随其 C 的质量分数的增加，钢的烧损量有所下降，这很可能是由于钢中的 C 氧化后，部分生成 CO 而阻止了氧化性气体向钢内扩散的结果。

合金元素如 Cr、Ni 等，它们极易被氧化成为相应的氧化物，但是由于它们生成的氧化物薄层组织结构十分致密又很稳定，因而这一薄层的氧化膜就起到了防止钢的内部基体免遭再氧化的作用。耐热钢之所以能够抵抗高温下的氧化，就是利用了它们能生成致密而且机械强度很好又不易脱落的这层氧化薄膜，比如铬钢、铬镍钢、铬硅钢等都具有很好的抗高温氧化的性能。

5.1.3 减少钢氧化的方法

操作上可以采取以下方法减少氧化铁皮：

（1）保证钢的加热温度不超过规程的规定温度。

（2）采取高温短烧的方法，提高炉温，并使炉子高温区前移并变短，缩短钢在高温中的加热时间。

（3）在保证煤气燃烧的情况下，使过剩空气量达最小值，尽量减少燃料中的水分与硫含量。

(4) 保证炉子微正压操作，防止吸入冷风贴附在钢坯表面增加氧化。

(5) 待轧时要及时调整热负荷和炉压，降炉温，关闭闸门，并使炉内气氛为弱还原性气氛，以免进一步氧化。

5.2 任务2 钢的脱碳

钢在加热时，在生成氧化铁皮的基础上，由于高温炉气的存在和扩散的作用，未氧化的钢表面层中的碳原子向外扩散，炉气中的氧原子也透过氧化铁皮向里扩散，当两种扩散会合时，碳原子被烧掉，为此导致未氧化的钢表面层中化学成分贫碳的现象，这称为脱碳。脱碳后的钢机械强度（尤其是硬度）大为降低。比如，高碳工具钢就是依靠钢中的碳而具有足够的硬度，如果表面脱碳则硬度会大大降低，甚至使钢成为废品。

在合金钢中，除不锈钢外大多数是高碳钢，只有电工硅钢希望减少轧制时的脆性而允许部分脱碳外，其他钢种发生脱碳则被认为是钢的缺陷，特别是工具钢、滚珠轴承钢、弹簧钢等，都是不允许发生脱碳的钢，严重脱碳则被认为是废品。脱碳严重的钢不仅硬度大为降低，脱碳后其抗疲劳强度也降低（弹簧钢就如此），若需淬火的钢则达不到要求，同时还容易出现裂纹等。

在工件加工时，为了清除钢的脱碳层，就必须增加额外加工量和金属消耗量，从而加大产品的成本。因此，在防止氧化的同时还应当注意防止和减少钢的脱碳发生。

5.2.1 钢的脱碳过程

钢的脱碳过程也就是炉气中的 H_2O、CO_2、O_2、H_2 和钢中的 Fe_3C 进行反应的过程，这些反应式为：

$$Fe_3C + H_2O = 3Fe + CO + H_2$$
$$Fe_3C + CO_2 = 3Fe + 2CO$$
$$2Fe_3C + O_2 = 6Fe + 2CO$$
$$Fe_3C + 2H_2 = 3Fe + CH_4$$

炉气中以 H_2O 的脱碳能力最强，其余依次是 CO_2、O_2、H_2，反应生成的气相产物（CO、H_2、CH_4）不断向外扩散而使脱碳反应得以不断延续。

在高温下，脱碳和氧化是同时进行的，并且脱碳往往先于氧化，但氧化生成铁皮后阻止了脱碳时生成的气相产物的向外扩散，所以氧化后的钢脱碳的速度也就减慢了，当钢的表面生成致密的氧化铁皮层时则可阻止脱碳的发生。同时，脱碳层深度除了与加热温度和加热时间有关外，还与炉气成分有关。

5.2.2 影响脱碳的因素及防止脱碳的方法

和氧化一样，影响脱碳的主要因素是温度、时间、气氛，此外，钢的化学成分对脱碳也有一定的影响。下面说明这些因素对脱碳的影响以及减少脱碳的措施。

A 影响脱碳的因素

影响脱碳的因素有：

(1) 加热温度对脱碳的影响。对不同金属，加热温度对钢坯可见脱碳层厚度的影响也有所不同。一些钢种随加热温度升高，可见脱碳层厚度显著增加；另有一些钢种随着温度的升高，脱碳层厚度增加，加热温度到一定值后，随着温度的升高，可见脱碳层厚度不仅不增加，反而减小。

（2）加热时间对脱碳的影响。加热时间越长，可见脱碳层厚度越大。所以，缩短加热时间，特别是缩短钢坯表面已达到较高温度后在炉内的停留时间，以达到快速加热，是减少钢坯脱碳的有效措施。

（3）炉内气氛对脱碳的影响。气氛对脱碳的影响是根本性的，炉内气氛中 H_2O、CO_2、O_2 和 H_2 均能引起脱碳，而 CO 和 CH_4 却能使钢增碳。实践证明，为了减少可见脱碳层厚度，在强氧化气氛中加热是有利的，这是因为铁的氧化将超过碳的氧化，因而可减少可见脱碳层厚度。

（4）钢的化学成分对脱碳的影响。钢中碳的质量分数越高，加热时越容易脱碳。若钢中含有铝（Al）、钨（W）等元素时，则脱碳增加；若钢中含有铬（Cr）、锰（Mn）等元素时，则脱碳减少。

B　防止脱碳的主要方法

防止脱碳的主要方法有：

（1）对于脱碳速度始终大于氧化速度的钢种，应尽量采取较低的加热温度；对于在高温时氧化速度大于脱碳速度的钢，既可以低温加热，也可以高温加热，因为这时氧化速度大，脱碳层反而薄。

（2）应尽可能采用快速加热的方法，特别是易脱碳的钢，应避免在高温下长时间加热。

（3）由于一般情况下火焰炉炉气都有较强的脱碳能力，即使是空气消耗系数为 0.5 的还原性气氛，也不免产生脱碳。因此，最好的方法只能根据钢的成分要求、气体来源、经济性及要求等，选用合适的保护性气体加热。在无此条件的情况下，炉子最好控制在中性或氧化性气氛，这样可得到较小的脱碳层。

5.3　任务3　钢的过热与过烧

如果钢加热温度过高，而且在高温下停留时间过长，钢内部的晶粒增长过大，晶粒之间的结合能力减弱，钢的力学性能显著降低，这种现象称为钢的过热。过热的钢在轧制时极易发生裂纹，特别是坯料的棱角、端头尤为显著。

产生过热的直接原因一般为加热温度偏高和待轧保温时间过长。因此，为了避免产生过热的缺陷，必须按钢种对加热温度和加热时间，尤其是高温下的加热时间加以严格控制，并且应适当减少炉内的过剩空气量。当轧机发生故障长时间待轧时，必须将炉温降低。

过热的钢可以采用正火或退火的办法来补救，使其恢复到原来的状态再重新加热进行轧制，但是，这样会增加成本和影响产量，所以，应尽量避免产生钢的过热。

如果钢加热温度过高，时间又长，使钢晶粒之间的边界上开始熔化，有氧渗入，并在晶粒间氧化，这样就失去了晶粒间的结合力，失去其本身的强度和可塑性，在钢轧制时或出炉受震动时，就会断为数段或裂成小块脱落，或者表面形成粗大的裂纹，这种现象称为钢的过烧。

过烧的钢无法挽救，只好报废，回炉重炼。生产中有局部过烧，这时可切掉过烧部分，其余部分可重新加热轧制。

过热、过烧事故的发生往往集中在以下几个时刻上：

（1）急火追产量时。由于生产中事故较多，班内轧钢产量较低，为了追产量，强化加热，加热段内炉温过高，造成事故。

（2）停机待轧时间较长，炉子保温压火时间较长，炉温掌握不好就会发生过热、过烧、粘钢事故。

（3）加热特殊钢种时，没按该钢种的加热工艺要求去做，如均热段的炉温过高或加热段加热时间过长等，均能造成过热、过烧或粘钢现象发生。

（4）由于加热工操作懒惰、责任心不强或由于热检测元件损坏没有发现，致使仪表显示失真，又没有注意“三勤”操作时，就有可能发生过热、过烧和粘钢等事故。

过热、过烧和粘钢事故的预防应注意以下几点：

（1）注意均衡生产，不追急火、追产量。

（2）注意根据待轧时间处理炉子的保温和压火，即应遵守停机待轧时的炉子热工制度。

（3）加热特殊钢种时，首先熟悉其加热工艺要求，并在生产中严格掌握。

（4）注意“三勤”操作，克服懒惰，增强责任心，随时检查，随时联系，随时调整，以免事故发生。

5.4　任务4　表面烧化和粘钢

由于操作不慎，可能出现表面烧化现象。表面温度已经很高时，会使氧化铁皮熔化，如果时间过长，便容易发生过热或过烧。

表面烧化了的钢容易烧结，黏结严重的钢出炉后分不开，不能轧制，将报废。因此，表面烧化的钢出炉时要格外小心。表面烧化过多，容易使皮下气孔暴露，从而使气孔内壁氧化，轧制后不能密合，因此产生发裂。

一般情况下，产生粘钢的原因有3个：

（1）加热温度过高使钢表面熔化，而后温度又降低。

（2）在一定的推钢压力条件下，高温长时间加热。

（3）氧化铁皮熔化后黏结。

当加热温度达到或超过氧化铁皮的熔化温度（1300～1350℃）时，氧化铁皮开始熔化，并流入钢料与钢料之间的缝隙中，当钢料从加热段进入均热段时，由于温度降低，氧化铁皮凝固，便产生了粘钢。此外，粘钢还与钢种及钢坯的表面状态有关。一般酸洗钢容易发生粘钢，易切钢不易发生粘钢。钢坯的剪口处容易发生粘钢。

发生粘钢后，如果粘的不多，应当采用快拉的方法把粘住的钢尽快拉开，但切不可用关闭烧嘴或减少风量的方法降温，因为降低温度使氧化铁皮凝固，反而使粘钢更为严重。一般情况下，应当在处理完粘住的钢之后再调整炉温。如果粘钢严重，尤其是两个以上的钢坯之间发生粘钢，需用一定重量的撬棍在粘钢处进行多次冲击后方能撬开。

防止表面烧化的措施主要是控制加热温度不能过高，在高温下的时间不能过长，火焰不能直接烧到钢上。

5.5　任务5　钢的加热温度不均匀

5.5.1　钢温不均的表现及原因

如果钢坯的各部分都同样地加热到规程规定的温度，那么钢的温度就均匀了。这时轧制所耗电力小，并且轧制过程容易进行。但要达到钢温完全一致是不可能的，大部分厂只要钢坯表面温度和最低部分温度差不超过30℃，就可以认为是加热均匀了。

钢温不均通常表现为以下几种。

5.5.1.1　内外温度不均匀

内外温度不均匀表现为坯料表面已达到或超过了加热温度，而中心还远远没有达到加热温度，即表面温度高，中心温度低，这主要是高温段加热速度太快和均热段均热时间太短造成的。内外温度不均匀的坯料，在轧制时其延伸系数也不一样，有时在轧制初期还看不出来，但经过轧制几个道次之后，钢温就明显降低，甚至颜色变黑和钢性变硬，如果继续轧制就有可能轧裂或者发生断辊现象。

5.5.1.2　上下面温度不均匀

上下面温度不均匀，经常都是下面温度较低，这是由于炉底管的吸热及遮蔽作用，钢坯下表面加热条件较差所致。同时，由于操作不当及下加热能力不足时，也会造成上下加热面钢温不均。

上加热面的温度高于下加热面的钢坯，在轧制时，由于上表面延伸好，轧件将向下弯曲，极易缠辊或穿入辊道间隙，甚至造成重大事故；上加热面温度低于下加热面温度时，轧件向上弯曲，轧件不易咬入，给轧制带来很大困难。

5.5.1.3　钢坯长度方向温度不均

钢坯沿长度方向温度不均，常表现为：

（1）坯料两端温度高，中间温度低，尤其对较宽的炉子更易出现这种现象。这主要是由于炉型结构的原因，坯料两端头在炉中的受热条件最好。

（2）两端温度低，中间温度高。这主要是炉子封闭不严，炉内负压吸入冷风使坯料端头冷却所致。

（3）一端温度高，一端温度低。一般长短料偏装，或沿宽度方向上炉温不均时易出现。

（4）在有水冷滑道管的连续式炉内，在钢坯与滑道相接触的部位一般温度都较低，而且有明显的水冷“黑印”。水冷“黑印”常造成板带钢厚度不均，影响产品质量。

5.5.2　避免钢坯加热温度不均的措施

对于中心与表面温差大的硬心钢，应适当降低加热速度或相应延长均热时间，以减小温差。

钢的上下表面温差太大时，应及时提高上或下加热炉炉膛温度，或延长均热时间，以改变钢温的均匀性。但应注意，并非所有的炉子都是这样，应根据具体情况采取相应措施。

避免钢在长度方向上加热温度不均匀的措施是适当调整烧嘴的开启度，特别是采用轴向烧嘴的炉子，以保证在炉子宽度方向炉温分布均匀；同时，还要注意调整炉膛压力，保证微正压操作，做好炉体密封，防止炉内吸入冷空气。

钢的加热温度不均不仅给轧制带来困难，而且对产品质量影响极大，因此，生产中必须尽可能地减少加热温度的不均匀性。

5.6 任务6 加热裂纹

加热裂纹分为表面裂纹和内部裂纹两种。钢加热中的表面裂纹往往是由于原料表面缺陷（如皮下气泡、夹杂、裂纹等）消除不彻底造成的。原料的表面缺陷在加热时受温度应力的作用发展成为可见的表面裂纹，在轧制时则扩大成为产品表面的缺陷，此外，过热也会产生表面裂纹。

加热中的内部裂纹则是由于加热速度过快以及装炉温度过高造成的。尤其是高碳钢和合金钢的加热，因为这些钢的导热性都较差，在装炉温度过高、加热过快的条件下，由于内外温差悬殊造成温度应力过大，致使被加热的钢坯内部不均匀膨胀而产生内部裂纹，因此，在加热高碳钢及合金钢时，应严格控制加热速度及炉尾温度，以防止内部裂纹的产生。

复习思考题

5-1　钢氧化的害处有哪些？

5-2　操作上减少氧化铁皮的方法有哪些？

5-3　什么是钢的脱碳，影响脱碳的因素有哪些？

5-4　什么是钢的过热和过烧，过热、过烧事故的发生往往集中在哪几个时刻上？

5-5　钢内外温度不均匀的主要原因有哪些？

5-6　加热过程中造成钢坯内部裂纹的主要原因是什么，如何避免？

项目六　加热事故的预防及处理

6.1　任务1　装炉推钢操作事故的判断、预防及处理

这里主要介绍推钢式加热炉经常发生的异常情况和操作事故，有跑偏、碰头、刮墙、掉钢、拱钢及混钢等。

6.1.1　坯料跑偏

当钢坯有月牙弯，尤其是一头有旁弯时，或者炉底不平有结瘤，纵水管高低不一，或者长短混装时，钢料在炉内运行容易发生跑偏现象。

6.1.1.1　坯料跑偏的判断

打开出料炉门，在炉口详细检查板坯的端部和出料端侧墙的距离，位置和侧墙的距离小于100mm时，可认为炉内坯料跑偏。当坯料和侧墙已产生摩擦，应看做严重跑偏。

6.1.1.2　坯料跑偏的原因

炉内钢坯跑偏是造成炉内钢坯碰头、刮墙及掉钢的主要原因，必须注意预防和及时纠正，以减少装炉操作事故的发生。

导致钢坯跑偏的原因主要是：钢坯有不明显的大小头，装炉时没注意和妥善处理；钢坯扭曲变形或炉内辊道及实炉底不平、结瘤，造成推钢机在钢坯两侧用力不均；装钢时操作不当，致使两钢坯之间一头紧靠，一头有缝隙，推钢时由于受力不均而跑偏。

6.1.1.3　跑偏事故的预防

跑偏事故的预防方法主要有：

（1）要预防跑偏事故，装炉工首先必须做到经常观察炉内情况，检查坯料运行状态是否符合要求，发现异常现象应立即查明原因，进行调整或处理。

（2）对于变形严重的钢坯，装炉时应在宽度尺寸较小一侧和相邻钢坯的缝隙中加垫铁进行预调整，以保证钢坯两边所受推力均匀一致。

（3）对炉底不平造成的跑偏，除了加强检修维护，及时打掉炉底滑道上的结瘤，保证两条道标高一致外，还应适当降低炉温。

（4）在炉内两条滑道水平高低不一致时，尽可能避免装入较短的钢坯。

（5）如果炉内纵向水管滑道一条高、一条低，钢坯在运行中总向一面偏斜，这时可根据实际情况，有意将钢坯偏装向滑道较高的一侧，以使钢坯运行到炉头时恰好走正。

（6）步进梁不许经常、频繁踏步或总是保持上升位置，生产中换辊或停轧时间超过

10min 时，将步进梁放在水平位置。

(7) 炉内跑偏板坯抽出以前，再装入坯料定位时，可向跑偏的相反方向修正距离，但不可过大。

6.1.1.4 钢坯跑偏的处理

对于已经发生的钢坯跑偏现象，可以在跑偏侧推钢机推杆头与钢坯间或两块相邻钢坯之间加垫铁进行纠正。

在处理较严重的跑偏时，要十分谨慎，不可操之过急，一次加垫铁不宜太厚，应每推一次钢加一次垫铁，逐渐纠正。如果一次加垫铁厚，有可能造成炉内钢坯“S”形跑偏，两侧刮墙，事故更难以处理，甚至会被迫停炉。

6.1.2 钢坯碰头及刮墙的预防

钢坯碰头、刮墙的主要原因是：钢坯在炉内运行时跑偏；个别坯料超长；装炉时将钢坯装偏等。钢坯卡墙，如不及时发现和处理，可能把炉墙刮坏或推倒，造成停产的大事故。

对于刮墙及碰头事故，要坚持预防为主的原则，关键在于：一要预防钢坯跑偏；二要把住坯料验收关，不合技术规定的超长钢坯严禁入炉；三要严格执行作业规程，保证坯料装正。

对于已发生的轻微刮墙及碰头事故，要及时纠偏。对于严重的碰头，可用两推钢机一起推钢，将其推出炉外；对发现较晚又有可能刮坏炉墙的严重刮墙现象，应该停炉处理。

6.1.3 掉钢事故的预防与处理

掉钢事故是指钢坯从纵向水管滑道上脱落，掉入下部炉膛或烟道内的事故。造成这类事故的主要原因是钢坯跑偏，一般多见于短尺钢坯。

当炉温高，滑道或炉底不平，以及不明原因发生钢坯持续跑偏的情况时，要特别注意纠偏，防止短坯掉钢事故发生。

在操作中，如发现推钢机推钢行程已超过出炉钢坯宽度的 1.5 倍，仍不见钢坯出炉，而炉内又未发生拱钢事故时，即可断定是发生了掉钢事故。此外，在发生掉钢事故时，推钢机无负重感，炉内可传来闷响，并且烟尘四起。

推钢式加热炉掉钢事故一般不影响生产。对掉下的钢坯，可安排在小修时入炉取出，或用氧气枪割碎扒出。

步进式加热炉要根据钢坯的掉落位置采取不同的处理方法。若坯料从下端墙和固定梁之间掉入炉内，一般停炉处理；若坯料从下端墙和辊道之间掉入炉外，可就地将坯料吊走。

6.1.4 拱钢、卡钢事故的预防与处理

拱钢是常见的操作事故，多发生在炉子装料口，有时也在炉内发生。出现拱钢事故将

造成装出炉作业中断，处理不好还可能卡钢，甚至造成拱塌炉顶、拉断水管等恶性事故，应尽力避免。造成拱钢事故的原因有：

（1）钢坯侧面不平直、有凸面，或带有耳子，或侧面有扭曲或弯曲；断面梯形，圆角过大。这种钢坯装炉后，钢坯间呈点线接触，推料时产生滚动，使钢坯拱起。

（2）炉子过长，坯料过薄，推钢比过大；或大断面的钢坯在前，后边紧接小断面钢坯，大小相差太悬殊。

（3）炉底不平滑，纵水管与固定炉底接口不平，或均热段实炉底积渣过厚。

卡钢，这里指的是由于拱钢造成的钢坯侧立，嵌入纵水管滑块之间的现象。

炉内发生拱钢和卡钢事故的判断：当推钢机已经推进了一块坯料宽度的行程，钢坯还未出炉时，从炉尾观察即可判断是否拱钢；如果卡钢时就会出现推钢机推不动、电机发生异常声音、推钢机推杆发生抖动等现象。

对拱钢事故的预防：一是要做好检修维护工作，消除炉底不平和滑道衔接不良等设备隐患。二是要保证装炉钢坯规格正确，侧边不凸起、没耳子、不脱方、不扭曲、不弯曲变形；钢坯断面不能过小，以免装炉后相邻钢坯断面差太大。三是装炉工要调整弯曲坯料的装入方向，挑出弯度和脱方超过规定的钢坯，找出可能引起拱钢的坯料，在两钢坯相靠但接触不到的位置上加垫铁调整，保证钢坯之间接触良好，受力均匀。

处理炉外拱钢事故的办法是：找出引起拱钢的坯料，倒开推杆，用撬棍将拱起的钢坯落下，然后加垫铁调整，或调整相互位置及摆放方向。

炉内拱钢事故的处理：如果发生在进炉不远处，可从侧炉门处设法将其扳倒叠落在别的钢坯上面，然后用推钢机杆拖拽专门工具，将钢坯拽出重新装炉；如果事故发生在深部，则应设法将其别倒平行叠落在其他钢坯上面，一起推出炉外。

有时拱起的钢坯能连续叠落好多块，这时还必须考虑这些钢坯能否出炉，如有问题还得再行处理。

卡钢主要是拱钢事故在均热段发生又发现不及时所致，若能及时发现和处理就可有效预防。其处理方法同拱钢一样。

6.1.5　混钢事故的预防

将不同熔炼号的钢混杂在一起，应视为加热炉操作的重大事故。

造成混钢事故的唯一原因是装炉时未能很好地确认。为了杜绝此类事故，必须在装炉前和装出炉时，进行认真细致地检查，严格遵守按炉送钢制度。

6.1.6　装炉安全事故的预防

6.1.6.1　飞钩、散吊等物体打击事故的预防

装炉小钩飞钩伤人，是装炉操作中最大的安全事故。

A　主要原因

装炉小钩飞钩伤人事故产生的主要原因是：

（1）小钩折断，钩齿或钩体飞出。

（2）小钩钩齿变形或防滑纹严重磨损，在吊挂钢环滑脱的同时，小钩带钢绳一起飞出。

（3）吊钩未挂好，钩齿与钢坯接触部位过少。

（4）吊车运行不稳，造成钢坯大幅度摆动或振动。

B 预防措施

从设备方面讲，应保证小钩的材质和加工工艺合理。而预防是否有效，最主要的还在于装炉工本身的操作和平时的安全基础工作。

（1）交接班做好安全检查是避免飞钩的第一道保障，一定要认真仔细地进行，不能敷衍了事。发现小钩不合格应立即更换，切不可对付使用，以免酿成大祸。

（2）装炉挂吊时一定要把小钩紧贴在钢坯端头上，两钩对称挂吊。对料宽700mm以下者，一次可挂两块，但应摆成十字交叉形；对1000mm以上的料，一次只能挂吊一块。在装炉间隙时，不允许让吊车挂着钢坯待装。

（3）装炉工不论在挂钩或摘钩时，都不应将身体正对钩身，起吊后应立即闪开；吊车吊料运行时，装炉工应避开吊车运行路线，以防伤害。

（4）在挂吊及处理操作事故时，必须坚决杜绝多人指挥吊车现象，防止因号令不一，乱中生祸。

6.1.6.2 烧烫伤事故的预防

装炉是高温作业岗位，工作环境恶劣，较易发生烧、烫伤害事故，必须认真做好预防工作。

炉尾高温烟气或火苗外窜，是造成烧伤的主要原因。防止烧伤的主要办法是：勤装钢，不要等推钢机推至最大行程已靠近进炉料门时再装炉；装炉时必须穿戴好劳保用品，尤其要戴好手套和安全帽，当离炉尾较近时，应将头压低，手臂伸前进行工作，以免烧伤面部，燎掉眉毛、睫毛；进料炉门应尽可能放得低些。

装炉工在吊挂回炉热坯时容易烫伤，因此，在挂回炉品时，首先要确认脚下无油，以免摔倒在热坯上被烫伤；作业时要站稳，并尽力压低身体，减少身体接受的热辐射；挂好钩后立即撤回，然后再进行指吊作业。

6.1.6.3 挤压伤害事故的预防

挤压伤害常常发生在挂吊、加垫铁等作业之中，主要是马虎大意所致，稍加注意就可避免。为此，在挂钩作业时，切记两手握钩的位置不可过低或过高（过低易被钢坯挤伤，过高易被钢绳勒着）；钢坯加垫调整时，握垫铁的手不得伸入钢坯之间的缝隙内。

6.2 任务2 加热炉常见故障及排除

6.2.1 燃气加热炉的常见故障及排除

燃气加热炉常见故障产生原因及排除方法见表6－1。

表 6－1　燃气加热炉常见故障产生原因及排除方法

项　目	产生原因	排除方法
炉膛温度达不到工艺要求	（1）煤气发热量偏低； （2）空气换热器烧坏，烟气漏入空气管道； （3）空气消耗系数过大或过小； （4）煤气喷嘴被焦油堵塞，致使气流量减少； （5）煤气换热器堵塞，致使煤气压力下降； （6）炉前煤气管道积水，致使气流量减少； （7）炉膛内出现负压力； （8）烧嘴配置能力偏小； （9）炉内水冷管带走热量大，或炉衬损坏，致使局部热损失大； （10）煤气或空气预热温度偏低	（1）在煤气站找出发热值低的原因，提高煤气发热值； （2）分析出换热器后的空气中的氧含量，如低于 20%，则修理空气换热器； （3）调节进风阀及煤气阀，如升温效果不显著，可改大喷嘴； （4）用钎子捅喷嘴，清除焦油渣； （5）清除煤气换热器堵塞的管道； （6）定期排水； （7）增加烟道阻力或改变烧嘴位置和角度； （8）配置大能力烧嘴； （9）改善水冷管隔热，修复炉衬； （10）检修换热器
炉膛温度分布不均	（1）烧嘴位置布置不合理； （2）烧嘴工作不均衡； （3）排烟口位置及尺寸不合理，排烟不均； （4）靠近炉门口处温度低	（1）改变烧嘴位置或喷射角度； （2）调整烧嘴，使炉内热量均衡； （3）改变排烟口位置或尺寸； （4）将靠近炉门口处的一个或两个烧嘴能量加大，比其他烧嘴能量大 20% 左右
炉膛压力过大喷火	（1）烟道闸门关得过小； （2）不完全燃烧，使煤气漏出炉外燃烧； （3）煤气流量过大； （4）烟道堵塞或有水； （5）烟道截面积偏小； （6）烧嘴位置布置不合理，火焰受阻后折向炉门，烧嘴角度不合适，火焰相互干扰	（1）调整闸门开启度； （2）调整烧嘴，空气过剩系数控制在 1.02～1.05； （3）在保证炉温的情况下，适当减小煤气流量； （4）清理烟道，排水； （5）修改烟道截面积； （6）重新布置烧嘴的位置
燃烧不稳定	（1）煤气中水分太多； （2）煤气压力不稳定，经常波动； （3）烧嘴喷头内表面不够清洁或烧坏； （4）烧嘴砖选择不当； （5）冷炉点火，煤气量少	（1）根据季节，定期放水； （2）清除煤气量供应不稳定造成的驼峰； （3）清理烧嘴喷头内表面脏物或更换喷头； （4）更换烧嘴砖； （5）开大煤气总阀和炉前煤气阀
钢坯氧化烧损严重	（1）过剩空气系数太大； （2）炉膛负压； （3）钢坯加热时间太长（炉温偏低）； （4）燃料硫含量高； （5）炉膛内局部温度过高	（1）调整空气阀； （2）调整烟道闸阀或改变烧嘴位置和角度； （3）缩短高温区加热时间； （4）采取除硫措施； （5）在相对位置调整个别烧嘴能量
煤气自动控制失灵	（1）煤气控制阀后压力控制达不到要求； （2）煤气控制阀后最大压力和最小压力参数选择不当； （3）煤气压力为最小值时，烧嘴回火	（1）减小煤气控制阀关闭时的间隙面积（即加大控制阀阀片直径）； （2）正确选择煤气控制阀的前后压力参数； （3）保证烧嘴的出口速度不低于着火速度

6.2.2 燃油烧嘴常见故障及排除

燃油烧嘴常见故障产生原因及排除方法见表6－2。

表6－2 燃油烧嘴常见故障产生原因及排除方法

项 目	产生原因	排除方法
点火不燃	（1）无油； （2）配管中进了水、油泥，油黏度过大； （3）闪点过高； （4）烧嘴眼堵塞； （5）燃油加热不够； （6）烟道堵塞	（1）在点火时，确认有油流出才开始下一步操作； （2）设置油过滤器及配管，将油渣去掉； （3）点火用的火焰必须充足，视情况准备点火用燃烧器； （4）熄灭时要清扫烧嘴，点火时要确认有油流出； （5）加热燃油，直至喷雾粒子呈微细状态，增加喷雾压力； （6）定期清扫吸入口、烟道、排气孔
火焰不稳定	（1）油泵吸油不充足，油中含油泥、水； （2）油黏度过大； （3）油的加热温度过高，油配管中有空气； （4）空气、油压不稳定； （5）一次空气压力和空气量过大	（1）将泵的容量增大，设置油过滤器，定期清理油渣； （2）提高加热温度，增大喷雾压力； （3）为防止产生气泡，配管中加装排气装置； （4）设置减压阀、辅助阀等，以保持适当的压力； （5）调节到适当的压力和流量
逆火	（1）闪点过低； （2）有水或其他夹杂物； （3）油压过大； （4）排气孔堵塞； （5）配管中有空气	（1）改换适当的烧嘴，并且要改变喷射； （2）设置过滤器的排污、排空气设施； （3）调节油压； （4）打开调节风门，判断通风能力； （5）设置排空气装置
产生黑烟	（1）灰分量过大； （2）燃烧不良； （3）空气不足； （4）燃烧量过大	（1）采用强制通风，高温燃烧； （2）充分雾化，喷雾适当； （3）增大空气量； （4）注意控制油量
烧嘴喷口处积炭结焦	（1）黏度过大，油压不稳定； （2）预热温度过高； （3）空气不充足，喷射不足； （4）雾化不均匀； （5）熄火后，烧嘴阀门泄漏	（1）将油加热至一定的黏度，减压阀保持一定的压力，注意油泵故障； （2）调节油量、空气量； （3）增大一次空气量，防止二次空气在烧嘴砖内形成涡流； （4）注意喷管是否堵塞及有无伤痕； （5）尽可能将烧嘴内残油吹扫干净
过滤器堵塞	被油泥、蜡分及其他夹杂物堵塞或油黏度过大，油温过低	应根据油的性能设置过滤器

6.2.3 烧油操作中常见故障及排除

重油燃烧操作过程中常发生一些故障，这些操作故障的产生原因和防止措施见表6－3。

表6－3 重油燃烧操作故障的产生原因和防止措施

故障现象	产生原因	排除方法
回火：火焰缩入烧嘴内燃烧，混合管发红，烧嘴发出异常声音	(1) 喷头被烧损； (2) 喷射能力降低； (3) 煤气压力太大； (4) 喷头与喷嘴直径比 D/d 值太大	(1) 关闭煤气阀门； (2) 让烧嘴缓冷； (3) 及时更换喷头； (4) D/d 值选择要合适
脱火：火焰离开喷头在空间燃烧	(1) 混合物喷出速度大于混合物燃烧速度； (2) 一次空气过剩系数太大	(1) 关小空气阀； (2) 点炉时轻轻开启煤气阀门
空气管道回火爆炸	(1) 低压烧嘴在使用时没开风机； (2) 煤气逸入空气管道与空气混合	(1) 打开鼓风机； (2) 切断空气和煤气，打开放散阀，对管道进行吹扫
点不着火，燃烧不稳定	(1) 烧嘴结构不合理，空气不足； (2) D/d 值不合理； (3) 煤气压力太低	(1) 安装时要注意喷嘴伸进尺寸； (2) 混合室要足够大，D/d 值要合理； (3) 低压烧嘴可取消节流孔板
漏气	铸件上有裂纹或疏松，连接处垫片烧损	更换铸件，换垫片
不完全燃烧，火焰软而无力	(1) 一次空气系数太小； (2) 烧嘴结构不合理，D/d 值不合理	(1) 增加空气； (2) 合理选择烧嘴结构和 D/d 值

6.2.4 热电偶的故障及排除

热电偶故障的产生原因和排除方法见表6－4。

表6－4 热电偶故障的产生原因和排除方法

故 障	产 生 原 因	排 除 方 法
仪表指示值偏低	(1) 热电偶内部电极漏电； (2) 热电偶内部潮湿； (3) 热电偶接线盒内接线短路； (4) 补偿导线短路； (5) 热电偶电极变质或工作端霉坏； (6) 补偿导线和热电偶不一致； (7) 补偿导线与热电偶极性接反； (8) 热电偶安装位置不当； (9) 热电偶与仪表分度不一致	(1) 将热电极取出，检查漏电原因，若是因潮湿引起，应将电极烘干；若是绝缘管绝缘不良引起，则应更换； (2) 将热电极取出，把热电极和保护管分别烘干，并检查保护管是否有渗漏现象，质量不合格者，应予更换； (3) 打开接线盒，清洗接线板，清除造成短路的原因； (4) 将短路处重新绝缘或更换补偿导线； (5) 把变质部分剪去，重新焊接工作端或更换新电极； (6) 换成与热电偶配套的补偿导线； (7) 补偿导线与热电偶重新改接； (8) 选取适当的热电偶安装位置； (9) 换成与仪表分度一致的热电偶

续表6-4

故 障	产生原因	排除方法
指示值偏高	(1) 热电偶与仪表分度不一致; (2) 热电偶安装位置不当; (3) 补偿导线与热电偶不一致	(1) 更换热电偶, 使其与仪表分度一致; (2) 选取正确的热电偶安装位置; (3) 换成与热电偶配套的补偿导线
仪表指示值不稳定	(1) 接线盒内热电极和补偿导线接触不良; (2) 补偿导线或热电极断续接地、短路或断路; (3) 热电偶安装不牢而发生摆动; (4) 热电偶或补偿导线受电磁场干扰	(1) 打开接线盒, 重新接好热电极和补偿导线并紧固; (2) 找出补偿导线或热电极断续接地、短路的部位, 并加以排除; 找出断续断路的部位, 重新焊接, 焊好后经校验合格后方可使用; (3) 将热电偶牢固安装; (4) 避开强电场或将热电偶保护管、接线盒外壳接地, 或将补偿导线穿铁管
热电偶热电势误差大	(1) 热电偶变质; (2) 热电偶的安装位置不当; (3) 热电偶感温元件保护管表面积灰	(1) 更换热电偶; (2) 改变热电偶的安装位置; (3) 清除积灰
在首次使用时热电势偏低或偏高	热电极焊接后未经热处理	使用一段时间后即可稳定

6.2.5 全辐射高温计的故障及排除

全辐射高温计故障产生原因和修理方法见表6-5。

表6-5 全辐射高温计故障产生原因和修理方法

故 障	产生原因	修理方法
显示仪表无指示	(1) 连接导线断路或短路; (2) 感温器损坏; (3) 显示仪表损坏	(1) 检查修理或更换连接导线; (2) 检查修理或更换感温器; (3) 检查修理或更换显示仪表
显示仪表指针反向移动	连接导线接错	检查与重新连接导线
显示仪表的指示值偏大	(1) 感温器透镜沾污; (2) 未正确对准被测物体; (3) 感温器至被测物体的距离过大, 超过比例; (4) 连接导线电阻值未按规定调整; (5) 感温器负载不正确; (6) 显示仪表刻度未校正; (7) 显示仪表刻度不正确; (8) 感温器壳体温度过高; (9) 感温器灵敏度衰减; (10) 被测物体的辐射特性与黑体辐射特性差别大	(1) 清洗透镜; (2) 重新瞄准被测物体; (3) 重新调整感温器至被测物体的距离; (4) 重新调整导线电阻; (5) 按规定重新连接感温器; (6) 重新校正仪表零位; (7) 显示仪表重新分度; (8) 配用水冷保护罩降温; (9) 感温器重新分度; (10) 采用修正系数或采用带底的窥测管装置

6.2.6 步进系统中的故障及排除

步进系统中故障的产生原因和修理方法见表6-6。

表6-6 步进系统中故障的产生原因和修理方法

故 障	修理方法
步进梁前进或后退（返回）不到位	如果液压缸到位，并且液压阀台还在供油，则检查凸轮开关中后推到位开关是否损坏，若损坏即更换；若未坏，检查凸轮开关中后退到位凸轮凹槽是否到位，如未到位，调整使其到位
	检查步进梁框架是否有卡阻现象，若有卡阻现象则请机械维修人员处理；若无卡阻现象，可以调整相关比例，放大板的参数，以增加液压流量，使得液压缸全部收回
	检查相应电磁阀是否得电，若没电应检查计算机相应的输出位、中间继电器、输出端子、电缆等是否损坏，损坏的即更换；若现场有电，则应更换液压阀
步进梁上升或下降不到位	若提升缸到位，液压阀台继续供油，则检查凸轮开关凹槽是否到位，若未到位，则调整到位；若到位了，应检查上升到位限位是否损坏，若损坏就要全部更换
	检查步进梁框架是否有卡阻现象，炉内钢坯是否太重，若无上述情况，调整相关比例，放大板的参数，以增加液压的流量，使液压缸全部收回，使步进梁上升到位
	检查相应电磁阀是否得电，若电磁阀得电，应更换液压阀；如电磁阀未得电，应检查计算机柜内相应的输出位、中间继电器、输出端子、电缆等是否损坏，损坏的即更换

6.2.7 炉底水管故障及排除

炉底水管故障常见的有水管堵塞、漏水及断裂三种（见表6-7）。这些故障处理不及时就可能造成长时间停产的大事故，因此要给予足够的重视。

表6-7 炉底水管故障及排除

故 障	现 象	原因及排除
水管堵塞	出口水温高，水量少，有时甚至冒蒸汽	（1）冷却水没有很好过滤，水质不良； （2）安装时不慎将焊条或破布等杂物掉进管内没有清除
水管漏水（往往都发生在靠墙绝热包扎砖容易脱落部分水管的下边）	（1）炉膛内水管漏水时，可以看到喷出的水流和被烧黑的炉墙或铁渣； （2）砌体内漏水，砌体变黑； （3）严重漏水时，出水口水流小，温度高	（1）安装时未焊好，或短焊条留在水管（立管）中将水管磨漏； （2）冷却水杂质多，水温高，结垢严重，管壁温度过高而氧化烧漏
水管断裂（一般都发生在纵水管上）	（1）炉温不明原因地突然下降； （2）冷却水大量汽化和溢出炉外； （3）回水管可能断水或冒气	卡钢或水管断水变形等造成总水管被拉裂

需要特别指出的是：当检查发现上述水冷系统故障时，应立即停炉降温进行处理。对于漏水的情况，在炉温未降到200℃以下时，不能停水，以免整个滑道被钢坯压弯变形。

6.2.8 换热器故障及排除

换热器烧坏的原因可从以下几方面分析：

（1）煤气不完全燃烧，高温烟气在换热器中燃烧。

（2）换热器焊缝处烧裂，大量煤气逸出，并在换热器内遇空气燃烧。

（3）空气换热器严重漏气。

（4）换热器安装位置不当。

（5）停炉时换热器关风过早。

6.2.9 空气或煤气供应突然中断的判断

生产中有时会由于多种原因造成燃料及助燃空气的供应中断，在这种情况下，及早做出正确的判断，对防止发生安全事故是极其重要的。

当煤气中断供应时，仪表室及外部的低压警报器首先会发出报警声、光信号，烧嘴燃烧噪声迅速衰减。煤气中断时，只有风机送风声音，炉内无任何火焰，仪表室各煤气流量表、压力表指向零位，温度呈线性迅速下降。

当空气供应中断时，室内外风机断电报警铃同时报警，烧嘴燃烧噪声迅速降低，炉内火焰拉得很长，四散喷出，而且火焰光色发暗，轻飘无力。当系统总的供电网出现故障时，还会造成全厂停电，仪表停转，警报失灵。

6.3 任务3 出钢异常情况的判断及处理

凡是不能及时按要求出钢或不能正常输送到轧前辊道上时，都应视为出钢异常情况。这些异常往往是事故先兆或伴生现象，如能及时做出准确判断，迅速妥善处理，就可避免一些事故的发生。炉内的掉钢、拱钢、卡钢及混钢事故，常常都最先在出钢过程中暴露出来。

6.3.1 炉内拱钢、掉钢、粘钢、碰头的判断

炉内拱钢的判断：对于端进端出推钢式连续加热炉，推钢机行程达到1.5倍出料宽度而出钢信号依然亮着时，说明炉内有异常情况，应立即到炉尾观察。如果从炉尾钢坯上表面看去，整排料基本呈平面排料，说明未发生拱钢事故。如果从炉尾看，两排料前沿距出料端墙有十分明显的差异，则应到炉头进一步观察，即打开第一个侧炉门观察第一块钢坯的位置，如果第一块钢坯前沿距滑道梁下滑点尚有半块坯料宽度以上的长度时，则可以断定发生了掉钢事故。

炉内掉钢的判断：一般掉钢时，炉尾会感觉到有烟尘，并听到声音。

炉内粘钢的判断：如果第一块钢坯呈悬臂支出状，第一、第二两块钢坯接触面在滑道梁下滑点以外，则说明出现了粘钢事故，这时一般炉温、钢温较高，炉墙及钢坯呈亮白色。

钢坯碰头的判断：如两块钢坯碰头，也可能发生横向黏结，这时从炉尾看，两块钢坯呈斜线悬臂支出状。

处理拱钢、掉钢、碰头事故的方法参见6.1节内容。对粘钢事故的处理，最好是靠钢

坯自重来破坏两坯间的接合，即在有人指挥的情况下继续推钢，但要推钢时不允许顶炉端墙。如果钢坯不能断开滑下的话，就需要加外力破坏其黏结力，可用吊车挂一杆状重物自侧炉门伸入炉内，压迫钢坯，使之出炉。

6.3.2 卡钢

卡钢是前述事故的延续和发展，事故的性质较严重。跑偏、碰头、粘钢、拱钢均可造成卡钢。卡钢又可分为坡道卡钢、滑道卡钢和炉墙卡钢。

坡道卡钢可能是由于坡道烧损、钢坯变形或跑偏造成，多出现在坡道下部，一般出钢工都能发现；滑道卡钢是由于拱钢发现不及时造成的；炉墙卡钢则可能由于刮墙、粘钢或拱钢后钢坯叠落太多造成。坡道卡钢如未及时发现和处理，也可能导致炉墙卡钢。

发生滑道和炉墙卡钢事故时，推钢机有明显的负重感，推杆行走慢，推钢机及电机声音改变，电机甚至冒烟。卡钢对炉体及机电设备危害极大，应极力避免。一旦发生卡钢事故，要立即停炉处理。

6.3.3 出钢与要钢不符

在生产中，可能出现出钢工要的某炉某排料没有出钢，而另一排却出钢，或要一块却一连下来两块，或两道各下一块等情况，这都不正常。出钢工在发出要钢信号后，要十分注意观察出钢情况，如果一次从一条道连续下两块料，可能是炉内粘钢或因装料不当，或因推钢工未及时停止推钢造成。前者两块料几乎同时落下，而后者两块料出炉有一段时间间隔。发生这种情况，出钢工要做好记录，并将要钢信号连续闪动两次，告诉对方下了两块坯。对于已出炉的料，只要不是下一炉号的钢，应一并轧了，但要注意其规格的变化，及时告之轧钢工。由于拱钢而叠落在一起的钢坯也是一起出炉的，有时可能是3块一起出炉，这种情况不做异常处理，但由于叠落一起出炉的钢坯一般都加热不透，可按回炉品处理。

由于钢坯碰头或粘钢有时会两条道同时出钢，这时出钢工也应给推钢工一个信号，即两信号同时闪动一次，表示两条道各出一块钢。对出炉的钢坯处理原则同前。

是否是信号机故障：有时钢坯不是从出钢工想要的那排料出来的，这时出钢工要检查一下是否信号发错了，如没错则可能是对方误操作；如果连续出现两次这种问题，应检查一下信号机是否出现故障，特别是检修以后，看看两条道信号是否接反。信号机故障还可能造成推钢与要钢联系中断，影响生产，应及时找电气检修人员处理。

有时出炉钢坯上隔号砖的放置与推钢工所给信号不一致，遇此情况，出钢工一定要查明原因，对可能发生混钢事故的任何蛛丝马迹都不能放过，要做好记录。对误操作或其他原因出炉的下号钢坯，不能与上号一起轧制，必须打回炉。

6.3.4 用托出机出钢事故的处理

一般板带钢车间的板坯加热炉出钢方式是用托出机出钢，下面介绍托出机出钢事故处理。

6.3.4.1 粘钢

粘钢的处理步骤主要是：

（1）当发生粘钢事故时，要特别注意监视电视画面，看当抽出机（出钢机）托起板坯时后一块板坯是否已脱离；

（2）发现托起第一块板坯第二块板坯也跟着一起动作时，应立即停止抽出过程，手动将抽出机下降；

（3）手动反复托起板坯又放下，将第二块板坯脱离；

（4）也可以用抽出机杆撞击第一块板坯，使之与第二块板坯脱离；

（5）当已发现有板坯黏结时，对以后抽出的板坯都要严密监视，防止事故扩大；

（6）调整炉温，防止继续化钢。

6.3.4.2 板坯从抽出口掉下

板坯从抽出口掉下的原因主要是：

（1）板坯粘连，板坯抽出一部分时，从出杆上滑下，因自重而掉下；

（2）抽出机抽出距离不对，板坯掉下；

（3）板坯抽出时歪斜掉下。

另外，还有其他原因。

处理方法：当板坯掉下后，应立即将该炉均热段熄火，用冷却水冷却高温板坯，将抽出炉门尽量放低，用钢丝绳将板坯吊走回炉。

6.3.4.3 板坯在炉内弯曲过大

板坯在炉内弯曲过大的原因主要是：

（1）炉温过高，并且在炉时间长，板坯表面化钢严重，板坯变软弯曲严重。

（2）板坯定位失误，悬臂量过大，造成悬臂下弯；

（3）轧过一道次后的短坯逆装入，由于板坯厚度减小，且定位不准，悬臂过大，造成弯曲过大。

处理方法：

（1）抽出机手动抽出，在板坯经过端墙时特别要注意看板坯下弯部分能否通过；

（2）如果由于下弯严重，端墙挡住板坯下弯部分时，用垫铁在抽出机臂上增加高度将板坯抽出；

（3）此时要适当降低炉温，防止板坯进一步下弯；

（4）当加垫铁也不能将板坯抽出时，只有停炉熄火，人进入炉内，将板坯弯曲端头割掉，冷坯抽出炉。

6.3.4.4 抽出炉门与抽出机出现其他异常

当抽出炉门与抽出机出现其他异常时，处理方法主要是：

（1）按下抽出机事故停车按钮；

（2）进行检查处理，因电气或机械等故障时，通知有关人员及时处理；

（3）待事故排除后，将抽出机用手动操作退回到后退极限位置；

（4）按下事故停车复位按钮。

6.4 任务4 汽化冷却系统事故及处理

运行事故按损坏程度可分为3类：爆炸事故、被迫停炉的重大事故和不需停炉的一般事故。

事故发生的主要原因有两个方面：一是属于汽化冷却装置的事故；二是操作、管理不善引起的。

当发生事故时，操作和管理人员应做到以下几点：

（1）运行操作人员在任何事故面前都要冷静，应迅速查明发生事故的原因，及时准确地处理问题，并应如实向上级报告；

（2）运行操作人员遇到自己不明确的事故现象，应迅速请示领导或有关技术管理人员，不可盲目擅自处理；

（3）事故发生后，除采取防止事故扩大的措施外，不能破坏事故现场，以便对事故进行调查分析；

（4）在事故处理过程中，运行管理和操作人员都不得擅自离开现场；

（5）汽包事故消除后，必须详细检查，确认汽包各部分都正常时方可重新投入使用；

（6）汽包事故消除后，应将事故发生的时间、起因、经过、处理方法、处理后检查的情况及设备损坏的部位和损坏程度详细记录。

现只介绍汽化冷却装置一般事故原因及处理方法。

汽化冷却装置的事故，一部分由加热炉的事故引起，而另一部分则由装置本身的事故造成。由加热炉事故引起的事故主要有炉顶脱落、钢坯掉道、严重粘连、水冷部件的工业水突然停水和煤气事故等，当需要加热炉迅速停炉时，汽化冷却装置应密切配合加热炉操作进行停炉。装置本身造成的事故主要有汽包缺水、满水、汽水共腾、炉管变形等。

6.4.1 应立即停炉的情况

汽化冷却系统在运行中，遇到下列情况之一时，应立即停炉。

（1）汽包水位低于水位表的下部可见边缘。

（2）不断加大给水及采取其他措施，但水位仍继续下降。

（3）水位超过最高可见水位（满水），经放水仍不能见到水位。

（4）给水泵全部失效或给水系统故障，不能给水。

（5）水位表或安全阀失效。

（6）设备损坏，汽包构架被烧红等。

（7）其他异常情况，危及汽包及运行人员安全。

紧急停炉操作，根据具体使用的燃料不同，管道设施及其他设备的不同而不同。最主要的操作主要为水系统、燃料系统等处的阀门切换。

6.4.2 汽包缺水

汽包上水位表指示的水位低于最低安全水位线时，称为汽包缺水。

汽包缺水的原因是：

(1) 运行操作人员失职，或是对水位监视不严，或是由于擅离职守，当水位在水位表中消失时未能及时发现；

(2) 给水自动调节器失灵；

(3) 水位表失灵，造成假水位，运行人员未及时发现，产生误操作；

(4) 给水设备或给水管路发生故障，使水源减少或中断；

(5) 汽包排污后，未关闭排污阀，或排污阀泄漏；

(6) 炉底管开裂。

当汽包水位计中水位降到最低水位，并继续下降低于水位计下部的可见部分时，一般分两种情况进行处理：

(1) 如水位降低（即低于最低水位以下并继续下降）是发生在正常操作和监视下，且汽包压力和给水压力正常时，应采取下列处理措施：1）首先应对汽包上各水位计进行核对、检查和冲洗，以查明其指示是否正确；2）检查给水自动调节是否失灵，应消除由于给水调节器失灵造成的水位降低现象，必要时切换为手动调节；3）开大给水阀，增大汽包的给水量；4）如经上述处理后，汽包内水位仍继续降低时，应停止汽包的全部排污，查明排污阀是否泄漏，同时还应检查炉底管是否泄漏，如发现水位降低是由于排污阀或炉底管严重泄漏造成时，应按事故停炉程序使汽化冷却装置停止运行。

(2) 如水位降低是由于给水系统压力过低造成时，则应立即启动备用给水泵增加水压，并不断监视汽包水位。若水压不能恢复时，装置应降压运行，直至水压能保证给水为止。若降压运行后水压仍继续下降，水位随之降低至水位计下部的可见部分以下时，则应按事故停炉程序停止装置运行。

6.4.3 汽包满水

当汽包水位计中水位超过高水位，并继续上升或超过水位上部的可见部分时，一般可以从以下几个方面进行处理：

(1) 对汽包各水位计进行检查、冲洗和核对，查明其指示是否正确。

(2) 检查给水自动调节是否失灵，应消除由于给水调节器失灵造成的满水现象，必要时切换为手动调节。

(3) 将给水阀关小，减小给水量。

(4) 如经上述处理后，水位计中水位仍继续升高，应立即关闭给水阀，并打开汽包定期排污阀；如有水击现象时，还应打开蒸汽管或分汽缸的疏水阀，待水位计中重新出现水位并至正常水位范围内时，即停止定期排污和疏水，稍开给水阀，逐渐调整水位和给水量，使恢复正常运行。

6.4.4 汽水共腾

当汽包内炉水发生大量气泡时，一般处理步骤为：全开连续排污阀，并开定期排污阀，同时加强向汽包给水，以维持水位正常，加强炉水取样分析，按分析结果调整排污，直至炉水品质合格为止。

如汽水共腾产生严重的蒸汽带水，使蒸汽管中产生水击现象时，应开启蒸汽管和分汽缸上的疏水阀加强疏水。

6.4.5　炉管变形

6.4.5.1　事故分析

炉底管变形一般分两种情况：一种是突发性的变形事故；另一种是逐渐发生的变形事故。前者一般是由于偶然性的恶劣施工质量原因，如管路堵塞、接管张冠李戴，或严重的误操作原因，如汽包烧干，也有的是极不合理的设计原因；后者则一般是由于汽化冷却系统设计不合理，或操作存在问题而导致炉底管发生逐渐变形，即积累变形。炉底管变形一般多属后者。

对于金属材料，在高温下长期作用载荷将影响材料的力学性能。对于碳钢，在300～350℃以下，虽长期作用载荷其力学性能无明显变化，而当超过这一范围，且载荷超过某一范围，则材料就会发生缓慢变形，此变形为塑性变形，逐渐增大导致破坏，称为蠕变。加热炉汽化冷却炉底管设计要求其使用温度（管壁温度）不得超过其冷却介质工作压力下饱和温度80℃，超过这一温度就可能出现问题。当炉底管壁温度升高时，强度和刚度条件就可能不满足了，从而导致炉管的变形。那么是什么原因使得炉底管壁温度升高的呢？从汽化冷却系统的结构和操作运行两个方面进行分析。

（1）首先从结构方面分析。汽化冷却系统阻力系数偏大，导致水流速降低。循环回路的阻力包括局部阻力和摩擦阻力，局部阻力指由于转向、扩张、缩径、分流等引起的阻力损失；摩擦阻力指介质与回路管壁间的摩擦产生的阻力损失，它与路径长短有关。阻力增大，循环对运动压头的要求提高，致使水流速降低，可以从下降管的流量看出水流速的高低，炉底管内水流速偏低，使得水与炉管的换热减弱，表现为蒸汽产量降低，导致壁温升高。

（2）不合理的操作也是导致炉底变形的重要因素：

1）汽包一次补水过多导致管壁温度升高。汽化冷却系统运行是以上升管中汽水混合物和下降管中水的重力差作为循环动力的，如果汽包一次补水量过多，则汽包水的热焓量大大降低，这样进入炉管内水的“欠热”增加，水段长度延长，蒸汽产量降低，使得上升管中含气率降低，循环动力减弱，循环流速减小导致壁温升高。

2）开停炉不当，导致炉管变形。比如开炉前不提前打开引射蒸汽并组织提高蒸汽压力，致使开炉时引射能力不足，加上升温速度快，炉管就会受损害。停炉前，当汽包压力低于一定值时要打开蒸汽引射帮助循环，但有时开动不及时，也会导致不良影响。

6.4.5.2　解决办法

解决办法主要是：

（1）改变上升管、下降管路径，使其走最佳路径，减少转向和路途。

（2）限制汽包一次补水量，并尽快实现自动补水。

（3）严格开炉、停炉操作，升温要缓慢。

复习思考题

6－1　导致钢坯跑偏的原因主要是什么？
6－2　造成拱钢事故的原因是什么？
6－3　燃气加热炉炉膛温度达不到工艺要求的主要原因有哪些？
6－4　燃气加热炉燃烧不稳定的主要原因有哪些？
6－5　换热器烧坏的主要原因有哪些？
6－6　简述用托出机出钢时发现粘钢的处理步骤。
6－7　若为板坯加热炉，出炉板坯因故未轧，符合逆装条件时，允许趁热逆装回炉。逆装条件是什么？
6－8　板坯从抽出口掉下的原因及处理方法是什么？
6－9　板坯在炉内弯曲过大的原因及处理方法是什么？
6－10　为什么汽包一次补水过多容易导致炉管变形？

项目七　加热炉的节能降耗

7.1　任务1　加热炉的维护与检修

7.1.1　加热炉的维护

7.1.1.1　炉子维护的意义与内容

炉子维护是否良好，对正常生产、炉子的使用寿命、单位燃料消耗和劳动环境有很大影响。炉子维护得好，炉子钢结构、砌体和炉门完好，始终保持炉子的严密性，不冒火、不吸风、散热少、炉筋水管不弯曲不变形，就会使推钢正常进行；水管包扎绝热层完整无缺，水管带走热损失减少，燃烧装置不漏不堵灵活好使，则炉体寿命长；设备事故少，单位热耗低，劳动条件也改善。如果炉子维护不好，炉体冒火、吸风、钢结构和炉墙板变形，炉门损坏，大量散热，滑道变形，就会影响推钢；包扎脱落热量损失，燃烧装置滴漏、堵塞、调节失灵，则不能保持正常生产，炉子寿命短，单位热耗高，劳动环境也差。所以加热炉日常维护是一项很重要的工作。

炉子维护的内容有：耐火材料炉衬的维护、炉子钢结构的维护、炉底的维护、架空炉底及炉底机械的维护、水冷设施的维护、燃烧装置的维护、烟道和闸门的维护、换热器的维护、空气和煤气系统的维护等。

7.1.1.2　耐火材料炉衬的维护

耐火炉衬直接接受高温炉气的侵蚀和冲刷，其工作条件十分恶劣，做好维护工作十分重要。加热工要维护好炉衬必须做到以下几点：

（1）烘炉及停炉特别是大、中修的烘炉，必须按规程规定的升、降温速度进行，防止急骤升温和快速降温。过快的升降温速度会使砌体内部产生较大的热应力，致使炉体崩裂。

（2）不允许炉子超高温操作。炉温过高不仅会产生严重的化钢现象，而且大大缩短炉子的使用寿命。一般连续式加热炉最高炉温不得超过1350℃，应绝对禁止把炉温提到1400℃，甚至更高温度的错误操作。必须明确超高温操作会影响炉衬的寿命，这是绝对不允许的。

（3）要绝对禁止往高温砌体上喷水。在实际生产中，有的加热工因为急于清渣或进炉作业，用向高温炉衬上浇水的方法来加速炉子冷却。这种做法会对耐火材料产生极大的破坏作用，要坚决制止。

（4）应注意装炉操作，严防坯料装偏或跑偏未及时纠正而刮炉墙、卡炉墙。要积极避免预热段发生拱钢事故，以防撑坏炉顶。

（5）应尽量减少停炉次数。每次停、开炉都会因砌体的收缩和膨胀而使其完整性受到破坏，影响使用寿命。炉子的一些小故障应尽可能用热修解决，检修周期与轧机相同，平时无检修时间的几座炉子，每炉停炉次数应大致相等，以免由于停炉集中于某一座炉子而使其砌体受损严重，无法工作到一个检修周期。

7.1.1.3 炉子钢结构的维护

炉子钢结构的作用是保持砌体的建筑强度，支持砌体重量，抵抗砌体的膨胀作用以及维持砌体的完整性和密封性。钢结构是否完整对整个加热炉的寿命有重大的影响。

（1）在生产、烘炉和停炉过程中注意检查钢结构状态，发现钢结构变形或开焊时，应及时处理。

（2）防止炉压太高，炉门、装料口等处大量冒火，保证炉门、着火孔、测试孔关闭和堵塞严密，防止冒火烤坏钢结构和炉墙板。

（3）在操作时应避免发生事故，特别是推钢操作要严防推坏炉体砌砖，因为砌体损坏就会导致钢结构被烧坏。

7.1.1.4 炉底的维护

钢在炉内加热时，不可避免要产生氧化，氧化铁皮脱落将造成炉底积渣，引起炉底上涨。积渣的快慢与钢的加热温度、火焰性质以及钢的性质有密切关系。钢的加热温度高，火焰氧化性强时，钢的氧化加剧，积渣速度就快。特别是在炉温波动大时，氧化铁皮容易脱落，更易造成炉底上涨。炉底积渣过多时对钢的加热和炉子的操作都有不良影响，因此，必须及时清理炉底，排除积渣。

避免炉内积渣过快最根本的方法是加热炉的正确操作。严格按加热制度控制炉温、不烧化氧化铁皮。因为烧化了的钢渣凝固后很坚硬，不容易用铁钎打掉。严格控制炉压，并防止炉温波动，以避免炉内吸入冷空气而增加氧化烧损，减少氧化铁皮的脱落，以防炉底过快积渣造成炉底上涨。

7.1.1.5 架空炉底及炉底机械的维护

采用双面加热的炉子，除了要加强对实心炉底的清理与维护外，还应加强对架空炉底，即炉筋管、横向支撑水管及支柱水管的维护，以防止在高温下长期使用失去应有的结构强度和稳定性而造成塌陷。其维护要点有：

（1）开炉前必须有压炉料，否则炉筋管等容易烧弯、烧坏。

（2）在装、出料时，要防止歪斜、弯曲坯料卡炉筋管。

（3）经常检查炉内各炉筋管、横向支撑水管及支柱水管绝热包扎层，并及时将损坏的地方加以修补。

（4）确保冷却水的连续供给，严格控制出口水温。

（5）炉筋管、横向支撑水管及支柱管经过一定的使用期后，在炉子检修时必须更换，勉强使用易造成事故。

对于机械化炉底加热炉而言，炉底机械的正常运行是加热炉顺利生产的前提条件，因此，必须加强对炉子装出炉设备和炉底机械的日常维护和检修。否则，一旦发生事故将被迫停产。对炉底机械等的维护应从以下几个方面着手：

(1) 经常检查各机械设备的运行情况。发现隐患应利用一切非生产时间及时加以检修，防止设备带病工作。对于易损部件，应有足够的备品备件，以便能及时更换。

(2) 加强对设备的润滑。对需要润滑的部位，应定期检查、加油。

(3) 对炉底机械要采取隔热降温措施，需冷却的部件，必须保证冷却水的连续供给。

(4) 加强对液压系统的检查与检修。在机械化炉底的加热炉中，许多炉底机械是采用液压系统控制的，如步进炉炉底的步进梁。液压系统能否正常工作，将直接影响炉底机械的正常运行，必须加以重视。

7.1.1.6 水冷设施及汽化冷却系统的维护

加热炉中的许多金属构件及设备需要冷却，如果不能保证冷却水的连续供给，加热炉是不能投入生产的，为此应加强对炉子水冷设施的维护工作。炉子的冷却方式主要分为水冷和汽化冷却两种。对于炉门、炉门框、水冷梁等金属构件或机械设备等，一般均直接采用水冷；对于炉筋管、横向支撑水管及支柱水管，一般采用汽化冷却方式。

A 水冷设施的维护

水冷设施的维护措施有：

(1) 经常检查水泵运行情况及管路状况，保证管路上各调节阀严密、灵活。

(2) 防止管路系统，特别是冷却部件或设备漏水。

(3) 严格控制出口水温，及时调节冷却水流量。

(4) 水冷系统尽可能形成闭环，循环使用，以节约用水。

B 汽化冷却系统的维护

汽化冷却系统的维护措施有：

(1) 经常检查循环泵及循环系统所有管路的运行情况。

(2) 严格控制汽包水位、压力及温度。

(3) 经常检查管路上各种阀门，如安全阀、调节阀、放散阀、排污阀和压力表、水位计等是否正常，应确保其严密性、灵活性、准确性。

(4) 保证软化水的质量，并定期对水管过滤器进行清洗。

7.1.1.7 燃烧装置的维护

A 注意事项

燃烧装置维护的注意事项主要有：

(1) 要保持烧嘴或喷嘴的位置正确，与烧嘴或喷嘴砖的中心线相一致。

(2) 保证烧嘴或喷嘴不滴漏，烧嘴砖孔不结焦。

(3) 燃烧器要经常维护，定期检修，及时清除结焦、油烟及其他杂物。

(4) 经常检查各种炉前管道是否有“跑、冒、滴、漏”，若有应立即处理，检查各种阀门开闭是否灵活，热管道保温层是否完好。

B 烧嘴的检查

烧嘴检查的内容为：

(1) 检查各个部件连接螺丝是否松动。

(2) 检查烧嘴前所有阀门转动是否灵活，润滑是否良好。

(3) 检查烧嘴及烧嘴前阀门是否泄漏。

(4) 检查烧嘴与炉子接触部位是否冒火，如发现问题要及时进行处理或者采取措施，在处理过程中要遵守有关的安全规定。

7.1.1.8 烟道、闸门的维护

检修后要清理干净烟道中的杂物，正常生产时注意检查烟道是否漏风，烟道有无漏水和积灰影响抽力、排烟不畅的现象，检查闸门有无变形影响调节的情况。

7.1.1.9 换热器的维护

A 空气换热器的维护

空气换热器的维护措施主要有：

(1) 一般换热器入口烟温允许长期不超过800℃，短时最高不超过850℃；预热风温不超过500℃。

(2) 热风自动放散阀是保护换热器的保护装置，为防止热风放散阀失灵，看火工每次接班后均应进行手动试放散一次，发现热风自动放散阀失灵应及时通知仪表工修复。

(3) 全厂性停电前2h，必须由调度室书面通知加热工段或当班加热工停炉降温并关闭烟闸，确保停电之前换热器入口烟气温度降到600℃以下。

(4) 为防止换热器管子外壁结垢堵塞，每使用6~12个月应仔细清灰一次。

B 煤气换热器的维护

煤气换热器的维护措施主要有：

(1) 如遇有停电、停风、停煤气或加热炉发生塌炉顶等大事故时，按紧急状态下修煤气停炉制度处理。

(2) 每使用5~6个月清灰检查一次；使用一年整体打压试漏一次。

7.1.1.10 空气、煤气系统的维护

经常检查空气、煤气管道有无泄漏，这是加热工的一项重要工作。特别是煤气一旦泄漏，极可能引起着火、中毒、爆炸等恶性事故，因此需特别注意检查。在煤气区应挂上“煤气危险区”等标志牌，进入危险区作业应有人监护；特别是检查高炉煤气管道时，应事先做好事故预测和安全措施，佩戴氧气呼吸器。要用肥皂水试漏，不得采用鼻子嗅的方法检查管道泄漏。对查出的煤气管道泄漏要马上处理，不准延误；对于空气管道泄漏，只要不影响生产可另找时间处理。

加热炉上一切空气、煤气阀门必须灵活可靠。加热工应经常检查，看是否符合上述要求，如关闭不严或转动不灵活，应立即通知煤气钳工来处理。

煤气管道积水常常造成煤气压力低或压力不稳定而影响生产，因此，加热工应定期排放炉上煤气管道中的积水。放水时要先观察厂房内气流方向，站在上风口放水，听到气绝声立即闭死放水阀。

要特别注意，冬季停炉处理煤气后，将煤气管道内积水排出，以免冻裂管道，造成煤气泄漏。

对加热炉除了要加强对上述重点项目进行维护外，同时还要加强对金属构架、炉门、观

察孔等的维护。煤气管道上的各种开闭器和调节阀要经常涂油，以确保其严密性、灵活性。

7.1.2 加热炉的检修

7.1.2.1 检修的种类

加热炉检修可分为热修与冷修。冷修又分为小修、中修和大修。

A 炉子的热修

热修属于事故抢修，是非计划检修。热修是在不停炉状态下，适当减少燃料供给量，而炉温仍相当高的情况下修补炉子的个别部分，如炉墙或炉顶。

如果加热炉拱顶被烧坏，在抢修之前，应先减少燃料供给量及降低炉膛压力，以减弱从破口处喷出的火焰，然后由筑炉瓦工进行抢修，在热修炉顶时，严格禁止站在炉顶上工作，以避免意外事件发生。连续式加热炉的炉门及炉墙等损坏时，都可用热修的方法及时修补。

B 加热炉的定期检修

停炉后待其冷却以后进行的检修称为冷修。冷修一般是有计划的检修，根据检修工作量或时间的长短可分为小修、中修和大修。

如果炉子的钢结构有的部位需要修理，炉子热效率降低，炉子结构不合理，燃料消耗上升，使加热炉不能满足生产要求，则需冷修。

连续式加热炉的小修，一般是根据车间的生产完成情况、燃耗情况、包扎层脱落程度及加热炉炉体损坏情况等，临时安排的检修。小修是炉子易损坏部位的局部检修。例如：更换滑轨和炉坑的局部砌砖；检修烧嘴砖墙；检修局部炉底水管；修补局部炉顶和炉墙；修补或更换炉底水管的绝热层等。

连续式加热炉中修主要将高温段进行拆修，中修是炉子的大半部分进行检修。例如：炉子均热段的炉墙、炉底、炉顶的烧嘴端墙；加热段的炉墙、炉底、炉顶和上下加热烧嘴处炉墙；部分炉底水管及绝热层、炉门和变形损坏的钢结构；部分烧嘴及其他损坏部件的检修。

连续式加热炉大修是炉子绝大部分砌体、部分钢结构和燃烧器、全部炉底水管及其绝热层和所有炉门的检修。连续式加热炉大修时，首先是拆除钢结构和炉子砌砖，同时还要清除炉子结渣，接着是施工阶段，首先是浇炉子基础，然后安装钢结构（加热炉立柱、炉底水管、换热器及附属设备等），炉体砌筑是先炉底及炉墙，然后是炉顶，最后是炉底水管包扎。上述各项在施工中为了加快检修速度，均可交叉进行施工，检修全部完成后即可进行烘炉。大修每隔 2 ~4 年一次，时间一般为 3 个月左右。

检修之前应充分做好准备工作：

（1）检修之前，准备好检修所需要的各种材料，准备好更换的部件，并将材料运到加热炉附近现场；

（2）作为施工队伍的安排，编制出检修进度图表，并召开检修工作会议，将检修进度安排、检修要求、安全及其他注意事项向参加检修人员交代清楚。

7.1.2.2 检修注意事项

检修的注意事项主要有：

(1) 连续式加热炉停炉检修时，为了加快炉子的冷却速度，要将烟道闸门和所有炉门全部打开，以加强流通冷却。

(2) 注意保证检修质量，保证检修进度并做到材料节约。为减少材料消耗，拆下来的可以利用的耐火砖及钢材等整齐堆放，以备再用。

(3) 拆除旧的砌体及部件时，注意不要拆毁其他不需要检修的部分，保护不需检修部分不受损坏。

(4) 冷修砌筑质量要求与新建炉子相同，新旧砌体之间的接缝应平整而坚固。

(5) 检修时，炉内冷却件的焊接质量必须保证良好，要求技术高、有经验的焊工进行焊接。安装炉底水管时，注意检查并清除管内氧化铁皮及杂物。每个冷却件安装后进行水压试验，无渗漏后才允许砌砖。

(6) 加热炉检修是比较复杂的，需多工种相互配合才能完成工作。各项工作都要做到密切配合，严格按照工程进度和检修要求进行。检修后，组织对所有检修项目进行详细检查验收，并组织消除检查出的缺陷，并将加热炉周围环境打扫干净，检查后全部符合要求时，才能进行烘炉。

7.1.2.3 加热炉各部位的检修

A 加热炉冷却管路检修

a 管路酸洗

加热炉管路酸洗时，使用专用酸洗液在整个冷却管路内循环，一般由专门队伍来施工。

加热炉的酸洗步骤是：

(1) 首先确认加热炉温度已达到停水状态，加热炉静环水停送，具备酸洗状态。

(2) 检查加热炉各个管路阀门的使用状态，尤其是加热炉回水槽回水阀门，必须处于正常使用状态，否则进行更换。

(3) 关闭冷却水进水总管阀门，并插上盲板，检查并关闭相关旁通阀门，将酸洗池进水管路用法兰与进水总管相连接；在回水槽底部回水管加焊盲板，进出炉悬臂辊回水管路上插盲板，并将此三路回水分别通入酸洗池内。

(4) 在酸洗池内首先注入冷却水，打开水泵，在冷却管路内通入普通水，检查管路是否有泄漏或封闭不严的区域，若有即进行处理，以确保各个管路万无一失。

(5) 在酸洗池内加入酸液，开始酸洗。

(6) 在酸洗过程中，由于酸洗池相对压力、流量均较小，为了酸洗彻底充分，通过调整回水槽的回水阀门，来对各个冷却管路逐个进行酸洗，而后调小各个回水流量，再全部冲洗一段时间。

(7) 在酸洗过程中，可能出现个别管路结垢严重、不易洗通的现象，此时可采取对此管路进行单独反吹，解决此项问题。

(8) 酸洗结束后，打开冷却水管路立柱套管法兰，将内壁下拉，检查管路内壁的泥垢酸洗情况，确认无误后，停止酸洗。

(9) 排出酸洗池内的酸洗液，注入冷却水，对管路进行冲洗，连续冲洗三遍，保证回水清澈正常。

(10) 将各个管路阀门恢复到正常状态。

b　加热炉的管路酸洗应注意的事项

加热炉的管路酸洗应注意的事项主要有：

（1）酸洗前要对循环管路做好确认，保证酸液不向外泄漏。

（2）酸洗过程中，必须保证形成闭循环，无向外泄漏现象，尤其要避免向管路总管内泄漏。

（3）酸洗完毕，将管路冲洗干净。

（4）酸洗结束后，必须对阀门关闭情况进行检查确认。

B　冷却管路日常检修

正常生产过程中，若出现个别管路温度升高，需要采取以下措施：

（1）首先确认温度升高的管路，掌握温度升高的趋势。

（2）打开炉底通向回水槽的软管阀门，观察回水流量，若流量较大，表明回水正常，可在生产状态下检查回水管路；若流量较小，表明管路内存在堵塞状态，需要进行停炉检修。

（3）在炉底回水软管处将另一路回水软管与此回路短接，进行反吹，检查管路是否畅通。

（4）停炉至200℃，停冷却水，打开立柱冷却水管路法兰，检查管壁结垢情况，并且上下错动，疏通管路，直至畅通。

C　空气、煤气管路检修

空气、煤气管路是用来输送空气、煤气的，一旦出现管路坍塌、泄漏的现象，必将导致安全事故的发生，因此，一旦发现管路出现泄漏现象，必须进行补焊或更换处理。

（1）需更换的部位，首先按照管路尺寸制作管路备件。

（2）确认达到上述的正常检修状态后，开始更换。

（3）更换完毕后，对各个焊口进行气密试验（如使用肥皂水），保证管路无丝毫泄漏现象。

（4）检查完毕后，按要求对管路进行保温措施。

D　空气、煤气换热器的检修

空气、煤气换热器的正常使用寿命为3.5~4年，但在检修时应打开换热器人孔，检查换热器的使用状况，发现有管道变形或烧损泄漏现象时应提前进行更换。

空气、煤气换热器更换步骤为：

（1）首先确认达到上述正常检修状态后开始更换。

（2）打开换热器与煤气管路进出口法兰，拆下换热器进出口连接弯管。

（3）打开换热器人孔，上下人员配合将换热器吊出进行更换。

（4）换热器与烟道连接处使用岩棉进行密封。

（5）连接换热器与煤气管路弯管法兰。

（6）对管路连接处进行气密试验，要保证无煤气泄漏发生。

E　炉内设备检修

a　进出炉悬臂辊检修

检查炉内悬臂辊，对辊头止挡螺母损坏或开焊的进行更换或补焊（采用A402耐热焊条），严重的更换悬臂辊。待加热炉酸洗完毕后，通入冷却水，检查各个悬臂辊轴头是否存在漏水现象，一旦发现漏水，立即停水进行补焊。

b 水梁与炉墙

检查水梁上耐磨块是否有脱落的现象，进行补焊或更换，对水梁、水梁立柱及炉墙上耐热材料脱落的区域进行补修。

c 烧嘴

检查烧嘴的烧损情况，以及烧嘴耐火砖的损坏情况，对损坏或烧损严重的烧嘴进行更换。

（1）首先检查烧嘴砖有无损坏、烧嘴内管壁有无损坏或烧损严重、烧嘴内有无异物。

（2）对烧嘴砖损坏的更换整个烧嘴。

（3）对烧嘴内壁损坏或烧损严重的视情况更换相应备件。

（4）对烧嘴内渣子、异物进行清理。

d 烧嘴的更换步骤

烧嘴的更换步骤是：

（1）首先了解平焰、直焰或调焰烧嘴的装配情况。

（2）拆除烧嘴表面保温装置。

（3）断开与烧嘴连接的空气煤气管路。

（4）拆除并安装烧嘴，在拆除和安装过程中，必须保证烧嘴平稳紧密，防止对炉墙造成损坏，将烧嘴与炉墙连接处用岩棉密封。

（5）将烧嘴与空气、煤气管路连接，并做气密试验，保证密封。

（6）对烧嘴及管路进行密封保温，更换完毕。

F 步进机构的检修

生产过程中，对步进机构进行检查，尤其是滚轮轴承、液压缸，出现问题必须进行更换。步进机构升降缸和平移缸的检修更换分别见表7－1和表7－2。

表7－1 升降缸的检修更换

序号	检修步骤	检修标准
1	挂牌	
2	爬升轮升到最低点，然后液压缸泄压	停液压
3	（1）拆卸液压缸缸头和缸尾的销子卡片； （2）用倒链兜住液压缸； （3）顶出液压缸缸头和缸尾的销子	
4	把液压缸推出，放到平地上	
5	（1）用倒链拉住备用的液压缸，拉起推至安装位置； （2）对中缸尾的销子孔，穿上销子，安装上卡片； （3）把液压缸拉杆拉出一定的尺寸（缸头销子孔和大梁上的销子孔对中），穿上销子，安装卡片	
6	安装液压管	液压管接头不准漏油
7	让操作工配合操作，进行试车	
8	液压缸更换完毕	

表7-2 平移缸的检修更换

序号	检修步骤	检修标准
1	挂牌、停液压	
2	在平移滚轮下垫上斜铁	防止滚轮移动
3	(1) 拆卸液压缸缸头销子卡片; (2) 用倒链兜住液压缸; (3) 顶出液压缸缸头的销子; (4) 拆卸缸体两个支点的螺栓	
4	把液压缸推出,放到平地上	
5	(1) 用倒链拉住备用的液压缸,拉起推至安装位置; (2) 安装支点处支座,并紧固螺栓; (3) 把液压缸杆拉出一定的尺寸(缸头销子孔和大梁上的销子孔对中),穿上销子,安装卡片	
6	安装液压管	液压管接头不得漏油
7	取出轮下的斜铁	
8	由操作工配合试车	
9	液压缸更换完毕	

G 液压系统检修

循环滤芯压差高于0.25MPa时应进行更换,根据使用情况更换周期为60~80天;回油滤芯根据使用情况更换周期也为60~80天。目前,很多企业为了降低成本,为减少更换液压油的周期,更换滤芯的周期尽量缩短。

每年进行油箱清洗及补充或更换新油。清洗油箱时要将上部旧油抽到干净空桶中并标记备用;拆掉清洗盖板,清理内部油泥,然后用刮刀除掉油箱内壁顽固油污;用白布彻底擦拭油箱内壁,并用和好的白面粘掉剩余的纤维。油箱清理完毕后要求无污物、无凝水,安装清洗孔注入新油不超过液位记的80%,加入新油清洁度达到NAS9级。

每年11月初检查加热器工作是否正常,如不能制热需进行更换。

每年4月初检查清理冷却器阀门,检查冷却器工作是否正常,如不能正常工作需更换:停车,关闭油路、水路,做好接油排水准备工作,拆开油路出口接管,接油完毕后,再拆开水路进口接管,进行排水工作,更换新的冷却器。

新的冷却器启用时,要求先开启1/4进水阀门,然后再开启1/2进水阀门,同时开启1/2回水阀门,以使冷却器内部充满冷却水,同样开启进油及回油。工作中严防漏油滑倒摔伤事故的发生。冷却器更换后无漏油、无漏水。

根据使用情况对泵组进行更换时,要求关闭各管路阀门,使系统无压力,并做好防滑工作;拆掉连接管路,用清洁的白布包好管路接头,以防止污染物进入系统;拆除地脚螺栓,更换新的泵组,并注意找平、找正;紧固地脚,安装管路。要求更换后管路连接无误,系统压力、噪声、振动、发热正常。

7.1.3 大、中修完成的验收

炉子经过大、中修后,要进行全面的修理质量验收工作。质量验收的主要依据来自于砌筑标准及图纸要求，验收工作包括下面三方面的内容：

（1）砌体质量的验收。

（2）金属结构安装质量的验收。

（3）设备检修质量的验收。

7.1.3.1 砌体质量的验收

砌体质量检查验收包括以下内容：

（1）炉墙的砌法是否符合规定。

（2）膨胀缝的留法是否正确。

（3）炉墙的结构是否符合图纸要求。

（4）垂直度误差是否超出规定。

（5）水平度误差是否超出规定。

（6）泥缝的厚度是否超出规定。

（7）各种材质的耐火制品使用部位是否符合要求。

（8）炉顶的砌筑是否正确。

（9）沟缝部位是否全部完成。

（10）应浇灌泥浆部位是否全部完成。

（11）炉门的砌法是否正确。

（12）特殊部位的砌筑应符合图纸要求。

（13）应预留的孔洞是否全部预留。

（14）应砌筑的是否已全部砌筑完毕。

砌体质量的验收工作一般是在砌筑过程中完成的，待砌体完成后，如再发现不合规定而返工，则需要较大的工作量。一般砌体的验收工作由有经验的加热工在施工过程中通过盯质量的方法来完成，一旦在砌筑过程中发现问题，通过质量检验认为不合格者，则重新施工，一直到达到要求为止。

7.1.3.2 金属结构安装质量的验收

加热炉大修金属结构部分包括炉子立柱、横梁、炉内横纵水管的安装、工业水冷管道、水管梁、炉尾排烟罩、护炉铁板等，对这些金属结构的安装质量验收条件有着不同的要求，下面分别给予介绍。

A 护炉立柱的安装质量条件

护炉立柱的安装质量条件是：

（1）主柱的垂直度不超过图纸上的要求。

（2）所有的立柱都应靠拉绳定位，前后必须顺线。

（3）立柱底部的固定螺丝必须拧紧。

（4）立柱顶部的连接横梁必须水平，焊接时需按图纸要求进行。

B 横纵水管的安装质量条件

横纵水管的安装质量条件是：

（1）横水管安装前，必须使用水平仪测定横水管的安装位置，与图纸核定无误后方可施工安放。

（2）炉内横水管的上面必须在同一要求水平面上，安放并检查无误后，方可固定焊接。

（3）横水管的炉外连接管的焊接需按图纸要求进行，焊条、焊缝高度均应满足图纸要求。

（4）水管固定板必须与立柱焊接在一起。

（5）所有焊口质量均应在规定压力下做强度检验，以不渗漏时为合格。

（6）纵水管的间距必须符合图纸要求，纵水管的上面标高应作为安装的主要标准。

（7）纵水管接口的焊接质量以2倍工作压力下的强度检验不渗漏为合格。

（8）施工过程中，横纵水管内部不允许留有焊渣、杂物，必须保证水管畅通。

C 工业水冷管道的安装质量条件

工业水冷管道的安装质量条件是：

（1）水冷管道的焊接应符合图纸要求，所有的管件均应有试压报告单。

（2）焊接部位以给水不渗漏时为合格。

（3）管道内部不应留有焊渣、异物，给水后应保证畅通无阻。

（4）管道的走向、安放位置要符合图纸要求。

7.2 任务2 加热炉的传热控制

热量由高温向低温部位传递的过程称为传热。传热是自然界中的一个很普遍的自然现象。如将冷的金属放在高温的炉子内，金属的温度便会逐渐上升并接近炉子温度。

工程上研究传热的目的主要是解决两类问题：一类是力求增强传热过程，如换热设备中的热量交换、加热炉内炉气与物料之间的热量交换等；二是力求减弱传热过程，如对炉子采取各种保温措施，力求减少各种热量散失，提高炉子的热效率等。

传热是一种复杂的物理现象。为便于研究，通常按物理本质的不同，将其分为三种基本的传热形式——传导、对流和辐射。

7.2.1 稳定态导热

物体内部温度不同的部分之间或不同温度的两物体接触之间通过分子热振动，将热量由高温部分传给低温部分的现象，称为传导传热。如炉壁内的传热、坯料由表及里的传热、金属热端向冷端的传热等，都是传导传热的例子。

传导传热在固体、液体和气体中都可以发生，但主要是在固体中。传导传热时，热量总是由温度高的地方传向温度低的地方。

导热作用是物体内部两相邻质点（如分子、原子、离子）通过热振动，将热量依次传递给低温部分，如炉壁的散热就存在导热作用。研究稳定态下的导热问题，即导热系统内各部分的温度不随时间发生变化，或者说同一时间内传入物体任一部分的热量与该部分物体传出的热量是相等的。不然，假如传入的热量多于传出的热量，则该物体的热含量必有增加，温度将随之升高。反之，则出现温度降低。这都已属于“不稳定热态”的范围。各种热力设备在持续不变的工况下运行时的热传递过程属稳态传热过程；而在启动、停机、工况改变时的传热过程则属非稳态传热过程。

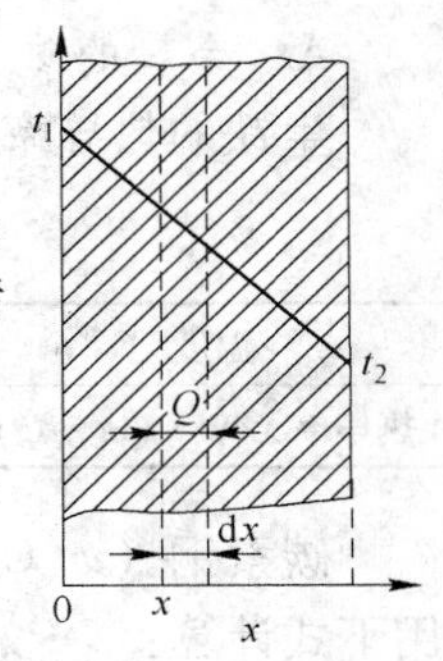

图7－1 物体导热

7.2.1.1 传导传热基本公式

物体内温度相同的所有点连成的面积称为等温面。如图7－1所示，设两等温面间距离为dx，温差为dt，则传导的热量Q应与温度差及传热面积成正比，而与距离成反比。即：

$$Q = -\lambda \frac{dt}{dx}F \tag{7-1}$$

式中 Q——单位时间内传导传热传递的热量大小，W；

λ——热导率，W/(m·℃)；

$\frac{dt}{dx}$——传热方向上的温度梯度，℃/m；

F——传热面积，m^2。

式（7－1）称为傅里叶定律，是传导传热的基本定律。

7.2.1.2 热导率

物体导热能力的大小用热导率λ来表示，其物理意义是当传热物体厚度为1m、表面温差为1℃、传热面积为1m^2时，在单位时间内传递的热量大小。

各种材料的热导率都由实验测定。气体、液体和固体三者比较来看，气体的热导率最小，仅为0.0058W/(m·℃)，而且随着温度的升高，气体的热导率也随着增大。液体的热导率在0.093～0.698W/(m·℃）之间；温度升高时，有的液体的热导率减小，有的液体的热导率增大。固体的热导率比较大，其中以金属的热导率最大，在2.326～418.68W/(m·℃）之间。纯银的热导率最高（λ_0=419W/(m·℃)），铜（λ_0=395W/(m·℃)）、金（λ_0=302W/(m·℃)）、铝（λ_0=209W/(m·℃)）等都是热的良导体，一般有色金属的热导率较钢铁材料的热导率高。铁的热导率约为52.34W/(m·℃)。附表9为一些常见物质的热导率。

由于气体的热导率比较小，在工业生产中常用增加物体的孔隙度的办法来减小物体的热导率。例如，将各种建筑材料制成多孔结构，则可造成热导率低得多的隔热材料。一般来说，孔隙率越大，导热性越差。

钢铁依其化学成分、热处理和组织状态的不同，其热导率有很大差别。例如，经过轧制的钢，其导热性要比铸造的好；经退火的钢要比未经退火的钢导热性好，碳素钢的导热性要比合金钢好。而且碳素钢的导热性随其碳的质量分数的不同而变化，一般碳的质量分数越高，其导热性越差。合金钢的导热性也是随其合金元素质量分数的多少而变化的，合金元素与碳的作用一样，通常都是促使钢的导热性降低，因此，高合金钢的导热性更差。

对于同一种物质来说，随着温度的变化，其热导率也发生变化。对大多数物质而言，其热导率随其温度呈线性变化。即：

$$\lambda_t = \lambda_0 + bt \tag{7-2}$$

式中 λ_t，λ_0——分别为物质在t℃和0℃时的热导率，W/(m·℃)；

b——热导率的温度系数，视不同材料由实验确定，W/(m·℃^{2})。

下面介绍几种常见材料的热导率。

A　金属的热导率

生铁的热导率见表 7－3。

表 7－3　生铁的热导率

温度/℃	0	100	200	300	400	500	600
热导率 λ/W·(m·℃)$^{-1}$	50	49	35	40	56	78	95

碳素钢（w(C)＜1.5%；w(Mn)＜0.5%；w(Si)＜0.5%）在常温下的热导率 λ_0 可用下式计算：

$$\lambda_0 = 69.8 - 10w(\mathrm{C}) - 16.7w(\mathrm{Mn}) - 33.7w(\mathrm{Si}) \tag{7-3}$$

式中　w(C)——钢中碳的质量分数，%；

w(Mn)——钢中锰的质量分数，%；

w(Si)——钢中硅的质量分数，%。

碳素钢的热导率一般随其温度升高而降低，变化关系如式（7－2）所示。其温度系数 b 可由表 7－4 查得。

表 7－4　碳素钢温度系数 b 的数值

钢　号	纯铁	10 号钢	20 号钢	45 号钢
b/W·(m·℃^{2})$^{-1}$	－0.017	－0.020	－0.017	－0.013

B　耐火材料的热导率

常用耐火材料在常温下的热导率 λ_0 和温度系数 b 见表 7－5。

不同温度下耐火材料的热导率仍可用式（7－2）计算。式中 b 值可查表 7－5。

表 7－5　耐火材料的热导率 λ_0 和温度系数 b 值

种　类	热导率 λ/W·(m·℃)$^{-1}$	温度系数 b/W·(m·℃^{2})$^{-1}$
黏土砖	0.7	0.00064
高铝砖	1.52	－0.00019
硅　砖	1.05	0.0009
镁　砖	4.3	－0.00051
铬镁砖	1.98	0
碳　砖	23.26	0.035
轻质黏土砖	0.29	0.00026
硅藻土砖	0.072	0.000206
蛭石砖	0.09	0.00036
红　砖	0.47	0.00051
石　棉	0.157	0.00019
矿渣棉	0.052	0

C　液体的热导率

常用液体的热导率 λ 见表 7－6。

表7-6　常用液体的热导率λ

名　　称		温度/℃	热导率 λ/W·(m·℃)$^{-1}$
水		0	0.551
		20	0.599
		50	0.648
		100	0.863
		150	0.864
		200	0.663
		250	0.618
		300	0.540
重油		32	0.119
		100	0.111
焦油	重	30	0.175
	轻	30	0.116
煤油		0	0.121
		200	0.090

D　气体的热导率

常用气体的热导率见表7-7。

表7-7　常用气体的热导率

名称＼温度/℃	0	100	200	300	400	500	600	700	800	900	1000	1100	1200
	气体在下列温度下的热导率 λ/W·(m·℃)$^{-1}$												
空气	2.49×10^{-2}	3.19×10^{-2}	3.83×10^{-2}	4.45×10^{-2}	5.06×10^{-2}	5.63×10^{-2}	6.19×10^{-2}	6.72×10^{-2}	7.23×10^{-2}	7.72×10^{-2}	8.20×10^{-2}	8.64×10^{-2}	9.08×10^{-2}
氧气	2.51×10^{-2}	3.26×10^{-2}	4.00×10^{-2}	4.72×10^{-2}	5.43×10^{-2}	6.09×10^{-2}	6.71×10^{-2}	7.30×10^{-2}	7.87×10^{-2}	8.37×10^{-2}	8.89×10^{-2}	9.37×10^{-2}	9.84×10^{-2}
烟气	2.28×10^{-2}	3.09×10^{-2}	3.97×10^{-2}	4.84×10^{-2}	5.77×10^{-2}	6.64×10^{-2}	7.49×10^{-2}	8.29×10^{-2}	9.00×10^{-2}	9.80×10^{-2}	10.49×10^{-2}	11.29×10^{-2}	12.22×10^{-2}
蒸汽	—	2.42×10^{-2}	4.32×10^{-2}	7.01×10^{-2}									

7.2.1.3　平壁导热

一般工业炉的炉墙很多都是平壁。壁内导热问题应用很广。为使问题简化，忽略了壁周边的影响，而认为壁内温度沿平面均匀分布，且各等温面皆与表面平行。也就是说，温度只沿壁的法线方向变化（见图7-2）。

A　单层平壁

设壁两侧温度分别为t_1、t_2，壁厚为S。按稳定热态下傅里叶单向导热方程（见式(7-1)）分离变量后，写成：

$$Q\frac{dx}{F} = -\lambda dt$$

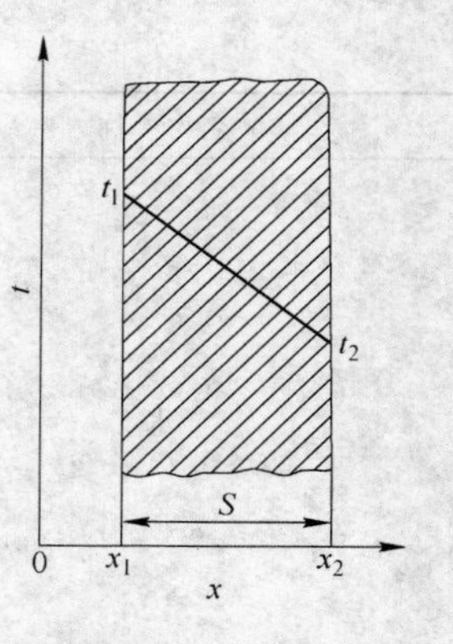

图 7-2　平壁导热

两边积分：

$$\int_{x_1}^{x_2} Q\frac{dx}{F} = \int_{t_1}^{t_2} -\lambda dt \qquad (7-4)$$

考虑到平壁稳定导热时，Q 及 F 皆为常数，因此，式（7-4）左边先进行积分：

$$\frac{Q}{F}(x_2 - x_1) = \int_{t_1}^{t2} -\lambda dt \qquad (7-5)$$

将关系式（7-2）代入式（7-5），并以（$t_2 - t_1$）同时乘以式（7-5）的右边，将负号并入（$t_2 - t_1$）中，则式（7-5）改写成：

$$\frac{Q}{F}(x_2 - x_1) = (t_1 - t_2)\frac{\int_{t_1}^{t_2}(\lambda_0 + bt)dt}{t_2 - t_1} \qquad (7-6)$$

式（7-6）中 λ_0 及 b 皆为常数，因此，式（7-6）右边可积分，并可整理为：

$$\frac{Q}{F}(x_2 - x_1) = (t_1 - t_2)\left[\lambda_0 + b\left(\frac{t_1 + t_2}{2}\right)\right] \qquad (7-7)$$

式中　　$x_2 - x_1$——壁的厚度 S；

$\lambda_0 + b\left(\frac{t_1 + t_2}{2}\right)$——$t_1$、$t_2$ 之间的平均热导率 $\lambda_均$。

因此，式（7-7）可写成：

$$\frac{Q}{F}S = (t_1 - t_2)\lambda_均 \qquad (7-8)$$

或

$$Q = \frac{\lambda_均}{S}(t_1 - t_2)F \qquad (7-9)$$

也可写成：

$$Q = \frac{t_1 - t_2}{\dfrac{S}{\lambda_均 F}} \qquad (7-10)$$

可见，平壁稳定导热时的"热压"即为壁两侧的温度差。而"热阻"（℃/W）为：

$$R = \frac{S}{\lambda_均 F} \qquad (7-11)$$

即热阻与壁厚成正比，而与平均热导率及传热面积成反比。

【例 7-1】 试求通过某加热炉炉壁的单位面积向外的散热量。已知炉壁为黏土砖，$\lambda_1 = 0.7 + 0.00064t_均$，厚 360mm，壁内外表面温度各为 800℃ 及 50℃。若换用轻质黏土砖作炉壁，$\lambda_2 = 0.29 + 0.00026t_均$，其他条件不变，问减少热损失多少？

解：（1）对黏土砖：

$$\lambda_均 = 0.7 + 0.00064 \times \left(\frac{800 + 50}{2}\right) = 0.972\ (\text{W}/(\text{m} \cdot ℃))$$

代入式（7-10），得：

$$Q_1 = \frac{800-50}{\dfrac{0.36}{0.972 \times 1}} = 2025 \ (\mathrm{W/m^2})$$

（2）对轻质黏土砖：

$$\lambda_{均} = 0.29 + 0.00026 \times \left(\frac{800+50}{2}\right) = 0.401 \ (\mathrm{W/(m \cdot ℃)})$$

代入式（7-10），得：

$$Q_2 = \frac{800-50}{\dfrac{0.36}{0.401 \times 1}} = 835 \ (\mathrm{W/m^2})$$

那么：

$$\frac{Q_1 - Q_2}{Q_1} \times 100\% = \frac{2025-835}{2025} \times 100\% = 59\%$$

用轻质黏土砖代替普通黏土砖后，减少热损失约59%。

B 多层平壁

实际炉壁多数是由两层或多层材料构成。各层材料的热导率不同，现以两层平壁为例。

已知壁内外两侧温度为 t_1、t_3，各层厚度为 S_1 及 S_2，热导率分别为 λ_1、λ_2。为使问题简化，假定两层壁为紧密接触，且接触面两边温度相同，并假设为 t_2（见图7-3）。

首先按单层平壁导热公式分别计算各层热流 Q(W)。

按公式（7-10），对第一层，有：

$$Q_1 = \frac{t_1 - t_2}{\dfrac{S_1}{\lambda_1 F}} \tag{7-12}$$

对第二层，有：

$$Q_2 = \frac{t_2 - t_3}{\dfrac{S_2}{\lambda_2 F}} \tag{7-13}$$

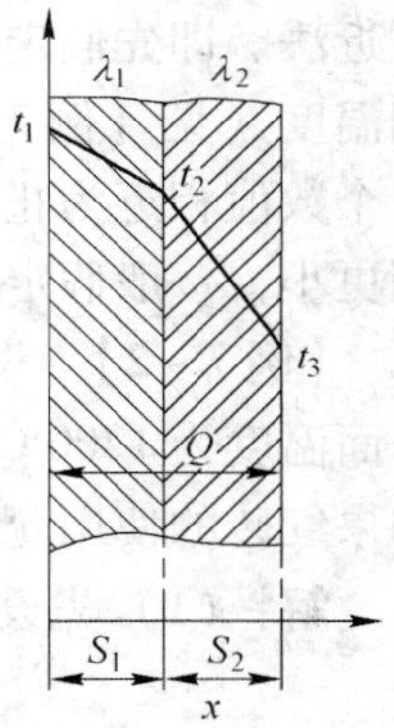

图7-3 多层平壁导热

假定均为稳定热态，通过物体的热流应相等，即：

$$Q_1 = Q_2 = Q$$

按和比定律，得：

$$Q = \frac{(t_1 - t_2) + (t_2 - t_3)}{\dfrac{S_1}{\lambda_1 F} + \dfrac{S_2}{\lambda_2 F}} = \frac{t_1 - t_2}{\dfrac{S_1}{\lambda_1 F} + \dfrac{S_2}{\lambda_2 F}} \tag{7-14}$$

对平壁，若内外侧面积都相等，也可将 F 提出：

$$Q = \frac{t_1 - t_3}{\dfrac{S_1}{\lambda_1} + \dfrac{S_2}{\lambda_2}} F \tag{7-15}$$

当 Q 求出后，可按式（7-12）或式（7-13）求出中间温度 t_2：

$$t_2 = t_1 - Q\frac{S_1}{\lambda_1 F};\ t_2 = t_3 + Q\frac{S_2}{\lambda_2 F} \tag{7-16}$$

从式(7－14)或式(7－15)可以看出,通过两层平壁导热的热流等于两层的热压之和与两层热阻之和的比值。即：

$$Q=\frac{\Delta t_1+\Delta t_2}{R_1+R_2}=\frac{t_1-t_3}{R_1+R_2} \tag{7-17}$$

可用同样方法证明，通过几层平壁的导热量为：

$$Q=\frac{t_1-t_{n+1}}{\sum_{i=1}^{n} R_i} \tag{7-18}$$

式中

$$R_i=\frac{S_i}{\lambda_i F_i}$$

应该注意：在推导多层平壁公式时，曾假定各层紧密接触，而接触的两表面温度相同。实际中往往由于表面不平滑两相邻面很难紧密贴在一起，而且由于空气薄膜的存在，将使多层热阻增加。这种附加热阻称为“接触热阻”。其数值与空隙大小、充填物种类及温度高低都有关系，很难精确估计，工程中往往忽略这一影响，但应注意到因此而产生的误差。

另外，当应用式（7－15）或式（7－17）时，需要确定各层的平均热导率，因而要知道各接触面的温度。但实际中往往难以测定这些温度。为解决这一问题，一般采用试算逼近法。即先假定接触面温度为两极端温度的某种中间值，依此算出 Q 值后，再验算中间温度（见【例 7－2】），若相差太多则以验算结果为第二次假定温度，再算一次，直至两个数值相近为止。实际上，由于中间温度对热导率的影响程度不大，对 Q 值的影响范围更小，一般假定 1～2 次就能达到要求。

【例 7－2】 设有一炉墙，用黏土砖和红砖两种材料砌成，厚度均为230mm，炉墙内表面温度为1200℃，外表面温度为100℃，试求每秒通过每平方米炉墙的热损失。又问，如果红砖的使用允许温度为800℃，那么在此条件下能否使用?

解：（1）先设中间温度：

$$t_2=\frac{1200+100}{2}=650\ (℃)$$

根据表 7－5 查得各层的平均热导率为：

$$\lambda_1=0.7+0.00064\times\left(\frac{1200+650}{2}\right)=1.292\ (\mathrm{W/(m\cdot ℃)})$$

$$\lambda_2=0.47+0.00051\times\left(\frac{100+650}{2}\right)=0.661\ (\mathrm{W/(m\cdot ℃)})$$

（2）将 λ_1 和 λ_2 代入式（7－14）中，得：

$$Q=\frac{1200-100}{\frac{0.23}{1.292}+\frac{0.23}{0.661}}=2091\ (\mathrm{W/m^2})$$

（3）验算中间温度。

利用第一层导热公式（7－12），有：

$$Q=\frac{t_1-t_2}{\dfrac{S_1}{\lambda_1 F}}$$

$$t_2=t_1-\frac{S_1}{\lambda_1 F}Q=1200-\frac{0.23}{1.292\times 1}\times 2091=828\ (℃)$$

$$t_2=t_3+\frac{S_1}{\lambda_1 F}Q=100+\frac{0.23}{0.661\times 1}\times 2091=828\ (℃)$$

求出的中间温度与假设的中间温度相差太远，应再次假设。

（4）第二次计算，假设 $t_2=828℃$，各层 $\lambda_{均}$：

$$\lambda_1=0.7+0.00064\times\left(\frac{1200+828}{2}\right)=1.349\ (\mathrm{W/(m\cdot ℃)})$$

$$\lambda_2=0.47+0.00051\times\left(\frac{828+100}{2}\right)=0.707\ (\mathrm{W/(m\cdot ℃)})$$

由此：

$$Q=\frac{1200-100}{\dfrac{0.23}{1.349}+\dfrac{0.23}{0.707}}=2218\ (\mathrm{W/m^2})$$

再来验算中间温度 t_2：

$$t_2=1200-2218\times\frac{0.23}{1.349}=822\ (℃)$$

求出的温度与第二次假设的温度（828℃）相差不多，因此，第二次计算正确。由此得出：

（1）通过此炉墙的热流为 $2218\mathrm{W/m^2}$。

（2）红砖在此条件下使用不太适宜。

7.2.1.4 圆筒壁导热

A 单层圆筒壁的导热

平壁导热的特点是导热面保持不变，实际生产中完全满足这一条件的情况较少。例如，圆筒形炉及室状炉的周围壁向外导热时，导热面不断地增大，这时不能简单地套用上述公式。下面研究通过圆筒壁的导热。

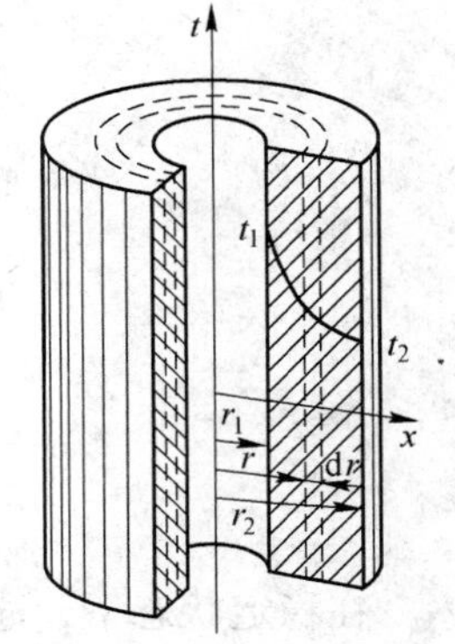

图7－4 圆筒壁导热

为使问题简化，假定温度沿表面分布均匀，而且等温面都与表面平行。即温度只沿径向改变（见图7－4）。

按单向稳定态导热的傅里叶公式（7－1）：

$$Q=-\lambda\frac{\mathrm{d}t}{\mathrm{d}r}\cdot 2\pi rL$$

以 λ 表示平均热导率，分离变量后积分得：

$$\lambda(t_1-t_2)=\int_{r_1}^{r_2}\frac{Q\mathrm{d}r}{2\pi rL}$$

$$\lambda(t_1 - t_2) = \frac{Q}{2\pi L}\ln\frac{r_2}{r_1}$$

$$Q = \lambda\frac{t_1 - t_2}{\ln\frac{r_2}{r_1}}\cdot 2\pi L \tag{7-19}$$

可写为：

$$Q = \lambda\frac{t_1 - t_2}{r_2 - r_1}\cdot\frac{2\pi L(r_2 - r_1)}{\ln\frac{r_2}{r_1}\cdot\frac{2\pi L}{2\pi L}}$$

令 $r_2 - r_1 = S$，并注意到 $2\pi Lr_2$、$2\pi Lr_1$ 分别为 F_2、F_1，则：

$$Q = \frac{t_1 - t_2}{\frac{S}{\lambda}}\cdot\frac{F_2 - F_1}{\ln\frac{F_2}{F_1}} \tag{7-20}$$

式中　$\frac{F_2 - F_1}{\ln\frac{F_2}{F_1}}$——$F_2$ 与 F_1 的对数平均值。

于是式（7－20）可写成：

$$Q = \frac{t_1 - t_2}{\frac{S}{\lambda F_{均}}} \tag{7-21}$$

式（7－21）与式（7－10）比较可见，圆筒壁导热公式与平壁导热公式完全相同，只是取内外面积的对数平均值（$F_{均}$）代替平壁的传热面面积（F）就可以。

B　多层圆筒壁的导热

取一段由三层不同材料组成的多层圆筒壁（见图 7－5）。设各层之间接触很好，两接触面具有同样的温度。已知多层壁内外表面温度为 t_1 和 t_4，各层内、外半径为 r_1、r_2、r_3、r_4，各层热导率为 λ_1、λ_2、λ_3。层与层之间两接触面的温度 t_2 和 t_3 是未知数。

通过各层的热量根据式（7－19）可得：

$$\left.\begin{aligned} Q_1 &= \frac{2\pi L(t_1 - t_2)}{\frac{1}{\lambda_1}\ln\frac{r_2}{r_1}} \\ Q_2 &= \frac{2\pi L(t_2 - t_3)}{\frac{1}{\lambda_2}\ln\frac{r_3}{r_2}} \\ Q_3 &= \frac{2\pi L(t_3 - t_4)}{\frac{1}{\lambda_3}\ln\frac{r_4}{r_3}} \end{aligned}\right\} \tag{7-22}$$

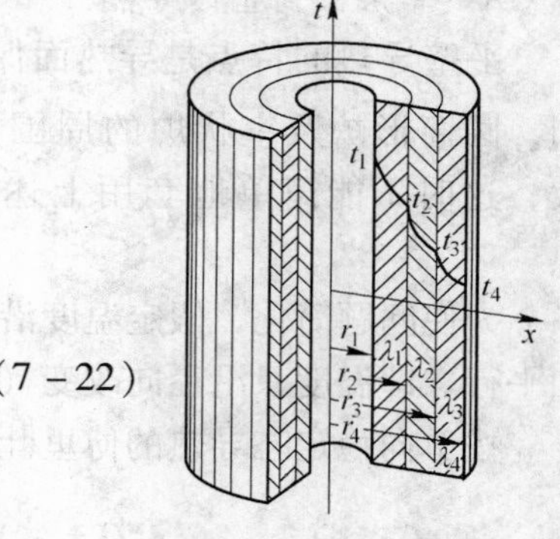

图 7－5　多层圆筒壁导热

在稳定状态下，通过各层的热量都是相等的，即 $Q_1 = Q_2 = Q_3 = Q$。利用上面这些方程式可求出每一层里面的温度变化。即：

$$\left.\begin{aligned} t_1 - t_2 &= \frac{Q}{2\pi L} \cdot \frac{1}{\lambda_1}\ln\frac{r_2}{r_1} \\ t_2 - t_3 &= \frac{Q}{2\pi L} \cdot \frac{1}{\lambda_2}\ln\frac{r_3}{r_2} \\ t_3 - t_4 &= \frac{Q}{2\pi L} \cdot \frac{1}{\lambda_3}\ln\frac{r_4}{r_3} \end{aligned}\right\} \tag{7-23}$$

将上面方程中各式相加得多层总温差：

$$t_1 - t_4 = \frac{Q}{2\pi L}\left(\frac{1}{\lambda_1}\ln\frac{r_2}{r_1} + \frac{1}{\lambda_2}\ln\frac{r_3}{r_2} + \frac{1}{\lambda_3}\ln\frac{r_4}{r_3}\right) \tag{7-24}$$

由此求得热流 Q(W) 的计算式为：

$$Q = \frac{2\pi L(t_1 - t_4)}{\frac{1}{\lambda_1}\ln\frac{r_2}{r_1} + \frac{1}{\lambda_2}\ln\frac{r_3}{r_2} + \frac{1}{\lambda_3}\ln\frac{r_4}{r_3}} \tag{7-25}$$

按照同样的推理，可以直接写出包含几层圆筒壁的导热计算公式为：

$$Q = \frac{2\pi L(t_1 - t_{n+1})}{\sum_{i=1}^{n}\frac{1}{\lambda_i}\ln\frac{r_{i+1}}{r_i}} = \frac{(t_1 - t_{n+1})}{\sum_{i=1}^{n}\frac{1}{2\pi L\lambda_i}\ln\frac{r_{i+1}}{r_i}} \tag{7-26}$$

或者写成：

$$Q = \frac{t_1 - t_{n+1}}{\sum_{i=1}^{n} R_i} = \frac{\Delta t}{R} \tag{7-27}$$

式中　Δt——n 层圆筒壁内外表面温度差；

R——多层圆筒壁的总热阻，℃/W：

$$R = \sum_{i=1}^{n} R_i = \sum_{i=1}^{n}\frac{1}{2\pi L\lambda_i}\ln\frac{r_{i+1}}{r_i}$$

从式（7-23）可求得各层的接触面温度为：

$$\left.\begin{aligned} t_2 &= t_1 - \frac{Q}{2\pi L} \cdot \frac{1}{\lambda_1}\ln\frac{r_2}{r_1} \\ t_3 &= t_2 - \frac{Q}{2\pi L} \cdot \frac{1}{\lambda_2}\ln\frac{r_3}{r_2} \\ t_4 &= t_3 + \frac{Q}{2\pi L} \cdot \frac{1}{\lambda_3}\ln\frac{r_4}{r_3} \end{aligned}\right\} \tag{7-28}$$

上面的多层圆筒壁导热计算公式含多个对数项，这在实际运算中是很不方便的。为了简化计算，常把圆筒壁当做平壁计算。按照式（7-26）的形式，对多层圆筒壁，可按多层平壁导热的原理推导出下式：

$$Q = \frac{t_1 - t_{n+1}}{\sum_{i=1}^{n}\frac{S_i}{\lambda_i F_{均i}}} \tag{7-29}$$

式中　S_i——各层壁的厚度，m；

λ_i——各层壁的平均热导率；

$F_{均i}$——各层内外表面的对数平均值，m^2，若$\dfrac{F_1}{F_2}<2$，则对数平均值可用算术平均值代替，即：

$$F_{均i}=\frac{F_i+F_{i+1}}{2}$$

【例 7－3】 蒸汽管内外直径各为160mm及170mm，管外包扎两层隔热材料，第一层隔热材料厚30mm，第二层隔热材料厚50mm。因温度不高，可视各层材料的热导率为不变的平均值，数值如下：管壁 $\lambda_1=58W/(m\cdot℃)$，第一层隔热层 $\lambda_2=0.175W/(m\cdot℃)$，第二层隔热层 $\lambda_3=0.093W/(m\cdot℃)$。若已知蒸汽管内表面温度 $t_1=300℃$，最外表面温度 $t_4=50℃$，试求每米长管段的热损失和各层界面温度。

解：（1）求各层核算面积（对每米长管段）。

各层交界面积：

$$F_1=\pi D_1L=3.14\times0.16\times1=0.5\ (m^2)$$

$$F_2=\pi D_2L=3.14\times0.17\times1=0.53\ (m^2)$$

$$F_3=\pi D_3L=\pi(D_2+2S_2)=3.14\times(0.17+2\times0.03)\times1=0.72\ (m^2)$$

$$F_4=\pi D_4L=\pi(D_3+2S_3)=3.14\times(0.23+2\times0.05)\times1=1.04\ (m^2)$$

因$\dfrac{F_2}{F_1}$、$\dfrac{F_3}{F_2}$、$\dfrac{F_4}{F_3}$皆小于2，因此核算面积可用算术平均值求得：

$$F_{均1}=\frac{F_1+F_2}{2}=\frac{0.5+0.53}{2}=0.515\ (m^2)$$

$$F_{均2}=\frac{F_2+F_3}{2}=\frac{0.53+0.72}{2}=0.625\ (m^2)$$

$$F_{均3}=\frac{F_3+F_4}{2}=\frac{0.72+1.04}{2}=0.88\ (m^2)$$

（2）代入式（7－29）得：

$$Q=\frac{t_1-t_4}{\dfrac{S_1}{\lambda_1F_{均1}}+\dfrac{S_2}{\lambda_2F_{均2}}+\dfrac{S_3}{\lambda_3F_{均3}}}$$

$$=\frac{300-50}{\dfrac{0.005}{58\times0.515}+\dfrac{0.03}{0.175\times0.625}+\dfrac{0.05}{0.093\times0.88}}$$

$$=282\ (W/m^2)$$

（3）若用对数平均值：

$$F_{均1}=\frac{0.53-0.50}{\ln\dfrac{0.53}{0.50}}=0.515\ (m^2)$$

$$F_{均2}=\frac{0.72-0.53}{\ln\dfrac{0.72}{0.53}}=0.620\ (m^2)$$

$$F_{均3}=\frac{1.04-0.72}{\ln\dfrac{1.04}{0.72}}=0.87\ (m^2)$$

$$Q=\frac{300-50}{\frac{0.005}{58\times 0.515}+\frac{0.03}{0.175\times 0.62}+\frac{0.05}{0.093\times 0.87}}=280\ (\mathrm{W/m^2})$$

本例的误差小于1%。

（4）求界面温度：

$$t_2=t_1-\frac{S_1}{\lambda_1 F_{均1}}Q=300-\frac{0.005}{58\times 0.515}\times 282\approx 300\ (℃)$$

$$t_3=t_4+\frac{S_3}{\lambda_3 F_{均3}}Q=50+\frac{0.05}{0.093\times 0.88}\times 282\approx 222\ (℃)$$

7.2.2 对流给热

7.2.2.1 对流给热的类型和机理

运动的流体与固体表面之间通过热对流和导热作用所进行的热交换过程，称为对流给热或对流换热。

气体力学中已讲到边界层的理论概念，从中知道，流体在运动时，与固体接触的表面处形成一流速近似于零的薄膜层，从这个薄膜层到流速恢复远方来流速度的区域就是流动边界层，或称为动力边界层，如图7-6所示。把基本上没有速度梯度的流体部分称为“主流”或“流体核心”。

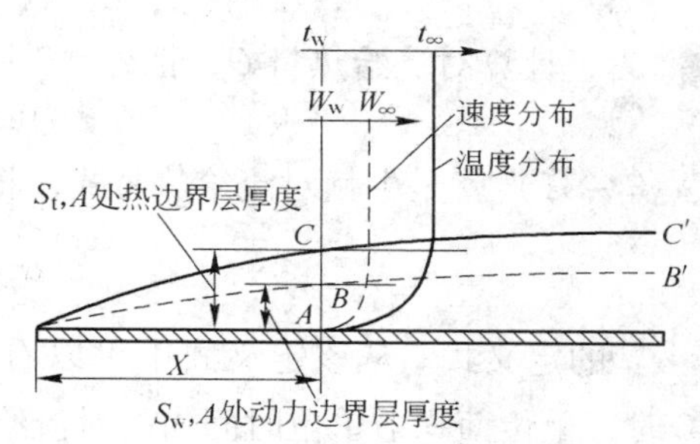

图7-6 传热边界层与动力边界层

同样在有放热现象的系统中，流体与表面的温度降落主要集中在靠近边界的这一薄膜层内，这种温度变化（即温度梯度）的边界层称为“传热边界层”。流体的传热边界层与动力边界层的概念在一般情况下是不同的。

当流体的紊乱程度较大时，边界层内的一部分流体由层流变成紊流。只是靠近固体壁面处，才仍保持一小小的做层流流动的薄膜层，即“层流底层”或称为“层流内层”。

由于层流边界层内流体分子无径向位移和掺混现象，因而通过该层的换热只能靠导热来实现。即使在紊流边界层下换热也必须在层流底层内由导热来完成。边界层虽然很薄，但它的热阻却相当大。这就是说，高温表面向低温流体或高温流体向低温表面进行对流换热时，热阻主要发生在边界层内，所以温度降落也主要出现在边界层内。同时也可以看到，对流换热不仅仅包括热对流作用和边界层的导热作用，同时还伴随着流体分子的扩散混合过程，即传质过程在内。所以对流换热过程极为复杂，一切影响边界层内导热速率（如边界层厚度、流体的热导率等热物理性质）及流体紊流混合强度的因素（如流体的性质、流速、表面形状以及流体和固体的相对位置……），都将直接影响到对流换热量的大小。

当流体为层流时，边界层很厚，则流体内部的混合只能靠分子扩散作用来实现。因此，这时整个对流换热过程都显示出导热的特征。当流体呈紊流流动时，由于边界层减薄了，同时流体内部的混合作用也随着紊流程度的增大而显著加强，因此，这时的对流换热过程仅仅在层流底层内才有导热特征。所以对流换热在紊流程度提高时得到了明显的强化。

根据流动原因的不同，对流给热分为自然对流给热、强制对流给热两大类。

在自然对流给热中，流速主要由于其内部的温差而定，所以 $Q_{对}$ 也主要取决于温差的大小。在强制对流给热时，$Q_{对}$ 将直接受到流速的极大影响。此外，在给热过程中，如果伴随有流体的相变发生（如沸腾和凝结），则热量的转移（热量传输）就不仅仅取决于温度差和流体的流动状态了，更主要的将是流体的汽化（或液化）潜热的大小和产生新相的性质。本书只讨论无相变的对流给热，所以不能把一般情况下无相变时的对流给热概念及其所导出的公式无条件地加以套用。

7.2.2.2 牛顿公式及对流换热系数

上述影响对流给热的诸多因素可以定性地概括为：表面的几何因素、几何形状 ϕ、定型尺寸 L、表面粗糙度、流体的热物性参数（热导率 λ、比热容 c_p、密度 ρ、黏度 μ 等）、传热的推动力（流体与表面间的温度差 $\Delta t = t_1 - t_2$）以及流体的速度 w 等。这样就可以把对流给热量 Q 表示为下面的一般函数形式，即：

$$Q = f(\phi, L, \lambda, c_p, \rho, \mu, w, t_1, t_2, \cdots) \tag{7-30}$$

为了计算对流给热量 Q，把式（7-30）改写为：

$$Q = \alpha_{对}(t_1 - t_2)F \tag{7-31}$$

式（7-31）就是牛顿对流给热公式，将式（7-31）移项得：

$$\alpha_{对} = \frac{Q}{(t_1 - t_2)F}$$

即 $\alpha_{对}$ 的定义式。从该定义式中可以看出 $\alpha_{对}$ 的物理意义就是：当流体与壁面的温差为1℃时，单位面积上单位时间内的对流给热量，它的单位是 $W/(m^2 \cdot ℃)$。

牛顿公式只给出了计算对流给热的方法，但未解决对流给热的计算问题，它只不过用 $\alpha_{对}$ 替换了所有影响对流给热的复杂因素罢了，因为实际上变成了：

$$\alpha_{对} = \phi(w, t_1, t_2, \lambda, c_p, \rho, \mu, \phi, L, \cdots)$$

这样一来对流给热的根本问题在于如何具体确定对流换热系数 $\alpha_{对}$。如果 $\alpha_{对}$ 求出，则对流给热的问题就很简单了。

同样也可以把对流给热量写成欧姆定律的形式：

$$Q = \frac{t_1 - t_2}{\dfrac{1}{\alpha_{对} F}} \tag{7-32}$$

对流给热的热阻为：

$$R = \frac{1}{\alpha_{对} F}$$

下面着重讨论如何确定对流换热系数 $\alpha_{对}$ 的问题。

7.2.2.3 对流换热系数的若干实验公式

要利用式（7-31）来计算对流换热量，必须求出在各种情况下的对流换热系数的数值。对流换热系数在特定的条件下，可以从理论上进行推导，但一般情况下都是用实验的方法来确定。由于实验条件的差异，对同一种对流情况也可能会得到不同的公式和数值，有的甚至出入很大，因此，下面所介绍的经验公式、图表和数据只是某些情况下的大概数值。

A　流体与固体表面的自然对流换热

炉子外表面的对流换热就是此种情况。很显然，炉顶附近的自然对流循环比较容易，侧墙次之，架空炉底下的自然对流循环最难，对流换热的能力最差。

此种情况下对流换热系数 $\alpha_{对}$ 的经验数值为：

$$\left.\begin{aligned} &\text{垂直侧墙} && \alpha_{对}=2.56\sqrt[4]{\Delta t} \\ &\text{平面炉顶} && \alpha_{对}=3.26\sqrt[4]{\Delta t} \\ &\text{炉底} && \alpha_{对}=1.98\sqrt[4]{\Delta t} \end{aligned}\right\} \tag{7-33}$$

式中　$\alpha_{对}$——对流换热系数，W/(m²·℃)；

Δt——固体表面与大气的温度差，℃。

B　强制对流

a　流体在管内做紊流运动时的对流换热

流体在管内做紊流运动时的对流换热系数 $\alpha_{对}$（W/(m²·℃)）为：

$$\alpha_{对}=A\frac{w_0^{0.8}}{d^{0.2}} \tag{7-34}$$

式中　w_0——管内流体在标准状态下的流速，m/s；

d——管子内径或当量直径，m；

A——因流体种类和流体温度而异的系数。

式（7-34）适用范围是 $Re>10^4$，Pr 为0.7～2500以及 $L/d>50$。

常用流体在某些温度下的 A 值可查表7-8。

表7-8　某些流体的 A 值

水	温度/℃	0	20	40	60	80	100
	系数 A	1425	1849	2326	2756	3082	3373
重油	温度/℃	40	60	80	100	120	140
	系数 A	31	52	88	119	147	197
空气	温度/℃	0	200	400	600	800	1000
	系数 A	3.97	4.32	4.68	4.89	5.16	5.35
烟气	温度/℃	0	200	400	600	800	1000
	系数 A	3.95	4.63	5.35	5.76	6.41	6.64
水蒸气	温度/℃	100	150	200	250	300	350
	系数 A	4.07	4.13	4.30	4.52	4.71	4.98

若 $L/d<50$，应在式（7-34）中加乘长度校正系数 k_l，即：

$$\alpha_{对}=k_lA\frac{w_0^{0.8}}{d^{0.2}} \tag{7-35}$$

k_l 值取决于换热管段进口处的形状、管内流动 Re 的大小等。当换热管段进口以前没有急剧转弯或截面变化的情况下，k_l 可按表7-9选取。

表 7-9 紊流下的 k_l 值

Re	L/d								
	1	2	5	10	15	20	30	40	50
1×10^4	1.65	1.50	1.34	1.23	1.17	1.13	1.07	1.03	1
2×10^4	1.51	1.40	1.27	1.18	1.13	1.10	1.05	1.02	1
5×10^4	1.34	1.27	1.18	1.13	1.10	1.08	1.04	1.02	1
1×10^5	1.28	1.22	1.15	1.10	1.08	1.06	1.03	1.02	1
1×10^6	1.14	1.11	1.08	1.05	1.04	1.03	1.02	1.02	1

显然，在相同条件下，水的对流换热能力大于重油的对流换热能力，更大于气体的对流换热能力。而对一定温度下的一定流体而言，流速越大，直径越小，则对流换热系数越大。

b 流体横向流过单管时的对流换热

流体横向流过单管时的流动情况如图 7-7 所示。在管道的前后，流动的情况大不相同。因此，沿管子的周围对流换热系数的数值也不一样，如图 7-8 所示。在圆管的正面，有较多的质点透过边界层而直接冲击到壁面上，所以这里（$\phi=0°$）的放热系数最大。顺着流体流动的方向，边界层的厚度逐渐增加，所以换热系数的数值迅速降低，而在 90°~100°时降到最低值。在管的后面部分，流体具有强烈的旋涡，因而换热系数又重新变大。

图 7-7 流体横向流过单管的流动情况

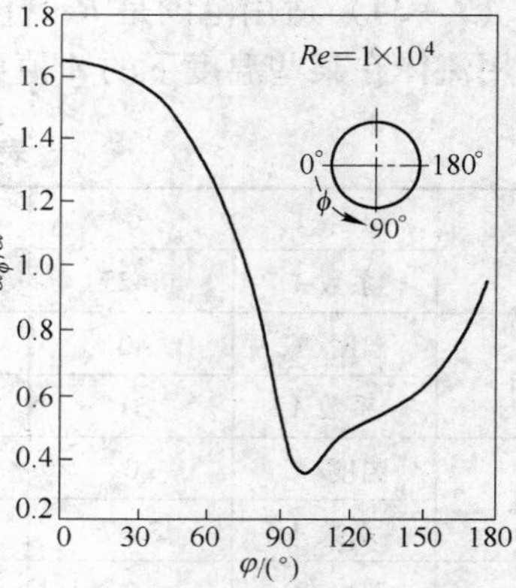

图 7-8 沿管周上对流换热系数的变化

$$\alpha_{对} = B\frac{w_0^{0.6}}{d^{0.4}}\varepsilon_{\varphi} \quad (7-36)$$

式中 w_0——流体在管外标准状态下的流速，m/s；

d——管子外直径或外当量直径，m；

B——因流体种类和流体温度而异的系数；

ε_{φ}——流体与管子间冲击角为 φ 时的修正系数。

常用流体在某些温度下的 B 值可查表 7-10。

表7-10　某些流体的B值

水		重油		空气		烟气		水蒸气	
温度/℃	系数 B	温度/℃	系数 B	温度/℃	系数 B	温度/℃	系数 B	温度/℃	系数 B
0	992	40	81	0	3.98	0	4.00	100	4.23
20	1192	60	94	200	4.62	200	5.30	160	4.47
40	1258	80	135	400	5.48	400	6.35	200	4.84
60	1462	100	155	600	6.00	600	7.16	250	5.18
80	1611	120	180	800	6.49	800	8.06	300	5.50
100	1663	140	207	1000	6.89	1000	8.50	350	5.78
						1600	11.05		

不同 φ 值时的修正系数 ε_φ 可查表7-11。

表7-11　不同 φ 值时的修正系数 ε_φ

冲击角 φ/(°)	90	80	70	60	50	40	30	20	10
修正系数 ε_φ	1.0	1.0	0.98	0.94	0.88	0.78	0.67	0.52	0.42

显然，在相同条件下，水的换热能力大于重油的对流换热能力，更大于气体的对流换热能力。对一定温度下的一定流体而言，流速越大，管径越小，冲击角越大，则对流换热系数越大。

c　流体横向流过管束时的对流换热

流体横向冲击管束时的情况与单管类似，但影响因素更复杂。管束排列方式有顺排及错排两种，如图7-9所示。顺排时，从第二排起，每排管都正处于前排产生的旋涡区的尾流内，所受到的冲击情况不如错排时强烈。因而错排内的给热过程一般较顺排略为强烈。另外，沿流动纵深方向管束排数多少也将影响平均换热系数。因为流体进入管束后，由于速度及方向反复变化而增加了流体的紊乱程度，因而沿着流动方向，各排管的换热系数将逐渐增加，大约到第三排以后才逐渐趋于稳定。因此，整个管束的平均换热系数将随着排数的增加而稍有增大。

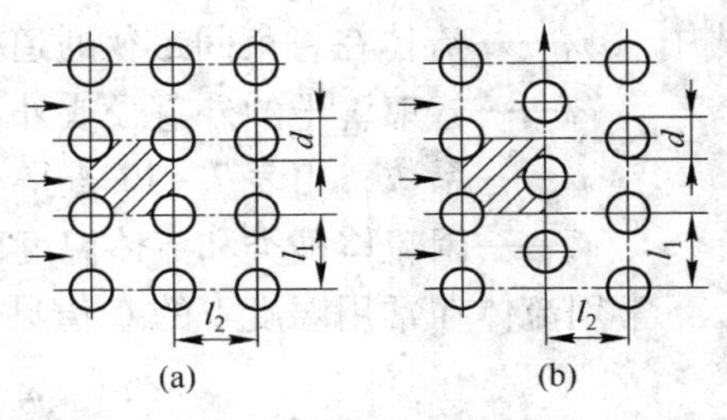

图7-9　管束排列方式
（a）顺排；（b）错排

流体在管外垂直管束呈强制紊流流动时，其对流换热系数的计算方法如下。

（1）对于错排管束：

$$\alpha_{对} = abB\frac{w_0^{0.6}}{d^{0.4}} \tag{7-37}$$

式中　w_0——流体在管束间最窄通道处标准状态下的流速，m/s；

d——管束管子的外直径，m；

B——由表7-10查得的系数；

a——系数，可由表7-12查得；

b——系数，可由表 7-12 查得。

表 7-12　系数 a 值和系数 b 值

a		b		
当 $\frac{l_1}{d}<3$ 时	当 $\frac{l_1}{d}>3$ 时	对第一排管子	对第二排管子	对第三排以后的管子
$a=1+0.1\frac{l_1}{d}$	$a=1.3$	$b=0.756$	$b=1.01$	$b=1.28$

式（7-37）可计算管束的任意排管子的对流换热系数。管束的平均对流换热系数 $\alpha_{对均}$（W/(m² · ℃)）为：

$$\alpha_{对均}=\frac{\alpha_{对1}+\alpha_{对2}+(n-2)\alpha_{对3}}{n} \tag{7-38}$$

式中　$\alpha_{对1}$——第一排管的对流换热系数；

$\alpha_{对2}$——第二排管子的对流换热系数；

$\alpha_{对3}$——第三排以后管子的对流换热系数；

n——管束内管子的总排数。

但当管子排数较多时，管束的平均对流换热系数可取为第三排管的对流换热系数。

（2）对于顺排。顺排的第一排管子的对流换热系数与错排的第一排管子的对流换热系数相同，可用式（7-37）计算。

顺排的第二排以后管子的对流换热系数 $\alpha_{对}$（W/(m² · ℃)）的特征数关系式为：

$$\alpha_{对}=aC\frac{w_0^{0.65}}{d^{0.35}} \tag{7-39}$$

式中　w_0——流体在管束间最狭通道处标准状态下的流速，m/s；

d——管束管子的外直径或外当量直径，m；

a——系数，由表 7-12 查得；

C——因流体种类和流体温度而变的系数。

常用流体在常用温度下的 C 值见表 7-13。

表 7-13　某些流体的 C 值

水		重油		空气		烟气		水蒸气	
温度/℃	系数 C	温度/℃	系数 C	温度/℃	系数 C	温度/℃	系数 C	温度/℃	系数 C
0	1349	40	78	0	4.89	0	5.00	100	5.23
20	1617	60	105	200	5.82	200	6.40	150	5.47
40	1872	80	149	400	6.51	400	7.56	200	5.82
60	2093	100	181	600	7.09	600	8.61	250	6.16
80	2838	120	200	800	7.56	800	9.54	300	6.63
100	3280	140	252	1000	8.02	1000	9.89	350	7.09

顺排管束的平均对流换热系数 $\alpha_{对均}$（W/(m² · ℃)）可用下式计算：

$$\alpha_{对均}=\frac{\alpha_{对1}+(n-1)\alpha_{对2}}{n} \tag{7-40}$$

式中 $\alpha_{对1}$——第一排管的对流换热系数；

$\alpha_{对2}$——第二排以后管子的对流换热系数；

n——管束内管子的总排数。

当管束排数较多时，可用第二排管子的对流换热系数为顺排管束的平均对流换热系数。

上面的两种管束的计算关系式都是对流体与管束垂直而言的，即冲击角为90°。当冲击角小于90°时，所求结果应乘以表7-11中的修正系数。

由错排管束的式（7-37）和顺排管束的式（7-39）可以看出，在相同条件下，水的对流换热能力大于重油的对流换热能力，更大于各种气体的对流换热能力。同时也可以看出，对一定流体而言，流体的温度越高、流体的流速越大、管子的管径越小、管的间距越大、管束排数越多，则流体与管束间的对流换热系数越大。实际经验表明，当其他条件相同时，错排管束的对流换热系数大于顺排管束的对流换热系数。

应当指出，上面介绍的关系式（7-34）~式（7-38）都是用相似理论法所求得的特征数关系式的简化公式。这些简化公式比一般的实验式的应用范围较广。但是它仍然仅适用于所给的几种流体，对于其他流体则仍需用原特征数关系式计算。

7.2.3 辐射换热

物体的热能变为电磁波（辐射能）向四周传播，当辐射能落到其他物体上被吸收后又变为热能，这一过程称为辐射换热。

辐射传热与对流换热和传导传热有着本质的区别。

（1）辐射是一切物体固有的特性，任何物体只要温度高于绝对零度，都将向外辐射热量。

（2）辐射不需要任何介质，在真空中同样可以传播。太阳的辐射热通过极厚的真空带而射到地球就是很好的例证。

（3）热量的传递过程伴随有能量形式的转变，即热能—辐射能—热能。传递热能的电磁波是波长为0.4~40μm的可见光波和红外线，因此，这些射线通常又称为热射线。

因为辐射是一切物体的固有特性，所以不仅是高温物体把热量辐射给低温物体，而且低温物体同样把热量辐射给高温物体，最后低温物体得到的热量是两者的差额。只要参与相互辐射的两物体的温度不同，此差额就不等于零。因此，辐射传热严格地讲应该称为辐射热交换。

7.2.3.1 辐射换热的基本概念

当物体接受热射线时，与光线落到物体上一样，有三种可能的情况：一部分被吸收；一部分被反射；另一部分透过物体继续向前传播，如图7-10所示。

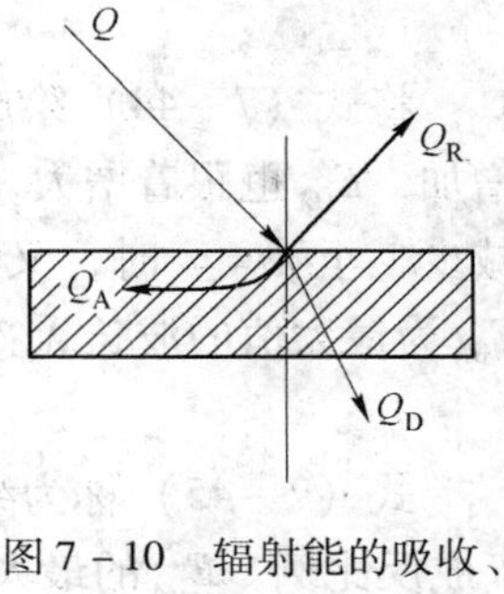

Q Q_R Q_A Q_D

图7-10 辐射能的吸收、反射和透过

根据能量守恒定律，这三者之间应有如下的关系：

$$Q_A + Q_R + Q_D = Q \tag{7-41}$$

$$\frac{Q_A}{Q} + \frac{Q_R}{Q} + \frac{Q_D}{Q} = 1 \tag{7-42}$$

如以 A、R、D 分别表示物体对热辐射的吸收能力、反射能力和透过能力，称为物体的吸收率 A、反射率 R 和透过率 D。则：

$$A + R + D = 1 \tag{7-43}$$

若 $A=1$，$R=0$，$D=0$，即落在物体上的热辐射都被该物体吸收，没有反射和透过，这种物体称为绝对黑体，简称黑体。

若 $R=1$，$A=0$，$D=0$，即落在物体上的全部辐射能完全被该物体反射出去，这种物体称为绝对白体，简称白体。

若 $D=1$，$A=0$，$R=0$，即投射到物体上的辐射能全部透过该物体，没有任何吸收和反射，这种物体称为绝对透过体，简称透过体。

在自然界中，绝对黑体、绝对白体和绝对透过体都是不存在的。这三种情况只是为了研究问题方便而进行的假设。自然界中大量物体是介于其间的，例如固体与液体一般认为是不透过的，即 $A+R=1$；气体认为是不反射的，即 $A+D=1$。这些物体统称为灰体。

还应该指出，不要把“黑体”、“白体”、“透热体”与黑色物体、白色物体、透明物体混淆起来，前者是对热射线而言，后者是对可见光而言。如雪是白色的，但可吸收热射线的 98.5%；玻璃对可见光能自由透过，但对热射线透过很少。

物体对辐射能吸收、反射和透过的能力，取决于物体的性质、表面状况、温度及热射线的波长等，如物体表面越粗糙，吸收能力越大，越接近于黑体。

7.2.3.2　辐射的基本定律

A　普朗克定律

普朗克定律说明绝对黑体的辐射强度与波长和温度的关系，根据普朗克研究的结果，绝对黑体单一波长的辐射强度（W/m^3）与波长和温度的关系为：

$$E_{0\lambda} = \frac{c_1 \lambda^{-5}}{e^{\frac{c_2}{\lambda T}} - 1} \tag{7-44}$$

式中　$E_{0\lambda}$——绝对黑体（符号“0”表示绝对黑体）在温度为 T（K）、波长为 λ 的单一波长的辐射强度或称单色辐射强度；

e——自然对数的底；

c_1，c_2——实验常数，其中：

$$c_1 = 3.74 \times 10^{16} \mathrm{W \cdot m^2}$$

$$c_2 = 1.44 \times 10^{-2} \mathrm{m \cdot K}$$

将式（7-44）绘成图 7-11。由图 7-11 可以看出：当 $\lambda=0$ 时，$E_{0\lambda}=0$，随着 λ 的增加，$E_{0\lambda}$ 也跟着增大，当 λ 增大到某一数值时，$E_{0\lambda}$ 为最大值，然后又随着 λ 的增加而减少，至 $\lambda=\infty$ 时，又重新降至零。利用式（7-44）求极值就可以得出对应于辐射力 $E_{0\lambda}$ 为最大值的波长 λ_{max} 与绝对温度 T 之间有下面的关系，即：

$$\lambda_{max} T = 2.9 \times 10^{-3} \mathrm{m \cdot K} \tag{7-45}$$

式（7-45）称为维恩偏移定律。它表明：对应于最大辐射力的波长 λ_{max} 与绝对温度 T 成反比例。$E_{0\lambda}$ 的最大值是随着温度的升高向波长较短（可见光波）的一边移动，利用这个特点，可以判断辐射体的温度。低温时，中长波射线所占比例较大，颜色发红；温度升高后，短波射线所占比例增多，颜色发白。由图7－11还可以看出：当温度低于850K时，$E_{0\lambda}$较小，但随着温度的升高$E_{0\lambda}$迅速增长，因此，温度高的物体，其辐射强度也大。

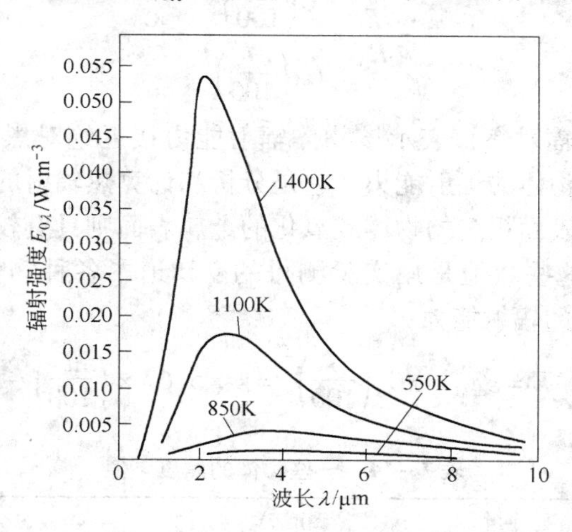

图7－11 绝对黑体的辐射强度与波长和温度的关系

实际物体的辐射强度因波长和温度而发生变化，只能根据该物体辐射光谱的试验来确定实际辐射强度。如果实验所得到的辐射光谱是连续的，而且曲线$E_\lambda = f(\lambda)$又和同温度下绝对黑体的曲线相似，即在所有波长$\dfrac{E_\lambda}{E_{0\lambda}}$= 常数，符合这一条件的物体称为灰体。经验表明，大多数工程材料都是灰体。

B 斯忒藩－玻耳兹曼定律

在冶金炉方面最有用的是单位时间内、单位面积上辐射出来的所有波长的辐射能量（W/m^2），很明显，将式（7－44）积分后即可得绝对黑体的辐射能力：

$$E_0 = \int_0^\infty E_{0\lambda}\,\mathrm{d}\lambda = \int_0^\infty \frac{c_1\lambda^{-5}\mathrm{d}\lambda}{\mathrm{e}^{c_2/\lambda T} - 1}$$

积分后得：

$$E_0 = C_0\left(\frac{T}{100}\right)^4 \tag{7-46}$$

式中 C_0——绝对黑体的辐射系数，它等于5.67。

由此可见，绝对黑体的辐射能力与其绝对温度的四次方成正比。因此，人们将斯忒藩－玻耳兹曼定律称为四次方定律。辐射体温度越高，其辐射能力迅速地增加，这就进一步说明了提高辐射物体的温度是加强辐射传热最有效的措施。

严格地说，斯忒藩－玻耳兹曼定律只有对于绝对黑体才是正确的。但经实验证明，这一定律也可以应用于灰体。这时该定律表达形式为：

$$E = C\left(\frac{T}{100}\right)^4 \tag{7-47}$$

式中 C——灰体的辐射系数，对于不同物体，其辐射系数C也不同。其数值取决于物体的性质、表面状况和温度，C值永远小于C_0，在0～5.67之间。

物体（灰体）的辐射能力与同温度下绝对黑体的辐射能力E_0之比值称为物体的黑

度，用 ε 表示，即：

$$\varepsilon = \frac{E}{E_0} = \frac{C\left(\frac{T}{100}\right)^4}{C_0\left(\frac{T}{100}\right)^4} = \frac{C}{C_0} \tag{7-48}$$

物体的黑度（或称辐射率）表示该物体辐射能力接近绝对黑体辐射能力的程度，因此，黑度可以说明不同物体的辐射能力，它是分析和计算热辐射的一个重要的数值。金属表面具有较小的黑度；表面粗糙的物体或氧化的金属表面则具有较大的黑度。常见物体的黑度数值见表7-14，这些数值是用实验测得的。知道了各种物体的黑度 ε 值就可按式（7-49）计算实际物体的辐射能力：

$$E = \varepsilon E_0 = \varepsilon C_0\left(\frac{T}{100}\right)^4 = \varepsilon \times 5.67 \times \left(\frac{T}{100}\right)^4 \tag{7-49}$$

表7-14 一些物体的黑度 ε 值

名　称	温度/℃	黑度 ε
表面磨光的铁	425～102	0.144～0.377
表面氧化的铁	100	0.736
氧化铁和铸铁	500～1200	0.85～0.95
表面磨光的钢件	770～1040	0.52～0.56
表面氧化的钢件	940～1100	0.8
表面粗糙的红砖	20	0.93
表面粗糙的硅砖	100	0.8
表面粗糙的黏土砖	高温	0.8～0.9
表面附釉的黏土砖	高温	0.75
表面粗糙的镁砖	高温	0.80
表面附釉的白云石砖	高温	0.80
表面粗糙的镁铝砖	高温	0.80
表面粗糙的高铝砖	高温	0.80
碳化硅	580～800	0.95～0.88
炭　黑	1000以上	0.95
炼铜反射炉炉料	850～1000	0.7～0.85
炼铜反射炉熔渣	1250	0.6～0.7
钢　水	大于1600	0.65
氧化的钢	200～600	0.79
光亮的钢	80	0.018

C　克希荷夫定律

克希荷夫定律说明物体的黑度与吸收率的关系。假设有两个十分靠近的大物体，其中一个为绝对黑体，另一个为任意物体，后者的黑度为 ε，吸收率为 A，设两者相靠的面积相同（见图7-12）。

实际物体的对外辐射热量 EF 或 $\varepsilon E_0 F$（W）全部落到绝对黑体表面，且全部被吸收。

绝对黑体对外辐射热量 E_0F（W）全部落到实际物体上，一部分热量（E_0FA）被吸收，其余部分热量反射回到绝对黑体表面，然后全部被自身吸收，自身吸收热量为 $E_0F(1-A)$。

这时，绝对黑体表面所得的净热量可按该表面热平衡得出：

$$Q=\varepsilon E_0F+E_0F(1-A)-E_0F \tag{7-50}$$

假设两表面温度相等，则差额热量为零，即 $Q=0$，式(7－50)成为：

$\varepsilon E_0=E_0A$（按实际物体表面热平衡可得同样结果）

(7－51)

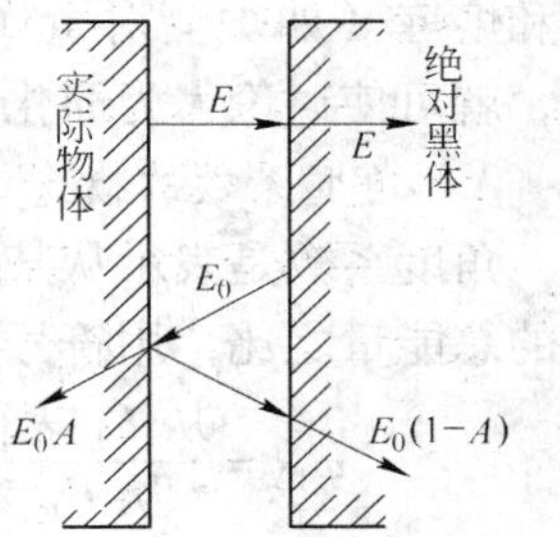

图7－12 求证克希荷夫定律

由此得：

$$\varepsilon=A \tag{7-52}$$

这是一个重要的结论：任何物体的黑度等于其同温度下的吸收率（严格地说这一结论只是在平衡辐射时才正确），这就是克希荷夫定律。

从上述结论还可推出如下概念：

(1) 物体的辐射能力与其吸收能力是一致的，能辐射的波也能被该物体吸收。

(2) 反射能力大的物体，因其吸收能力小，因此，辐射能力必定小。

(3) 绝对黑体的吸收率等于1，为最大。因此，同一温度下绝对黑体的辐射能力也最大，因为它的 $\varepsilon=1$。或者说，任何实际物体的辐射系数 C 都将小于5.67。

7.2.3.3 两物体间的辐射热交换

在冶金生产中，常遇到一物体通过辐射把热量传给另一物体（如炉墙对被加热物），这时就发生两物体之间的辐射热交换，其辐射热交换量的大小不仅与辐射强度有关，而且还与两物体的表面形状及两表面在空间所处的相互位置有关。如图7－13所示的两个平面三种布置情况（两表面的温度分别为 T_1 与 T_2）。在第一种布置中，由于两板十分靠近，每个表面发出的辐射能几乎全落到另一板上。在第二种情况下，每个表面发出的辐射能都只有一部分落到另一表面上，剩下的则进入空间中去。至于最后一种布置，则每个表面的辐射能均无法投射到另一表面上。显然，第一种情况下，两板间的辐射换热量最大，第二种次之，第三种布置方式的辐射换热量等于零。

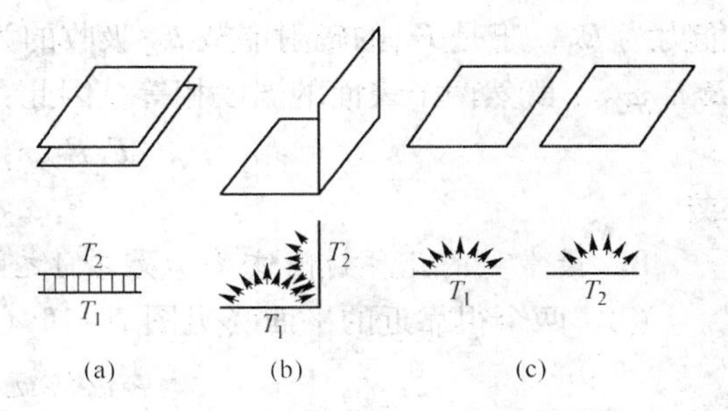

图7－13 相对位置的影响

(a) 换热量最大；(b) 换热量次之；(c) 换热量等于零

图7－14所示为表面形状对辐射换热的影响。若比较两根直径相等且平行放置的圆管与两块平行的平板，板的宽度等于圆管的周长，别的条件也相对应。可以预料两平板间的换热量会比两圆管的大。因为在两平板的场合，每个表面发出的辐射能有比较多的部分可以落到另一表面上。

在空间任意位置的物体之间的辐射热交换比较复杂，要从理论上求出它们之间的关系比较困难，可是在封闭体系中两物体间的辐射热交换要简单得多。如把冶金炉中金属的加热和熔炼（如炉墙对金属和物料的辐射）近似看做封闭体系，就可使讨论大为简化，便于找出它们相互的关系。

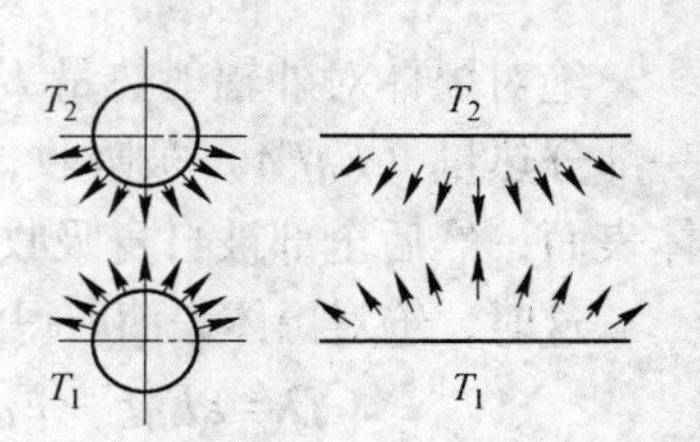

图 7－14　表面形状对辐射换热的影响

A　角度系数的概念

角度系数是表示从某一表面射到另一表面的能量与射出去的总能量之比，用符号 φ 表示：

$$\varphi_{12}=\frac{\text{从 } F_1 \text{ 表面射到 } F_2 \text{ 表面上的能量}}{\text{从 } F_1 \text{ 表面上射出去的总能量}}$$

$$\varphi_{21}=\frac{\text{从 } F_2 \text{ 表面射到 } F_1 \text{ 表面上的能量}}{\text{从 } F_2 \text{ 表面上射出去的总能量}}$$

由此可见，角度系数乃是一个几何参数，它只取决于两表面在空间的相对位置，而与表面的黑度和温度无关。

要想用数学分析方法求出两物体间的角度系数，这是比较复杂的，但是可以从简单的几何关系导出一些基本定理，利用这些定理来求角度系数。这些基本定理是：

（1）任何平面和凸面自身辐射出去的射线不能落入自身，因此对自身的角度系数为零，即 $\varphi_{11}=0$。

（2）在一个封闭体系内，任一表面辐射出去的射线将全部分配在体系内各个表面上，因此 $\varphi_{11}+\varphi_{12}+\varphi_{13}+\cdots+\varphi_{1n}=1$。开口也可看做是封闭体系的一个表面，射线通过开口向体系外部投射出去。

（3）对任意两个表面而言，$F_1\varphi_{12}=F_2\varphi_{21}$，此关系称为互变定理。由于角度系数与表面的黑度和温度无关，可以设想两个任意放置的黑体表面 F_1 和 F_2 它们的温度相等，辐射能力为 E_0，于是 F_1 的辐射能被 F_2 吸收的为 $E_0F_1\varphi_{12}$，同时，F_2 的辐射能被 F_1 吸收的为 $E_0F_2\varphi_{21}$，既然两个表面的温度相等，因此：

$$E_0F_1\varphi_{12}=E_0F_2\varphi_{21}$$

或

$$F_1\varphi_{12}=F_2\varphi_{21} \tag{7-53}$$

B　最常见的几种封闭体系以及它们之间的角度系数

（1）两个很靠近的平面（见图 7－15（a））：

$$\varphi_{11}+\varphi_{12}=1,\ \varphi_{11}=0$$

因此

$$\varphi_{12}=1$$

同理，$\varphi_{21}=1$。

（2）一个平面和一个曲面组成的封闭体系（见图 7－15（b）），相当于加热炉壁与物料表面组成的系统：

$$\varphi_{11}+\varphi_{12}=1,\ \varphi_{11}=0$$

因此

$$\varphi_{12}=1$$

而 $F_1\varphi_{12}=F_2\varphi_{21}$，得：

$$\varphi_{21}=\varphi_{12}\frac{F_1}{F_2}=\frac{F_1}{F_2}$$

所以：

$$\varphi_{22}=1-\varphi_{21}=\frac{F_2-F_1}{F_2}$$

（3）一个大曲面包围一个小曲面的封闭体系（见图 7－15（c）），相当于金属锭在连

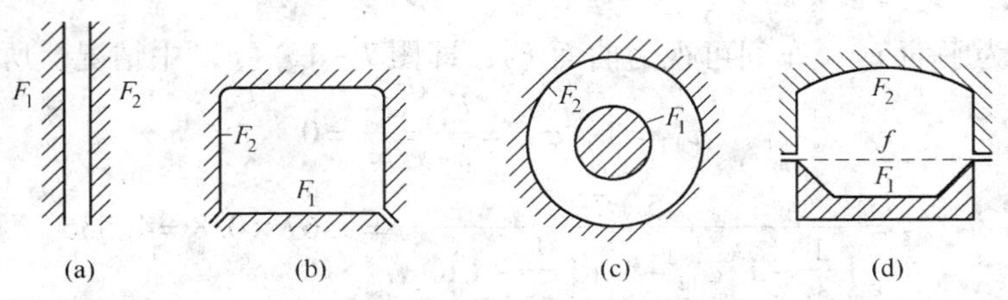

图7－15 一些简单情况下的角度系数

续式加热炉内加热。根据同样的分析可得出：

$$\varphi_{11}=0$$

$$\varphi_{12}=1$$

$$\varphi_{21}=\frac{F_1}{F_2}$$

$$\varphi_{22}=1-\varphi_{21}=\frac{F_2-F_1}{F_2}$$

（4）两个曲面组成的封闭体系（见图7－15（d））。因 F_1 向 F_2 或 F_2 向 F_1 的投射都要通过两曲面接合的界面处 f，所以：

$$\varphi_{12}=\varphi_{1f},\ \varphi_{21}=\varphi_{2f}$$

由图7－15（d）可知：

$$\varphi_{12}=\varphi_{1f}=\frac{f}{F_1},\ \varphi_{21}=\frac{f}{F_2}$$

对于更加复杂的几何形状与相对位置时的角度系数，可以用数学分析的方法或通过实验来求得。工程上为计算方便起见，已经将常见的几何形状与相对位置时的角度系数绘制成图线，这可从有关书籍中查得。

C 封闭体系内两表面间的辐射热交换

封闭体系内两表面间的辐射热交换换热量为：

$$Q=C_{12}\left[\left(\frac{T_1}{100}\right)^4-\left(\frac{T_2}{100}\right)^4\right]F_1\varphi_{12} \tag{7-54}$$

式中 C_{12}——1、2两表面组成系统的综合辐射系数，或称为导来辐射系数。

$$C_{12}=\frac{5.67}{\left(\frac{1}{\varepsilon_1}-1\right)\varphi_{12}+1+\left(\frac{1}{\varepsilon_2}-1\right)\varphi_{21}} \tag{7-55}$$

式（7－55）中，因分母恒大于1，因此 C_{12} 恒小于5.67。若两表面全为黑体，则 $C_{12}=5.67$。

【例7－4】 从半连轧加热炉推出的钢坯尺寸为1500mm×4000mm×100mm，其表面温度 $t_1=1300$℃，黑度 $\varepsilon_1=0.8$，经实测，钢坯在送往轧机的辊道上运行时间为1min，试求开轧温度 $t_{轧}$ 为多少？又知车间温度为20℃，钢坯密度 $\rho=7800\text{kg/m}^3$，比热容 $c=0.712\text{kJ/(kg}\cdot℃)$，且不考虑除鳞喷水时的温度降落和钢坯向车间的对流散热以及向辊道的导热。

解：（1）由两表面辐射换热基本公式（7－54）知道：

$$Q=C_{12}\left[\left(\frac{T_1}{100}\right)^4-\left(\frac{T_2}{100}\right)^4\right]F_1\varphi_{12}$$

钢坯可视为平面 F_1，车间可视为曲面 F_2，即图 7－15（c）中情况。所以有：

$$\varphi_{12}=1,\ \varphi_{21}=\frac{F_1}{F_2}=\frac{F_1}{\infty}=0$$

$$C_{12}=\frac{5.67}{\left(\frac{1}{\varepsilon_1}-1\right)\varphi_{12}+1+\left(\frac{1}{\varepsilon_2}-1\right)\varphi_{21}}=5.67\times0.8=4.536$$

整个钢坯的表面积 F_1 为：

$$F_1=2\times(1.5\times4.0)+2\times(4.0\times0.1)+2\times(1.5\times0.1)=13(\text{m}^2)$$

所以：

$$Q=4.536\times\left[\left(\frac{1300+273}{100}\right)^4-\left(\frac{273+20}{100}\right)^4\right]\times13$$
$$=3605854\ (\text{W})$$

即：

$$Q=3605854\times60=216351\ (\text{kJ/min})$$

此即 1min 钢坯的辐射热损失。

（2）再由热平衡即可求出钢坯在 1min 内的温降 Δt 为：

$$Q=mC\Delta t$$

$$\Delta t=\frac{Q}{mC}$$

而质量：

$$m=\rho V=7800\times(1.5\times4.0\times0.1)=4680\ (\text{kg})$$

$$\Delta t=\frac{216351}{4680\times0.712}=64.9\ (℃)$$

于是，开轧温度 $t_{轧}$ 为：

$$t_{轧}=1300-64.9=1235.1\ (℃)$$

当然，实际开轧温度由于除鳞时还有温降，以及钢坯还有向车间对流散热等，因此，实际开轧温度应乘一个修正系数（由实验确定），可按 0.95 算，所以：

$$t_{轧实}=0.95\times1235.1=1173.3\ (℃)$$

7.2.3.4 气体与固体间的辐射热交换

在冶金炉内，燃料燃烧后，热量是通过炉气传给被加热物料的。因此，炉内实际进行的是气体与固体表面间的辐射热交换，而炉气（火焰）的辐射起着关键作用。

气体的辐射和吸收与固体比较起来有很多特点，主要有以下 3 点：

（1）不同的气体，其辐射和吸收辐射能的能力不同。气体的辐射是由原子中自由电子的振动引起的。单原子气体和双原子气体（如 N_2、O_2、H_2）没有自由电子，因此，它们的辐射能力都微不足道，实际上是透热体。但多原子气体，尤其是燃烧产物中的三原子气体，如 H_2O、CO_2 和 SO_2，却具有相当大的辐射能力和吸收能力。

（2）气体的辐射和吸收，对波长具有选择性。固体的辐射光谱是连续的，即它能辐射和吸收 λ 为 0 到 ∞ 所有波长的辐射能。而气体只能辐射和吸收某一定波长间隔中的辐射能，即它只能辐射和吸收光谱中某些部分的能量，这些波长范围即“光带”。对于光带以外的辐射线，气体就成为透热体，所吸收和放射的能量等于零。所以气体的辐射和吸收都带有选择性。二氧化碳和水的辐射和吸收的光带见表 7－15。

表 7－15 二氧化碳和水蒸气的辐射和吸收的光带

光 带	气体种类			
	H_2O		CO_2	
	波长 $\lambda_1 \sim \lambda_2/\mu m$	$\Delta\lambda/\mu m$	波长 $\lambda_1 \sim \lambda_2/\mu m$	$\Delta\lambda/\mu m$
第一光带	2.24～3.27	1.03	2.36～3.02	0.66
第二光带	4.8～8.5	3.7	4.01～4.8	0.79
第三光带	12～25	13	12.5～16.5	4.0

（3）在气体中，能量的吸收和辐射是在整个体积内进行的。固体的辐射和吸收都是在表面进行的，气体则是在整个体积内进行。当热射线穿过气体时，其能量因沿途被气体所吸收而减少。这种减少取决于沿途所遇到的分子数目。碰到的气体分子数目越多，被吸收的辐射能量也就越多。而射线沿途所遇到的分子数目与射线穿过时所经过的路程长短以及气体的压力有关。

火焰的黑度对于炉内辐射传热有重要的意义。单从燃料燃烧生成的二氧化碳和水蒸气计算，炉气的黑度是不大的（$\varepsilon_{气}$为0.2～0.3），但燃料中部分碳氢化合物高温热分解生成极细的炭黑，这种固体炭黑微粒的辐射能力比气体大得多（$\varepsilon=0.95$），而且可以辐射可见光波。由于这种发光火焰的存在，火焰的辐射能力提高，因而加速金属的加热和熔化，使炉子的生产率得到显著增加。这种增加火焰黑度的方法（通常在气体火焰中喷入少量重油或焦油），称为“火焰掺碳”。此法已广泛应用于某些炉子。烧油时火焰的辐射能力比烧煤气时的火焰辐射能力大得多就是一个典型的例子。这是因为烧油时（特别是焦油）火焰中有热分解的碳粒，这种碳粒颗粒很小，但黑度很大。又如同样条件下，由于水蒸气的黑度比二氧化碳的黑度大，因此，烧焦炉煤气（含有大量的 H_2 和 CH_4）比烧高炉煤气的辐射性要好，烧天然气（含有90%以上的 CH_4）的辐射能力比烧焦炉煤气的要好。

必须指出，产生固体炭黑微粒的同时，将使燃料不完全燃烧，降低了火焰的温度。这样虽然黑度增加了，但是由于温度的降低，却有可能使辐射下降，反而对传热不利。所以，只有当火焰黑度很低时，采用“火焰掺碳”才有较大效果。

气体与固体之间的辐射热交换介绍如下。

如炉子或通道，内部充满辐射气体，计算气体与其周围壁间的辐射传热时，气体对壁辐射的净热量 Q（W）为：

$$Q=\frac{5.67}{\dfrac{1}{\varepsilon_{壁}}+\dfrac{1}{\varepsilon_{气}}-1}\left[\frac{\varepsilon_{气}}{A_{气}}\left(\frac{T_{气}}{100}\right)^4-\left(\frac{T_{壁}}{100}\right)^4\right]F_{壁} \tag{7-56}$$

若忽略气体黑度与吸收率之间的差别，令 $A_{气}=\varepsilon_{气}$，则：

$$Q=\frac{5.67}{\dfrac{1}{\varepsilon_{壁}}+\dfrac{1}{\varepsilon_{气}}-1}\left[\left(\frac{T_{气}}{100}\right)^4-\left(\frac{T_{壁}}{100}\right)^4\right]F_{壁} \tag{7-57}$$

7.2.4 综合传热

实际传热现象中，几乎都是两种或三种换热方式同时发生。比如气体与壁面间换热通常都是对流和辐射同时进行的综合换热过程。而在炉膛内对钢坯的加热过程、炉气通过炉墙向大气的散热损失以及换热器中高温流体与低温流体间的换热过程等则往往是三种换热方式同时进行的。这些两种或两种以上传热方式同时存在的传热过程，称为综合换热

（传热）。以下就常见的稳态下综合换热加以讨论。

7.2.4.1　气体与壁面间的综合换热

对一般的换热装置，气体与壁面间的换热通常是辐射和对流同时存在下的综合换热。这时总热量应是辐射传热量和对流给热量之和。如果以 Q 表示所得总热量，则根据式（7－31）和式（7－54）的可得：

$$Q=\alpha_{对}(t_1-t_2)F+C_{12}\left[\left(\frac{T_1}{100}\right)^4-\left(\frac{T_2}{100}\right)^4\right]F \tag{7-58}$$

为了方便起见，可将两个传热量都用对流给热形式表示，令：

$$\alpha_{辐}=\frac{C_{12}\left[\left(\frac{T_1}{100}\right)^4-\left(\frac{T_2}{100}\right)^4\right]}{t_1-t_2}$$

则：

$$\alpha_{辐}(t_1-t_2)=C_{12}\left[\left(\frac{T_1}{100}\right)^4-\left(\frac{T_2}{100}\right)^4\right] \tag{7-59}$$

将式（7－59）代入式（7－58）中，得：

$$Q=\alpha_{对}(t_1-t_2)F+\alpha_{辐}(t_1-t_2)F=(\alpha_{对}+\alpha_{辐})(t_1-t_2)F$$

$$\alpha_{\Sigma}=\alpha_{对}+\alpha_{辐}$$

$$Q=\alpha_{\Sigma}(t_1-t_2)F \tag{7-60}$$

式（7－60）是对流和辐射同时存在的综合传热的基本公式。

显然，正确地选用 t_1、t_2、F、$\alpha_{对}$ 和 C_{12} 是准确地计算物体综合传热的关键。由式（7－60）可以看出，物体间的温度差、给热表面积和综合换热系数是影响辐射和对流同时存在的综合传热的三个基本因素。

7.2.4.2　流体通过固体对另一流体的传热

当一壁面两侧存在着温度不同的流体时，就必然有热量从高温侧向低温侧传递。比如热管道内的高温流体通过管壁向大气空间的传热、炉内气体通过炉衬向大气空间或水冷设备的传热、换热器内高温流体通过管壁向低温流体的传热等，都属于这种综合传热。

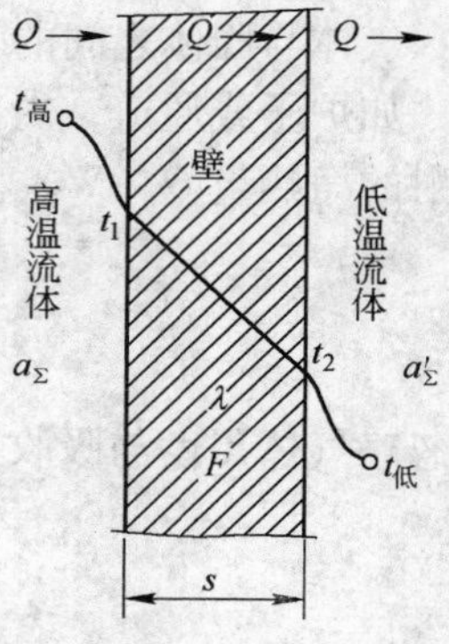

图 7－16　流体通过固体对另一流体的传热

图 7－16 所示为这种综合传热机构的示意图。由图 7－16 中可以看出，壁的一侧为高温流体，另一侧为低温流体。因此，这种综合传热包括三个传热过程：

（1）高温流体对壁的高温表面辐射和对流的综合给热过程；

（2）壁的高温表面对壁的低温表面的传导传热过程；

（3）壁的低温表面对低温流体的综合给热过程。

如果传热是稳定热态，而且固体壁为单层平壁，则这三个过程的关系式分别为：

$$Q=\alpha_{\Sigma}(t_{高}-t_1)F \tag{7-61}$$

$$Q=\frac{\lambda}{s}(t-t_2)F \tag{7-62}$$

$$Q = \alpha'_{\Sigma}(t_2 - t_{低})F \tag{7-63}$$

将以上三式联立，可得：

$$Q = \frac{1}{\frac{1}{\alpha_{\Sigma}} + \frac{s}{\lambda} + \frac{1}{\alpha'_{\Sigma}}}(t_{高} - t_{低})F \tag{7-64}$$

式（7－64）是高温流体通过单层平壁向低温流体的综合传热的基本公式。这个公式也可用另一种形式表示，令：

$$K = \frac{1}{\frac{1}{\alpha_{\Sigma}} + \frac{s}{\lambda} + \frac{1}{\alpha'_{\Sigma}}}$$

则

$$Q = K(t_{高} - t_{低})F \tag{7-65}$$

式（7－65）中，K 称为传热系数，它代表由外部给热和内部导热组成的综合传热的传热本质。K 值大时则说明此综合传热的传热能力强，反之则弱。

传热系数 K 的倒数称为热阻，而且通常$\frac{1}{\alpha_{\Sigma}}$和$\frac{1}{\alpha'_{\Sigma}}$称为外热阻。热阻常用符号 R 表示，单位是 $m^2 \cdot ℃/W$。

如果平壁为多层，其综合传热量仍用式（7－65）计算，这时其传热系数 K（$W/(m^2 \cdot ℃)$）为：

$$K = \frac{1}{\frac{1}{\alpha_{\Sigma}} + \sum_{i=1}^{n}\frac{s_i}{\lambda_i} + \frac{1}{\alpha'_{\Sigma}}}$$

有时高温流体的温度是未知数，或有时很难确定高温流体对壁的高温表面的辐射换热系数。因此，将式（7－62）和式（7－63）联立并经整理可得不包括 $t_{高}$ 和 α_{Σ} 在内的如下单层平壁的综合传热公式为：

$$K = \frac{1}{\frac{s}{\lambda} + \frac{1}{\alpha'_{\Sigma}}}$$

则

$$Q = K(t_1 - t_{低})F$$

此情况下的 n 层平壁的综合传热量仍用式（7－65）计算，而其传热系数 K（$W/(m^2 \cdot ℃)$）为：

$$K = \frac{1}{\sum_{i=1}^{n}\frac{s}{\lambda} + \frac{1}{\alpha'_{\Sigma}}}$$

大多数的圆筒壁都可用平壁计算。但当圆筒的内半径小于壁厚时，则高温流体通过单层圆筒壁向低温流体的综合传热公式为：

$$Q = \frac{t_{高} - t_{低}}{\frac{1}{\alpha_{\Sigma}F_{内}} + \frac{s}{\lambda F_{均}} + \frac{1}{\alpha'_{\Sigma}F_{外}}}$$

7.2.4.3 火焰炉内传热

炼铜反射炉、烧煤气或重油的熔铝反射炉、各种回转窑、连续加热炉、均热炉等都属于火焰炉。参与炉膛内热交换过程的有三种基本物质：炉气、炉壁和被加热金属。这三者之间热量交换过程如图 7－17 所示。

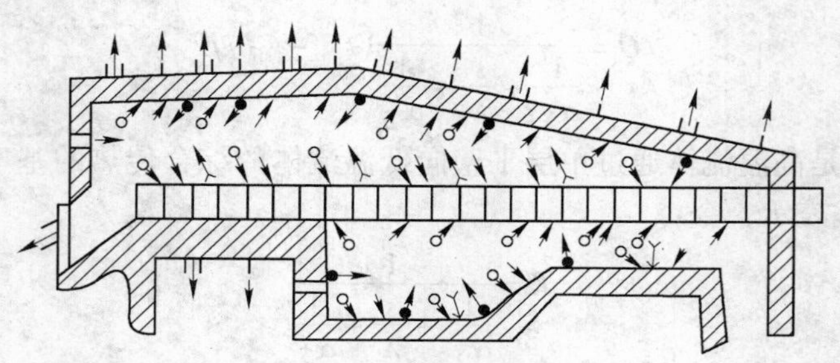

符号：○→ 由燃烧废气辐射传给钢坯（锭）或炉墙；
→ 由燃烧废气对流传给钢坯（锭）或炉墙；
●→ 由炉墙辐射传给钢坯（锭）或透过炉气传到炉墙其他部位；
≻→ 由钢坯（锭）对外辐射透过炉气投射到炉墙；
☰→ 由炉墙辐射给外部周围；
⇢ 由炉墙对流给外部周围

图 7－17　加热炉炉膛传热示意图

燃料燃烧所产生的炉气是加热炉炉膛内的热源。炽热的气体以对流与辐射的方式把热量传给被加热金属的表面，同时也传给炉壁。金属与炉壁各吸收一部分热量后，把其余的反射出来。被金属吸收的热量加热了金属，使金属的温度升高；而反射出来的辐射能在经过炉气时，被炉气吸收一部分，其余的透过炉气又投射到炉壁上。同样，炉壁表面吸收一部分热量后，将其余的反射出去，而反射出去的辐射能在经过炉气时被吸收一部分，其余的透过炉气又投射到金属表面和炉壁的其他部位。

炉墙在吸收炉气以对流和辐射方式传来的热量的同时，也吸收金属辐射来的热量，也就是说，这里不仅存在气体与固体间的热交换，而且也存在金属与炉壁间的辐射热交换。另一方面，炉壁也向外辐射和反射热量。同样，金属在吸收炉气以对流和辐射方式传来的热量和炉壁辐射来的热量的同时，本身也向外辐射和反射热量。

可见，炉膛内的热量交换过程是很复杂的，辐射、对流和传导同时存在。对炉内坯料的加热，对流、辐射、传导在不同的温度范围所占的比例不同。在 800℃以下时，炉气与金属工件之间的传热主要依靠对流给热；在 800～1000℃之间时，炉气与金属工件之间的传热则要同时依靠对流和辐射换热；而当温度高于 1000℃时，炉气与金属工件之间的传热主要依靠辐射换热，这时金属所吸收的热量约 90% 通过辐射换热方式实现。

为使问题简化，先做如下假设：

(1) 火焰充满炉膛，而且火焰、炉壁、物料各处的温度都是均匀的，分别为 $T_{气}$、$T_{壁}$、$T_{料}$。

(2) 炉壁已达到稳定热态，本身不吸收辐射热量，而通过传导向外散失的部分热量近似地看做由炉气对流给热来补偿。

(3) 火焰的黑度与吸收率相等。

(4) 物料为平面，并布满炉底（即 $\varphi_{料壁}=1$）。

对高温火焰炉，炉气传给物料的总热量可由式（7－66）计算：

$$Q = Q_{对} + Q_{辐} \tag{7-66}$$

式中 $Q_{对}$——火焰对物料的对流给热量，W；

$Q_{辐}$——火焰及炉壁向物料的辐射热量，W。

根据对流给热和辐射换热的计算公式：

$$Q=\alpha_{对}(t_{气}-t_{料})F_{料}+C_{气壁料}\left[\left(\frac{T_{气}}{100}\right)^4-\left(\frac{T_{料}}{100}\right)^4\right]F_{料} \quad (7-67)$$

式中 $C_{气壁料}$——炉气及炉壁向物料传热的综合辐射换热系数：

$$C_{气壁料}=\frac{5.67\varepsilon_{气}\varepsilon_{料}[1+\varphi_{壁料}(1-\varepsilon_{气})]}{\varepsilon_{气}+\varphi_{壁料}(1-\varepsilon_{气})[\varepsilon_{料}+\varepsilon_{气}(1-\varepsilon_{料})]} \quad (7-68)$$

将式（7-68）中分子分母同除以 $\varphi_{壁料}\varepsilon_{气}$，则 $C_{气壁料}$也可写成下列形式：

$$C_{气壁料}=\frac{5.67\varepsilon_{料}[\omega+(1-\varepsilon_{气})]}{\omega+\frac{1-\varepsilon_{气}}{\varepsilon_{气}}[\varepsilon_{料}+\varepsilon_{气}(1-\varepsilon_{料})]} \quad (7-69)$$

式中 ω—— 炉围展开度：

$$\omega=\frac{1}{\varphi_{壁料}}$$

$$\omega=\frac{F_{壁}}{F_{料}} \quad (7-70)$$

式中 $F_{壁}$——炉子内壁的面积；

$F_{料}$——物料的有效辐射面积。

为了计算方便，取 $\varepsilon_{料}=0.8$，代入式（7-69），并将计算结果制成图，如图7-18所示，使用时根据 ε 和 ω 即可查出 $C_{气壁料}$。

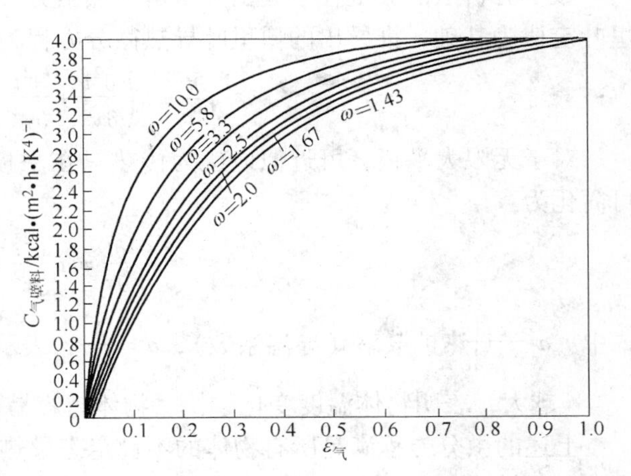

图7-18 $C_{气壁料}$与 $\varepsilon_{气}$ 及 ω 之间的关系
（1kcal/h×1.163=1W）

由图7-18可以看出：

（1）随着气体黑度的增加，$C_{气壁料}$也增加，但当 $\varepsilon_{气}$ 大于0.3之后再增加 $\varepsilon_{气}$，则 $C_{气壁料}$ 增加得不大，所以当气体黑度小于0.3时，增加气体黑度是强化辐射传热的有效途径。由于气体的黑度随着炉气中 CO_2 与 H_2O 的含量以及火焰中炭粒的多少发生改变，因此，如果采用粉煤、重油或焦油与煤气混合燃烧，则能增加火焰的亮度，也即增加火焰的黑度，从而加强火焰的辐射强度。但是当 $\varepsilon_{气}$ 大于0.3后，再增加 $\varepsilon_{气}$，则意义不大。如果这时增加黑度是采用碳氢化合物分解的办法，反而会因温度低而使辐射能力降低。

（2）炉围展开度越大，则 $C_{气壁料}$也越大，辐射传热越强，但此结论只适合于炉气充满炉膛的情况下，如果炉气不充满炉膛，则增大炉墙面积，不仅不会使辐射传热加强，反而因通过炉墙的传导而使热损失增大。

（3）式（7-69）中不包括炉墙黑度，所以炉墙黑度不影响辐射传热。因为炉墙黑度大，则通过炉墙反射出去的热量少，而被炉墙吸收后辐射出去的热量多；如果炉墙黑度小，则被炉墙吸收后辐射出去的射线少，而反射出去的多。

（4）气体黑度越大，炉墙对热交换起的作用越小。当气体黑度等于 1.0 时，$C_{气壁料}$ 为常数，则炉墙对热交换就不再发生作用。因为炉墙反射和辐射出来的能量全部被气体吸收，不可能达到炉料表面。反之，当气体黑度小时，炉墙的作用就显著。

7.2.5　钢坯加热时间的计算

前面所讨论的传热过程都是稳定态下的传热，即物体的温度场不随时间发生变化。实际上在物体加热和冷却过程中，其温度场是随着时间发生变化的，也就是说，实际物体内的导热是不稳定态下的导热过程，因此，要计算钢坯的加热时间或加热温度，就要对不稳定态下的导热进行研究。

研究不稳定导热的主要目的是找出物体内部各点的温度及传递的热量随时间变化的规律，从而了解在加热或冷却过程中物体断面上的温度分布情况以及物体的加热时间。不稳定态下换热问题的求解方法有数学分析法、数值解法和实验法等，这里主要介绍数学分析法。

7.2.5.1　数学分析法及单值条件

A　数学分析法

数学分析法的关键在于列出并求解导热微分方程。对于传导传热，以热力学定律及傅里叶定律为基础，推导出的傅里叶导热微分方程为：

$$\frac{\partial t}{\partial \tau} = a\left(\frac{\partial^2 t}{\partial x^2} + \frac{\partial^2 t}{\partial y^2} + \frac{\partial^2 t}{\partial z^2}\right) \tag{7-71}$$

对于无限大平板，可近似地认为传热只在平板的厚度方向上进行，此时式（7－71）可简化为：

$$\frac{\partial t}{\partial \tau} = a\frac{\partial^2 t}{\partial x^2} \tag{7-72}$$

式中　a——热扩散率（导温系数），$a=\dfrac{\lambda}{\rho c_p}$，表示物体导温能力的大小。

a 越大，表明物体温度变化越快，物体越容易被加热或冷却。

上述的微分方程满足所有物体的不稳定态导热问题，它在数学上有无数个解，这对具体的工程加热过程的求解计算是不够的。为此，把与导热过程有关的具体条件以数学式的形式表达出来，与导热微分方程联立进行求解，从而共同完整地描述某个特定的导热问题。这些特定的补充条件称为单值条件。

B　单值条件

不稳定态导热下的单值条件一般包括几何条件、物理条件、初始条件和边界条件四类。当求解的问题已给出材料的种类和形状，则几何条件与物理条件均为已知，此时的单值条件就是给出导热过程的初始条件和边界条件。初始条件就是给出在导热的开始时刻（$\tau=0$）物体内部的温度分布情况，又称为开始条件。例如，在处理一些实际问题时，往往将初始的温度场视为均匀的（即 t_0 = 常数），这就是一种最简单的初始条件。边界条件是给出导热过程中物体边界上（即表面上）的温度或换热情况。描述与导热现象有关的边界条件大致可归纳为以下三类。

（1）第一类边界条件。给出物体表面温度的变化情况，即：

$$t_{表}=f(\tau)$$

物体表面温度随时间变化的规律是很多的，比较典型的有：

1）物体表面温度等于常数（如加热开始后，瞬间表面温度便达到所需的最后温度，并在随后的加热过程中保持不变）。即：

$$t_{表}=常数$$

2）表面温度随时间呈直线变化。即：

$$t_{表}=t_0+c\tau$$

式中 c——加热或冷却速度，℃/h；

τ——加热或冷却时间，h。

（2）第二类边界条件。给出通过物体表面的热流密度与时间的关系。即：

$$q=f(\tau)$$

热流密度随时间变化的规律很多，其中最简单的一种情况是通过物体表面的热流密度不随时间发生变化，即：

$$q=常数$$

（3）第三类边界条件。给出周围介质的温度随时间变化的规律以及物体表面与周围介质间的热交换规律。这类边界条件比较复杂，最简单的情况是物体在恒温箱中的加热。即

$$t_{炉}=常数$$

综上所述，只要把所给出的几何条件、物理条件、初始条件、边界条件等与微分方程式（7-71）联立起来求解，便可以求得该微分方程的通解和特解。但是微分方程的具体求解过程涉及许多专门的数学问题（已非本书讨论的范围），所以只对某些结果进行适当的讨论。

为了把所得到的结果推广到一切与之相似的场合中去，通常都是把所给出的某些单值性条件写成特征数方程式的形式。比如以大平板在恒温炉内加热为例，开始时平板温度均匀的条件下与一维导热微分方程式联立求出通解来，并把所求出的通解写成具有一定普遍意义的特征数方程的如下形式，即：

$$\frac{t_g-t}{t_g-t_0}=\phi\left(\frac{a\tau}{s^2},\frac{\alpha_{\Sigma}s}{\lambda},\frac{x}{s}\right) \quad 或 \quad \frac{t_g-t}{t_g-t_0}=\phi\left(Fo,Bi,\frac{x}{s}\right) \tag{7-73}$$

式中 s——透热深度，m，如平板单面加热时其透热深度就是其厚度，两面加热时 s 则为其厚度的一半；

α_{Σ}——炉内气体对物料的总换热系数，即 $\alpha_{\Sigma}=\alpha_{对}+\alpha_{辐}$，W/(m^2·℃)。

7.2.5.2 不稳定态导热中的相似特征数

在式（7-73）中出现四个特征数，即温度特征数、傅里叶数、几何特征数、毕渥数。

A 温度特征数

$$\theta=\frac{t_g-t}{t_g-t_0}$$

式中 t_g——炉气温度（或炉温），℃；

t_0——被加热物的初始温度，它一般在初始条件中作为已知数给出，℃；

t——被加热物所求断面的温度，它是待定未知数。

该特征数表示温度变化的相对值，是一个简单特征数。

B　傅里叶数 Fo

它又称为时间特征数。通过 Fo 可以求出达到所要求的加热温度需要的加热时间 τ，即：

$$Fo = \frac{a\tau}{s^2} \quad 或 \quad Fo = \frac{a\tau}{R^2}$$

式中　a——导温系数；

τ——加热（冷却）时间，h，即加热（冷却）到所要求的材料温度下需要的时间；

s——透热深度，m；

R——圆柱体的半径，m。

为了进一步看看 Fo 的物理意义，将 a 的值代入 Fo 定义式中得：

$$Fo = \frac{\frac{\lambda}{c_p\rho}\tau}{s^2} = \frac{\frac{\lambda}{c_p\rho}\tau\Delta tF}{s^2\Delta tF} = \frac{\frac{\lambda}{s}\Delta tF}{c_p\rho s\Delta tF/\tau} \tag{7-74}$$

因此，Fo 为无因次数。从式（7－74）中可看出傅里叶数的物理意义是：分子是单位时间内导入被加热物体某部分的热量，分母是单位时间内该部分物体的热含量变化。Fo 越大，当导入的热量一定时，该物体热含量变化越小，这就说明该物体越接近于稳定热态。可以将 Fo 理解为“相对稳定程度”。

C　几何特征数$\frac{x}{s}$或$\frac{x}{R}$

几何特征数$\frac{x}{s}$或$\frac{x}{R}$又称为相对透热深度。这里，x 为研究的断面与物体中心线的距离，m；s (R)为透热深度，m。

很明显，当$\frac{x}{s}=0$时，表明该断面在物体的中心；当$\frac{x}{s}=1$时，代表物体表面。

D　毕渥数 Bi

毕渥数 Bi 又称为厚薄特征数。

$$Bi = \frac{\alpha_\Sigma s}{\lambda}$$

Bi 可写成：

$$Bi = \frac{\alpha_\Sigma}{\frac{\lambda}{S}} = \frac{\frac{s}{\lambda}}{\frac{1}{\alpha_\Sigma}} \tag{7-75}$$

式（7－75）表明了 Bi 的物理意义是：内部热阻与外部热阻之比。Bi 数越大，即外部传热相对于内部传热越强烈，从而在材料内部将产生较大的温差；相反，Bi 数越小，材料在加热或冷却过程中内部温度越均匀。一般认为，当 $Bi<0.25$ 时，材料在加热或冷却过程中内部温度基本均匀，相当于传热动力过程的“薄材”；当 $Bi>0.5$ 时，材料内部的温差就不可忽略，即相当于“厚材”；如果 Bi 介于 0.25～0.5 之间时，则称之为过渡材，为了安全起见，此时一般多按厚材处理进行加热（冷却）。必须注意，这里所说的"薄材"与"厚材"不是单纯地指材料的几何尺寸大小，而是就在加热（冷却）过程中所产生温差的大小而言的，即就传热过程中内、外热阻的大小来说的。因为只有把材料几何尺寸大小与传热过程中内、外热阻等动力因素同时加以对比综合考虑后，才能从本质上反映出材料在加热（冷却）过程中温度分布状况。比如高碳钢与合金钢，因为它们的热导率较小且塑性又很差，所以即使它们的几何尺寸不大，当它们在加热（冷却）时也会产生较大的温差，所以要按"厚材"的加热（冷却）规范处理。对于低碳钢与低合金钢，因它们的热导率较大，并且塑性又很好，因此，即使 s 较大一些，加热时也可以按"薄材"规范处理。

由于不稳定态导热问题的数学分析法求解复杂，况且目前只能对某些形状简单、单值条件典型的导热过程有定解，而且解析出的结果也只是某种程度上的近似。因此，在此只以钢在加热炉中加热的典型情况为例来说明不稳态导热的数学分析方法。

7.2.5.3 炉温不变时厚材的加热（冷却）计算

在恒温的室状炉和均热炉中，钢料的加热就属于这种情况。当在连续加热炉内加热厚材时，也可分段取炉温的平均值，作为炉温不变进行近似计算。

式（7－73）是炉温不变时加热厚材的解（开始温度均匀）。将 $\frac{x}{s}=1$ 时，$t=t_{表}$ 代入式（7－73）中，得：

$$\frac{t_g-t_{表}}{t_g-t_0}=\phi_{表}(Fo,Bi) \tag{7-76}$$

将 $\frac{x}{s}=0$ 时，$t=t_{中}$ 代入式（7－73）中，得：

$$\frac{t_g-t_{中}}{t_g-t_0}=\phi_{中}(Fo,\ Bi) \tag{7-77}$$

式（7－76）和式（7－77）中的 $\phi_{表}$ 和 $\phi_{中}$ 已制成图表，如图 7－19～图 7－22 所示，计算时可直接查得。

得出这种解答时，曾假定总换热系数 α_Σ 为常数。为了减少误差，一般应取开始与终止时 α_Σ 的算术平均值，或用平均温度，$\alpha_{\Sigma均}=\frac{a_\Sigma^{始}+\alpha_\Sigma^{终}}{2}$。在查物性参数比热容 c_p 和热导率 λ 时，也应采取加热过程中物料的平均温度值，平均温度可用式（7－78）计算：

$$t_{料}^{均}=\frac{1}{4}(t_{始}^{表}+t_{始}^{中}+t_{终}^{表}+t_{终}^{中}) \tag{7-78}$$

【例 7－5】 彼此靠拢的一排方形钢坯在恒温炉内做对称加热，钢坯厚度 $2s=200\text{mm}$，炉气温度 $t_g=1000℃$，钢坯开始加热时温度均匀，$t_{料始}=20℃$，在加热过程中炉气对钢坯的总平均换热系数 $\alpha_{\Sigma均}=628.05\text{kJ}/(\text{m}^2\cdot\text{h}\cdot℃)$，钢的平均热导率 $\lambda_{均}=125.61\text{kJ}/(\text{m}\cdot\text{h}\cdot℃)$，平均热扩散率 $a_{均}=0.02\text{m}^2/\text{h}$，求钢坯表面温度达到500℃时所需要的加热时间 τ，并求出此时间内方坯断面上的温差 Δt 为多少？

解：（1）求 Bi。

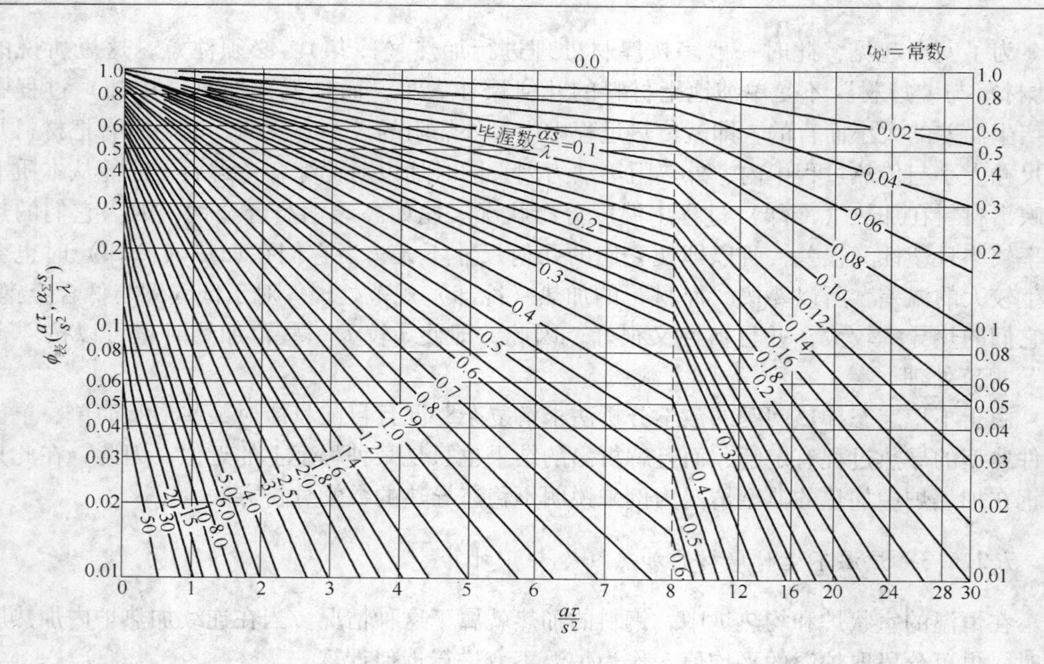

图 7－19　炉温不变时确定板状材料 $\phi_{表}$ 的图 $\left(\frac{x}{s}=1\right)$

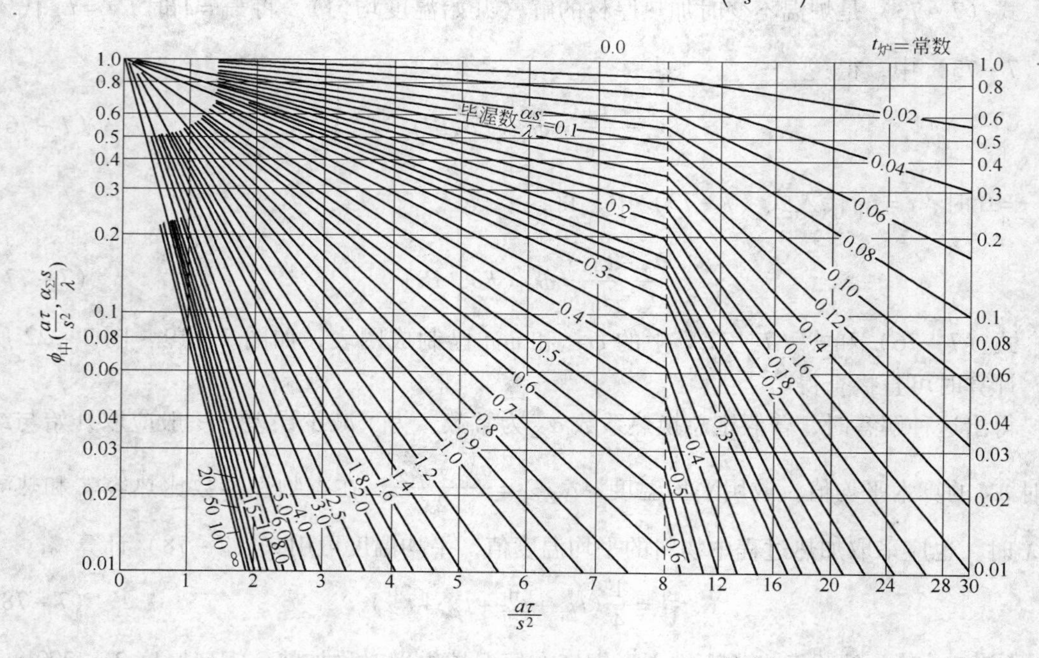

图 7－20　炉温不变时确定板状材料 $\phi_{中}$ 的图 $\left(\frac{x}{s}=0\right)$

$$Bi=\frac{\alpha_{\Sigma均}s}{\lambda_{均}}=\frac{628.05\times0.1}{125.61}=0.5$$

因此，应按厚材进行加热计算。

（2）计算出加热时间 τ。

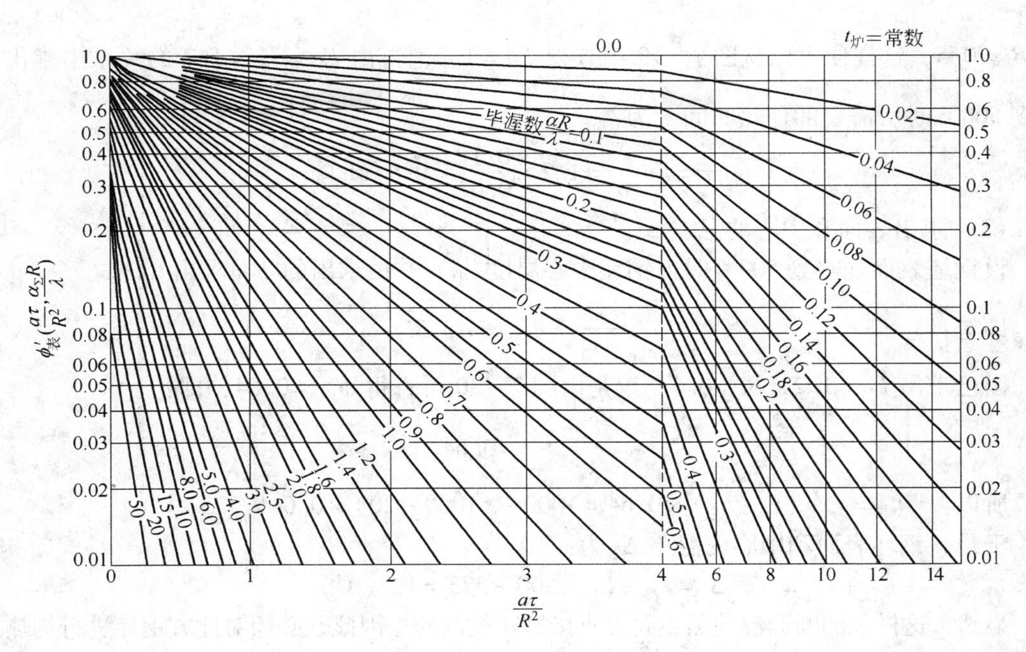

图7-21 炉温不变时确定圆柱形材料 $\phi_{表}$ 的图$\left(\frac{x}{R}=1\right)$

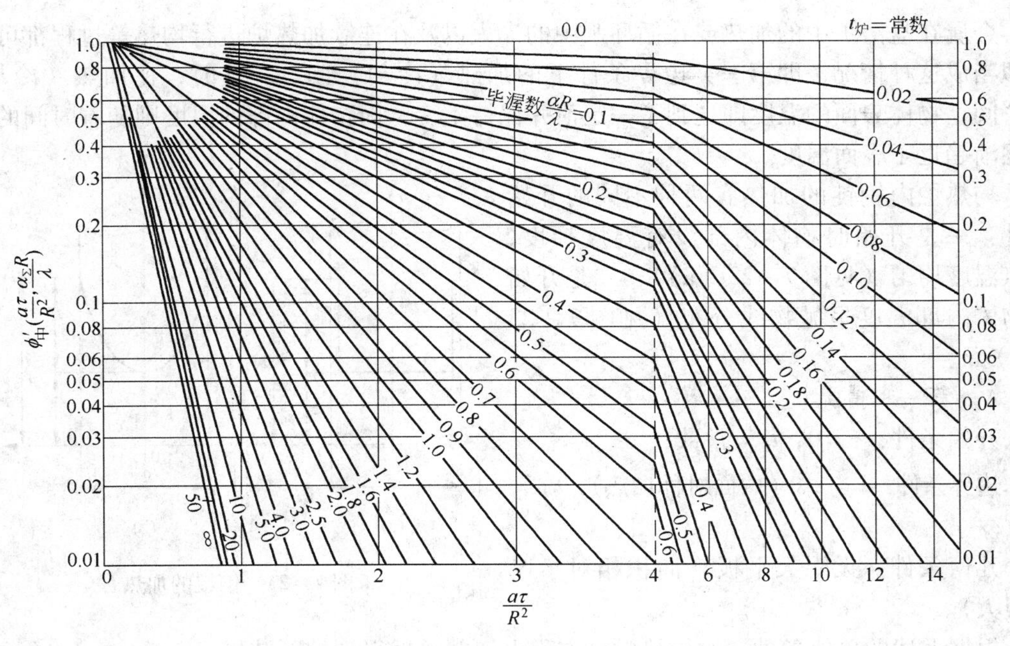

图7-22 炉温不变时确定圆柱形材料 $\phi_{中}$ 的图$\left(\frac{x}{R}=0\right)$

由于方坯加热在炉内是紧密排列加热的，因此可视为表面很大的平板做两面对称加热，其透热深度 $s=0.1\text{m}$，于是，可由已知条件算出 $\phi_{表}$ 为：

$$\phi_{表}=\frac{t_g-t_{表}}{t_g-t_{始}}=\frac{1000-500}{1000-20}=0.51$$

而 $Bi=0.5$，这样便可以从图 7－19 中查得 $Fo=1.2$，再由 $Fo=\frac{a\tau}{s^2}=1.2$ 的关系中求出加热到 500℃时所需要的加热时间 τ 为：

$$\tau = Fo\frac{s^2}{a}=1.2\times\frac{0.1^2}{0.02}=0.6\ (\mathrm{h})$$

（3）求出表面和中心的温差 Δt。

设钢坯表面加热到 500℃时方钢坯中心温度 $t_{中}$，并由求出的 $\phi_{中}$ 求出 $t_{中}$来。

即有：
$$\frac{t_g - t_{中}}{t_g - t_0}=\phi_{中}(Fo,\ Bi)$$

因已求出 $Fo=1.2$，$Bi=0.5$，于是由图 7－20 可查得 $\phi_{中}=0.64$，即：

$$\frac{t_g - t_{中}}{t_g - t_0}=0.64$$

所以：　$t_{中}=t_g-(t_g-t_{始})\times 0.64=1000-(1000-20)\times 0.64=373(℃)$

于是，钢坯表面和中心的温差 Δt 为：

$$\Delta t = t_{表}-t_{中}=500-373=127(℃)$$

显然，这样大的断面温差是不允许直接送往轧制的。因此，必须对此方钢坯进行均热。

7.2.5.4　物体表面温度不变时的加热（冷却）计算

金属在盐浴炉中的加热或在循环水中的淬火以及在连续加热炉进行均热等过程都可以近似当成这种情况，即第一类边界条件下的加热（冷却）问题。这时，在加热（冷却）的瞬间，物体表面的温度即达到了一定值并保持不变，而物体内部的温度则随着时间的增长逐渐趋近于表面温度。

均热炉内钢锭的加热有两种不同的开始条件：一是开始时物体内部没有温度梯度，各点温度均匀（见图 7－23（a））；二是开始时物体内部温度呈抛物线分布（见图 7－23（b））。

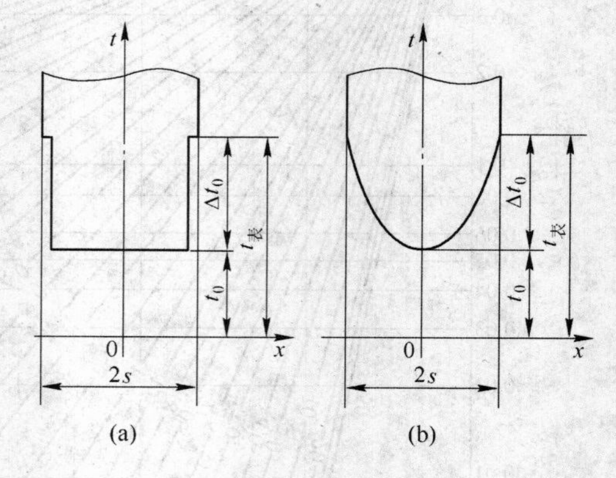

图 7－23　钢锭的加热

A　第一种情况

开始条件：$\tau=0$，$t_0=$常数；

边界条件：$x=\pm s$（两面对称加热），$t_{表}=$常数；

几何条件：无限大平板（面积相对于厚度很大）。

根据上述的单值条件，对导热微分方程求解并整理得到如下结果：

$$\frac{t_{表}-t}{t_{表}-t_0}=\phi\left(\frac{a\tau}{s^2},\ \frac{x}{s}\right) \tag{7-79}$$

式中函数如图 7－24 所示。式（7－79）就是物体均热时内部温度 t 随时间 τ 的变化规律。如果已知加热时间 τ，根据式（7－79）可计算物体内各点在当时的温度 t；反之，如果给出物体内某点要求的温度 t，也可以计算出加热到此点温度所需要的时间 τ。

由于一般物体加热，重要的是控制断面上温差的大小，即要找出中心温度 $t_{中}$ 与时间 τ 的关系。因此，式（7-79）可改写为：

$$\frac{t_{表}-t_{中}}{t_{表}-t_0}=\phi_{中}\left(\frac{a\tau}{s^2}\right) \tag{7-80}$$

式中 $t_{中}$——在时间 τ 时物体中心的温度。

为了便于应用，各种形状物体的函数 $\phi_{中}$ 值已制成如图7-25所示的图表，只要给出时间 τ 便可求出中心温度 $t_{中}$，反之亦可。

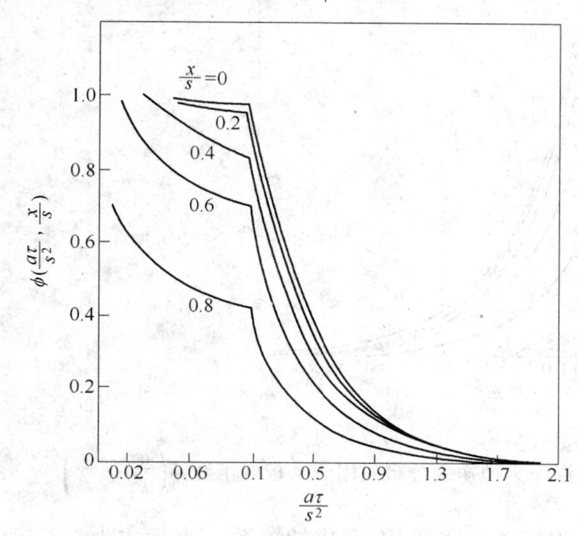

图7-24 表面温度一定时用于平板的函数 $\phi\left(\frac{a\tau}{s^2},\ \frac{x}{s}\right)$

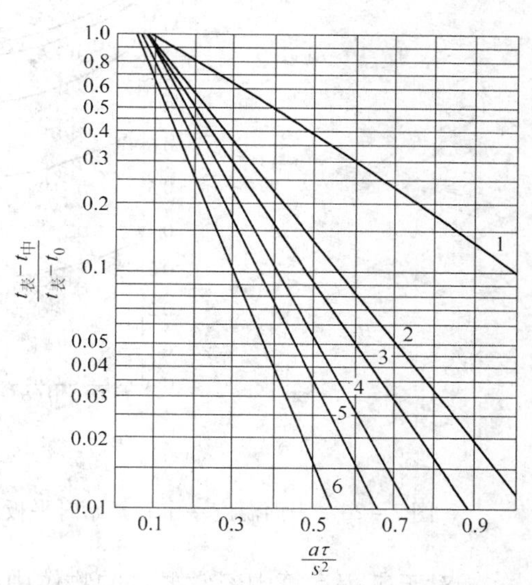

图7-25 表面温度一定时函数 $\phi_{中}\left(\frac{a\tau}{s^2}\right)$

1—平板；2—方柱体；3—无限长圆柱体；4—立方体；5—$H=d$ 的圆柱；6—球体

【例7-6】 直径 $d=0.2$m 的圆钢轴加热至800℃，截面温度分布均匀，浸入温度为60℃的循环水中淬火，已知钢的热扩散率 $a=0.04\text{m}^2/\text{h}$，求6min后钢轴中心达到的温度。

解：忽略在钢轴表面所形成的蒸汽层的影响，则可认为表面温度立刻冷却到 $t_{表}=$ 60℃并一直保持不变。

$$R=\frac{d}{2}=\frac{0.2}{2}=0.1\ (\text{m});\qquad \tau=\frac{6}{60}=0.1\ (\text{h})$$

则：

$$\frac{a\tau}{R^2}=\frac{0.04\times0.1}{0.1^2}=0.4$$

按式（7-80），查图7-25，得：

$$\phi_{中}\left(\frac{a\tau}{s^2}\right)=0.17=\frac{t_{表}-t_{中}}{t_{表}-t_0}$$

$$t_{中}=t_{表}-(t_{表}-t_0)\times0.17=60-(60-800)\times0.17=185.8\ (℃)$$

B 第二种情况

初始条件：$\tau=0$，断面温度呈抛物线分布，即：

$$t=t_0+\Delta t_0\,\frac{x^2}{s^2}$$

边界条件：$x = \pm s$ 时，$t_{表} = t_0 + \Delta t_0 =$ 常数，并在加热过程中表面温度始终不变。t_0 为开始时中心温度，Δt_0 为开始时表面与中心的温度差。

根据上述条件，平板微分方程的解为：

$$\frac{t_{表} - t}{t_{表} - t_0} = \phi\left(\frac{a\tau}{s^2},\ \frac{x}{s}\right) \tag{7-81}$$

式中，函数 ϕ 值如图 7 - 26 所示。

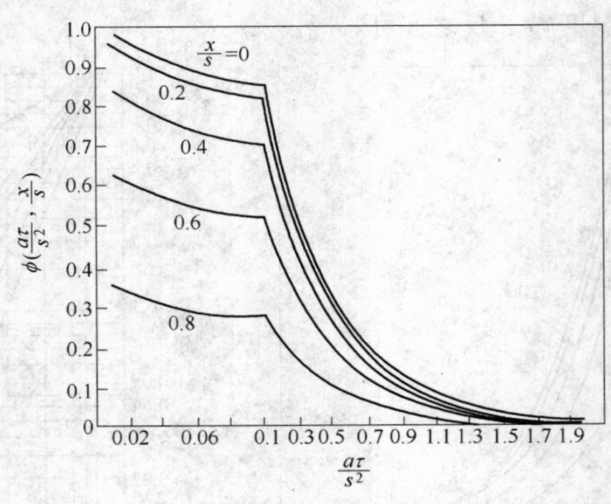

图 7 - 26　表面温度一定，开始时平板内温度为抛物线分布时用于平板的函数 $\phi\left(\frac{a\tau}{s^2},\ \frac{x}{s}\right)$

对于工程运算中经常要求的物体中心温度 $t_{中}$ 随时间而变化的关系，表达式为：

$$\frac{t_{表} - t_{中}}{t_{表} - t'_{中}} = \phi_{中}\left(\frac{a\tau}{s^2}\right) \tag{7-82}$$

式中，$\phi_{中}\left(\frac{a\tau}{s^2}\right)$ 如图 7 - 27 所示。

上面介绍的分析解法对解决不稳定态导热问题有普遍的意义，但只适用几何形状及边界条件简单情况下的加热。另外，因为在计算中要做很多假定，而实际情况和这些条件有较大的出入，因此误差较大。

【例 7 - 7】 厚度为 0.18m 的钢板坯在连续加热炉加热段已加热到上下表面温度均为 $t_{表} = 1000℃$，表面与中心温度差 $\Delta t_s = t_{表} - t'_{中} = 250℃$，若将板坯均热到 $\Delta t_s = t_{表} - t_{中} = 25℃$，已知钢的平均热扩散率 $a = 0.03\text{m}^2/\text{h}$，求均热时间。

解：按式（7 - 82）：

$$\frac{t_{表} - t_{中}}{t_{表} - t'_{中}} = \frac{25}{250} = 0.1$$

查图 7 - 27，得：

$$\frac{a\tau}{s^2} = 0.93$$

则均热时间：

$$\tau = 0.93\,\frac{s^2}{a} = 0.93 \times \frac{(0.18/2)^2}{0.03} = 0.251\ \text{(h)}$$

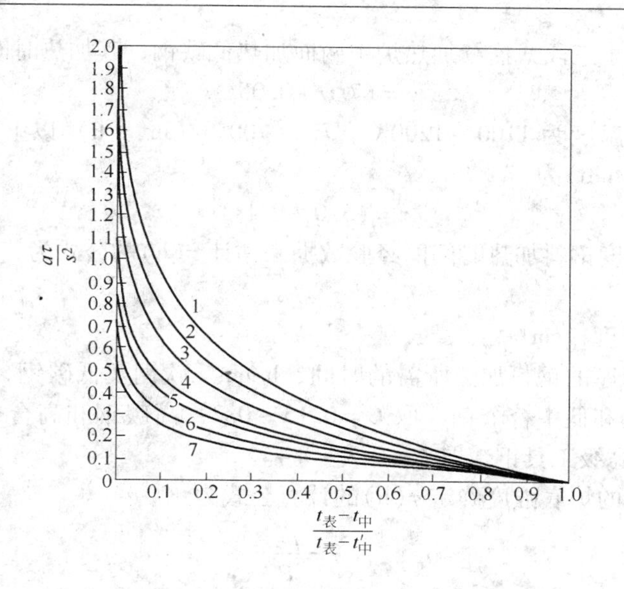

图7-27 表面温度一定，开始时物体截面温度为抛物线分布时的 $\phi_中\left(\frac{a\tau}{s^2}\right)$

1—大平板；2—长直角体 $B/S=2$；3—长直角体 $B/S=1.4$；
4—长直角体 $B/S=1$；5—长圆柱体；6—立方体；7—球体

7.2.5.5 连续加热炉计算加热时间的经验公式

一般工程设计和改造扩建加热炉时，常根据一些类型炉子的实际效果利用经验公式来估算连续加热炉的加热时间 τ，它比较方便，简单，但有一定局限性。连续加热炉中常用的经验公式如下。

（1）黑斯公式估算连续加热炉的加热时间 τ(h)为：

$$\tau = K\frac{s}{1.24 - s} \tag{7-83}$$

式中 s——钢料的全厚，m；

K——系数，单面加热 $K=22.7$，两面加热 $K=13.9$。

（2）泰茨公式估算连续加热炉的加热时间 τ(h)为：

$$\tau = (11.7 + 8.35s)s \tag{7-84}$$

式中 s——钢料的全厚，m。

（3）燃煤加热炉的加热时间 τ(h)为：

$$\tau = (7.0 + As)s \tag{7-85}$$

式中 s——钢料的全厚，cm；

A——系数，它与 s 有关，见表7-16。

表7-16 钢料全厚 s 与系数 A 的值

s	40~50	50~60	60~70	70~85	85~160
A	0.3~0.7	0.15~0.2	0.08~0.15	0.05~0.08	0.02~0.05

（4）炉尾烟气温度为800~850℃，单位炉底面积生产能力 P 小于500kg/(m^2·h)

（即炉底强度），对于三段式连续加热炉中两面加热低碳钢，其加热时间 τ(min)为：

$$\tau = (7.0 + 0.05s)s \tag{7-86}$$

（5）炉尾烟气温度为1100～1200℃，P 为700kg/(m²·h) 以上的三段式或多段式炉，其加热时间 τ(min)为：

$$\tau = (5.0 + 0.1s)s \tag{7-87}$$

（6）按单位厚度钢料加热时间的经验数据来估计 τ(h)的公式为：

$$\tau = Cs \tag{7-88}$$

式中　s——钢料厚度，cm；

C——每厘米厚的钢料加热所需的时间，h/cm。软钢及低碳钢，取 $C=0.1\sim0.15$；中碳钢和低中合金钢，取 $C=0.15\sim0.2$；高碳钢和高合金钢，取 $C=0.2\sim0.3$；高级工具钢，取 $C=0.3\sim0.4$。

（7）根据经验的炉底强度确定 τ(h)的计算公式为：

$$\tau = \frac{\rho s}{P} \tag{7-89}$$

式中　ρ——钢料的密度，kg/m³；

s——钢料的全厚，m；

P——有效炉底强度，kg/(m²·h)。

7.3　任务3　提高加热炉产量降低燃耗的途径

7.3.1　加热炉的生产率

7.3.1.1　加热炉的生产率及其计算

加热炉的生产率是指炉子单位时间内的产量，一般用t/h来表示。目前，大型加热炉生产率已高达300～400t/h左右。当然，也可以用日产量或班产量来表示炉子生产率。

若已知加热时间，生产率用 G 表示，则可按下式计算：

$$G = \frac{N}{\tau} \tag{7-90}$$

式中　G——炉子小时产量，t/h；

N——炉子容量，炉内容纳金属质量，t；

τ——加热时间，h。

为了确切地说明炉子工作的好坏，常采用单位生产率这一指标，即每平方米炉底布料面积（有效炉底面积）的小时产量，单位是kg/(m²·h)。目前，大型现代化加热炉的单位生产率已高达700～800kg/(m²·h)，甚至更高。

单位生产率用 P 表示。P 值又称为有效炉底强度。可按如下公式计算：

$$P = \frac{1000G}{F} \tag{7-91}$$

式中　P——有效炉底强度，kg/(m²·h)；

G——炉子小时产量，t/h；

F——炉底布料面积，m²。

因 F 的值为有效炉底面积，对连续加热炉，F 可用下式计算：

$$F = nlL \tag{7-92}$$

式中 n——连续加热炉炉内坯料排数；

l——坯料长度，m；

L——炉子的有效长度，m。

7.3.1.2 影响加热炉生产率的因素

A 炉型结构的影响

炉子形式、大小，炉体各部分的构造、尺寸，炉子所用的材质，附属设备的构造等，都属于炉型结构方面的因素。炉型结构不仅应设计合理，而且要保证砌筑质量合格，以期延长炉子的使用寿命，缩短检修周期。

炉型结构对生产率的影响很大，提高生产率可从以下几方面考虑。

a 采用新炉型

加热炉总的发展趋势是向大型化、多段化、机械化、自动化方向发展。例如轧钢加热炉，最初轧机能力很小，钢锭尺寸也很小，当时连续式加热炉很多是一段式或二段式的实底炉，到20世纪40～50年代主要是三段式两面加热的炉子。近十几年来，出现了五段、六段甚至八段式的炉子。就是二段、三段式加热炉的炉型也有很多变化，例如加热段配置了上下烧嘴和顺向、反向烧嘴，或在炉顶配制平焰烧嘴，沿炉子全长配置侧烧嘴，成为只有一段的等温直通式炉。炉子的单位生产率也由过去只有300～400kg/(m^2·h) 提高到今天超过1000kg/(m^2·h)。每座炉子的小时产量可达 350×10^3kg 以上。

炉子的机械化程度越来越高，轧钢车间由推钢式连续加热炉发展到各种步进式、辊底式、环形及链式加热炉等。一些异型坯过去在室状炉内加热，现在改在环形炉内加热，生产率有了很大提高。

炉子的自动化是目前的发展方向，由于实现热工自动调节，可以及时正确地反映炉内工况和有效地控制炉温、炉压等一系列热工参数，从而可以很好地实现所希望的炉温制度、炉压制度和气氛类别，提高炉子的产量和质量。电子计算机的使用可以实行炉况的最佳控制。

b 改造旧炉型

在炉基不变的情况下，可以通过对炉体的改造，扩大炉膛，增加装料量。

改进炉型和尺寸，使之更加合理。有的炉子炉型、尺寸采用通用设计，但具体条件出入很大，如燃料不同，发热量相差悬殊，坯料尺寸与设计出入较大等。有的炉子原来使用固体燃料，以后改烧重油，后来又改烧煤气。此外，有的炉膛过高，上下压差大，金属表面上气体温度低；或炉顶太低，气层厚度薄，炉墙的中间作用降低。这些都不利于热交换。在炉子改建时，如能根据实践经验选择合理的尺寸，将能加快坯料的加热，从而提高炉子的生产率。

减少炉子的热损失。通过炉体传导的散热损失和冷却水带走的热通常占炉子热负荷的1/5～1/4，不仅造成热能的消费，而且降低了炉子的温度，影响坯料的加热。减少这方面的损失，可以提高炉子产量。

加热炉炉底水管的绝热是节约能源、提高炉子生产率的一项重要措施。由于水管与坯料直接接触，冷却水带走的热一部分是有效热，使坯料温度受到影响，其次，坯料与水管接触的地方产生水管“黑印”，坯料上下面会形成阴阳面，也需要延长均热时间，这些都对炉子的产量和加热质量有影响。现在大力推广耐火可塑料包扎炉底水管，仅这一项措施就可以提高炉子生产率15% ~20%。

近一二十年，国内外开始发展无水冷滑轨加热炉，采用高级耐火制品或耐热金属作为滑轨材料。据报道，这一项目的采用可使加热能力增加30%左右。

B　燃烧条件和供热强度的影响

热负荷增大以后，炉子的温度水平提高，向金属传热的能力加强。这一点对负荷较低的炉子，效果比较显著，如果热负荷已经较高，继续提高热负荷，增产的效果并不显著。相反，供热强度过大，还会引起燃料的浪费，金属的烧损增加，炉体的损坏加速，所以炉子必须有一个合理的热负荷。

连续式加热炉提高供热强度的重要措施是增加供热段数、扩大加热段、提高加热段炉温水平、缩短预热段，但这些措施往往会使废气出炉温度相应提高。

提高热负荷的一个重要先决条件是必须保证燃料的完全燃烧，如燃料在炉内有10%不能燃烧，炉子产量将降低15% ~20%。

为了提高热负荷或改善燃烧条件，对燃烧装置的改进应给予充分注意。有的炉子生产率不高是由于烧嘴能力不足或者烧嘴结构不完善（如雾化质量太差，混合不良），需要加以改进或更新。炉子向大型化方向发展后，炉长、炉宽增加了，如何保证炉内温度均匀，与炉子生产率和产品质量都有密切关系。为此出现了火焰长度可调烧嘴和平焰烧嘴，位置由端烧嘴发展到侧烧嘴、炉顶烧嘴，分散了供热点，改善了燃烧条件和传热条件，从而有效地提高了炉子生产率。

C　坯料入炉条件的影响

在加热条件一定的情况下，坯料越厚，所需要的加热时间越长，炉子单位生产率越低。

坯料厚度是客观现实条件。为了提高生产率，应设法增加坯料的受热面积。连续加热炉上明显的例子是把一面加热的实底炉改为具有下加热的炉子，这样在计算加热时间时，相当于坯料厚度减小了一半。除去炉底水管带走的热量，炉子生产率仍可提高25% ~40%。

坯料的入炉温度对炉子生产率也有重要的影响。入炉温度越高，加热所需要的热量越少，加热时间越短，炉子生产率越高（例如轧钢厂已成功实现钢坯的热装热送，并借鉴保温罩原理在热送过程中进行全程保温）。此外，国外还研究利用炉子废气喷吹预热坯料，既可以回收热能，又可以提高加热炉的生产率。

D　工艺条件的影响

加热工艺也是影响炉子生产率的一个因素。例如轧钢加热炉，在制定加热工艺时，要考虑到选择最合理的加热温度、加热速度和钢坯终了温度的均匀性。因为钢种、钢料断面尺寸常有变动、加热工艺要做相应的调整，如果加热温度定得太高，加热速度太快，断面温度差定得太严，都会影响炉子生产率。现在国内外注意到了降低出钢温度对节约能源、提高炉子生产率的作用，纷纷实行低温轧制工艺制度。

上述影响因素都可以看做是外部条件，是可以控制或改变的因素，都是为了改善炉膛热交换的条件，使金属在单位时间内得到更多的热量，缩短加热时间。

还有很多影响炉子生产率的因素，有些甚至还是起主导作用的。例如车间其他设备能力和炉子生产能力之间的相互制约关系。对轧钢车间来说，轧机产量小于炉子产量则炉子实际生产率会受到轧机的限制。对于不同规格的产品，由于轧机产量的不同，炉子的产量也就不相同。其次还有如炉体寿命、维修质量、原料管理、生产调度、操作事故等因素的影响。要针对上述所列诸因素，抓住主要矛盾，进行综合考虑，为了提高炉子生产率，片面强调哪一个方面都不会收到良好的效果。

7.3.2 炉子热平衡

热平衡是热力学第一定律在炉子热工上的应用。所谓热平衡，不单纯是炉子上的热量收支平衡，也可以是指整个企业各种能量之间的综合收支平衡，即能量供应与消耗、有效利用、能量损失之间的平衡。在平衡计算时，根据需要可以将各种能量按“等价热量”进行计算。

钢铁企业是能源消耗大户，我国钢铁企业近年来的能耗量约占全国总能耗的12%～13%，轧钢加热炉的能耗占轧钢生产总能耗的70%左右，可见通过热平衡计算，找出降低能耗的方法，是加热炉节能的重要技术手段。这里的炉子热平衡，它表示一定时间内炉子系统、燃烧室、换热器等设备的热量收入与支出情况。

7.3.2.1 编制热平衡的目的

编制热平衡的目的在于：

（1）通过现场测试，编制热平衡，分析炉子的热工作，判断热量利用合理与否，提出提高炉子热效率的途径。

（2）在设计炉子时，通过热平衡计算确定炉子的燃料消耗量，有时也可以通过热平衡计算确定炉子的工件加热温度。

7.3.2.2 炉子热平衡计算

设计新炉子时，通过炉子热平衡计算，可以确定炉子的燃料消耗量，进而确定燃烧装置的供热能力。根据评价设备及热平衡编制目的的不同，可以有不同形式的热平衡。例如，可以是单位时间内炉子的热平衡，适用于连续式加热炉；也可按一个工作周期建立热平衡，适用于间歇操作的炉子，也可以是对热工设备的某一个局部区域做热平衡以深入研究该区域内的热量收支分配情况。总之，它是研究炉子热工特点的一个基本技术手段。

在编制炉子热平衡时，必须注意如下几个问题：

（1）在编制热平衡时，必须首先划定热平衡的区域。进入这一区域的热量为热收入，离开这一区域的热量为热支出。

（2）热平衡中热量的表示方法可以有几种不同的情况。对于连续式工作的炉子，通常以单位时间（h）为基准计算热平衡。其中热量的单位是kJ/h。

（3）计算热量的起始温度，采用0℃较为方便，各项物理热均由此计算起。

（4）物料平衡是热平衡的前提。为了做出热平衡，必须首先有物料平衡。

如前所述，一座炉子由几个主要部分组成，因而可以编制全炉的热平衡，也可以编制某一区域的热平衡，如炉膛热平衡、预热装置热平衡。必要时还可以划分更小的区域，如沿炉长方向将炉膛分为几个区域，分别编制热平衡。这里重点讨论轧钢加热炉炉膛的热平衡，它是炉子各区域热平衡中核心的一环。

热平衡计算一般包括如下项目。

热收入项：

（1）燃料燃烧的化学热 Q_1；

（2）燃料带入的物理热 Q_2；

（3）空气带入的物理热 Q_3；

（4）钢坯氧化的化学热 Q_4；

（5）雾化剂带入的物理热 Q_5。

热支出项：

（1）钢坯加热所需的热量 Q_1'；

（2）出炉废气带走的热损失 Q_2'；

（3）燃料化学不完全燃烧损失 Q_3'；

（4）燃料机械不完全燃烧损失 Q_4'；

（5）炉体的散热损失 Q_5'；

（6）冷却水热损失 Q_6'；

（7）经开启炉门或窥视孔等的辐射热损失 Q_7'；

（8）经开启炉门或孔、缝等的逸气热损失 Q_8'；

（9）其他热损失 Q_9'。

以下分别介绍热平衡各项的计算（基准温度为0℃，热量的单位为 kJ/h）。

A　热收入项计算

（1）燃料燃烧的化学热 Q_1。这项热量是炉子的工艺热源，是热收入的主要部分。

$$Q_1 = BQ_{低} \tag{7-93}$$

式中　B——燃料消耗量，kg/h 或 m^3/h；

$Q_{低}$——燃料的低发热量，kJ/kg 或 kJ/m^3。

（2）燃料带入的物理热 Q_2。当用重油作燃料时，一般将其预热到 80 ~ 120℃，以保证雾化良好。在使用煤气时，为利用废热或提高燃料的燃烧温度，经常也将煤气预热。

$$Q_2 = Bc_{燃}t_{燃} \tag{7-94}$$

式中　$c_{燃}$——燃料的平均质量定压热容，kJ/(kg · ℃) 或 $kJ/(m^3 \cdot ℃)$；

$t_{燃}$——燃料的入炉温度，℃。

（3）空气带入的物理热 Q_3。采用预热器来预热助燃空气，它所带入的热量在热收入项中，它的大小主要取决于空气的预热温度。

$$Q_3 = BnL_0c_{空}t_{空} \tag{7-95}$$

式中　$c_{空}$——助燃空气的平均质量定压热容，$kJ/(m^3 \cdot ℃)$；

$t_{空}$——助燃空气的入炉温度，℃；

n——燃烧时的空气消耗系数；

L_0——燃料所需的理论空气量，m^3/m^3 或 m^3/kg。

（4）钢坯氧化的化学热 Q_4。钢在高温火焰炉中加热时，要产生氧化烧损。其烧损率一般为1% ~3%，每1kg钢氧化反应放出的热量大约为5652kJ。

$$Q_4 = 5652Ga \quad (7-96)$$

式中 G——炉子产量，kg/h；

a——钢的氧化烧损，kg/kg，计算时可取0.01 ~0.03kg/kg。

（5）雾化剂带入的物理热 Q_5。用蒸汽作雾化剂时，为保证重油的良好雾化，必须供给一定压力和一定量的蒸汽。

$$Q_5 = Bqc_{汽}t_{汽} \quad (7-97)$$

式中 q——1kg燃料油雾化用蒸汽量，kg/kg；

$c_{汽}$——蒸汽的平均质量定压热容，kJ/(kg·℃)；

$t_{汽}$——蒸汽的温度,℃。

B 热支出项计算

（1）钢坯加热所需的热量 Q'_1。这项热量是材料进行各种热加工所必需的热量，是加热工艺的目的。

$$Q'_1 = G(c_2t_2 - c_1t_1) \quad (7-98)$$

式中 t_1，t_2——分别为金属入炉和出炉时的温度,℃；

c_1，c_2——分别为金属入炉和出炉时的平均质量定压热容，kJ/(kg·℃)。

（2）出炉废气带走的热损失 Q'_2。废气带走的热损失，在热平衡的支出项中，通常为最大的热损失，其所占的比例随炉型而异。一般连续式炉约为25% ~30%。影响这项热损失大小的主要因素是出炉废气温度和废气量。

$$Q'_2 = BV_{废}c_{废}t_{废} \quad (7-99)$$

式中 $V_{废}$——单位燃料燃烧时产生的废气量，m^3/m^3或m^3/kg；

$t_{废}$——出炉废气温度,℃；

$c_{废}$——出炉废气的平均质量定压热容，kJ/(m^3·℃)。

（3）燃料化学不完全燃烧损失 Q'_3。当燃料燃烧时，由于空气量供给不足或燃烧装置的混合性能不好，都会造成燃料的化学不完全燃烧。在废气中含有可燃物质，其中主要是一氧化碳和氢气。一般可以认为废气中每含1%的一氧化碳就会同时存在有0.5%的氢气，这样混合气体中1m^3（标准态）一氧化碳折算的发热量为18042kJ，因此，这项热损失可按下式计算：

$$Q'_3 = 18042BV_{废}V(CO)/100 \quad (7-100)$$

式中 $V(CO)$——100m^3废气中一氧化碳的含量。

这项热损失的大小取决于燃料的完全燃烧程度，根据计算，废气中每含有1%的CO，大约就有2% ~5%的燃料损失。

（4）燃料机械不完全燃烧损失 Q'_4。这项热损失通常是指烧固体燃料时漏下炉箅或被吹走的煤末，或是指烧液体和气体燃料时经管道不严密处漏损的燃料，也可以指废气中炭黑形成的损失。可按下式计算：

$$Q'_4 = KBQ_{低} \quad (7-101)$$

式中 K——燃料机械不完全燃烧百分数。对于固体燃料，K为3% ~10%；气体燃料，K为0.5% ~1%；液体燃料，K不超过1%。

（5）炉体的散热损失 Q'_5。在连续式加热炉上，热量通过炉墙、炉顶和炉底向外散失热量。其散热量的大小主要取决于炉子的工作温度和构成砌体材质的性质和厚度。

$$Q'_5 = \frac{3.6 \times (t_1 - t_2)}{\frac{s_1}{\lambda_1} + \frac{s_2}{\lambda_2} + \cdots + 0.06} F \tag{7-102}$$

式中　t_1——炉子内表面温度，℃；

t_2——炉子周围空气温度，℃；

s_1，s_2——各层耐火材料和绝热材料的厚度，m；

λ_1，λ_2——各层耐火材料和绝热材料的热导率，W/(m·℃)；

0.06——炉壁外表面与周围空气之间的热阻，(m^2·℃)/W；

F——炉壁的散热面积，m。

由于炉体各部分砌体厚度不同，温度不同，因此，炉体各部分的散热损失要分别计算，然后把它们加起来，才能求得整个炉体的散热损失。

（6）冷却水热损失 Q'_6。在连续式加热炉内，水冷滑轨及其他水冷部件将带走大量的热，约占热平衡支出项的10%～30%。

$$Q'_6 = G_{水}(i' - i) \tag{7-103}$$

式中　$G_{水}$——冷却水消耗量（如为汽化冷却时，即产生的蒸汽量或补给水量与排污水量之差），kg/h；

i，i'——分别为冷却水入口和出口的焓，kJ/kg，如为汽化冷却时，即为进水时水的焓量与生成的蒸汽的焓。

（7）经开启炉门或窥视孔等的辐射热损失 Q'_7。当炉门或窥视孔打开时，由炉内向外辐射造成热损失。炉温越高、开启时间越长，热损失就越大，其数值可按下式计算：

$$Q'_7 = 20.4\left(\frac{T_{炉}}{100}\right)^4 \phi F \psi \tag{7-104}$$

式中　$T_{炉}$——炉门或窥视孔处炉气温度，K；

F——开启炉门或窥视孔的面积，m^2；

ϕ——综合角度系数，一般对大炉门 $\phi = 0.7 \sim 0.8$，小炉门 $\phi = 0.2 \sim 0.5$；

ψ——炉门或窥视孔的开启时间，h。

（8）经开启炉门或孔、缝等的逸气热损失 Q'_8。当炉内压力大于大气压（炉子正压操作）时，炉气就要通过开启炉门或孔、缝等处向炉外逸出，从而造成热损失。炉压越大，逸出热气体越多，热损失也越大。在现场测定时，可根据所测得的逸出气体的量和温度，按下式计算：

$$Q'_8 = V_0 c_{炉气} t_{炉气} \tag{7-105}$$

式中　V_0——在标准状态下从炉内逸出的气体量，m^3/h；

$c_{炉气}$——炉气的平均质量定压热容，kJ/(m^3·℃)；

$t_{炉气}$——炉气的温度，℃。

（9）其他热损失 Q'_9。此项包括炉子蓄热的热损失，炉体不严密而带来的热损失，氧化铁皮带走的热量，加热炉各种支架、链带、炉辊等的热损失等。这些项目有的可以计算，如间歇式炉蓄热损失、稳定态下炉底的热损失等，有的则很难计算，只能做大致估算。

C 求燃料消耗量 B

炉子的热平衡式为：

$$Q_1 + Q_2 + \cdots + Q_5 = Q_1' + Q_2' + \cdots + Q_9' \quad (7-106)$$

在炉子热平衡方程式（7－106）中，只有一个未知数，即燃料消耗量 B，因此解此方程即得燃料消耗量。

D 编制热平衡表

为了便于对热平衡收、支各项进行比较，一般是把热平衡结果列成表格的形式，并表示出热收入和热支出各项在总热量中所占的百分数。有了热平衡表，对炉子热量利用情况就可以一目了然。

实际在炉子上，测出热平衡的所有项目往往是很困难的，一般测定一些主要项目，对分析研究问题也就够了。热平衡表的格式见表7－17。

表7－17 热平衡表

热收入项			热支出项		
项目名称	热量/kJ·h^{-1}	%	项目名称	热量/kJ·h^{-1}	%
（1）燃料燃烧的化学热	Q_1		（1）钢坯加热所需的热量	Q_1'	
（2）燃料带入的物理热	Q_2		（2）出炉废气带走的热损失	Q_2'	
（3）空气带入的物理热	Q_3		（3）燃料化学不完全燃烧损失	Q_3'	
（4）钢坯氧化的化学热	Q_4		（4）燃料机械不完全燃烧损失	Q_4'	
（5）雾化剂带入的物理热	Q_5		（5）炉体的散热损失	Q_5'	
			（6）冷却水热损失	Q_6'	
			（7）经开启炉门或窥视孔等的辐射热损失	Q_7'	
			（8）经开启炉门或孔、缝等的逸气热损失	Q_8'	
			（9）其他热损失	Q_9'	
总　计	$\Sigma Q_{收入}$	100	总　计	$\Sigma Q_{支出}$	100

7.3.3 加热炉的燃耗及热效率

由于能源紧缺，节能已被提到极为重要的地位上来了。而能体现节能的重要指标如热效率、燃耗等指标已越来越受到人们的广泛关注。

7.3.3.1 加热炉的单耗

A 加热炉的单耗

它一般用生产单位质量（1t）的坯料或工件所消耗的燃料量来表示，又称为单位燃耗。使用气体燃料时一般用"m^3/t"表示。使用固体或液体燃料时用"kg/t"表示。鉴于各种燃料发热量不同，用上述表示方法不便于比较，因此，也可以将不同燃料的燃耗都折合成"标准燃料（标准煤）"消耗量，即用"kgce/t"表示。

（1）单位实物燃耗 b：

$$b = \frac{B}{G} \quad (7-107)$$

式中　b——单位燃耗，kg/t 或 m^3/t；

B——燃料消耗量，kg/h 或 m^3/h；

G——炉子小时产量，t/h。

（2）单位热耗 R：

$$R = \frac{BQ_{低}}{G} \tag{7-108}$$

式中　R——单位热耗，kJ/t。

（3）单位标准燃耗 b'：

$$b' = \frac{BQ_{低}}{G \times 29302} \tag{7-109}$$

式中　b'——单位标准燃耗，kgce/t；

$Q_{低}$——燃料低发热量，kJ/m^3。

每 1kg 标准燃料（标准煤）发热量规定为 29302kJ/kg（7000kcal/kg）。因此，单位标准燃耗很容易换算为“单位热耗”，即生产 1t 坯料消耗的燃料所发出的热量，kJ/t。

在现场实际生产中，统计燃耗的方法有两种：一种是按炉子正常生产时每小时平均，即小时平均燃料消耗量除以小时产量；另一种是按每月、每季度或每年平均，也就是以一时期内燃料的总消耗量除以合格产品的产量。显然，前一种统计方法可以说明炉子热工作状况的好坏，也是人们关心的指标，而后一种统计方法除了和炉子热工作状况好坏有关外，还和作业率、停炉次数、产品合格率、燃料漏损等因素有关。

B　加热炉的可比单耗

由于炉子所用燃料不同，加热坯料的品种不同，因而炉子单耗不具有可比性，为了取得可比性，采用炉子可比单耗，其计算公式为：

$$炉子可比单耗 = \frac{炉子单耗}{燃料换算系数 \times [1 + 合金比 \times (特殊钢消耗系数 - 1)]} \tag{7-110}$$

（1）燃料换算系数。不同燃料的换算系数见表 7-18。

表 7-18　不同燃料的换算系数

燃料种类	换算系数	燃料种类	换算系数
重油、焦油、天然气、焦炉煤气	1.0	发热量 5024kJ/m³（1200kcal/m³）的混合煤气	1.30
煤	1～1.5	发生炉煤气	1.20
发热量 8374～9211kJ/m³（2000～2200kcal/m³）的混合煤气	1.1	高炉煤气	1.50
发热量 6699～7537kJ/m³（1600～1800kcal/m³）的混合煤气	1.15		

注：综合燃料换算系数 $= \sum_{n=1}^{i} i$ 种燃料百分比 $\times\, i$ 种燃料换算系数。

（2）特殊钢消耗系数一般取 1.5。

【例 7-8】　某厂小型加热炉采用重油与发生炉煤气为燃料，重油发热量为 40195kJ/kg，煤气发热量为 $5736kJ/m^3$，被加热钢料的合金比为 0.3。根据某月份统计，每 1t 钢消耗重油40kg，煤气150m^3，试计算可比能耗。

解：（1）炉子单耗为：

$$40195\times40+5736\times150=2.47\times10^6\ (\mathrm{kJ/t})$$

（2）燃料百分比计算。

油：
$$\frac{40195\times40}{2.47\times10^6}=65.18\%$$

煤气：
$$\frac{5736\times150}{2.47\times10^6}=34.82\%$$

（3）合金比已知等于0.3。

（4）特殊钢燃耗系数取1.5。

（5）综合燃耗系数为：

$$综合燃耗系数=0.6518\times1.0+0.3482\times1.2=1.069$$

（6）炉子可比单耗为：

$$炉子可比单耗=\frac{2.47\times10^6}{1.069\times[1+0.3\times(1.5-1)]}=2.009\times10^6\ (\mathrm{kJ/t})$$

根据加热炉可比单耗确定炉子的等级，按表7－19中数据，该炉达到二等炉。

表7－19 轧钢加热炉可比单耗等级表 （kJ/t(kcal/t)）

炉子等级	大型		中小型			线材	中厚板连轧	无缝		薄板一次成材
	开坯	成材	开坯	中型材	小型材			环形炉	斜底炉	
特级	$<1.716\times10^6$ ($<0.41\times10^6$)	$<1.800\times10^6$ ($<0.43\times10^6$)	$<1.507\times10^6$ ($<0.36\times10^6$)	$<1.591\times10^6$ ($<0.38\times10^6$)	$<1.381\times10^6$ ($<0.33\times10^6$)	$<1.339\times10^6$ ($<0.32\times10^6$)	$<2.093\times10^6$ ($<0.50\times10^6$)	$<2.093\times10^6$ ($<0.50\times10^6$)	$<2.260\times10^6$ ($<0.54\times10^6$)	待定
一等	$<2.177\times10^6$ ($<0.52\times10^6$)	$<2.260\times10^6$ ($<0.54\times10^6$)	$<1.967\times10^6$ ($<0.47\times10^6$)	$<2.051\times10^6$ ($<0.49\times10^6$)	$<1.758\times10^6$ ($<0.42\times10^6$)	$<1.591\times10^6$ ($<0.38\times10^6$)	$<2.721\times10^6$ ($<0.65\times10^6$)	$<2.595\times10^6$ ($<0.62\times10^6$)	$<2.265\times10^6$ ($<0.78\times10^6$)	$<2.512\times10^6$ ($<0.6\times10^6$)
二等	$<2.763\times10^6$ ($<0.66\times10^6$)	$<2.930\times10^6$ ($<0.70\times10^6$)	$<2.295\times10^6$ ($<0.62\times10^6$)	$<2.721\times10^6$ ($<0.65\times10^6$)	$<2.428\times10^6$ ($<0.58\times10^6$)	$<2.219\times10^6$ ($<0.53\times10^6$)	$<3.558\times10^6$ ($<0.85\times10^6$)	$<3.642\times10^6$ ($<0.87\times10^6$)	$<3.935\times10^6$ ($<0.94\times10^6$)	$<3.558\times10^6$ ($<0.85\times10^6$)
三等	$<3.182\times10^6$ ($<0.76\times10^6$)	$<3.349\times10^6$ ($<0.80\times10^6$)	$<2.972\times10^6$ ($<0.71\times10^6$)	$<3.140\times10^6$ ($<0.75\times10^6$)	$<2.930\times10^6$ ($<0.70\times10^6$)	$<2.637\times10^6$ ($<0.63\times10^6$)	$<4.396\times10^6$ ($<1.05\times10^6$)	$<4.815\times10^6$ ($<1.15\times10^6$)	$<5.652\times10^6$ ($<1.35\times10^6$)	$<4.605\times10^6$ ($<1.1\times10^6$)
等外	$>3.182\times10^6$ ($>0.76\times10^6$)	$>3.349\times10^6$ ($>0.80\times10^6$)	$>2.972\times10^6$ ($>0.71\times10^6$)	$>3.140\times10^6$ ($>0.75\times10^6$)	$>2.930\times10^6$ ($>0.70\times10^6$)	$>2.637\times10^6$ ($>0.63\times10^6$)	$>4.396\times10^6$ ($>1.05\times10^6$)	$>4.815\times10^6$ ($>1.05\times10^6$)	$>5.652\times10^6$ ($>1.35\times10^6$)	$>4.605\times10^6$ ($>1.1\times10^6$)

7.3.3.2　加热炉的热效率

由热平衡表7－17可以看出，在热量收入方面，通常只有燃料燃烧的化学热才是炉子真正的外供热源。因为预热空气和预热燃料的物理热实际上是出炉废气所带走的热量反馈回来的一部分；金属氧化的化学热与总热量相比很小，一般可以忽略不计。在热量支出方面，只有用于加热钢坯才算是有效热，而其余各项除了通过预热空气和燃料的部分烟气物理热外，都是损失的热量。因此，炉子热能利用情况的好坏主要取决于用于加热钢坯的有效热和燃料燃烧的化学热这两项的比值。这个比值的大小，在炉子热工计算中称为炉子热效率，用符号 η 表示。

$$\eta = \frac{\text{钢坯加热所需的热 } Q_1'}{\text{燃料燃烧的化学热 } Q_1} \times 100\% \qquad (7-111)$$

炉子的热效率越大，说明热能的利用越好。一般连续式加热炉的热效率为30%～50%。所以热效率也是评价炉子热工作状况的指标之一。

各种炉子热效率波动很大，一般波动在如下范围：

均热炉	30%～40%
连续加热炉	30%～60%
室状锻造炉	10%～15%
高炉	60%～80%
热处理炉	5%～20%

图7－28所示为加热炉的燃料量 B（曲线1）、热效率 η（曲线2）、单位热耗 b（曲线3）与炉子单位生产率 P 之间的关系。可以看出，燃料量（热负荷）随生产率的变化是一条单调上升的曲线；热效率则随 P 的提高起初上升，升到某一数值后又下降；单位热耗与热效率相反，先随 P 的提高而下降，降到某一最低点后又随 P 的提高而上升。按照这个规律，从节能的观点出发，炉子在单位热耗最低处，即热效率最大值处所对应的热负荷上工作时，炉子最节省燃料，这个热负荷称合理热负荷。由此可知，炉子合理热负荷应是热耗最低点处对应的生产率所要求的热负荷。

显然，正确运用该曲线所描述的规律，通过合理的生产调度管理，可以收到节约能源的效果。

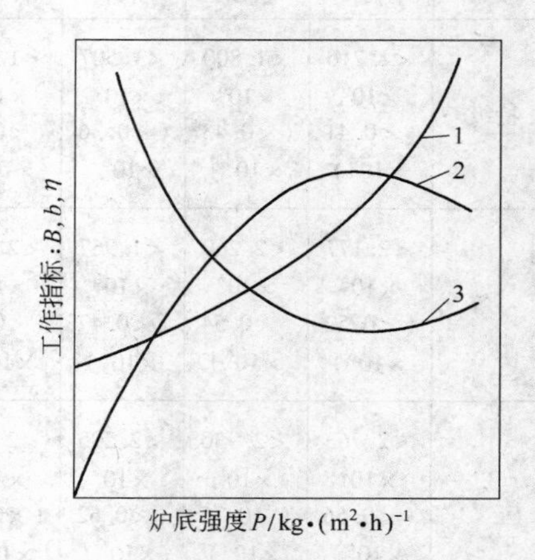

图7－28　加热炉的热工指标
1—燃料消耗量 B；
2—热效率 η；3—单位热耗 b

7.3.4　提高炉子热效率降低燃耗的途径

分析炉子热平衡是了解炉子热工作状况好坏的重要方法，通过分析，可发现影响燃耗的主要因素，抓住主要矛盾，采取节约燃料的相应措施。对于大多数炉子，可从以下几个方面考虑。

（1）使燃料在炉膛内完全燃烧，为此需要有合理的燃烧器结构和合理的燃烧制度等。例如，近年来采用重油掺入一定数量水，使之形成水和油的乳浊液，利用油中水滴在高温下的微爆作用，改善重油滴的雾化质量和燃烧条件。

（2）减少烟气带走的物理热并将此热量充分地利用。如在保证产量和加热质量情况下尽可能降低出炉烟气温度，控制好炉膛压力，防止冷空气吸入炉内等，还可以利用烟气中余热，安装换热器来预热空气或煤气，安装余热锅炉产出蒸汽。

（3）减少炉膛内各项热损失。将炉内水管进行绝热包扎，改善炉衬绝热条件以减少热损失。采用无水冷滑轨可以完全杜绝水冷热损失，采用汽化冷却也可以利用一部分热量来产出蒸汽。采用新型高效节能型筑炉材料，可以减少炉墙蓄热并减少通过炉墙向外散失热量造成的热损失。

（4）尽可能强化向金属的传热过程，缩短加热时间，减少非作业时间，提高炉子生产率。这些措施在一定范围内可以降低燃耗指标，因为由于炉子产量的提高，对于单位产品燃耗来说相对降低了。由于提高了作业时间而降低燃耗的收效则可能更大，提高炉子生产率和降低燃耗关系如图7－28所示，但当炉子热负荷超过最佳热负荷后会造成不完全燃烧等热损失量增加，这时虽然炉子生产率仍能提高，但单位燃耗指标将会增加。

（5）提高入炉坯料温度可以使燃耗指标降低，这对于有条件搞热装的炉子来说是行之有效的方法。

（6）减少燃料漏损，提高产品合格率。加强管理，改进操作，这些必须引起足够的重视。

（7）根据生产线的情况，合理地调节炉内的温度。特别是遇到长时间停机时，要减小供热负荷，不但节约燃料，而且减少烧损。

综上所述，对任何措施都要一分为二看待，从降低燃耗看有利，从其他方面看也可能出现不利影响，这里面有技术问题，也有管理和操作方面的问题。

复习思考题

7－1　耐火材料炉衬的维护注意事项有哪些？

7－2　架空炉底的维护注意事项有哪些？

7－3　影响平壁传导传热的因素有哪些，如何影响？

7－4　简述辐射传热的特点。

7－5　什么是角度系数，角度系数的基本定理有哪些？

7－6　气体辐射的特点有哪些？

7－7　在气体火焰中喷入少量重油或焦油，从传热角度出发有何好处？

7－8　分析流体流过固体对另一流体的传热。

7－9　什么是加热炉的生产率，什么是炉底强度，影响加热炉生产率的因素有哪些？

7－10　编制热平衡的目的是什么？

7－11　分析炉膛内的热收入和热支出。

7－12　分析提高炉子热效率降低燃耗的途径。

习　题

7-1　有一加热炉炉墙，其内层为厚232mm的黏土砖，外层为厚116mm的硅藻土砖，内表面温度为1250℃，外表面温度为100℃，求通过炉墙的热流通量q及中间层温度t_2。

7-2　蒸汽管内外直径各为150mm及160mm，管外包扎两层隔热材料，第一层隔热材料厚40mm，第二层厚60mm，因温度不高，可视各层材料的热导率为不变的平均值，数值如下：管壁$\lambda_1 = 58$W/(m·℃)，第一层隔热层$\lambda_2 = 0.175$W/(m·℃)，第二层隔热层$\lambda_3 = 0.093$W/(m·℃)。若已知蒸汽管内表面温度$t_1 = 350$℃，最外表面温度$t_4 = 40$℃，试求每米长管段的热损失和各层界面温度。

7-3　计算直径$d = 1$m的热风管每米长度内的辐射热损失。设热风管为裸露钢壳表面，外表温度$t_1 = 227$℃，$\varepsilon_1 = 0.8$，此管露天放置，周围环境温度$t_2 = 27$℃。

7-4　有一均热炉，其炉膛内长4m、宽2.5m、高3m，炉墙及炉底内表面温度为1300℃，设其黑度为$\varepsilon = 0.8$，车间内表面温度为27℃，求敞开炉盖的瞬间辐射热损失为多少（炉盖面积为长×宽）？

7-5　计算直径$d = 1$m的热风管每米长度内的辐射热损失。设热风管为裸露钢壳表面，外表温度$t_1 = 227$℃，$\varepsilon_1 = 0.8$，此管置于断面为1.8m×1.8m的红砖槽内，设砖槽内表面温度$t_2 = 27$℃，红砖黑度$\varepsilon_2 = 0.93$。

7-6　已知某加热炉炉膛尺寸为长700mm、宽500mm、高400mm，炉衬黑度$\varepsilon_1 = 0.7$，被加热物为钢板，其尺寸为长500mm、宽400mm、表面温度500℃，黑度$\varepsilon_2 = 0.8$，炉衬表面温度为1350℃，试求炉膛内衬辐射给钢的热量。

7-7　已知盛钢桶口面积为2m^2，钢液温度1600℃，钢液表面黑度$\varepsilon_{钢} = 0.35$，问钢液通过盛钢桶口辐射散热为多少（车间温度为30℃）？

习题参考答案

2－1

煤气	湿成分（体积分数）/%								$Q_{低}$
	$CO^{湿}$	$H_2^{湿}$	$CH_4^{湿}$	$C_2H_4^{湿}$	$CO_2^{湿}$	$N_2^{湿}$	$O_2^{湿}$	$H_2O^{湿}$	
高炉煤气	27.0	2.6	0.3	—	10.1	56.3	—	3.7	3836.6
焦炉煤气	5.8	53.9	21.2	1.9	2.9	9.6	1.0	3.7	15322.9
混合煤气	18.6	22.9	8.6	0.8	7.3	37.9	0.4	3.7	8374

2－2

成分	$C^{用}$	$H^{用}$	$O^{用}$	$N^{用}$	$S^{用}$	$A^{用}$	$W^{用}$
体积分数/%	76.32	4.08	3.64	1.61	3.80	7.55	3.00

$Q_{低}=30017kJ/kg$。

4－1　$L_n=0.846m^3/m^3$，$V_n=1.70m^3/m^3$，$\varphi(CO_2)=23.8\%$，$\varphi(H_2O)=4.48\%$，$\varphi(N_2)=70.02\%$，$\varphi(O_2)=1.74\%$，$\rho_0=1.41kg/m^3$。

4－2　$L_n=11.49m^3/kg$，$V_n=12.11m^3/kg$，$\varphi(CO_2)=13.19\%$，$\varphi(H_2O)=9.91\%$，$\varphi(SO_2)=0.03\%$，$\varphi(N_2)=74.98\%$，$\varphi(O_2)=1.81\%$，$\rho_0=1.30kg/m^3$。

4－3　实际大气压为99001Pa。

4－4　表压力为19.4Pa。

4－5　炉门坎处是吸冷风。

4－6　截面 F_1 处的风管直径 d_1 为0.4m，截面 F_2 处的风管直径 d_2 为0.31m。

4－7　气体在管道中的平均流速为8.64m/s。

4－8　总油管和分段各细管的直径分别为60mm、19mm、45mm、36mm。

4－9　每小时通过风管的质量风量为271kg/h，体积风量为350m³/h。

4－10　Ⅱ—Ⅱ截面处的静压头 Δp_2 为1986Pa。

4－11　F_2 处的静压头为4077.4Pa。

4－12　由水管流出的水量为357m³/h。

4－13　当 $h_{静2}$ 为零时 $h_{静1}$ 为－321Pa。

4－14　h_2 为－955Pa。

4－15　1、2两截面间的压头损失为41Pa。

4－16　油泵的出口压力为234631.6Pa，油泵出口处的表压力为136565.6Pa。

7－1　通过炉墙的热流通量 q 为1663W/m²，中间层温度 t_2 为977℃。

7－2　297W/m，$t_2=349.95$℃，$t_3=243.84$℃。

7－3　辐射热损失为7745W/m。

7－4　敞开炉盖的瞬间辐射热损失为 3.30×10^6W。

7－5　辐射热损失为7550W/m。

7－6　炉膛内衬辐射给钢的热量为56378W。

7－7　钢液通过盛钢桶口辐射散热为488129W。

附　　录

附表 1　常用单位换算表

物理量名称	符号	换算关系	
		国际单位制	工程单位制
压力	p	Pa（N/m^2）	物理大气压 工程大气压（kg/mm^2） mmH_2O mmHg
		1 物理大气压 $=760mmHg=10332mmH_2O=101326Pa$ 1 工程大气压 $=98066.5Pa=0.968$ 物理大气压 $1mmH_2O=9.81Pa$ $1mmHg=133.32Pa$	
热量	Q	kJ	kcal
		1kcal = 4.1868kJ	
比热容	c	kJ/(kg・℃)	kcal/(kg・℃)
		1kcal/(kg・℃) = 4.1868kJ/(kg・℃)	
热流密度	q	W/m^2	kcal/(m^2・h)
		1kcal/(m^2・h) = 1.163W/m^2	
热导率	λ	W/(m・℃)	kcal/(m・h・℃)
		1kcal/(m・h・℃) = 1.163W/(m・℃)	
换热系数	α	W/(m^2・℃)	kcal/(m^2・h・℃)
		1kcal/(m^2・h・℃) = 1.163W/(m^2・℃)	

附表 2　在大气压力为 760×133.3Pa 下烟气的物理参数

（烟气中组成的分压力 $p_{CO_2}=0.13$；$p_{H_2O}=0.11$；$p_{N_2}=0.76$）

温度 t/℃	密度 ρ/kg・m^{-3}	比热容 c_p /kJ・(kg・℃)$^{-1}$	热导率 λ /kJ・(m・h・℃)$^{-1}$
0	1.295	1.043	8.206
100	0.950	1.068	11.262
200	0.748	1.097	14.444
300	0.617	1.122	17.417
400	0.525	1.151	20.515
500	0.457	1.185	23.614
600	0.405	1.214	26.712
700	0.363	1.239	29.768

续附表2

温度 t/℃	密度 ρ/kg·m^{-3}	比热容 c_p /kJ·(kg·℃)$^{-1}$	热导率 λ /kJ·(m·h·℃)$^{-1}$
800	0.330	1.264	32.950
900	0.301	1.290	36.048
1000	0.275	1.306	39.230
1100	0.257	1.323	42.287
1200	0.240	1.340	45.427

附表3　碳素钢的焓量与温度的关系　　(kJ/kg)

温度/℃	碳含量/%										
	0.090	0.234	0.300	0.540	0.610	0.795	0.920	0.994	1.235	1.410	1.575
100	46.48	46.48	46.89	47.31	47.73	48.15	50.24	48.57	49.41	48.57	50.24
200	95.46	95.88	95.88	95.88	96.30	96.72	100.49	99.23	100.06	98.81	100.91
300	148.22	149.89	150.73	151.57	152.83	154.50	155.76	154.50	154.92	154.50	157.01
400	205.16	206.00	206.42	208.93	209.77	210.19	213.54	211.02	213.12	210.61	213.96
500	265.46	266.71	267.54	268.39	269.22	271.32	275.92	272.16	274.25	272.16	276.76
600	339.15	339.98	340.82	343.33	343.75	344.59	349.61	346.26	347.52	345.43	351.29
700	419.12	419.54	420.79	422.89	423.72	424.56	427.29	422.89	427.91	425.40	431.27
800	531.75	542.64	550.59	547.66	542.22	550.17	550.17	544.31	548.50	544.31	553.94
900	629.31	631.40	628.05	620.09	616.75	610.88	602.93	605.02	602.93	605.86	613.81
1000	704.67	701.74	698.81	689.18	686.67	679.13	653.59	670.76	661.13	673.27	669.92
1100	780.86	772.50	768.31	760.78	757.43	749.47	724.77	741.10	732.31	744.87	720.16
1200	850.40	844.52	841.59	831.54	829.03	821.07	791.34	804.32	795.53	813.12	782.97
1250	885.55	880.11	877.60	868.80	866.29	856.24	824.84	841.59	833.21	849.54	817.72

附表4　干空气的热物理性质　　(10^5Pa)

温度/℃	密度 ρ/kg·m^{-3}	比热容 c_p /kJ·(kg·℃)$^{-1}$	热导率 λ	
			W/(m·℃)	kJ/(m·h·℃)
0	1.293	1.005	2.44×10^{-2}	8.792×10^{-2}
20	1.205	1.005	2.59×10^{-2}	9.337×10^{-2}
40	1.128	1.005	2.76×10^{-2}	9.923×10^{-2}
60	1.060	1.005	2.90×10^{-2}	10.425×10^{-2}
80	1.000	1.009	3.05×10^{-2}	10.969×10^{-2}
100	0.946	1.009	3.21×10^{-2}	11.556×10^{-2}
120	0.898	1.009	3.34×10^{-2}	12.016×10^{-2}
140	0.854	1.013	3.49×10^{-2}	12.560×10^{-2}
160	0.815	1.017	3.64×10^{-2}	13.105×10^{-2}
180	0.779	1.022	3.78×10^{-2}	13.607×10^{-2}

续附表4

温度/℃	密度 ρ/kg·m^{-3}	比热容 c_p /kJ·(kg·℃)$^{-1}$	热导率 λ W/(m·℃)	热导率 λ kJ/(m·h·℃)
200	0.674	1.026	3.93×10^{-2}	14.151×10^{-2}
250	0.746	1.038	4.27×10^{-2}	15.366×10^{-2}
300	0.615	1.047	4.60×10^{-2}	16.580×10^{-2}
350	0.566	1.059	4.91×10^{-2}	17.668×10^{-2}
400	0.524	1.068	5.21×10^{-2}	18.757×10^{-2}
500	0.456	1.093	5.74×10^{-2}	20.683×10^{-2}
600	0.404	1.114	6.22×10^{-2}	22.399×10^{-2}
700	0.362	1.135	6.71×10^{-2}	24.158×10^{-2}
800	0.329	1.156	7.18×10^{-2}	25.833×10^{-2}
900	0.301	1.172	7.63×10^{-2}	27.465×10^{-2}
1000	0.277	1.185	8.07×10^{-2}	29.056×10^{-2}
1100	0.257	1.197	8.50×10^{-2}	30.606×10^{-2}
1200	0.239	1.210	9.15×10^{-2}	32.950×10^{-2}

附表5　气体的平均比热容　(kJ/(m^3·℃))

温度/℃	O_2	N_2	CO	H_2	CO_2	H_2O	SO_2	CH_4	C_2H_4	空气	烟气
0	1.3063	1.2937	1.2979	1.2770	1.5994	1.4947	1.7233	1.5491	1.8255	1.2979	1.4235
100	1.3188	1.2979	1.3021	1.2895	1.7082	1.5073	1.8129	1.6412	2.0641	1.3021	
200	1.3356	1.3021	1.3063	1.2979	1.7878	1.5240	1.8883	1.7585	2.2818	1.3063	1.4235
300	1.3565	1.3063	1.3147	1.3000	1.8631	1.5407	1.9552	1.8883	2.4953	1.3147	
400	1.3775	1.3147	1.3272	1.3021	1.9301	1.5659	2.0180	2.0139	2.6879	1.3272	1.4570
500	1.3984	1.3272	1.3440	1.3063	1.9887	1.5910	1.0683	2.1395	2.8638	1.3440	
600	1.4151	1.3398	1.3565	1.3105	2.0432	1.6161	2.1143	2.2609	3.0271	1.3565	1.4905
700	1.4361	1.3523	1.3733	1.3147	2.0850	1.6412	2.1520	2.3781	3.1694	1.3691	
800	1.4486	1.3649	1.3858	1.3188	2.1311	1.6664	2.1813	2.4953	3.3076	1.3816	1.5189
900	1.4654	1.3775	1.3984	1.3230	2.1688	1.6957	2.2148	2.6000	3.4322	1.3984	
1000	1.4779	1.3900	1.4151	1.3314	2.2023	1.7250	2.2358	2.7005	3.5462	1.4110	1.5449
1100	1.4905	1.4026	1.4235	1.3356	2.2358	1.7501	2.2609	2.7884	3.6551	1.4235	
1200	1.5031	1.4151	1.4361	1.3440	2.2651	1.7752	2.2776	2.8638	3.7514	1.4319	1.5659
1300	1.5114	1.4235	1.4486	1.3523	2.2902	1.8045	2.2986	2.8889	3.7514	1.4445	
1400	1.5198	1.4361	1.4570	1.3606	2.3143	1.8296	2.3195	2.9601	—	1.4528	1.5910
1500	1.5282	1.4445	1.4654	1.3691	2.3362	1.8548	2.3404	3.0312	—	1.4696	
1600	1.5366	1.4528	1.4738	1.3733	2.3572	1.8784	2.3614	—	—	1.4779	1.6161
1700	1.5449	1.4612	1.4831	1.3816	2.3739	1.9008	2.3823	—	—	1.4863	
1800	1.5533	1.4696	1.4905	1.3900	2.3907	1.9217	—	—	—	1.4947	1.6412
1900	1.5617	1.4738	1.4989	1.3984	2.4074	1.9427	—	—	—	1.4989	
2000	1.5701	1.4831	1.5031	1.4068	2.4242	1.9636	—	—	—	1.5073	1.6663

附表 6　不同温度下的饱和水蒸气量

温度 /℃	饱和水蒸气分压 /Pa	$1m^3$ 含水汽量 /g	温度 /℃	饱和水蒸气分压 /Pa	$1m^3$ 含水汽量 /g
20	17.5×133.32	19.0	39	52.4×133.32	59.6
21	18.9×133.32	20.2	40	55.3×133.32	63.1
22	19.8×133.32	21.5	42	61.5×133.32	70.8
23	21.1×133.32	22.9	44	68.3×133.32	79.3
24	22.4×133.32	24.4	46	75.5×133.32	88.8
25	23.8×133.32	26.0	48	83.7×133.32	99.5
26	25.2×133.32	27.6	50	92.5×133.32	111
27	26.7×133.32	29.3	52	102.1×133.32	125
28	28.3×133.32	31.1	54	112.5×133.32	140
29	30.0×133.32	33.1	56	123.8×133.32	156
30	31.8×133.32	35.1	57	129.8×133.32	166
31	33.7×133.32	37.3	58	136.1×133.32	175
32	35.7×133.32	39.6	60	149.4×133.32	197
33	37.7×133.32	42.0	62	163.8×133.32	221
34	39.9×133.32	44.5	64	179.3×133.32	248
35	42.2×133.32	47.3	66	196.1×133.32	280
36	44.6×133.32	50.1	68	214.2×133.32	315
37	47.1×133.32	53.1	70	233.7×133.32	357
38	49.7×133.32	56.2	72	254.6×133.32	405

附表 7　简单可燃气体的燃烧特性

气体名称	分子式	燃烧反应式	发热量/kJ·m^{-3}		理论空气需要量/$m^3·m^{-3}$	理论燃烧产物量/$m^3·m^{-3}$	理论燃烧温度/℃
			$Q_{高}$	$Q_{低}$			
氢	H_2	$H_2+0.5O_2=H_2O$	12749	10786	2.381	2.881	2230
一氧化碳	CO	$CO+0.5O_2=CO_2$	12628	12628	2.381	2.881	2370
甲烷	CH_4	$CH_4+2O_2=CO_2+2H_2O$	39554	35820	9.524	10.524	2030
乙烷	C_2H_6	$C_2H_6+3.5O_2=2CO_2+3H_2O$	69663	63751	16.667	18.167	2090
丙烷	C_3H_8	$C_3H_8+5O_2=3CO_2+4H_2O$	99161	91256	23.810	25.810	2105
丁烷	C_4H_{10}	$C_4H_{10}+6.5O_2=4CO_2+5H_2O$	128516	118651	30.953	33.453	2115
戊烷	C_5H_{12}	$C_5H_{12}+8O_2=5CO_2+6H_2O$	157913	146084	38.096	41.096	2212
乙烯	C_2H_4	$C_2H_4+3O_2=2CO_2+2H_2O$	63002	59066	14.286	15.286	2290
丙烯	C_3H_6	$C_3H_6+4.5O_2=3CO_2+3H_2O$	91929	86005	21.429	22.929	2220
丁烯	C_4H_8	$C_4H_8+6O_2=4CO_2+4H_2O$	121398	113514	28.572	30.572	2195
苯	C_6H_6	$C_6H_6+7.5O_2=6CO_2+3H_2O$	146302	140382	35.715	37.215	2230
乙炔	C_2H_2	$C_2H_2+2.5O_2=2CO_2+H_2O$	58011	56043	11.905	12.405	2620
硫化氢	H_2S	$H_2S+1.5O_2=SO_2+H_2O$	25407	23384	7.143	7.643	1850

附表 8 常用钢材的热导率 (W/(m·K)(kcal/(m·h·℃)))

材料名称	在下列温度时的热导率 λ						
	100	200	300	400	500	600	900
15 号钢	77.46 (66.6)	66.4 (57.3)	—	47.33 (40.7)	—	41.05 (35.3)	—
20 号钢	50.59 (43.5)	48.61 (41.8)	46.05 (39.6)	42.33 (36.4)	38.96 (33.5)	35.59 (30.6)	—
25 号钢	51.06 (43.9)	48.96 (42.1)	46.05 (39.6)	42.80 (36.8)	39.31 (33.8)	35.59 (30.6)	26.4 (22.7)
35 号钢	75.36 (64.8)	64.43 (55.4)	—	43.96 (37.8)	—	37.68 (32.4)	—
60 号钢	50.24 (43.2)	—	41.87 (36.0)	—	—	33.49 (28.8)	29.3 (25.2)
16Mn 钢	50.94 (43.8)	47.57 (40.9)	43.96 (37.8)	39.54 (34.0)	36.05 (31.0)	—	—
铸钢 ZG20	50.7 (43.6)	48.50 (41.7)	—	42.33 (36.4)	—	35.59 (30.6)	—
1Cr18Ni9Ti	16.28 (14.0)	17.56 (15.1)	18.84 (16.2)	20.93 (18.0)	23.83 (19.8)	24.66 (21.2)	—

附表 9 各种不同材料的密度、热导率、比热容和热扩散率

材料名称	密度 ρ /kg·m^{-3}	温度 t /℃	热导率 λ /kJ·(m^2·h·℃)$^{-1}$	比热容 c_p /kJ·(kg·℃)$^{-1}$	热扩散率 a /m^2·h^{-1}
铝箔	20	50	0.1675		
石棉板	770	30	0.4187	0.8164	0.712×10^{-3}
石棉	470	50	0.3977	0.8164	1.04×10^{-3}
沥青	2110	20	2.512	2.093	0.57×10^{-3}
混凝土	2300	20	4.605	1.130	1.77×10^{-3}
耐火生黏土	1845	450	3.726	1.088	1.855×10^{-3}
干土	1500	—	0.4982	—	—
湿土	1700	—	2.366	2.10	0.693×10^{-3}
煤	1400	20	0.670	1.306	0.37×10^{-3}
绝热砖	550	100	0.5024	—	—
建筑用砖	800~1500	20	0.837~1.047		—
硅砖	1000	—	2.931	0.6783	6.0×10^{-3}
焦炭粉	449	100	0.687	1.214	0.126×10^{-3}
锅炉水锈(水垢)	—	65	4.734~11.304	—	—
干砂	1500	20	1.172	0.7955	9.85×10^{-3}
湿砂	1650	20	4.061	2.093	1.77×10^{-3}
波特兰水泥	1900	30	1.088	1.130	0.506×10^{-3}
云母	290	—	2.093	0.8792	82.0×10^{-3}
玻璃	2500	20	2.680	0.670	1.6×10^{-3}
矿渣混凝土块	2150	—	3.349	0.8792	1.78×10^{-3}
矿渣棉	250	100	0.2512	—	—
铝	2670	0	733.0	0.9211	328.0×10^{-3}
青铜	8000	20	230.0	0.3810	75.0×10^{-3}

续附表 9

材料名称	密度 ρ /kg·m^{-3}	温度 t /℃	热导率 λ /kJ·(m^2·h·℃)$^{-1}$	比热容 c_p /kJ·(kg·℃)$^{-1}$	热扩散率 a /m^2·h^{-1}
黄铜	8600	0	308.0	0.3768	95.0×10^{-3}
铜	8800	0	1382.0	0.3810	412.0×10^{-3}
镍	9000	20	209.0	0.4605	50.5×10^{-3}
锡	7230	0	230.0	0.2261	141×10^{-3}
汞(水银)	13600	0	31.40	0.1382	16.7×10^{-3}
铅	11400	0	126.0	0.1298	85.0×10^{-3}
银	10500	0	1650.0	0.2345	670.0×10^{-3}
钢	7900	20	163.0	0.4605	45.0×10^{-3}
锌	7000	20	419.0	0.3936	152.0×10^{-3}
铸铁(生铁)	7220	20	226.0	0.5024	62.5×10^{-3}

附表 10　各种物体在室温时的黑度

材料名称			黑度 ε	材料名称	黑度 ε
金属	磨光的金属		0.04~0.06	刨光的木材	0.8~0.9
	旧的白铁皮		0.28	纸	0.8~0.9
	钢板	无光镀镍钢板	0.11	耐火黏土砖	0.85
		新压延的钢板	0.24	水、雪	0.96
		镀锌钢板	0.28	湿的金属表面	0.98
		生锈的钢板	0.69	灯烟	0.95
其他材料	石棉水泥板		0.96	抹灰砖砌体	0.94
	油毛毡		0.93	没抹灰的砖	0.88
	石膏		0.8~0.9	各种颜色的漆	0.8~0.9
光面玻璃			0.94		
硬橡皮			0.95		

附表 11　各种物体在高温下的黑度

材料名称		温度/℃	黑度 ε
金属	表面磨光的铝	300~600	0.04~0.057
	表面磨光的铁	400~1000	0.14~0.38
	氧化铁	500~1200	0.85~0.95
	氧化铁	100	0.75~0.80
	液体铸铁	1300	0.28
	氧化铜	800~1100	0.54~0.66
	氧化后的铅	200	0.63
	液体铜	1200	0.15
	钢	300	0.64
	精密磨光的金	600	0.035
	磨光的纯银	600	0.032

续附表 11

材料名称		温度/℃	黑度 ε
其他材料	耐火砖	800～1000	0.8～0.9
	石棉纸	400	0.95
	烟灰	250	0.95

附表 12　碳钢和合金钢在 20℃时的密度　（kg/m^3）

钢号	密度	钢号	密度	钢号	密度
纯铁	7880	40CrSi	7753	Cr14Ni14W	8000
10	7830	50SiMn	7769	W18Cr4V	8690
20	7823	30CrNi	7869	40Mn～65Mn	7810
30	7817	30CrNi3	7830	30Cr～50Cr	7820
40	7815	18CrNiW	7940	40CrV	7810
50	7812	GCr15	7812	35～40CrSi	7140
60	7810	60Si2	7680	25～35Mn	7800
70	7810	Mn12	7975	12CrNi2	7880
T10	7810	1Cr13	7750	12CrNi3	7880
T12	7790	Cr17	7720	20CrNi3	7880
15Cr	7827	Cr25	7650	5CrNiW	7900
40Cr	7817	Cr18Ni	7960		

参考文献

[1] 蔡乔方．加热炉（第3版）[M]．北京：冶金工业出版社，2012.
[2] 蒋光羲，吴德昭．加热炉［M]．北京：冶金工业出版社，1997.
[3] 贺成林．冶金炉热工基础（第2版）[M]．北京：冶金工业出版社，1990.
[4] 陈鸿复．冶金炉热工与构造［M]．北京：冶金工业出版社，1993.
[5] 杨意萍．轧钢加热工［M]．北京：化学工业出版社，2009.
[6] 日本工业协会．工业炉手册［M]．北京：冶金工业出版社，1989.
[7] 葛霖．筑炉手册［M]．北京：冶金工业出版社，1994.
[8] 王秉铨．工业炉设计手册［M]．北京：机械工业出版社，1996.
[9] 戚翠芬．加热炉［M]．北京：冶金工业出版社，2004.
[10] 王厚山．冶金炉热工基础辅导教程［M]．北京：化学工业出版社，2009.
[11] 戚翠芬．加热炉基础知识与操作［M]．北京：冶金工业出版社，2009.